TRAITÉ
DE
GÉOMÉTRIE ÉLÉMENTAIRE

À L'USAGE DES ÉLÈVES DES LYCÉES
ET DES CANDIDATS
AU BACCALAURÉAT ÈS SCIENCES ET AUX ÉCOLES DU GOUVERNEMENT

AVEC DE NOMBREUX EXERCICES

PAR

H. E. TOMBECK

*Professeur au Lycée Fontanes, Agrégé des Sciences, ancien Élève
de l'École Normale supérieure, auteur de plusieurs ouvrages d'Enseignement*

6ᵉ ÉDITION

PARIS
LIBRAIRIE HACHETTE ET Cⁱᵉ
BOULEVARD SAINT-GERMAIN, 79

1879

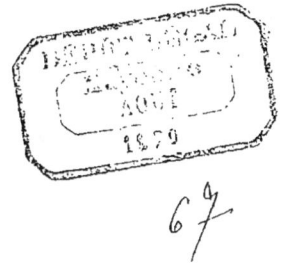

TRAITÉ

DE

GÉOMÉTRIE ÉLÉMENTAIRE

Tout exemplaire de cet ouvrage doit être revêtu de la Griffe de l'auteur.

TRAITÉ

DE

GÉOMÉTRIE ÉLÉMENTAIRE

A L'USAGE DES ÉLÈVES DES LYCÉES

ET DES CANDIDATS

AU BACCALAURÉAT ÈS-SCIENCES ET AUX ÉCOLES DU GOUVERNEMENT

AVEC DE NOMBREUX EXERCICES

PAR

H. É. TOMBECK

*Professeur au Lycée Fontanes, Agrégé des Sciences, ancien Élève
de l'École Normale supérieure, auteur de plusieurs ouvrages d'Enseignement*

6ᵉ ÉDITION

PARIS

LIBRAIRIE HACHETTE ET Cⁱᵉ

BOULEVARD SAINT-GERMAIN, 79

1879

GÉOMÉTRIE

LIVRE I.

ANGLES ET POLYGONES

Définitions.

La géométrie a pour objet la mesure de l'étendue et l'étude de ses propriétés.

L'étendue se présente sous trois formes, les *solides*, les *surfaces* et les *lignes*.

On appelle *corps* ou *solide* tout ce qui occupe une portion limitée quelconque de l'espace. Les solides ont les trois dimensions : *longueur*, *largeur* et *épaisseur*. Leur étendue porte le nom de *volume*.

Une surface est la limite d'un corps. Les surfaces n'ont que deux dimensions, longueur et largeur sans épaisseur.

Quand deux surfaces se coupent, l'endroit où elles se rencontrent s'appelle une *ligne*. Les lignes n'ont qu'une dimension, la longueur.

Enfin quand deux lignes se coupent, l'endroit où elles se rencontrent prend le nom de *point*. Le point n'a ni longueur, ni largeur, ni épaisseur.

La plus simple des lignes est la ligne *droite*. Sa propriété essentielle est d'être le plus court chemin entre deux points qu'elle joint. Il en résulte forcément que d'un point à un autre il n'y a qu'une seule ligne droite, puisque d'un point à un autre il n'y a qu'un seul plus court chemin.

On appelle ligne *brisée*, une ligne composée de portions plus ou moins grandes de lignes droites.

On donne le nom de ligne *courbe*, à toute ligne qui n'est ni droite ni composée de portions de lignes droites. Cependant pour faciliter la mesure des lignes courbes, on les considère souvent comme formées d'un nombre extrêmement grand d'éléments rectilignes, tous extrêmement petits.

La plus simple des surfaces est le *plan*. On appelle ainsi une surface dans laquelle une ligne droite est contenue tout entière dès qu'elle y a deux de ses points.

On appelle surface *polyédrique*, toute surface composée de portions planes.

Une surface *courbe* est celle qui n'est ni plane, ni composée de portions planes.

On appelle *figure plane*, tout ensemble de lignes, droites ou courbes, tracées toutes dans un même plan. L'étude des figures planes forme l'objet de la *géométrie plane*.

Figures planes. — On appelle *angle* l'écartement de deux droites qui se coupent et sont limitées à leur point d'intersection. Ce point s'appelle le *sommet* de l'angle. Les droites elles-mêmes en sont les *côtés*.

Pour désigner un angle, on se sert généralement de trois lettres placées l'une au sommet, et les deux autres sur les côtés, en ayant soin d'énoncer la lettre du sommet au milieu. Pourtant quand un angle est seul, il est plus commode de le désigner par la lettre du sommet toute seule. Enfin on désigne quelquefois les angles par des numéros d'ordre placés entre leurs côtés.

Quand une droite en rencontre une autre sans la traverser, elle forme avec elle deux angles adjacents généralement inégaux. S'il arrive que ces deux angles soient égaux, la première est dite *perpendiculaire* sur la seconde, et les deux angles prennent le nom d'*angles droits*. — Il sera démontré plus loin que tous les angles droits sont égaux entre eux.

Tout angle plus petit qu'un angle droit, s'appelle un *angle aigu*; tout angle plus grand est un *angle obtus*.

Quand deux angles valent ensemble deux angles droits, on les appelle des angles *supplémentaires*, et chacun est dit le *supplément* de l'autre. — Ils s'appellent des angles *complémentaires* si leur somme est égale à un angle droit, et chacun est dit le *complément* de l'autre.

On appelle *parallèles* deux droites qui, situées dans un même plan, ne se rencontrent pas à quelque distance qu'on les prolonge.

On appelle *polygone*, une portion de plan limitée de toutes parts par des lignes droites. Ces droites sont les *côtés* du polygone; les extrémités des côtés en sont les *sommets*. L'angle compris entre deux côtés consécutifs quelconques d'un polygone, prend le nom d'*angle* de ce polygone.

Un polygone est dit *convexe*, quand un quelconque de ses côtés indéfiniment prolongé, le laisse tout entier d'un même côté. Dans le cas contraire il est *à angles rentrants*.

Pour désigner un polygone, on énonce dans leur ordre les lettres placées à ses différents sommets. Les polygones se distinguent entre eux par le nombre de leurs côtés.

En particulier :

Le polygone de 3 côtés s'appelle *triangle*.
— 4 — *quadrilatère*.
— 5 — *pentagone*.
— 6 — *hexagone*.
— 8 — *octogone*.
— 10 — *décagone*.
— 12 — *dodécagone*.
— 15 — *pentédécagone*.

Triangles. Quand un triangle a ses trois côtés égaux, il prend le nom de triangle *équilatéral*.

S'il n'a que deux côtés égaux, on l'appelle triangle *isocèle*, et le troisième côté prend le nom de *base*, tandis que le sommet opposé à la base s'appelle plus spécialement le *sommet* du triangle.

Un triangle qui a ses trois côtés inégaux reçoit quelquefois le nom de triangle *scalène*.

Quand dans un triangle il y a un angle droit, ce triangle s'appelle un triangle *rectangle*. Le côté opposé à l'angle droit prend le nom d'*hypoténuse*.

Un triangle est dit *obtusangle* ou *acutangle*, suivant qu'il a un angle obtus ou qu'il n'a que des angles aigus.

Quadrilatères. On appelle *parallélogramme* tout quadrilatère dont les côtés opposés sont parallèles.

Quand dans un parallélogramme les angles deviennent droits, sans que les côtés adjacents deviennent égaux, il prend le nom de *rectangle*.

Quand au contraire ses côtés adjacents deviennent égaux, sans que ses angles deviennent droits, on l'appelle *losange*. Enfin on l'appelle *carré*, si ses côtés adjacents sont égaux et ses angles droits.

Un *trapèze* est un quadrilatère qui n'a que deux côtés

parallèles. Ces deux côtés sont les bases du trapèze. Le trapèze est rectangle quand deux angles adjacents y sont droits.

— On appelle *théorème* une vérité qui a besoin d'être démontrée.

Un *axiôme* au contraire, est une vérité évidente par elle-même. Exemples : La partie est moindre que le tout ; deux quantités égales à une troisième sont égales entre elles, etc.

Un *lemme* est un théorème auxiliaire.

Un *corollaire* est une conséquence qui résulte immédiatement d'un théorème.

Un *problème* est une question qui exige une solution.

Les théorèmes, problèmes, lemmes, corollaires etc., sont compris souvent sous le nom général de *propositions*.

L'énoncé de tout théorème se compose de deux parties : *l'hypothèse* et la *conclusion*. L'hypothèse est ce que l'on suppose établi ou admis. La conclusion est ce qu'on déduit de l'hypothèse. — La *réciproque* d'un théorème est un second théorème dans lequel l'hypothèse du premier est devenue la conclusion, tandis que la conclusion est devenue l'hypothèse.

Des Angles.

THÉORÈME I.

Par un point A pris sur une droite BC, on peut toujours élever une perpendiculaire à cette droite, et l'on n'en peut élever qu'une seule.

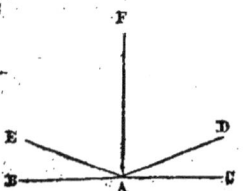

Concevons en effet par le point A, une droite AD presque confondue avec AC, et relevons-la progressivement en la faisant tourner autour du point A. Elle s'écartera de AC et se rapprochera de AB, en sorte que des deux angles qu'elle fait avec BC, celui de droite, d'abord très-petit, ira en augmentant, tandis que celui de gauche diminuera. Puis il arrivera un instant où la droite mobile sera presque couchée sur AB, et où par conséquent l'angle de gauche sera très-petit et celui de droite très-grand.

Si donc par suite du mouvement de la droite mobile, l'angle le plus petit devient le plus grand et réciproquement, à un certain instant ces deux angles doivent être égaux, et la droite se trouve perpendiculaire sur BC ; cela démontre la première partie de l'énoncé.

D'autre part, la perpendiculaire est unique ; car si l'on prend la droite mobile dans la position AF où elle est perpendiculaire, à BC, et qu'on l'en écarte soit vers la droite soit vers la gauche, en la faisant tourner autour du point A, l'un des angles augmente, l'autre diminue; ils cessent donc d'être égaux, et la droite cesse d'être perpendiculaire sur BC.

THÉORÈME II.

Tous les angles droits sont égaux entre eux.

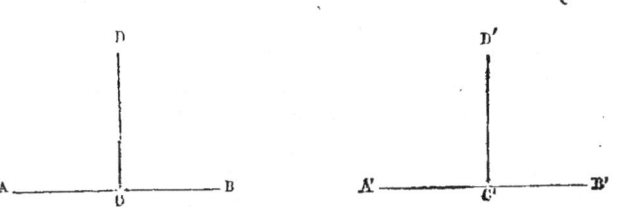

Soient en effet CD perpendiculaire sur AB, et C'D' perpendiculaire sur A'B'; pour faire voir que les angles droits du point C sont égaux à ceux du point C', transportons la première figure sur la seconde. En plaçant la droite AB sur la droite A'B', nous pourrons toujours faire en sorte que le point C tombe en C'; alors CD perpendiculaire à AB en C, deviendra perpendiculaire à A'B' en C'; et comme en un point d'une droite on ne peut lui élever qu'une perpendiculaire, CD suivra la direction de C'D', et les deux figures n'en feront plus qu'une.

Les angles droits de l'une sont donc égaux à ceux de l'autre.

THÉORÈME III.

Quand une droite DC rencontre une droite AB, elle forme avec elle deux angles adjacents DCA, DCB dont la somme vaut deux angles droits.

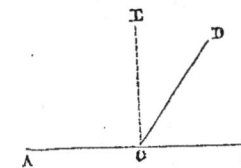

Si en effet nous élevons sur AB la perpendiculaire CE, nous voyons que l'angle ACD se compose d'un angle droit ACE et de l'angle ECD, tandis que l'angle DCB est égal à un angle droit ECB, moins le même angle ECD. Si donc des deux angles considérés, l'un vaut en plus d'un angle droit ce que l'autre vaut en moins, quand on les ajoute il y a compensation, et la somme vaut précisément 2 droits.

REMARQUE. — Le théorème précédent peut s'énoncer sous cette forme plus commode quelquefois : *Quand deux angles adjacents* ACD, DCB *ont leurs côtés extérieurs* AC, CB *en ligne* droite, ces deux angles valent ensemble deux angles droits, ou comme on dit, sont supplémentaires.

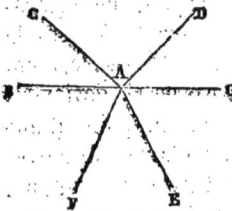

COROLLAIRE I. — Quand plusieurs droites AD, AE, AF, partent d'un même point A donné sur une droite BC, d'un même côté de cette droite, tous les angles 1, 2, 3, 4, qu'elles forment entre elles et avec celle-ci, *valent ensemble 2 angles droits*.

En effet, les angles 1, 2, 3 peuvent être remplacés par leur somme BAF. On est donc ramené à la considération des angles BAF, FAC, lesquels, en vertu du théorème précédent, donnent une somme égale à deux droits.

COROLLAIRE II. — Quand plusieurs droites AB, AC, AD... partent d'un même point A, dans toutes les directions, les angles BAC, CAD, DAE... qu'elles forment entre elles deux à deux, *valent ensemble quatre angles droits*.

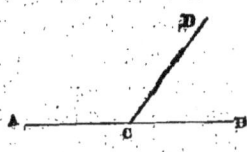

En effet si l'on prolonge AB au-delà du point A, on partage l'angle DAE en deux parties DAG, GAE que l'on peut substituer à cet angle lui-même, sans changer la somme totale. Mais tous les angles formés au-dessus de BG, en vertu du corollaire précédent, donnent une somme égale à 2 angles droits ; la somme des angles situés au-dessous de BG, est pareillement égale à 2 angles droits. Donc tous les angles considérés valent ensemble 4 angles droits.

THÉORÈME IV.

Réciproquement, quand deux angles adjacents ACD, DCB sont supplémentaires, leurs côtés extérieurs AC, CB sont dans le prolongement l'un de l'autre.

En effet, le prolongement de AC doit, en vertu du théorème précédent, faire avec CD un angle supplémentaire de ACD. Mais déjà, par hypothèse, CB fait avec CD l'angle DCB supplémentaire de ACD. Donc le prolongement de AC ne peut être distinct de CB.

THÉORÈME V.

Quand deux droites se coupent, les angles opposés par le sommet qu'elles comprennent entre elles sont égaux.

Ainsi les droites AB, CD se coupant au point E, je dis que les angles AEC, DEB par exemple, sont égaux.

En effet, les angles adjacents AEC, AED ayant leurs côtés extérieurs CE, ED en ligne droite, valent ensemble deux angles droits. Pour la même raison, les angles DEB, AED valent ensemble 2 droits. Dès lors les angles AEC, DEB donnant la même somme quand on les ajoute à un même angle AED, sont égaux entre eux.

— *Réciproquement, quand deux droites ED, EC font avec les deux parties EB, EA d'une même droite AB, de part et d'autre, des angles égaux DEB, AEC, ces droites ED, EC sont dans le prolongement l'une de l'autre.*

En effet le prolongement de CE doit faire avec EB, en vertu de la proposition précédente, un angle égal à AEC. Mais déjà par hypothèse, ED fait avec EB un angle DEB égal à AEC. Le prolongement de CE ne diffère donc pas de ED.

COROLLAIRE. — Quand une droite AB est perpendiculaire sur une droite CD, réciproquement CD est perpendiculaire sur AB.

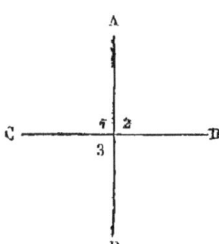

En effet, dire que AB est perpendiculaire sur CD, c'est dire que les angles 1 et 2 sont égaux entre eux. Mais en vertu de la proposition précédente les angles 2 et 3 opposés par le sommet sont égaux; donc aussi les angles 1 et 3 sont égaux, et CD est perpendiculaire sur AB.

Des Triangles.

THÉORÈME VI.

Dans tout triangle un côté quelconque est moindre que la somme des deux autres, et plus grand que leur différence.

La démonstration de la première partie de cet énoncé résulte immédiatement de ce que la ligne droite est le plus court chemin d'un point à un autre.

Quant à la seconde partie, elle est évidente pour le plus grand côté, puisqu'étant plus grand que les deux autres séparément, il est à plus forte raison plus grand que leur différence.

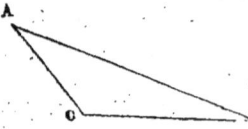

Si d'ailleurs AB représente ce plus grand côté, on a en vertu de la première partie de l'énoncé :
$$AC + CB > AB.$$
On en tire en retranchant des deux membres de cette inégalité, soit AC, soit CB :
$$CB > AB - AC$$
$$AC > AB - CB$$
et ces deux nouvelles inégalités achèvent de démontrer la seconde partie de l'énoncé.

THÉORÈME VII.

Quand on joint un point M pris dans l'intérieur d'un triangle, aux extrémités d'un même côté AB, la somme des deux lignes de jonction MA, MB, est moindre que la somme des deux autres côtés AC, CB.

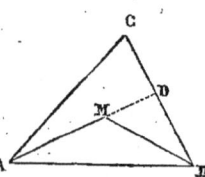

Prolongeons en effet MA jusqu'à la rencontre de CB en D ; nous aurons :
$$MA + MD < AC + CD,$$
puisque la ligne droite est le plus court chemin d'un point à un autre. Nous aurons de même : $MB < MD + DB$.

Ajoutons membre à membre cette inégalité et la précédente :
$$MA + MD + MB < AC + CD + MD + DB$$
Retranchons enfin MD de part et d'autre, il viendra :
$$MA + MB < AC + CD + DB$$
ou $\quad MA + MB < AC + CB$,
et cela justifie l'énoncé.

COROLLAIRE. — Plus généralement, *toute ligne brisée convexe FGHI, est moindre que la ligne brisée ABCDE qui l'enveloppe de toutes parts.*

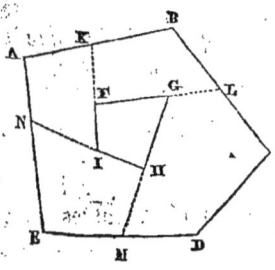

Prolongeons en effet les côtés de la ligne enveloppée, tous dans le même sens, jusqu'à la rencontre de la ligne enveloppante. En écrivant que la ligne droite est le plus court chemin d'un point à un autre, nous aurons les inégalités suivantes :

FG+GL<FK+KB+BL
GH+HM<GL+LC+CD+DM
HI+IN<HM+ME+EN
IF+FK<IN+NA+AK

Ajoutons membre à membre toutes ces inégalités, et omettons les termes FK, GL, HM et IN, communs aux deux membres de l'inégalité résultante, il viendra définitivement :

FG+GH+HI+IF<KB+BL+LC+CD+DM+ME+EN+NA+AK

ou FG+GH+HI+IF<AB+BC+CD+DE+AE,

Ce qui démontre l'énoncé.

REMARQUE. — Le fait qui vient d'être démontré, subsiste quelque nombreux et quelque petits que soient les côtés des lignes brisées considérées. Il subsiste donc quand à ces lignes brisées on substitue des lignes courbes. On est ainsi conduit à cet énoncé général :

Toute ligne convexe brisée ou courbe, est moindre que la ligne quelle qu'elle soit, qui l'enveloppe de toutes parts.

THÉORÈME VIII.

Deux triangles sont égaux quand ils ont un angle égal compris entre deux côtés égaux chacun à chacun.

Ainsi je dis que les deux triangles ABC, A'B'C' sont égaux si l'on a : A=A', AB=A'B', AC=A'C'.

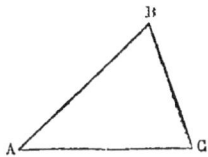 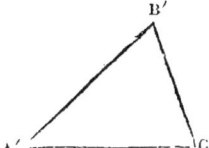

Portons en effet le premier triangle sur le second ; puisque l'angle A est égal à l'angle A', nous pourrons toujours faire coïncider ces deux angles, de telle sorte que AB suive la direction de A'B', et AC celle de A'C'. Comme AB est égal à A'B', le point B tombera juste en B' ; pour la même raison le point C tombera en C'. Les côtés BC et B'C' ayant alors mêmes extrémités, coïncideront l'un avec l'autre, et les deux triangles n'en feront plus qu'un. Ils sont donc égaux, et cela justifie l'énoncé.

REMARQUE. — Les égalités A=A', AB=A'B', AC=A'C', entraînent ces autres égalités : B=B', C=C', BC=B'C'.

THÉORÈME IX.

Deux triangles sont égaux quand ils ont un côté égal adjacent à deux angles égaux chacun à chacun.

Ainsi je dis que les triangles ABC, A'B'C' sont égaux si l'on a : AC=A'C', A=A', C=C'.

En effet, transportant le premier triangle sur le second, nous pourrons toujours placer le côté AC sur son égal A'C', de telle sorte que A tombe en A' et C en C'. Alors, comme l'angle A est égal à l'angle A', le côté AB suivra la direction de A'B', et le point B tombera quelque part sur A'B' ou sur son prolongement. Pour une raison analogue, CB suivra la direction de C'B', et le point B tombera quelque part sur C'B' ou sur son prolongement. Devant tomber à la fois sur A'B' et sur C'B', le point B tombera à leur intersection B', et les deux triangles coïncideront. Ils sont donc égaux, ce qui justifie l'énoncé.

REMARQUE. Les égalités AC=A'C', A=A', C=C', entraînent celles-ci : AB=A'B', BC=B'C', B=B'.

THÉORÈME X.

Quand deux triangles ont deux côtés égaux chacun à chacun, mais que les angles compris sont inégaux, les 3es côtés de ces triangles sont inégaux dans le même ordre, de telle sorte qu'au plus grand angle est opposé le plus grand côté.

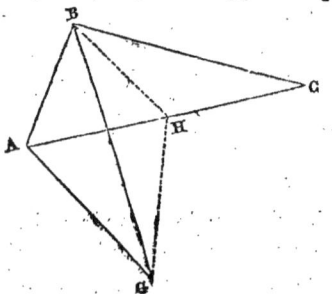 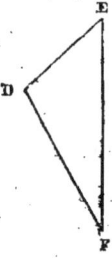

Supposons que dans les triangles ABC, DEF, on ait :
$$AB=DE, BC=EF, B>E.$$

Je dis qu'on aura par suite : AC>DF

Portons en effet le triangle DEF sur le triangle ABC, dans la position ABG, de telle sorte que DE recouvre son égal AB. Nous serons ramenés à démontrer qu'on a : AC>AG.

Or menons la bissectrice BH de l'angle GBC, et tirons HG. Les deux triangles GBH, HBC auront les angles du point B égaux par construction, le côté BH commun, et les côtés BG, BC égaux, puisque BG n'est autre chose que EF, qui par hypothèse est égal à BC. Ces deux triangles ayant donc un angle égal compris entre côtés égaux chacun à chacun, sont égaux, et l'on en conclut HC=HG.

Cela posé, le triangle AHG donne :
$$AH+HG>AG$$
Remplaçons dans cette inégalité HG par son égal HC, il viendra :
$$AH+HC>AG$$
Ou $$AC>AG$$
Ou enfin $$AC>DF$$
Et cela justifie l'énoncé.

— Réciproquement, si dans les mêmes triangles ABC, DEF, on a encore AB=DE, BC=EF, mais AC>DF, on a par suite ang.ABC> ang.DEF.

Effectivement, si l'on avait ang.ABC=ang.DEF, les deux triangles ABC, DEF ayant un angle égal compris entre côtés égaux seraient égaux, et l'on aurait AC=DF, ce qui est contre l'hypothèse.

Si l'on avait ang.ABC<ang.DEF, en vertu de la première partie de la proposition on aurait AC<DF, ce qui est également contre l'hypothèse.

Dès lors, l'angle ABC ne pouvant être ni égal à l'angle DEF, ni plus petit que cet angle, il faut bien qu'il soit plus grand.

THÉORÈME XI.

*Deux triangles sont égaux quand ils ont **les trois côtés égaux chacun à chacun**.*

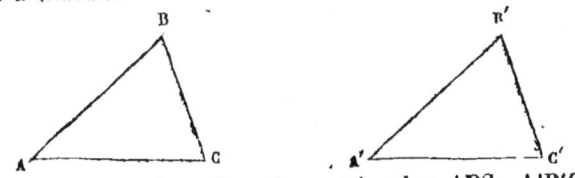

Supposons que dans les deux triangles ABC, A'B'C' on ait :
$$AB=A'B', \quad AC=A'C', \quad BC=B'C'$$

Du théorème précédent il résulte que les angles B et B' ne pourraient être inégaux sans que les côtés AC, A'C' fussent inégaux dans le même sens, tandis que nous les supposons égaux. Les conditions de l'énoncé entraînent donc l'égalité des angles B et B'; et dès lors, les deux triangles ayant un angle égal compris entre côtés égaux, sont égaux, ce qui démontre l'énoncé.

REMARQUE. — De ce que dans un triangle on a AB=A'B', BC=B'C', AC=A'C', on peut conclure qu'on a aussi A=A', B=B', C=C'.

Du triangle isocèle.

THÉORÈME XII.

Dans tout triangle isocèle, aux côtés égaux sont opposés des angles égaux.

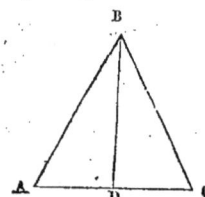

Si dans le triangle ABC, on a :
$$AB = BC,$$
on a par suite C = A.

Pour le démontrer, joignons le sommet B au milieu D de la base; les deux triangles ainsi formés ABD, DBC auront les trois côtés égaux, savoir : BD commun, les côtés AB, BC égaux par hypothèse, et les côtés AD, DC égaux comme moitiés de la base. Ces deux triangles sont donc égaux, et l'on en conclut C=A, ce qui justifie l'énoncé.

COROLLAIRE I. — De l'égalité des deux triangles ABD, DBC, on conclut encore que les angles en D sont égaux, en sorte que BD est perpendiculaire sur AC; on en conclut enfin que les angles du point B sont égaux, et par suite que BD est bissectrice de l'angle B.

La droite BD satisfait donc à quatre conditions : 1° Elle passe par le sommet B du triangle; 2° elle passe par le milieu D de la base; 3° elle est perpendiculaire sur cette base; 4° elle est bissectrice de l'angle au sommet.

De ces quatre conditions, deux suffisent pour déterminer la position d'une droite : dès lors, dès qu'une droite satisfait à deux de ces conditions, elle se confond avec BD, et satisfait par suite aux deux autres.

De là un certain nombre de réciproques, que l'on pourrait du reste démontrer directement, et dont la plus employée est la suivante : *Lorsque au milieu de la base d'un triangle isocèle on élève une perpendiculaire à cette base, elle passe par le sommet, et est bissectrice de l'angle au sommet.*

COROLLAIRE II. — *Un triangle équilatéral est en même temps équiangle.*

THÉORÈME XIII.

Réciproquement, lorsque dans un triangle deux angles sont égaux, les côtés opposés à ces angles sont égaux eux-mêmes, et le triangle est isocèle.

Ainsi, si dans le triangle ABC on a angle A=angle C, on a par suite BC=BA.

Pour le démontrer, élevons sur la base, en son milieu D, une perpendiculaire, et supposons, s'il est possible, que cette perpendiculaire aille couper le côté AB en B′ ; puis tirons B′C. Les deux triangles ainsi formés AB′D, DB′C, auront les angles en D égaux comme droits, les côtés AD, DC égaux comme moitiés de AC, et le côté B′D commun. Ces deux triangles ayant donc un angle égal compris entre côtés égaux, seront égaux. On en conclut l'égalité des angles B′AD, B′CD. Mais déjà en vertu de l'hypothèse, les angles B′AD, BCD sont égaux. Donc les angles B′CD, BCD égaux à un même angle, doivent être égaux entre eux. Or cela ne peut être qu'à condition que B′C se confonde avec BC, et par suite le point B′ avec le point B.

Les deux triangles dont nous avons démontré l'égalité, ne sont donc autres que les triangles BAD, BCD, et de cette égalité on conclut BC=BA, ce qui justifie l'énoncé.

COROLLAIRE. — *Un triangle équiangle est en même temps équilatéral.*

THÉORÈME XIV.

Dans tout triangle, à un plus grand angle est opposé un plus grand côté, et réciproquement.

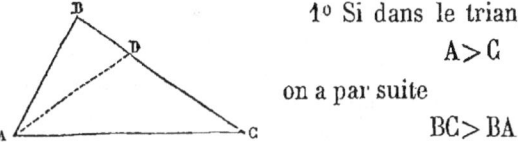

1° Si dans le triangle ABC on a

$$A > C\ .$$

on a par suite

$$BC > BA.$$

Effectivement, l'angle A étant supposé plus grand que l'angle C, nous pouvons toujours faire dans l'angle A un angle DAC égal à l'angle C. Le triangle ADC ainsi formé ayant deux angles égaux est isocèle, et l'on a DC=AD.

Or le triangle ADB donne :
$$BD+DA > BA,$$
puisque la ligne droite est le plus court chemin d'un point à un autre. Si dans cette inégalité on remplace DA par son égal DC, il vient enfin
$$BD+DC > BA \text{ ou } BC > BA,$$
et cela justifie l'énoncé.

2° Si dans le triangle ABC, on a
$$BC > BA,$$
on a par suite
$$A > C.$$

Si en effet on avait $A = C$, en vertu du théorème précédent on aurait $BC = BA$, ce qui est contre l'hypothèse. Si l'on avait $A < C$, en vertu de la première partie de la proposition on aurait $BC < BA$, ce qui est également contre l'hypothèse. Si donc on ne peut avoir ni $A = C$, ni $A < C$, il faut bien qu'on ait $A > C$, et cela démontre l'énoncé.

Des perpendiculaires et des Obliques.

THÉORÈME XV.

D'un point A pris hors d'une droite BC, on peut toujours mener une perpendiculaire à cette droite, et l'on n'en peut mener qu'une seule.

Pour démontrer la première partie de l'énoncé, je fais tourner la partie du plan supérieure à BC, autour de cette droite, pour l'appliquer sur la partie inférieure : le point A prendra la position A'. Remettant alors les deux parties de la figure dans leur position première, je joins le point A au point A', et je dis que la droite AA' ainsi obtenue est perpendiculaire sur BC.

En effet, dans le rabattement de la partie supérieure de la figure sur la partie inférieure, le point D situé sur la charnière BC, est demeuré invariable. AD est donc venue recouvrir DA'; par suite l'angle 1 s'est appliqué sur l'angle 2 et lui est égal. Mais l'angle 2 et l'angle 3 sont égaux comme opposés par le sommet; les angles 1 et 3 sont donc égaux entre eux, et par suite AD ou AA' est perpendiculaire sur BC.

2° Je dis que toute autre droite AE est oblique à BC.

En effet, dans le rabattement de la partie supérieure de la figure sur la partie inférieure, le point E situé sur la charnière est resté immobile : AE s'est donc appliquée sur EA', et par suite l'angle AED sur l'angle DEA' ; ces deux angles sont donc égaux. Or, ADA' étant une ligne droite, AEA' est une ligne brisée. Donc les angles adjacents AED, DEA' n'ont pas leurs côtés extérieurs en ligne droite, et ne peuvent valoir ensemble deux angles droits. Mais ils sont égaux : donc l'un d'eux AED ne peut valoir un droit, et AE ne peut être perpendiculaire sur BC. Cela démontre la seconde partie de l'énoncé.

THÉORÈME XVI.

Quand d'un point A on mène à une droite BC, une perpendiculaire AD, et différentes obliques AE, AF, AG...

1° La perpendiculaire est plus courte que toute oblique.

2° Deux obliques dont les pieds s'écartent également du pied de la perpendiculaire sont égales.

3° De deux obliques inégalement éloignées du pied de la perpendiculaire, la plus éloignée est la plus longue.

1° La perpendiculaire AD est plus courte que l'oblique AE.

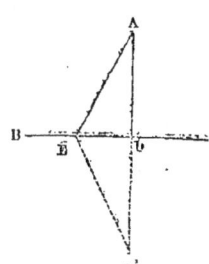

Prolongeons en effet la perpendiculaire AD, d'une quantité DA' égale à AD, puis tirons A'E. Les deux triangles ADE, A'DE, auront les angles en D égaux comme droits ; le côté DE commun, et les côtés AD, DA' égaux par construction. Ces deux triangles ayant donc un angle égal compris entre côtés égaux chacun à chacun sont égaux, et l'on en conclut
$$AE = A'E.$$
Cela posé, dans le triangle AEA' on a :
$$AD + DA' < AE + A'E$$
Par suite $\qquad 2AD < 2AE$
Par suite enfin $\qquad AD < AE,$
Et cela justifie la première partie de l'énoncé.

2° Si l'on a DE = DF, on a par suite AE = AF.

Les deux triangles ADE, ADF sont en effet égaux, comme ayant un angle égal compris entre côtés égaux, savoir : Les angles en D égaux comme droits; le côté DA commun ; et les côtés DE, DF égaux par hypothèse. On en conclut AE=AF.

3° Si l'on a DF<DG, on a aussi
$$AF < AG$$

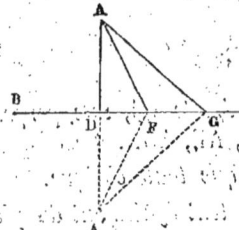

Prolongeons en effet la perpendiculaire AD, de la longueur DA' égale à AD, puis tirons FA', GA'. Nous démontrerons comme dans la première partie de théorème que les triangles DAF, DA'F sont égaux, d'où AF=A'F ; de même les triangles égaux ADG, A'DG donnent AG=GA'. Cela posé, en vertu d'une proposition précédente, on a :

$$AF + FA' < AG + GA'$$
Ou $$2AF < 2AG,$$
Et enfin : $$AF < AG,$$
Et cela démontre l'énoncé.

REMARQUE. — Nous avons supposé les obliques AF, AG situées du même côté de la perpendiculaire. S'il n'en était pas ainsi, comme dans la figure ci-contre, on prendrait DF'=DF. L'oblique AF' et l'oblique AF seraient égales comme s'écartant également du pied de la perpendiculaire, et l'on serait ramené à démontrer que AF' est moindre que AG, ce qui rentre dans le premier cas.

RÉCIPROQUES. — 1° *Si une droite AD est la plus courte de toutes celles qui vont d'un point A à une droite BC, elle est perpendiculaire à BC.*

En effet, si elle ne l'était pas, on pourrait mener du point A sur BC une perpendiculaire, et cette perpendiculaire serait plus courte que AD, ce qui est contre l'hypothèse.

2° Si deux obliques AE, AF *sont égales, il faut qu'elles s'écartent également du pied de la perpendiculaire.*

Car si l'une s'en écartait plus que l'autre, elle serait plus grande.

3° Enfin, *quand une oblique* AG *est plus grande qu'une oblique* AF, *elle s'écarte plus qu'elle du pied de la perpendiculaire.*

Car si elle s'en écartait autant, elle lui serait égale ; si elle s'en écartait moins elle serait plus courte, deux choses également contre l'hypothèse.

THÉORÈME XVI.

Quand au milieu C *d'une droite* AB, *on élève une perpendiculaire à cette droite,*

1° *Tout point pris sur la perpendiculaire, est également distant des deux points* A *et* B *;*

2° *Tout point pris en dehors de la perpendiculaire est inégalement distant de ces mêmes points.*

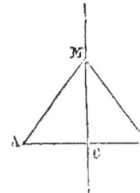

1° Soit M un point pris sur la perpendiculaire; les deux lignes MA, MB sont des obliques qui, par hypothèse, s'écartent également du pied C de la perpendiculaire; elles sont donc égales, et cela démontre la première partie de l'énoncé.

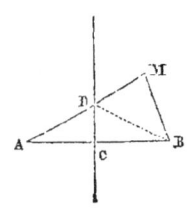

2° Soit M un point pris en dehors de la perpendiculaire. La ligne de jonction MA rencontre la perpendiculaire en un point D, et l'on a, en vertu de la première partie de la proposition DA=DB.

Cela posé, le triangle MDB donne :
$$MB < MD + DB$$

Remplaçons dans cette inégalité DB par la ligne égale DA, il viendra
$$MB < MD + DA$$
Ou $$MB < MA,$$
Et cela démontre la seconde partie de l'énoncé.

REMARQUE. — On appelle *lieu géométrique* l'ensemble, **quel** qu'il soit, de tous les points qui jouissent d'une propriété commune, à l'exclusion de tout autre point.

La perpendiculaire élevée au milieu d'une droite jouissant, en vertu du théorème précédent, de la propriété d'avoir tous ses points également distants des extrémités de cette droite, à l'exclusion de tout autre point, *est donc le lieu des points également distants de ces deux extrémités.*

COROLLAIRE. — *Les perpendiculaires élevées sur les trois côtés d'un triangle en leurs milieux, se rencontrent en un même point.*

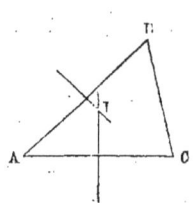

Soit en effet I le point de rencontre des perpendiculaires élevées sur les milieux des côtés AB, AC. Ce point I appartenant à la première de ces perpendiculaires, est également distant de A et de B. Appartenant à la seconde, il est à égale distance de A et de C. Il est donc à égale distance des trois sommets du triangle et entre autres de B et de C, et appartient par suite à la perpendiculaire élevée au milieu de BC. Cette troisième perpendiculaire va donc aussi passer au point I.

Des Triangles Rectangles.

THÉORÈME XVII.

Deux triangles rectangles sont égaux quand ils ont l'hypoténuse égale, et un côté de l'angle droit égal.

Soient ABC, A'B'C' les triangles considérés, dans lesquels on suppose les hypoténuses BC, B'C' égales, ainsi que les côtés CA, C'A'.

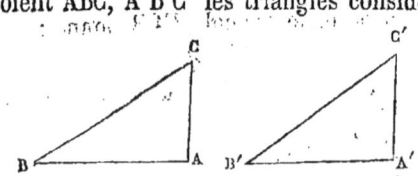

Pour démontrer qu'ils sont égaux, transportons le premier sur le second. Nous pourrons toujours placer l'angle droit A sur l'angle droit A', de telle sorte que AB suive la direction de A'B' et AC celle de A'C'. Comme par hypothèse AC=A'C', le point C tombera en C'. A cet instant, l'oblique BC qui partait du point C, partira du point C', et comme elle est égale à l'oblique B'C', elle devra s'écarter autant qu'elle du pied de la perpendiculaire, en sorte que son pied B tombera au point B'.

Les deux triangles coïncideront donc, et par suite sont égaux, ce qui démontre l'énoncé.

THÉORÈME XVIII.

Deux triangles rectangles sont égaux quand ils ont l'hypoténuse égale et un angle aigu égal.

Soient ABC, A'B'C' les deux triangles proposés, dans lesquels on suppose que les hypoténuses BC, B'C' soient égales, ainsi que les angles aigus B et B'.

Pour démontrer qu'ils sont égaux, transportons le premier sur le second, pour en essayer la superposition. Nous pourrons toujours placer l'angle B sur son égal l'angle B', de telle sorte que BA suive la direction de B'A', et BC celle de B'C'. Comme BC est égal par hypothèse à B'C', le point C tombera en C'.

A cet instant, la perpendiculaire CA qui partait du point C, partira du point C', et comme d'un point on ne peut abaisser qu'une seule perpendiculaire sur une droite, elle devra suivre la direction de C'A'.

Les deux lignes BA, CA étant donc appliquées sur les lignes B'A', C'A', le point A intersection des deux premières, tombera nécessairement au point A' intersection des deux autres, et les deux triangles coïncideront. Ils sont donc égaux, et cela justifie l'énoncé.

THÉORÈME XIX.

Tout point pris sur la bissectrice d'un angle est également distant des deux côtés de cet angle, et tout point pris dans cet angle, mais en dehors de la bissectrice, est inégalement distant des deux mêmes côtés.

1° Soit M un point pris sur la bissectrice AD de l'angle BAC. Les distances du point M aux deux côtés AB, AC sont mesurées par les perpendiculaires ME, MF. Or les triangles rectangles MAE, MAF, ont l'hypoténuse AM commune, et les angles en A égaux par hypothèse. Ces deux triangles sont donc égaux, et l'on en conclut ME=MF, ce qui justifie la première partie de l'énoncé.

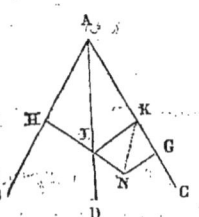

2° Soit N un point situé dans l'angle BAC, mais en dehors de la bissectrice, et pour fixer les idées, supposons-le à droite de celle-ci. Je dis que la perpendiculaire NG est moindre que la perpendiculaire NH.

En effet NH rencontre la bissectrice en un point I, et si nous abaissons la perpendiculaire IK sur AC, nous aurons IK=IH en vertu de la première partie de la proposition.

Mais on a NG<NK, puisque la perpendiculaire est plus courte que l'oblique. D'autre part NK est moindre que NI+IK, puisque la ligne droite est le plus court chemin d'un point à un autre. On a donc à plus forte raison

$$NG<NI+IK$$
Ou $$NG<NI+IH$$
Ou enfin $$NG<NH.$$

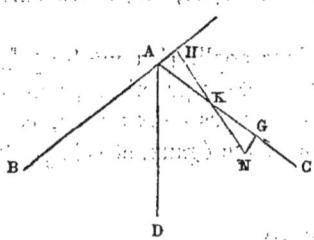

REMARQUE. — La démonstration précédente est en défaut, quand la perpendiculaire NH, au lieu de tomber sur AB, tombe sur son prolongement, comme dans la figure ci-contre. Mais alors le fait à démontrer est évident, car NH coupant le côté AC en K, on a NG<NK, puisque la perpendiculaire est plus courte que l'oblique, et à plus forte raison NG<NK+KH, ou NG<NH.

COROLLAIRE 1. — On peut énoncer le théorème précédent en disant que *la bissectrice d'un angle est le lieu des points situés dans cet angle, et également distants de ses côtés.*

COROLLAIRE II. — *Le lieu des points également distants de deux droites* AB, CD *qui se coupent, se compose des bissectrices* IE, IG, IF, IH, *des quatre angles qu'elles comprennent entre elles.* — Il est facile de montrer que ces quatre bissectrices sont deux à deux dans le prolongement l'une de l'autre. En effet, les angles adjacents AIC, CIB ayant leurs côtés extérieurs AI, IB en ligne droite, valent ensemble deux angles droits.

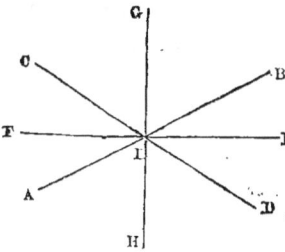

L'angle FIG qui se compose de la somme de leurs moitiés, vaut donc un angle droit. Pour la même raison, l'angle GIE est un angle droit. Donc les angles adjacents FIG, GIE valant ensemble deux droits, ont leurs côtés extérieurs en ligne droite, et IE est dans le prolongement de IF. On démontre identiquement de même que IH est dans le prolongement de IG.

COROLLAIRE III. — *Les bissectrices des trois angles d'un triangle se rencontrent en un même point.*

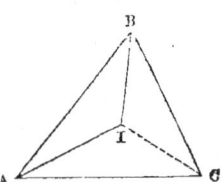

Soit en effet I le point d'intersection des bissectrices des angles A et B ; ce point I appartenant à la bissectrice de l'angle A, est à égale distance des côtés AB, AC ; appartenant à la bissectrice de l'angle B, il est à égale distance des côtés AB et BC. Il est donc à égale distance des trois côtés du triangle, et en particulier des côtés AC et BC. Il appartient par suite à la bissectrice de l'angle C, en sorte que cette 3ᵉ bissectrice passe elle-même au point I.

Des Parallèles.

THÉORÈME XX.

Quand deux droites AB, CD *sont perpendiculaires à une même droite* EF, *elles sont parallèles.*

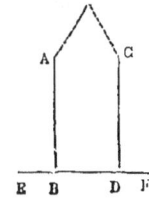

Car si elles se rencontraient en un point I par exemple, de ce point partiraient deux droites IAB, ICD, perpendiculaires à une même droite EF, ce que nous savons impossible.

THÉORÈME XXI.

Quand deux droites AB, CD, sont l'une perpendiculaire et l'autre oblique à une même droite EF, ces deux droites suffisamment prolongées se rencontrent.

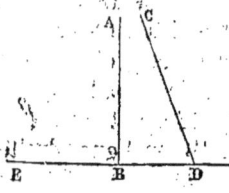

Cette proposition que l'on admet sans démonstration, est connue sous le nom de *Postulatum d'Euclide*.

THÉORÈME XXII.

Par un point A pris hors d'une droite BC, on peut toujours lui mener une parallèle et l'on ne peut lui en mener qu'une seule.

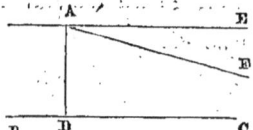

Effectivement, du point A on peut toujours abaisser sur BC la perpendiculaire AD. On peut toujours du même point, élever sur AD la perpendiculaire AE. Les droites AE, BC étant toutes deux, par construction, perpendiculaires sur AD, sont parallèles, et cela démontre la première partie de l'énoncé.

D'autre part, toute droite AF menée par le point A et différente de AE, est oblique à AD, puisque du point A on ne peut élever sur AD qu'une seule perpendiculaire. Elle rencontre donc BC en vertu du postulatum d'Euclide, en sorte que AE est la seule parallèle à BC que l'on puisse mener par le point A.

THÉORÈME XXIII.

Quand deux droites AB, CD sont séparément parallèles à une même droite EF, elles sont parallèles entre elles.

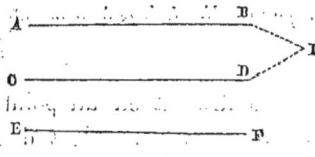

En effet, si elles se rencontraient en un point I, par exemple, de ce point partiraient deux parallèles IBA, IDC, à une même droite EF, ce que nous savons impossible.

THÉORÈME XXIV.

Quand deux droites AB, CD sont parallèles, toute droite EF perpendiculaire à AB, est aussi perpendiculaire à CD.

LIVRE PREMIER.   23

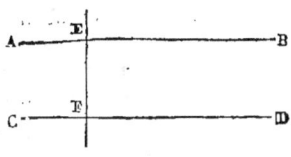

En effet, si EF n'était pas perpendiculaire à CD, CD serait oblique à EF, et dès lors elle rencontrerait AB en vertu du postulatum d'Euclide, ce qui n'est pas, puisqu'elle lui est parallèle.

Définitions.

Quand deux droites AB, CD sont coupées par une sécante EF, il en résulte huit angles qui, pris deux à deux, l'un au point E, l'autre au point F, reçoivent différents noms.

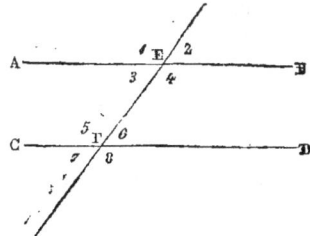

1° Les angles tels que 3 et 6, situés à l'intérieur des deux droites, de part et d'autre de la sécante, ont reçu le nom d'angles *alternes-internes*. Les angles 4 et 5 sont dans le même cas.

2° On appelle angles *correspondants*, des angles tels que 2 et 6, situés l'un à l'intérieur des deux droites, l'autre à l'extérieur, et d'un même côté de la sécante. Il en est de même des angles 1 et 5, des angles 3 et 7, et enfin des angles 4 et 8.

3° On appelle angles *alternes-externes*, des angles tels que 2 et 7, situés tous deux à l'extérieur des deux droites, et de part et d'autre de la sécante. Il en est de même des angles 1 et 8.

4° Enfin, les angles tels que 3 et 5, situés à l'intérieur des deux droites, d'un même côté de la sécante, ont reçu pour cette raison, le nom d'angles *intérieurs du même côté*. Il en est de même des angles 4 et 6.

THÉORÈME XXV.

Quand deux parallèles AB, CD, sont coupées par une sécante EF :

1° *Les angles alternes-internes sont égaux ;*
2° *Les angles correspondants sont égaux ;*
3° *Les angles alternes-externes sont égaux ;*
4° *Les angles intérieurs du même côté sont supplémentaires.*

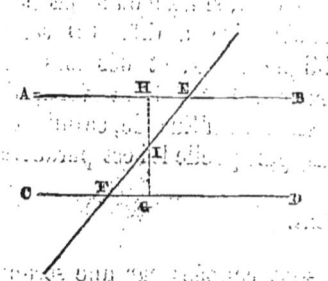

1° Considérons d'abord les angles alternes-internes aigus AEF, EFD, et pour démontrer qu'ils sont égaux, du milieu I de la sécante EF abaissons sur CD la perpendiculaire IG : elle sera aussi perpendiculaire sur AB en vertu d'une proposition précédente, en sorte que les triangles FIG, HIE sont tous deux rectangles. Ils ont les hypoténuses FI, IE égales par construction, et les angles en I égaux comme opposés par le sommet. Ils sont donc égaux, et l'on en conclut que l'angle F de l'un est égal à l'angle E de l'autre, ce qui démontre l'égalité des angles alternes-internes aigus.

L'égalité des angles alternes-internes obtus BEF, EFC, résulte de ce qu'ils sont les suppléments respectifs des premiers.

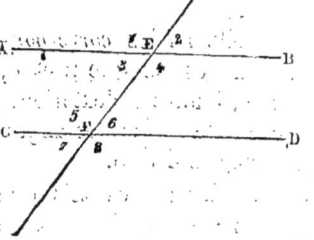

2° Les angles correspondants, 2 et 6 par exemple, sont égaux ; car les angles 2 et 3 sont égaux comme opposés par le sommet ; les angles 3 et 6 sont égaux comme alternes-internes. Donc aussi les angles 2 et 6 sont égaux.

3° Les angles alternes-externes, par exemple 2 et 7, sont égaux. Ils sont en effet respectivement égaux comme opposés par le sommet, aux angles 3 et 6 égaux eux-mêmes comme alternes-internes.

4° Enfin les angles intérieurs du même côté, par exemple 5 et 3, sont supplémentaires. L'angle 5 et l'angle 6 sont en effet supplémentaires comme angles adjacents ayant leurs côtés extérieurs en ligne droite ; mais les angles 6 et 3 sont égaux comme alternes internes : donc aussi les angles 5 et 3 sont supplémentaires.

THÉORÈME XXVI.

Réciproquement, quand deux droites AB, CD forment avec une sécante EF, des angles alternes-internes AEF, EFD égaux entre eux, ces droites sont parallèles.

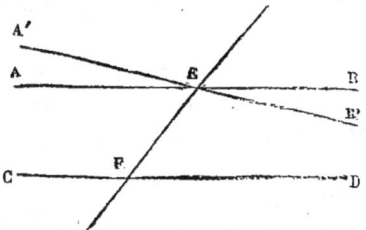

Concevons en effet par le point E, la parallèle A'B' à CD. Les parallèles A'B', CD étant coupées par la sécante EF, les angles alternes-internes A'EF, EFD sont égaux. Mais déjà par hypothèse les angles AEF, EFD sont égaux ; on en conclut A'EF=AEF. Or cela ne peut être qu'à condition que A'E se confonde avec AE, c'est-à-dire A'B' avec AB, et par suite que AB soit parallèle à CD.

REMARQUE. — On démontre identiquement de même que si deux droites AB, CD, forment avec une sécante EF, ou des angles alternes-externes égaux, ou des angles correspondants égaux, ou enfin des angles intérieurs du même côté supplémentaires, ces droites sont parallèles.

THÉORÈME XXVII.

Quand d'un point E, on mène aux deux côtés d'un angle BAC, deux parallèles DH, GF indéfinies dans les deux sens, on forme autour du point E quatre angles qui sont, deux égaux à l'angle BAC, et deux supplémentaires de cet angle.

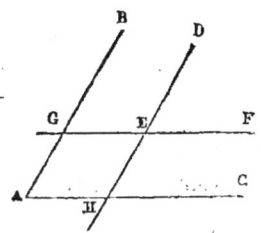

En effet : 1° Les angles DEF, DHC sont égaux comme correspondants par rapport aux parallèles GF, AC coupées par la sécante DH. Les angles BAC, DHC, sont égaux comme correspondants par rapport aux parallèles DH, BA, coupées par la sécante AC. Les angles DEF, BAC sont donc égaux à un même angle DHC, et par conséquent sont égaux entre eux.

2° L'angle GEH est égal à l'angle DEF son opposé par le sommet ; il est donc lui-même égal à l'angle BAC.

3° L'angle GED est le supplément de l'angle DEF, car ces angles adjacents ont leurs côtés extérieurs GE, EF en ligne droite. Comme DEF est égal à BAC, GED est le supplément de BAC.

Il en est de même, pour une raison analogue, de l'angle FEH, et le théorème est ainsi démontré.

26   GÉOMÉTRIE.

COROLLAIRE. On énonce souvent le théorème précédent en disant :

1° *Deux angles* DEF, BAC *qui ont leurs côtés parallèles chacun à chacun et dirigés dans le même sens sont égaux.*

2° *Deux angles* GEH, BAC *qui ont leurs côtés parallèles chacun à chacun mais de directions inverses sont égaux.*

3° *Deux angles* DEG, BAC, *ou* FEH, BAC *qui ont leurs côtés parallèles et dirigés deux dans le même sens et deux en sens inverses, sont supplémentaires.*

THÉORÈME XXVIII.

Deux angles qui ont les côtés perpendiculaires chacun à chacun sont égaux ou supplémentaires : égaux s'ils sont tous deux aigus ou tous deux obtus, supplémentaires s'ils sont l'un aigu l'autre obtus.

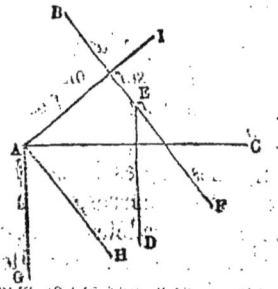

1° Soient IAC, DEF deux angles qui ont leurs côtés perpendiculaires chacun à chacun, et sont tous deux aigus.

Pour démontrer qu'ils sont égaux menons AG parallèle à ED et de même sens : elle sera perpendiculaire à AC. De même AH parallèle à EF et de même sens, sera perpendiculaire sur AI, et les deux angles DEF, GAH ayant leurs côtés parallèles chacun à chacun seront égaux. Nous sommes ainsi ramenés à faire voir que l'angle GAH est égal à l'angle IAC.

Or AG étant perpendiculaire à AC, l'angle GAC est droit, et GAH est le complément de CAH.

De même AH étant perpendiculaire sur AI, l'angle IAH est droit, et l'angle IAC est le complément de l'angle CAH.

Les angles GAH, IAC étant donc les compléments d'un même angle CAH, sont égaux entre eux.

Il en résulte que l'angle DEF lui-même est égal à IAC, ce qui démontre la première partie de l'énoncé.

2° Si les angles considérés étaient tous deux obtus, ils seraient égaux, comme étant les suppléments respectifs des angles aigus dont nous venons de démontrer l'égalité.

3° Enfin si les angles considérés sont l'un aigu, l'autre obtus, ils sont supplémentaires. L'angle obtus BED est en effet le supplément de son adjacent DEF, et par suite de l'angle IAC qui lui est égal en vertu de la première partie de la proposition.

THÉORÈME XXIX.

Dans tout triangle la somme des trois angles est égale à deux angles droits.

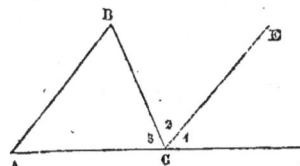

Soit ABC un triangle quelconque. Prolongeons le côté AC, et par le point C menons CE parallèle à AB. Nous aurons ainsi au point C trois angles 1, 2 et 3.

Or l'angle 1 et l'angle A sont égaux comme correspondants par rapport aux parallèles AB, CE, coupées par la sécante AD. L'angle 2 et l'angle B sont égaux comme alternes-internes par rapport aux mêmes parallèles coupées par la sécante BC. Enfin l'angle 3 est un angle du triangle proposé.

Il en résulte qu'au lieu de faire la somme des trois angles de ce triangle, il revient au même de faire la somme des angles 1, 2 et 3 du point C. Mais en vertu d'un théorème précédent, la somme de ces trois derniers angles est égale à deux angles droits. Il en est donc de même de la somme des trois angles du triangle.

COROLLAIRE I. — *Dans tout triangle, il ne peut y avoir plus d'un angle droit, ni à plus forte raison plus d'un angle obtus.*

COROLLAIRE II. — *Dans tout triangle rectangle, les deux angles aigus valent à eux deux un angle droit, ou comme on dit sont complémentaires.*

COROLLAIRE III. — Lorsque dans un triangle deux angles sont donnés, pour avoir le troisième, il suffit de faire la somme des deux premiers, et de la retrancher de deux angles droits.

EXEMPLE. — Supposons que dans le triangle ABC, on ait :

$$B = \frac{5^{dr}}{6}, C = \frac{3^{dr}}{8}$$

On aura :

$$B+C = \frac{5^{dr}}{6} + \frac{3^{dr}}{8}$$

$$= \frac{20^{dr}}{24} + \frac{9^{dr}}{24} = \frac{29^{dr}}{24}$$

Par suite :

$$A = 2^{dr} - \frac{29^{dr}}{24} = \frac{48^{dr}}{24} - \frac{29^{dr}}{24} = \frac{19^{dr}}{24}$$

— On voit par là que, *dès que deux triangles ont deux angles égaux chacun à chacun, leurs troisièmes angles sont égaux*, puisqu'ils s'obtiennent à l'aide du même calcul.

COROLLAIRE IV. — Il résulte de la démonstration même du théorème précédent, que l'angle BCD se compose de deux parties 1 et 2, respectivement égales aux angles A et B, et par suite est égal à la somme de ces angles. Donc :

L'angle extérieur compris entre un côté d'un triangle et le prolongement d'un autre, est égal à la somme des deux angles intérieurs non adjacents au premier.

THÉORÈME XXX.

Dans tout polygone convexe, la somme des angles est égale à autant de fois deux angles droits que le polygone a de côtés moins deux.

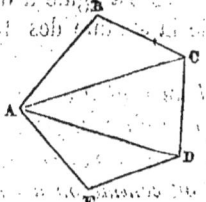

Soit ABCDE un polygone convexe quelconque ; joignons son sommet A à tous les autres par les diagonales AC, AD. Nous décomposerons ainsi ce polygone en triangles, et faire la somme des angles du polygone revient à faire la somme des angles de ces triangles.

Or ces triangles ont pour sommet commun le point A, et pour bases les côtés BC, CD, DE, c'est-à-dire tous les côtés du polygone moins les deux qui aboutissent en A. Il y a donc autant de ces triangles que de côtés moins deux ; et comme la somme des angles de chacun d'eux est égale à deux angles droits, la somme des angles du polygone est égale à autant de fois deux angles droits qu'il a de côtés moins deux.

COROLLAIRE I. — Si nous désignons par *s* la somme des angles

du polygone et par n le nombre de ses côtés, l'énoncé précédent se traduit par la formule :
$$s = 2^{dr}(n-2)$$

COROLLAIRE II. — Le produit de 2^{dr} par $n-2$ est égal à $2n^{dr}-4^{dr}$. On peut donc écrire la formule précédente sous la forme :
$$s = 2n^{dr} - 4^{dr}$$

Ainsi, *pour obtenir la somme des angles d'un polygone, on peut encore multiplier 2 droits par le nombre de ses côtés, et retrancher 4^{dr} du résultat.*

EXEMPLE. — Si l'on a $n=4$, on a par suite :
$$s = 8^{dr} - 4^{dr} = 4^{dr}$$
Si l'on a $n=5$, il vient :
$$s = 10^{dr} - 4^{dr} = 6^{dr} \text{ etc.}$$

THÉORÈME XXXI.

Quand on prolonge dans le même sens tous les côtés d'un polygone convexe, la somme des angles extérieurs ainsi formés, est toujours égale à quatre angles droits.

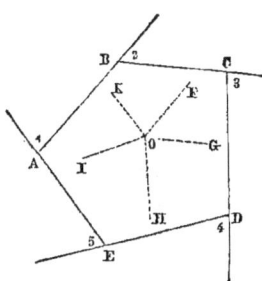

Soit ABCDE un polygone convexe. Il s'agit de faire voir que la somme des angles extérieurs 1, 2, 3, 4 et 5 est égale à 4 angles droits.

A cet effet, d'un point O du plan on mène des parallèles à tous les côtés du polygone, dans le sens de leur prolongement. On forme ainsi autour du point O, une suite d'angles dont la somme est égale à quatre angles droits, en vertu d'un théorème précédent. Mais ces angles sont respectivement égaux aux angles 1, 2, 3, 4, 5, comme ayant leurs côtés parallèles à ceux de ces angles, et dirigés dans le même sens. Donc aussi la somme des angles 1, 2, 3, 4, 5 est égale à quatre angles droits.

REMARQUE. — On aurait pu aussi démontrer le même fait en observant que l'angle intérieur et l'angle extérieur du point A valent ensemble deux angles droits. De même l'angle intérieur et l'angle extérieur du point B ; de même ceux du point C, etc. Il en résulte que la somme des angles tant intérieurs qu'extérieurs du polygone, est égale à autant de fois **deux** droits que le polygone a de sommets ou de côtés, c'est-à-dire à $2n^{dr}$. Mais la somme des angles intérieurs seuls est égale à $2n^{dr} — 4^{dr}$. Donc la somme des angles extérieurs est égale à la différence entre $2n^{dr} — 4^{dr}$ et $2n^{dr}$, c'est-à-dire à 4^{dr}.

Des Parallélogrammes.

THÉORÈME XXXII.

Dans tout parallélogramme, les côtés opposés sont égaux ainsi que les angles opposés.

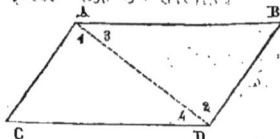

1° Soit ABCD un parallélogramme quelconque. Si nous tirons la diagonale AD, les deux triangles ACD, ABD ainsi formés, ont le côté AD commun, les angles 1 et 2 égaux comme alternes-internes par rapport aux parallèles AC, BD et à la sécante AD ; et les angles 3 et 4 égaux pour une raison analogue. Ces deux triangles ayant donc un côté égal adjacent à des angles égaux chacun à chacun, sont égaux, et l'on en conclut AC=BD et AB=CD.

2° Les angles opposés du parallélogramme ABCD sont égaux comme ayant les côtés parallèles chacun à chacun et dirigés en sens inverse.

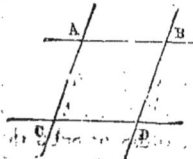

COROLLAIRE I. — *Les portions AC, BD de deux parallèles comprises entre deux droites parallèles AB, CD sont égales.* La figure ABCD est en effet un parallélogramme qui donne AC=BD.

COROLLAIRE II. — *Deux parallèles sont partout également distantes.*

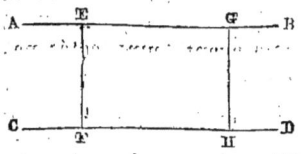

Cet énoncé signifie que si AB et CD sont deux parallèles, les perpendiculaires EF, GH abaissées de deux points quelconques de l'une sur l'autre, sont égales. Or ce fait est une conséquence immédiate du théorème précédent, car EF et GH étant parallèles comme perpendiculaires à une même droite, la figure EFGH est un parallélogramme qui donne EF=GH.

THÉORÈME XXXIII.

Réciproquement, 1° lorsque dans un quadrilatère les côtés

opposés sont égaux, ces mêmes côtés sont parallèles, et le quadrilatère est un parallélogramme.

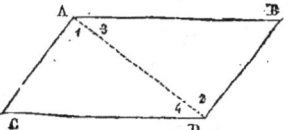

Supposons que dans le quadrilatère ABCD on ait :

AB=CD, AC=BD,

et tirons la diagonale AD. Les deux triangles ACD, ABD auront le côté AD commun, et les autres côtés égaux chacun à chacun par hypothèse. Ils sont donc égaux, et l'on en conclut

ang. 1=ang. 2, ang. 3=ang. 4.

Mais les angles 1 et 2 sont alternes-internes par rapport aux droites AC, BD coupées par la sécante AD. Donc ces droites sont parallèles. De même l'égalité des angles 3 et 4 entraîne le parallélisme des droites AB, CD. Le quadrilatère ABCD ayant donc ses côtés opposés parallèles, est un parallélogramme.

2° *Lorsque les angles opposés d'un quadrilatère sont égaux, ce quadrilatère est un parallélogramme.*

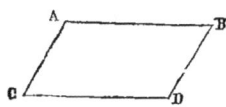

La somme des angles d'un quadrilatère étant toujours égale à 4 angles droits, on a d'abord :

A+B+C+D=4^{dr}.

Or si l'on suppose qu'on ait A=D et B=C, cette égalité devient
2A+2C=4^{dr}
Ou A+ C=2^{dr}

Cela montre que, par suite de l'hypothèse, les angles intérieurs du même côté A et C, sont supplémentaires, et par conséquent que les droites AB, CD qui les forment sont parallèles.

Par un procédé analogue on fera voir que AC est parallèle BD. Le quadrilatère ABCD est donc un parallélogramme.

THÉORÈME XXXIV.

Lorsque dans un quadrilatère, deux côtés opposés sont à la fois égaux et parallèles, ce quadrilatère est un parallélogramme.

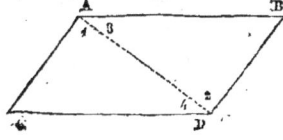

Supposons que dans le quadrilatère ABDC, les côtés AB et CD soient à la fois égaux et parallèles, et menons la diagonale AD. Les deux

triangles ABD, ACD auront le côté AD commun, les côtés AB, CD égaux par hypothèse, et enfin les angles 3 et 4 égaux comme alternes-internes par rapport aux parallèles AB, CD coupées par la sécante AD. Ces deux triangles ayant donc un angle égal compris entre côtés égaux, sont égaux, et l'on en conclut :
ang. 1 = ang. 2.

Mais ces angles 1 et 2 sont dans la position d'angles alternes-internes. Donc les droites AC, BD qui les forment sont parallèles. Le quadrilatère ABCD est donc un parallélogramme.

COROLLAIRE. — *Quand une droite AB, a deux de ses points E et G également distants d'une autre droite CD, elle lui est parallèle.*

Les droites EF, GH sont en effet parallèles comme perpendiculaires à la même droite CD. Comme de plus elles sont égales par hypothèse, le quadrilatère EFGH est un parallélogramme en vertu du théorème précédent ; EG est donc parallèle à FH, c'est-à-dire AB à CD.

THÉORÈME XXXV.

Dans tout parallélogramme ABCD, les diagonales AD, BC se coupent en leurs milieux, et réciproquement.

Pour démontrer la première partie de l'énoncé, considérons les deux triangles AIB, CID. Ils ont leurs côtés AB, CD égaux comme côtés opposés d'un même parallélogramme ; les angles 1 et 2 égaux comme alternes-internes par rapport aux parallèles AB, CD, coupées par la sécante AD ; les angles 3 et 4 égaux pour une raison analogue. Ces deux triangles ayant un côté égal adjacent à des angles égaux chacun à chacun, sont égaux. On en conclut
CI = IB et AI = ID,
Ce qui démontre la première partie de l'énoncé.

2° Réciproquement, si dans le quadrilatère ABCD, on a CI = IB, AI = ID, les deux triangles CID, AIB ont les angles en I égaux comme opposés par le sommet, et compris entre côtés égaux par hypothèse. Ces deux triangles sont donc égaux, et l'on en conclut AB = CD. On en conclut aussi ang. 1 = ang. 2, et comme ces angles sont dans la position d'alternes-internes les droites

AB et CD qui les forment par leur intersection avec AD, sont parallèles.

Le quadrilatère ABCD a donc deux côtés opposés, égaux et parallèles, et par conséquent est un parallélogramme.

THÉORÈME XXXVI.

Dans tout rectangle ABCD, *les diagonales* AC, BD *sont égales, et réciproquement.*

Observons d'abord que pour qu'un parallélogramme devienne un rectangle, il suffit qu'un de ses angles devienne droit, car les autres angles sont droits par suite, l'un comme égal au premier, les autres comme suppléments du premier.

Cela posé, considérons les triangles rectangles ADC, BCD. Ils ont les angles D et C égaux comme droits; le côté DC commun, et les côtés AD, BC, égaux comme côtés opposés d'un même parallélogramme. Ces triangles, ayant donc un angle égal compris entre côtés égaux, sont égaux, et l'on en conclut AC=BD.

— Réciproquement, *si dans le parallélogramme* ABCD, *on a* AC=BD, *ce parallélogramme est un rectangle.* Les deux triangles ADC, BCD ont en effet alors les trois côtés égaux, savoir : AC et BD égaux par hypothèse; AD et BC égaux comme côtés opposés d'un même parallélogramme, et DC commun. Ces deux triangles sont donc égaux, et l'on en conclut :

Angle D=Angle C.

Mais en vertu des propriétés des parallélogrammes, les angles D et C sont respectivement égaux à leurs opposés A et B. Donc les quatre angles du parallélogramme proposé sont égaux ; et comme leur somme est égale à quatre droits, chacun d'eux est un angle droit.

THÉORÈME XXXVII.

Dans tout losange les diagonales se coupent à angle droit, et réciproquement.

Observons d'abord que pour qu'un parallélogramme devienne un losange il suffit que deux côtés adjacents y deviennent égaux, car, les deux autres étant respectivement égaux aux premiers en vertu des propriétés des parallélogrammes, les quatre côtés sont égaux entre eux.

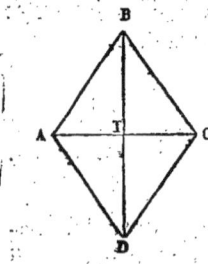

Cela posé, soit ABCD le losange proposé; d'abord ses diagonales se coupent en parties égales, et le point I est le milieu de AC. D'ailleurs le triangle ABC est isocèle, puisque par définition les côtés AB, BC sont égaux entre eux. La ligne BI qui va du sommet de ce triangle au milieu I de sa base AC, est donc perpendiculaire sur cette base, et cela démontre la première partie de l'énoncé.

2° Réciproquement, si dans le parallélogramme ABCD, les diagonales AC, BD se coupent à angle droit, comme d'ailleurs en vertu d'une proposition précédente, le point I est le milieu de AC, les droites BA, BC sont des obliques qui s'écartent également du pied de la perpendiculaire BI, et par suite sont égales. Pour une raison analogue BC est égal à CD, et CD à DA. Le parallélogramme a donc ses quatre côtés égaux et par suite est un losange.

THÉORÈME XXXVIII.

La parallèle DE *à la base* AC *d'un triangle* ABC, *menée par le milieu du côté* AB, *passe par le milieu du côté* BC.

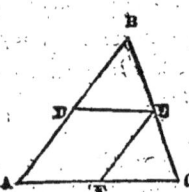

En effet, si l'on tire EF parallèle à AB, les deux triangles DBE, FEC ont les côtés BD, EF égaux entre eux comme étant tous deux égaux à DA, le premier par hypothèse, le second parce que EF et DA sont les côtés opposés d'un même parallélogramme. Ces mêmes triangles ont les angles B et E égaux comme correspondants, par rapport aux parallèles BA, EF, coupées par la sécante BC, et les angles D et F, comme ayant les côtés parallèles et dirigés dans le même sens. Ces deux triangles ont donc un côté égal, adjacent à deux angles égaux chacun à chacun, et par suite sont égaux. On en conclut BE=EC, ce qui justifie l'énoncé.

— Réciproquement, *si les points* D *et* E *sont les milieux des côtés* BA, BC *du triangle* ABC, *la droite* DE *qui les joint est parallèle au troisième côté* AC.

En effet la parallèle au côté AC menée par le point D, doit, en vertu de la première partie du théorème, passer par le milieu de BC, c'est-à-dire par le point E. Elle ne diffère donc pas de DE.

COROLLAIRE. — Dans le parallélogramme ADEF, on a DE=AF. Les triangles égaux DBE, FEC, donnent aussi DE=FC. On en conclut $AF=FC=\frac{AC}{2}$. Ainsi la ligne DE est égale à la moitié de la base AC.

THÉORÈME XXXIX.

Dans tout triangle les trois médianes se coupent en un même point.

DÉFINITION. — On appelle *médianes* d'un triangle les droites qui joignent chaque sommet au milieu du côté opposé.

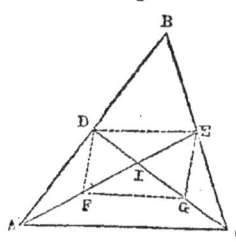

Soient donc AE, DC deux des médianes du triangle ABC, I leur point d'intersection; tirons DE, et joignons le milieu F de AI au milieu G de IC. La droite DE, joignant les milieux de deux des côtés du triangle ABC, est parallèle à AC et égale à sa moitié. De même, FG, joignant les milieux de deux côtés du triangle AIC, est parallèle à AC et égale à sa moitié. Il en résulte que DE et FG sont égales et parallèles entre elles.

Dès lors, le quadrilatère FDEG, ayant deux côtés opposés égaux et parallèles, est un parallélogramme. On en conclut DI=IG; comme d'ailleurs IG=GC, il s'en suit que DI est le tiers de DC.

Pous une raison analogue IE est le tiers de AE.

Ainsi, deux médianes quelconques du triangle se coupent en leur tiers à partir du côté correspondant. Si donc on mène la troisième médiane, elle devra passer au tiers de chacune des deux premières, c'est-à-dire au point I, et cela justifie l'énoncé.

THÉORÈME XL.

Les trois hauteurs d'un triangle se coupent en un même point.

DÉFINITION. — On appelle *hauteurs* d'un triangle les perpendiculaires abaissées des trois sommets sur les côtés opposés.

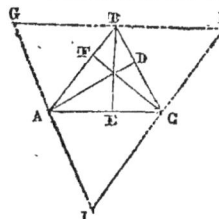

Soient donc AD, BE, CF, les trois hauteurs du triangle ABC. Si, par chacun des sommets de ce triangle nous menons des parallèles aux côtés opposés, le parallélogramme AGBC donnera GB=AC; le parallélogramme ABHC donnera de même BH=AC. On en conclut GB=BH, en sorte que B est le milieu de GH. Pour la même raison, C est le milieu de IH, et A le milieu de GI.

D'autre part, BE perpendiculaire à AC l'est aussi sur sa parallèle

GH. Pour la même raison, AD et CF sont respectivement perpendiculaires à GI et IH.

Ainsi, les trois hauteurs du triangle ABC sont les perpendiculaires élevées sur les côtés du triangle GHI en leurs milieux, et comme telles elles se rencontrent en un même point.

EXERCICES SUR LE PREMIER LIVRE.

1. — Établir une formule qui donne le nombre des points d'intersection de m lignes droites dont chacune coupe toutes les autres.

2. — Établir une formule qui donne le nombre des diagonales d'un polygone de n côtés.

3. — On joint un point pris dans l'intérieur d'un triangle à ses trois sommets. Démontrer que la somme des lignes de jonction est moindre que le périmètre du triangle et plus grande que la moitié de ce périmètre.

4. — Les bissectrices de deux angles adjacents supplémentaires sont perpendiculaires entre elles.

5. — Les bissectrices de deux angles opposés par le sommet sont en ligne droite.

6. — Quand quatre droites partent d'un même point, de telle sorte que les angles opposés par le sommet qu'elles comprennent entre elles soient égaux, ces droites sont deux à deux dans le prolongement l'une de l'autre.

7. — Démontrer que la ligne qui joint un sommet d'un triangle au milieu du côté opposé est moindre que la demi-somme des deux autres côtés.

8. — Étant donnés deux points A et B d'un même côté d'une droite, trouver sur cette droite un point M tel que les droites MA, MB fassent avec la première des angles égaux.

9. — Dans la même figure, déterminer le point M de telle sorte que la somme MA+MB soit la plus petite possible. (Montrer que ce point M est le même que dans la question précédente).

10. — Faire voir qu'un triangle est isocèle
1° Si la bissectrice d'un angle est perpendiculaire sur le côté opposé.
2° Si la ligne qui va d'un sommet au milieu du côté opposé est perpendiculaire sur ce côté.
3° Si la bissectrice d'un angle passe par le milieu du côté opposé.

11. — Sur les côtés égaux d'un triangle isocèle ABC, on prend des distances AE, CF égales entre elles, et l'on tire FA, EC. Démontrer : 1° Que ces deux lignes sont égales ; 2° qu'elles sont également inclinées sur la base AC ; 3° qu'elles se coupent sur la hauteur du triangle.

12. — Aux extrémités d'une droite AB, on mène des droites AM, BM faisant avec AB des angles égaux. Trouver le lieu du point M.

13. — Étant donnés un point A et une droite mn, on joint le point

A à un point quelconque B de mn, et sur AB on construit un triangle équilatéral ABM. Trouver le lieu du troisième sommet M de ce triangle équilatéral.

14. — Étant donné un point A sur un côté d'un angle, trouver sur ce même côté un second point également éloigné du point A et de l'autre côté.

15. — Les perpendiculaires abaissées des extrémités de la base d'un triangle isocèle sur les côtés opposés sont égales.

— Les trois hauteurs d'un triangle équilatéral sont égales.

16. — Quand des obliques AB, AC, AD, issues d'un même point, comprennent entre elles deux à deux, des angles égaux BAC, CAD... les distances BC, CD... comprises entre leurs pieds, sont de plus en plus grandes.

Inversement, si les distances BC, CD..., comprises entre les pieds de ces obliques sont égales, les angles BAC, CAD... qu'elles comprennent entre elles sont de plus en plus petits.

17. — Mener la bissectrice de l'angle de deux droites qu'on ne peut pas prolonger jusqu'à leur point d'intersection.

18. — Par un point donné dans un angle, mener une droite qui détache un triangle isocèle.

19. — Élever sur l'un des côtés de l'angle droit d'un triangle rectangle une perpendiculaire qui soit égale à l'un des segments qu'elle détermine sur l'hypoténuse. Le problème admet-il plusieurs solutions?

20. — Étant donné un triangle ABC, mener une parallèle DE à sa base AC, qui soit égale à la somme des segments interceptés entre elle et cette base. Le problème admet-il plusieurs solutions?

21. — Étant donnés un point fixe A et une droite mn, on mène du point à la droite une droite quelconque AB, sur laquelle on élève la perpendiculaire AC, égale à AB. Trouver le lieu du point C.

22. — On prolonge de deux en deux, jusqu'à leur rencontre, les côtés d'un polygone convexe; établir une formule qui donne la somme des angles ainsi formés, en fonction du nombre n des côtés du polygone.

23. — Aux extrémités d'une droite AB, on mène des droites AM, BM faisant avec AB des angles respectivement égaux à $\frac{3}{8}$ et $\frac{5}{6}$ d'angle droit, et deux droites AN et BN, faisant pareillement avec AB des angles de $\frac{7}{9}$ et $\frac{11}{12}$ d'angle droit; enfin, on mène les bissectrices des angles M et N. Calculer la valeur de l'angle I que ces bissectrices comprennent entre elles.

24. — Quand, dans un triangle rectangle, un angle aigu est égal à la moitié de l'autre, l'un des côtés de l'angle droit est égal à la moitié de l'hypoténuse.

25. — Quand, dans un triangle rectangle, l'hypoténuse est double d'un côté de l'angle droit, la perpendiculaire abaissée du sommet sur l'hypoténuse la partage en deux parties, dont l'une est le tiers de l'autre.

26. — Dans tout triangle rectangle, la perpendiculaire abaissée du sommet de l'angle droit sur l'hypoténuse et la médiane issue du même sommet, comprennent entre elles un angle égal à la différence des angles aigus du triangle.

27. — Dans tout triangle, la bissectrice d'un angle fait avec le côté opposé un angle aigu égal au complément de la demi-différence des deux autres angles.

28. — Etant donné un triangle isocèle ABC, on prolonge sa base AC d'une longueur CD égale à BC, puis l'on tire DB que l'on prolonge en BG. Démontrer que l'angle ABG, ainsi formé, est le triple de l'angle CBD.

29. — Dans un triangle quelconque ABC, on mène par un sommet B une droite BE faisant avec BC un angle EBC égal à l'angle A, et une droite BD faisant avec BA un angle égal à l'angle C. Démontrer que le triangle DBE ainsi formé, est toujours isocèle, quel que soit le triangle proposé. Examiner les différents cas que peut présenter la figure.

30. — Les bissectrices des deux angles quelconques d'un triangle comprennent entre elles un angle égal à un droit, plus la moitié du 3ᵉ angle. — Que vaut l'angle compris entre les bissectrices de deux angles extérieurs du même triangle?

31. — Les côtés d'un triangle équilatéral étant partagés chacun en trois parties égales, on joint deux à deux les points de division de même rang. Démontrer : 1° que le second triangle ainsi formé est aussi équilatéral ; 2° que ses côtés sont respectivement perpendiculaires à ceux du premier ; 3° que sa surface est le tiers de celle du premier.

— Démontrer que, de même, si les côtés d'un carré sont partagés chacun en trois parties égales, le quadrilatère formé en joignant les points de division de même rang est un carré, dont la surface est les $\frac{5}{9}$ de celle du premier.

32. — Étant donnés deux carrés ABCD, DEFG, placés l'un à côté de l'autre de telle sorte que leurs bases AD, DG soient dans le prolongement l'une de l'autre, on prend sur AD et sur le prolongement de DC des distances AI et CH égales à DG, et l'on tire BI, IF, FH et HB. Démontrer : 1° que le quadrilatère BIFH est un carré ; 2° que ce carré est équivalent à la somme des deux premiers. En conclure que le carré construit sur l'hypoténuse d'un triangle rectangle est équivalent à la somme des carrés construits sur les deux autres côtés.

33. — Construire un carré, connaissant la somme ou la différence de sa diagonale et de son côté.

34. — Un rayon lumineux tombe sur un miroir plan et s'y réfléchit en faisant l'angle de réflexion égal à l'angle d'incidence ; le rayon réfléchi tombe lui-même sur un second miroir, et s'y réfléchit en obéissant à la même loi : faire voir que l'angle que fait le rayon doublement réfléchi avec le rayon incident prolongé, est le double de l'angle des deux miroirs. (On suppose les rayons incidents et réfléchis situés tous dans un même plan).

35. — Etant donné un angle A, on mène en dehors de cet angle deux parallèles BC, DE, qui en rencontrant les côtés de part et d'autre du sommet, puis des droites CF, EG, faisant avec ces mêmes côtés des angles respectivement égaux à ABC et AED. Calculer, en fonction de l'angle A, l'angle I que ces dernières droites prolongées comprennent entre elles.

36. — Etant donné un quadrilatère quelconque ABCD, on en prolonge les côtés opposés jusqu'à leurs rencontres respectives en E et F, et l'on mène les bissectrices des angles E et F, ainsi formés. Démontrer que l'angle compris entre ces deux bissectrices, est égal à la demi-somme de deux angles opposés du quadrilatère.

37. — Les bissectrices des angles d'un parallélogramme quelconque par leur rencontre, forment toujours un rectangle. Il en est de même des bissectrices des angles extérieurs du même parallélogramme. Les diagonales de ces rectangles sont deux à deux sur une même ligne droite, parallèle aux côtés correspondants du parallélogramme. — Trouver la valeur des diagonales de ces rectangles, connaissant les longueurs des côtés du parallélogramme proposé.

38. — Les bissectrices des quatre angles intérieurs d'un quadrilatère quelconque forment, en se rencontrant, un second quadrilatère dont les angles opposés sont supplémentaires. Il en est de même des bissectrices des angles extérieurs du même quadrilatère. Les diagonales de ces nouveaux quadrilatères sont les bissectrices des angles formés en prolongeant les côtés opposés du quadrilatère primitif.

39. — Dans tout triangle isocèle la somme des perpendiculaires abaissées d'un point de la base sur les côtés égaux est constante quel que soit ce point. — Cas où le point est pris sur le prolongement de la base.

39 bis. — Dans tout triangle équilatéral, la somme des perpendiculaires abaissées d'un point intérieur sur les trois côtés, est constante quel que soit ce point. — Cas où le point est extérieur.

40. — Trouver le lieu des quatrièmes sommets des rectangles de périmètre constant, construits dans un angle droit donné. — Faire voir que la perpendiculaire menée d'un point quelconque du lieu sur la diagonale non adjacente du rectangle correspondant, passe par un point fixe.

41. — Dans un parallélogramme, toute droite menée par le point de rencontre des diagonales est partagée en ce point en deux parties égales, et partage elle-même le parallélogramme en deux quadrilatères égaux.

42. — Quand deux parallélogrammes sont inscrits l'un dans l'autre, leurs quatre diagonales se coupent en un même point.

43. — Démontrer que dans un triangle, un angle est droit, obtus ou aigu, suivant que la médiane qui part du sommet de cet angle, est égale à la moitié du côté opposé, ou plus petite, ou plus grande. — Réciproques.

44. — Étant donnés deux parallèles et un point A dans leur plan, on mène de ce point deux droites quelconques AB, AC, terminées à ces deux parallèles et on achève le parallélogramme ABMC. Trouver le lieu du quatrième sommet M de ce parallélogramme.

45. — Étant donnés deux parallèles et deux points A et B, situés en dehors et de part et d'autre, on demande de mener aux deux parallèles une perpendiculaire commune EF, telle que la somme AE+EF+FB soit la plus petite possible.

46. — Étant donnés un billard rectangulaire et une bille située d'une manière quelconque sur le billard, trouver dans quelle direction il faut la lancer pour qu'elle atteigne un point déterminé, après avoir frappé ou 2, ou 3, ou les 4 bandes. (On admet que la bille, après avoir frappé une bande, se réfléchit en faisant l'angle de réflexion égal à l'angle d'incidence).

47. — Lorsque, sur un billard rectangulaire, on lance une bille parallèlement à l'une des diagonales : 1° cette bille revient toujours au point de départ, quel que soit ce point, après avoir frappé les quatre bandes. 2° Le chemin parcouru est toujours le même, quel que soit le point de départ. 3° Il est minimum, c'est-à-dire moindre que si la bille avait parcouru les côtés d'un quadrilatère quelconque ayant ses sommets sur les côtés du rectangle, sans obéir à la loi ordinaire de la réflexion.

48. — Dans tout quadrilatère, les droites qui joignent les milieux des côtés opposés et les milieux des diagonales, se coupent en un même point qui est le milieu de chacune d'elles.

49. — Dans tout trapèze, la ligne qui joint les milieux des côtés non parallèles, est parallèle aux bases et égale à leur demi-somme. — Que vaut la ligne qui joint les milieux des deux diagonales ?

50. — Le quadrilatère qui a pour sommets respectifs les milieux des côtés d'un quadrilatère quelconque, est toujours un parallélogramme. Que vaut la surface de ce parallélogramme, par rapport à celle du quadrilatère primitif ?

51. — Construire un pentagone, connaissant les milieux de ses cinq côtés.

52. — La somme des perpendiculaires abaissées des quatre sommets d'un parallélogramme sur une droite quelconque située dans son plan, est égale à 4 fois la perpendiculaire abaissée du point de rencontre de ses diagonales.

53. — La somme des perpendiculaires abaissée des quatre sommets d'un quadrilatère quelconque sur une droite située dans son plan, est égale à 4 fois la perpendiculaire abaissée du milieu de la ligne qui joint les milieux de deux côtés opposés du quadrilatère.

54. — Quand par les sommets d'un quadrilatère quelconque, on mène des parallèles à ses diagonales, on forme un parallélogramme double du quadrilatère. — En conclure que deux quadrilatères sont égaux en surface, quand leurs diagonales sont égales et se coupent sous des angles égaux.

55. — Par un point donné dans un angle, mener une droite qui y soit partagée en deux parties égales.

LIVRE III

DE LA CIRCONFÉRENCE.

Définitions.

La *circonférence* est une ligne courbe, dont tous les points sont à la même distance d'un point intérieur appelé *centre*.

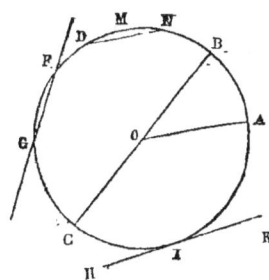

Toute droite OA qui va du centre à un point quelconque de la circonférence, est un *rayon*. Tous les rayons sont égaux, car ils mesurent des distances égales par définition.

On appelle *diamètre*, toute droite BC qui, passant par le centre, aboutit de part et d'autre à la circonférence. Tous les diamètres sont égaux, car ils se composent chacun de deux rayons.

On appelle *arc*, une portion quelconque DME de la circonférence. La droite DE, qui joint les extrémités d'un arc, prend le nom de *corde*. Pour exprimer la position relative d'un arc et de sa corde, on dit que la corde *sous-tend* l'arc, ou que l'arc est *sous-tendu* par la corde.

Toute droite FG, qui coupe la circonférence en deux points, prend le nom de *sécante*. La sécante n'est qu'une corde prolongée.

Toute droite HK, qui n'a qu'un seul point I commun avec la circonférence, s'appelle une *tangente*. Le point I en est le *point de contact*.

On appelle *polygone inscrit*, tout polygone ABCD, dont les côtés sont des cordes, et dont, par suite, les sommets sont sur la circonférence. Dans le même cas, on dit que la circonférence est *circonscrite* au polygone.

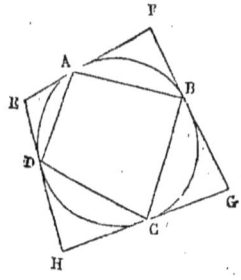

On appelle polygone *circonscrit,* un polygone EFGH, dont les côtés sont des tangentes. Dans le même cas, on dit que la circonférence est *inscrite* au polygone.

Un angle *inscrit,* comme toutes les figures inscrites, est un angle dont les côtés sont des cordes et dont le sommet est sur la circonférence. Un angle *au centre* est un angle dont le sommet est au centre de la circonférence, et dont les deux côtés sont des rayons.

On appelle *cercle,* l'espace enveloppé par la circonférence. — Il importe de ne pas confondre le cercle avec la circonférence, puisque la circonférence est une ligne, et le cercle une surface.

On appelle *segment,* la portion du cercle comprise entre un arc et sa corde. — Enfin, le *secteur* est la portion du cercle comprise entre deux rayons et l'arc qui réunit leurs extrémités.

THÉORÈME I.

Une droite ne peut rencontrer une circonférence en plus de deux points.

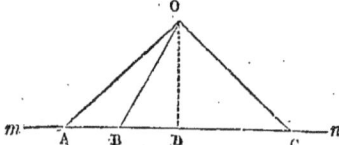

Car, O étant le centre d'une circonférence, si une droite *mn* pouvait la rencontrer en trois points A, B, C, les trois droites OA, OB, OC seraient égales comme rayons. Or, la perpendiculaire OD laissant au moins deux de ces droites, OA, OB, d'un même côté, on aurait ainsi deux obliques égales, et inégalement distantes du pied de la perpendiculaire, ce qui ne peut être.

THÉORÈME II.

Tout diamètre divise la circonférence et le cercle, chacun en deux parties égales.

Faisons, en effet, tourner la partie de la figure, supérieure au diamètre AB, autour de ce diamètre comme charnière, pour l'appliquer sur la portion inférieure. Un rayon quelconque

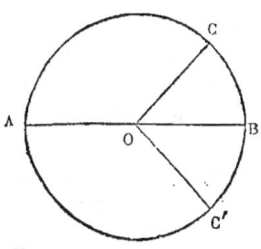
OC prendra la direction d'un rayon OC′, et, comme tous les rayons sont égaux, l'extrémité C de l'un coïncidera avec l'extrémité C′ de l'autre. Tous les points de la partie supérieure tomberont donc en des points de la partie inférieure, en sorte que ces deux parties se recouvriront exactement; elles sont donc égales.

D'ailleurs, du moment que les deux parties de la circonférences coïncident, les surfaces qu'elles enferment entre elles et le diamètre, coïncident pareillement, et sont égales elles-mêmes.

THÉORÈME III.

Le diamètre est la plus grande des cordes.

Effectivement, AB étant une corde quelconque et CD un diamètre, on a successivement :

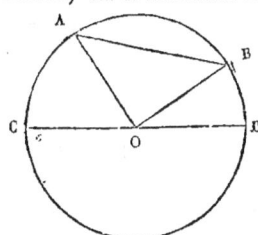

$$AB < AO + OB$$
$$< OC + OD$$
$$< CD$$

Et cela justifie l'énoncé.

THÉORÈME IV.

Dans un même cercle ou dans des cercles égaux, deux arcs égaux sont sous-tendus par des cordes égales, et réciproquement.

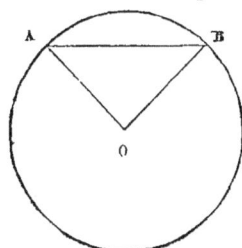 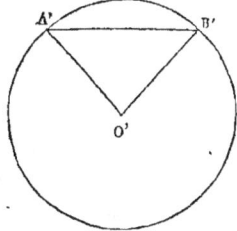

Ainsi O et O′ étant des circonférences égales, si l'on a :
$$\text{Arc } AB = \text{arc } A'B',$$
je dis qu'on aura aussi :
$$\text{Corde } AB = \text{corde } A'B'.$$

En effet, les deux circonférences étant égales, nous pouvons toujours porter la première sur la seconde, de manière à les faire coïncider. Nous pourrons alors faire tourner la première autour du centre commun, de manière à amener le point A en A'. A cet instant, comme les deux arcs proposés sont égaux, le point B tombera en B', et les deux cordes AB, A'B', ayant mêmes extrémités, coïncideront dans toute leur étendue. Elles sont donc égales, ce qui démontre la première partie de l'énoncé.

Réciproquement, si l'on a :

Corde AB=Corde A'B',

les deux triangles AOB et A'O'B' ont leurs trois côtés égaux chacun à chacun, savoir, AB égal à A'B' par hypothèse, et les autres comme rayons de cercles égaux. Ces deux triangles sont donc égaux, et si l'on transporte la première figure sur la seconde, on peut toujours appliquer le triangle AOB sur son égal A'O'B'. Mais alors, les deux circonférences ayant même centre, coïncident dans toute leur étendue. La partie de l'une qui va de A en B, recouvre donc la partie de l'autre qui va de A' en B', et les deux arcs AB, A'B' sont égaux.

THÉORÈME V.

Dans un même cercle ou dans des cercles égaux, un plus grand arc est sous-tendu par une plus grande corde, et réciproquement, pourvu qu'il s'agisse d'arcs moindres qu'une demi-circonférence.

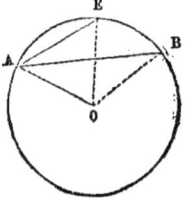 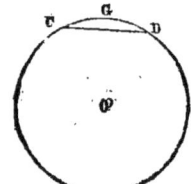

Supposons que dans les circonférences égales O et O', on ait

Arc AB > Arc CD,

et prenons sur l'arc AB une partie AE égale à l'arc CD. La corde AE sera égale à la corde CD, en vertu du théorème précédent, et nous serons ainsi ramenés à démontrer que l'on a

Corde AB > Corde AE.

Or, si nous menons les rayons AO, BO, EO, les deux triangles AOB, AOE ainsi formés, ont le côté AO commun, les côtés OE, OB égaux comme rayons d'un même cercle, mais l'angle AOB plus grand que l'angle AOE, puisque le tout est plus grand que sa partie. Donc, le 3ᵉ côté AB du premier triangle est plus grand que le 3ᵉ côté AE du second, et cela démontre l'énoncé.

— Réciproquement, si l'on a
$$\text{Corde AB} > \text{Corde CD},$$
on a aussi $\qquad$ Arc AB > Arc CD.
Car, si l'on pouvait avoir Arc AB = Arc CD,
ou $\qquad$ Arc AB < Arc CD,
on aurait par suite, en vertu des théorèmes précédents :
$$\text{Corde AB} = \text{Corde CD},$$
ou $\qquad$ Corde AB < Corde CD,
deux choses également contre l'hypothèse.

REMARQUE. — A une même corde répondent deux arcs, l'un plus petit, l'autre plus grand qu'une demi-circonférence; et plus l'un de ces arcs est grand, plus, évidemment, l'autre est petit, puisque leur somme est égale à la circonférence. Si donc, au lieu d'arcs moindres qu'une demi-circonférence, on considérait des arcs plus grands, il faudrait renverser la proposition, et dire : *Dans un même cercle ou dans des cercles égaux, à un plus grand arc répond une plus petite corde, et réciproquement.*

THÉORÈME VI.

Lorsque du centre O d'une circonférence, on abaisse une perpendiculaire OD sur une corde AB, cette perpendiculaire partage la corde et les deux arcs sous-tendus chacun en deux parties égales.

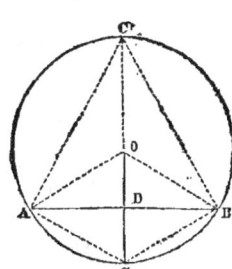

En effet, d'abord les obliques OA, OB, égales comme rayons d'une même circonférence, doivent s'écarter également du pied D de la perpendiculaire, et l'on a AD = DB.

D'autre part, du moment que les distances AD, DB sont égales, les obliques CA, CB s'écartent également du pied de la perpendiculaire CD, et par suite sont égales. Mais ce sont des cordes : donc, les arcs AC, CB qu'elles sous-tendent sont égaux. — On fera voir identiquement de même que les arcs AC', C'B sont égaux.

RÉCIPROQUES. — La droite OD satisfait à cinq conditions :

1° Elle passe par le centre.
2° Elle est perpendiculaire sur la corde AB.
3° Elle passe par le milieu de cette corde.
4° Elle passe par le milieu de l'arc ACB.
5° Elle passe par le milieu de l'arc AC'B.

De ces cinq conditions, deux suffisent pour déterminer la position d'une droite. Donc, quand une droite satisfera à deux de ces conditions, elle se confondra avec OD, et satisfera par suite aux trois autres. De là une suite de réciproques, dont les plus usitées sont les suivantes :

1° *Quand au milieu d'une corde, on lui élève une perpendiculaire, cette perpendiculaire passe par le centre et par les milieux des arcs sous-tendus.*

2° *Quand on joint le centre au milieu d'une corde, la droite ainsi menée est perpendiculaire sur la corde, et partage les arcs sous-tendus chacun en deux parties égales.*

THÉORÈME VII.

Par trois points donnés non en ligne droite, on peut toujours faire passer une circonférence, et l'on n'en peut faire passer qu'une seule.

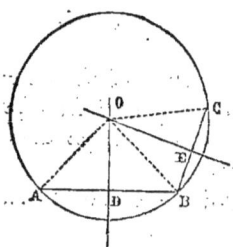

Soient A, B, C les trois points. Au milieu de AB et au milieu de BC, élevons à ces droites des perpendiculaires.

D'abord, ces perpendiculaires se rencontreront, car sans cela elles seraient parallèles, et les deux droites BA, BC, étant perpendiculaires à deux parallèles, seraient dans le prolongement l'une de l'autre. Les trois points A, B, C seraient donc en ligne droite, ce qui est contre l'hypothèse.

Soit donc O le point de rencontre des deux perpendiculaires: comme les deux obliques OA, OB s'écartent également, par construction, du pied D de la perpendiculaire OD, elles sont égales; il en est de même des obliques OB, OC. Les trois droites OA, OB, OC sont donc égales entre elles, et si du point O comme centre, avec un rayon égal à l'une d'elles, on décrit une circonférence, elle passe par les trois points A, B, C, ce qui justifie la première partie de l'énoncé.

En second lieu, supposons, s'il est possible, que par les points A, B, C, on puisse faire passer deux circonférences : AB étant une corde commune à ces deux circonférences, leurs deux centres devront se trouver sur la perpendiculaire DO, élevée au milieu de cette corde. De même, les deux centres devront se trouver sur la perpendiculaire EO, élevée au milieu de BC ; ils se confondent donc au point O. D'ailleurs, les deux circonférences passant toutes deux en A, doivent avoir même rayon OA. Ayant même centre et même rayon, elles n'en font qu'une seule.

THÉORÈME VIII.

Dans un même cercle ou dans des cercles égaux, deux cordes égales sont également éloignées du centre, et réciproquement.

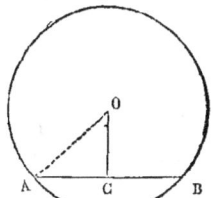 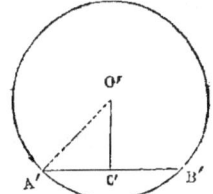

Soient O et O′ les deux circonférences données, que l'on suppose égales ; AB, A′B′ deux cordes égales de ces circonférences. Je dis que les perpendiculaires OC, O′C′, menées des centres sur ces cordes, sont égales. — En effet, les triangles AOC, A′O′C′ rectangles par construction, ont les hypoténuses AO, A′O′ égales comme rayons de cercles égaux, et les côtés AC, A′C′ égaux comme moitiés de cordes égales. Ces deux triangles sont donc égaux, et l'on en conclut : OC=O′C′.

Réciproquement, si l'on a OC=O′C′, les deux triangles AOC, A′O′C′ ont encore les hypoténuses AO, A′O′ égales comme rayons de cercles égaux, et les côtés OC, O′C′ égaux par hypothèse ; ils sont donc égaux, et l'on en conclut AC=A′C′ ; par suite 2AC=2A′C′, c'est-à-dire enfin AB=A′B′.

THÉORÈME IX.

Dans un même cercle ou dans des cercles égaux, quand deux cordes sont inégales, la plus petite est la plus éloignée du centre, et réciproquement.

Soient O et O′ deux circonférences égales. Si l'on a
$$\text{Corde AB} > \text{corde CD},$$
je dis qu'on a par suite $\quad$ OE<O′F.

50 GÉOMÉTRIE.

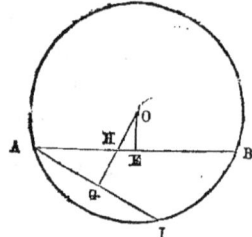 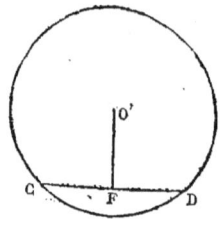

En effet, la corde AB étant plus grande que la corde CD, nous pouvons prendre sur l'arc qu'elle sous-tend, une partie AI égale à l'arc CD ; en vertu du théorème précédent, la perpendiculaire OG sera égale à la perpendiculaire O'F, et nous serons ramenés à démontrer que l'on a
$$OE < OG.$$

Or, la corde AI étant toute entière entre la corde AB et son arc, le centre O et le milieu G de AI sont de part et d'autre de la corde AB, en sorte que OG rencontre AB en un certain point H. On a dès lors
$$OE < OH,$$
puisque la perpendiculaire est moindre que l'oblique ;
et à fortiori $\qquad OE < OH + HG$
ou $\qquad OE < OG.$

— Réciproquement, si l'on a $OE < O'F$, on a par suite
Corde AB > corde CD.

Car si l'on pouvait avoir : Corde AB = corde CD,
ou $\qquad$ Corde AB < corde CD,
en vertu des théorèmes précédents, on aurait
$$OE = O'F, \text{ ou } OE > O'F,$$
deux choses également contre l'hypothèse.

Des Tangentes.

Nous avons dit antérieurement qu'une *tangente* à une circonférence est une droite qui n'a avec cette courbe qu'un seul point commun, appelé point de contact.

La tangente ainsi définie peut être considérée comme *la position limite d'une sécante dont les deux points d'intersection avec la circonférence seraient venus se confondre en un seul.*

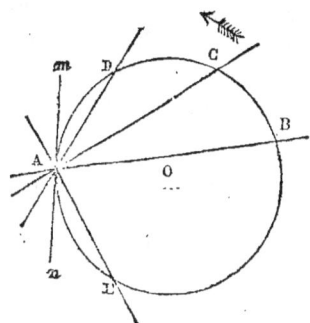
Soit en effet AB une sécante; concevons qu'on la fasse tourner autour du point A dans le sens de la flèche: elle prendra successivement les positions AC, AD..., et l'on voit que le second point d'intersection se rapprochera du premier. Si l'on continue à faire tourner la sécante, elle viendra dans une position telle que AE, et le second point d'intersection venant ainsi en E, aura dépassé le point A. Comme il n'a pas quitté la circonférence, il faut qu'à un certain instant il ait atteint le point A, et par conséquent que la sécante n'ayant plus qu'un point commun avec la circonférence, soit devenue tangente.

C'est cette propriété qui sert de définition à la tangente en un point donné d'une courbe quelconque.

THÉORÈME X.

Toute tangente AB à une circonférence, est perpendiculaire sur le rayon OC du point de contact.

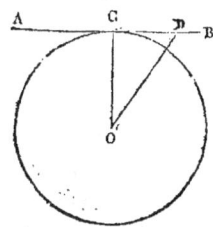
En effet, tout point D de la tangente autre que le point C, étant hors de la circonférence, toute droite OD, menée du point O à la tangente, est plus grande qu'un rayon, et par conséquent plus grande que OC qui est un rayon. OC est donc la plus courte des lignes qui vont du point O à AB, et par suite est perpendiculaire sur AB.

THÉORÈME XI.

Réciproquement, la perpendiculaire AB à l'extrémité d'un rayon OC est tangente à la circonférence.

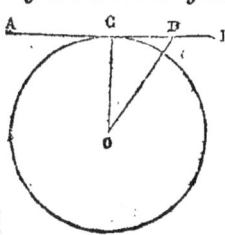
En effet, l'oblique étant plus grande que la perpendiculaire, toute droite OD, menée du point O à la droite AB, est plus grande que OC, et par suite plus grande qu'un rayon. Il en résulte que AB a tous ses points, à l'exception du point C, hors de la circonférence, et par conséquent est une tangente.

52 GÉOMÉTRIE.

COROLLAIRE. — Il résulte des théorèmes précédents que, puisqu'à l'extrémité d'un rayon on peut toujours lui mener une perpendiculaire et seulement une, *en un point d'une circonférence, on peut toujours lui mener une tangente, et seulement une.*

THÉORÈME XII.

Deux parallèles interceptent sur une circonférence des arcs égaux.

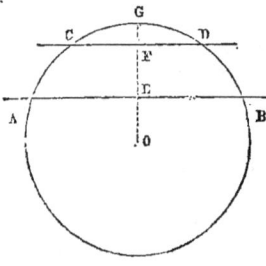

1° Supposons d'abord les deux parallèles sécantes, et soient AB, CD ces deux parallèles. Si du centre O nous abaissons OE perpendiculaire sur AB, elle sera aussi perpendiculaire sur CD, et partagera les arcs sous-tendus chacun en deux parties égales. On aura donc :
AG=GB
CG=GD.

Par suite :
AG—CG=GB—GD
ou AC=DB,
Ce qui justifie l'énoncé.

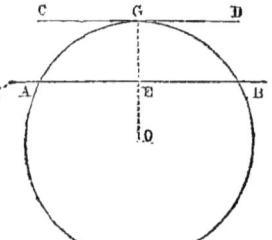

2° Supposons que l'une des parallèles, CD, devienne tangente, et joignons le centre O à son point de contact G ; OG sera perpendiculaire sur CD, et par suite sur sa parallèle AB. Elle divisera donc l'arc sous-tendu par AB en deux parties égales, et l'on aura :
AG=GB.

3° Enfin, supposons que les parallèles AB, CD deviennent toutes deux tangentes, et joignons le point O au point de contact G de CD ; OG sera perpendiculaire sur CD et par suite sur sa parallèle AB. Donc, prolongée elle passera par le point de contact H. Il en résulte que la droite qui joint les deux points de contact G et H, est un diamètre, et l'on en conclut :
GMH=GNH.

LIVRE II.   53

Positions relatives de deux circonférences.

Deux circonférences peuvent occuper, l'une par rapport à l'autre, cinq positions distinctes. Elles sont *extérieures* ou *intérieures* l'une à l'autre, quand elles n'ont aucun point commun, et que l'une a tous ses points à l'extérieur ou à l'intérieur de l'autre. Elles sont *sécantes* quand elles ont deux points communs. Enfin, elles sont *tangentes* quand elles n'ont qu'un seul point commun : *tangentes extérieurement,* si en même temps tous les autres points de l'une sont à l'extérieur de l'autre ; *tangentes intérieurement,* si tous les autres points de l'une sont à l'intérieur de l'autre.

THÉORÈME XIII.

Quand deux circonférences ont un point commun en dehors de la ligne qui joint leurs centres, elles en ont un second, symétrique du premier par rapport à la ligne des centres, c'est-à-dire situé de l'autre côté de cette ligne, sur la même perpendiculaire et à la même distance.

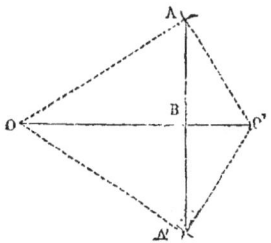

Soient O et O' les centres des deux circonférences, A un point où l'on suppose qu'elles passent toutes deux. Du point A abaissons la perpendiculaire AB sur OO', puis prolongeons-la d'une longueur BA' égale à BA. Je dis que les deux circonférences passeront toutes deux en A'.

Effectivement, OO' étant par construction perpendiculaire au milieu de AA', les deux droites OA, OA' sont égales comme obliques s'écartant également du pied de cette perpendiculaire. Mais OA est un rayon de la première circonférence ; donc OA' en est un aussi, et la première circonférence passe par le point A'. On démontrera absolument de même que la seconde circonférence y passe pareillement.

COROLLAIRES. — 1° Les deux circonférences passant toutes deux en A et A', AA' est leur corde commune. On peut donc poser cet énoncé : *Quand deux circonférences se coupent, la ligne qui joint leurs centres est perpendiculaire au milieu de leur corde commune.*

2° *Quand deux circonférences sont tangentes, leur point de contact est sur la ligne qui joint leurs centres.* Effectivement, s'il était au dehors, en vertu du théorème précédent, les deux circonférences auraient un autre point commun symétrique du premier par rapport à la ligne des centres ; elles auraient donc deux points communs, ce qui ne peut être, puisqu'on les suppose tangentes.

THÉORÈME XIV.

Quand deux circonférences sont extérieures l'une à l'autre, la distance de leurs centres est plus grande que la somme de leurs rayons.

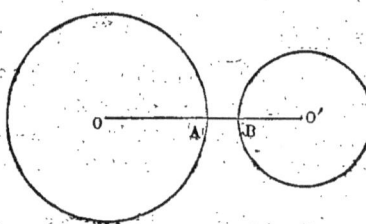

En effet, OO' rencontrant les deux circonférences en A et B, on a
$$OO' = OA + O'B + AB,$$
c'est-à-dire
$$OO' > OA + O'B,$$
ou enfin, en désignant les rayons des deux circonférences par R et R',
$$OO' > R + R'.$$

THÉORÈME XV.

Quand deux circonférences sont tangentes extérieurement, la distance de leurs centres est égale à la somme de leurs rayons.

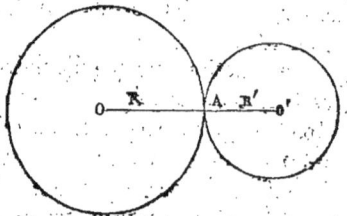

En effet, en vertu d'un corollaire précédent, la ligne OO' passe au point de contact A des deux circonférences, et l'on a :
$$OO' = OA + O'A$$
ou
$$OO' = R + R'.$$

THÉORÈME XVI.

Quand deux circonférences sont sécantes, la distance de leurs centres est moindre que la somme de leurs rayons et plus grande que leur différence.

En effet, en vertu d'un théorème précédent, les deux points d'intersection A et A' de ces circonférences sont de part et d'autre de la ligne des centres, en sorte que A, O et O' sont les trois sommets d'un triangle. Or, dans un triangle un côté quelconque est moindre que la somme des deux autres et plus

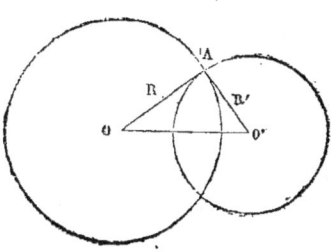

grand que leur différence. On a donc :
$$OO' < OA + O'A$$
et $$OO' > OA - O'A$$
ou, en continuant à désigner les deux rayons par R et R',
$$OO' < R + R'$$
et $$OO' > R - R'.$$

THÉORÈME XVII.

Quand deux circonférences sont tangentes intérieurement, la distance de leurs centres est égale à la différence de leurs rayons.

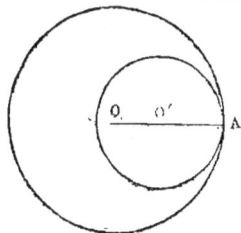

En effet, la ligne des centres OO' prolongée, va passer par le point de contact A des deux circonférences, et l'on a :
$$OO' = OA - O'A$$
ou $$OO' = R - R'.$$

THÉORÈME XVIII.

Quand deux circonférences sont intérieures l'une à l'autre, la distance de leurs centres est plus petite que la différence de leurs rayons.

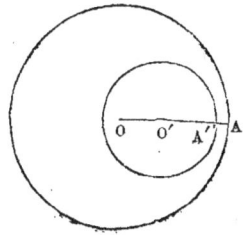

En effet, si nous prolongeons OO' du côté du centre O', jusqu'à la rencontre des deux circonférences, nous aurons
$$OO' = OA - O'A' - AA',$$
et par suite
$$OO' < OA - O'A'$$
ou $$< R - R'.$$

RÉCIPROQUES. — Les réciproques des cinq théorèmes précédents sont vraies et se démontrent par exclusion :

Ainsi par exemple, si la distance des centres de deux circonférences est égale à la différence de leurs rayons, ces circonférences sont tangentes intérieurement.

Effectivement, il résulte des cinq théorèmes précédents que c'est la seule position des deux circonférences pour laquelle on ait : $$OO' = R - R'.$$

Même démonstration pour les autres réciproques.

Mesure des angles.

Notions sur les limites.

On appelle *variable* toute quantité susceptible de prendre des valeurs en nombre infini. Quelquefois une variable peut croître ou décroître indéfiniment. D'autres fois, au contraire, elle a une *limite* : on appelle ainsi une quantité fixe dont la variable s'approche sans cesse, sans jamais l'atteindre, mais de manière à pouvoir en différer d'aussi peu qu'on veut. C'est ainsi qu'en arithmétique on démontre que la fraction périodique 0,363636..... par exemple, peut être rendue aussi voisine qu'on veut de la fraction ordinaire $\frac{36}{99}$, si l'on y prend un nombre de plus en plus grand de périodes. Cette fraction périodique est donc une variable qui a pour limite $\frac{36}{99}$.

Il résulte immédiatement de cette définition que si A est une variable qui a pour limite a, on peut toujours poser

$$A = a + \alpha,$$

α étant une quantité susceptible de devenir aussi petite qu'on veut, et réciproquement.

1° *La limite d'une somme de variables est égale à la somme de leurs limites.*

Soient en effet A, B, C, des variables ayant pour limites respectives a, b, c, de telle sorte qu'on puisse poser

$$A = a + \alpha, \quad B = b + \beta, \quad C = c + \gamma,$$

on aura, en ajoutant ces égalités membre à membre :

$$A + B + C = a + b + c + (\alpha + \beta + \gamma).$$

Or, si α, par exemple, est la plus grande des quantités α, β, γ, on a $\alpha + \beta + \gamma < 3\alpha$; mais α peut être rendu aussi petit qu'on veut; on peut donc toujours faire en sorte que l'on ait $\alpha < \frac{\delta}{3}$, quelque petit que soit δ. On aura par suite : $3\alpha < \delta$, et à fortiori : $\alpha + \beta + \gamma < \delta$. La somme $\alpha + \beta + \gamma$ peut donc être rendue aussi petite qu'on veut, en sorte que $A + B + C$ a pour limite $a + b + c$.

— Dans la démonstration précédente, nous avons supposé implicitement les expressions α, β, γ, positives. Si quelques-unes d'entre elles étaient négatives, on pourrait répéter, et à fortiori, la démonstration, en les remplaçant par leurs valeurs absolues.

LIVRE II.

2° *La limite de la différence de deux variables est égale à la différence de leurs limites.*

Si en effet A et B sont des variables ayant pour limites a et b, on a:
$$A = a+\alpha, \quad B = b+\varepsilon,$$
et par suite
$$A-B = a-b+(\alpha-\varepsilon).$$

Or, on fera voir, comme précédemment, que $\alpha-\varepsilon$ peut être rendu moindre que toute quantité imaginable; A—B a donc pour limite $a-b$.

3° *La limite du produit de deux variables est égale au produit de leurs limites.*

En effet, si l'on a
$$A = a+\alpha, \quad B = b+\varepsilon,$$
on a par suite:
$$AB = ab+\alpha b+a\varepsilon+\alpha\varepsilon.$$

Or, d'abord, $\alpha\varepsilon$, produit de deux quantités susceptibles de devenir aussi petites qu'on veut, peut à plus forte raison devenir moindre que toute quantité donnée. D'autre part, α pouvant être rendu aussi petit qu'on veut, on peut toujours faire en sorte qu'on ait $\alpha < \frac{\delta}{b}$, quelque petit que soit δ, et l'on aura par suite $b\alpha < \delta$. Le terme $b\alpha$ peut donc être rendu moindre que toute quantité imaginable. De même le terme $a\varepsilon$. Chacun des termes de la somme $b\alpha+a\varepsilon+\alpha\varepsilon$, pouvant être rendu aussi petit qu'on veut, on fera voir comme précédemment qu'il en est de même de leur somme; par conséquent, AB a pour limite ab.

On étend aisément le théorème au produit d'un nombre quelconque de variables.

4° *La limite du quotient de deux variables est égale au quotient de leurs limites.*

Supposons qu'on ait
$$A = a+\alpha, \quad B = b+\varepsilon,$$
et par suite $\frac{A}{B} = \frac{a+\alpha}{b+\varepsilon}$, et cherchons la différence entre $\frac{a+\alpha}{b+\varepsilon}$ et $\frac{a}{b}$.

Nous trouverons, en supposant, pour fixer les idées, la première de ces fractions plus grande que la seconde:
$$\frac{a+\alpha}{b+\varepsilon} - \frac{a}{b} = \frac{\alpha b - a\varepsilon}{b(b+\varepsilon)}.$$

Or, d'abord, nous ferons voir comme précédemment que les termes αb et $a\varepsilon$, et par suite leur différence $\alpha b - a\varepsilon$, peuvent être rendus moindres que toute quantité imaginable. Cela posé, si ε est positif, on a:
$$\frac{\alpha b - a\varepsilon}{b(b+)\varepsilon} < \frac{\alpha b - a\varepsilon}{b^2}.$$

Or, $\alpha b - a\beta$ pouvant toujours être rendu moindre que toute quantité donnée, on peut toujours faire en sorte qu'on ait :
$$\alpha b - a\beta < b^2 \delta,$$
quelque petit que soit δ. On en tirera :
$$\frac{\alpha b - a\beta}{b^2}, \text{ et par suite à fortiori } \frac{\alpha b - a\beta}{b(b+\beta)} < \delta.$$

Si, au contraire, β est négatif et égal à $-\beta'$, il arrive un instant où β' décroissant indéfiniment, sa valeur est moindre que $\frac{b}{2}$, et où par suite $b - \beta'$, c'est-à-dire $b + \beta$, est plus grand que $\frac{b}{2}$. On a alors :
$$\frac{\alpha b - a\beta}{b(b+\beta)} < \frac{\alpha b - a\beta}{\frac{1}{2}b^2}.$$

Or, on peut toujours faire en sorte qu'on ait
$$\alpha b - a\beta < \frac{1}{2}b^2 \delta,$$
quelque petit que soit δ; et l'on aura alors
$$\frac{\alpha b - a\beta}{\frac{1}{2}b^2} \text{ et à fortiori } \frac{\alpha b - a\beta}{b(b+\beta)} < \delta.$$

De toute façon, la différence entre $\frac{a+\alpha}{b+\beta}$ et $\frac{a}{b}$ peut toujours être rendue moindre que toute quantité donnée ; $\frac{a+\alpha}{b+\beta}$, c'est-à-dire $\frac{A}{B}$, a donc bien pour limite $\frac{a}{b}$.

5° *Quand deux variables sont constamment égales, leurs limites sont égales.*

Ainsi, si l'on a :
$$A = a + \alpha, \quad B = b + \beta,$$
de l'égalité $A = B$, on peut conclure $a = b$.

En effet, $A - B$ a pour limite $a - b$; mais $A - B$ est toujours nul par hypothèse; sa limite ne peut donc être que 0, et l'on a $a - b = 0$, ou $a = b$.

THÉORÈME XIX.

Dans un même cercle ou dans des cercles égaux, quand deux angles au centre sont égaux, les arcs compris entre leurs côtés sont égaux, et réciproquement.

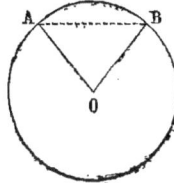 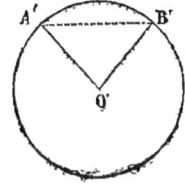

1° Si l'on a
Angle O=Angle O',
On a par suite
Arc AB=Arc A'B'.

En effet les deux triangles AOB, A'O'B' ont alors les côtés AO et A'O', OB et O'B', égaux comme rayons de cercles égaux, et les angles compris O et O' égaux par hypothèse. Ces deux triangles sont donc égaux.

On en conclut
Corde AB=Corde A'B',
Et par suite
Arc AB= Arc A'B'.

2° Réciproquement, si l'arc AB et l'arc A'B' sont supposés égaux, les cordes AB, A'B' qui les sous-tendent sont égales, en sorte que les triangles AOB, A'O'B' ont les trois côtés égaux chacun à chacun; ces triangles sont donc égaux, et donnent :
Angle O=Angle O'.

THÉORÈME XX.

Dans un même cercle ou dans des cercles égaux, deux angles au centre quelconques sont entre eux dans le même rapport que les arcs compris entre leurs côtés.

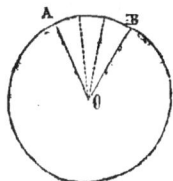 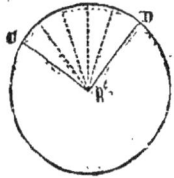

Ainsi AOB et CO'D étant deux angles au centre quelconques de deux circonférences égales, je dis qu'on a :
$$\frac{AOB}{CO'D} = \frac{AB}{CD}.$$

1° Supposons que les arcs AB, CD aient une commune mesure, contenue par exemple trois fois dans AB et cinq fois dans CD, de telle sorte que le rapport $\frac{AB}{CD}$ soit égal à $\frac{3}{5}$, et partageons AB en trois parties égales et CD en cinq.

Les huit arcs partiels ainsi obtenus seront tous égaux. Si donc nous joignons les points de division aux centres correspondants, ce qui décomposera l'angle AOB en trois angles partiels, et l'angle CO'D en cinq, ces huit angles partiels seront égaux en vertu du théorème précédent, comme ayant pour arcs respectifs, les parties égales des arcs AB, CD. Dès lors, un même angle partiel étant contenu trois fois dans AOB et cinq fois dans CO'D, le rapport $\frac{AOB}{CO'D}$ est égal à $\frac{3}{5}$. Il a donc même valeur que le rapport $\frac{AB}{CD}$.

2° Supposons que les deux arcs AB, CD n'aient pas de commune mesure,

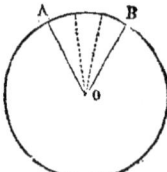 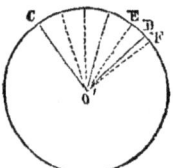

et partageons AB en un nombre arbitraire n de parties égales, puis portons l'une des parties autant de fois que possible sur CD. Elle n'y sera pas contenue un nombre exact de fois, sans quoi elle serait commune mesure entre AB et CD, ce qui est contre l'hypothèse. Donc quand nous aurons porté l'une de ces parties un certain nombre de fois sur CD, il y aura un reste ED moindre que l'une d'elles, et si nous la portons une fois de plus, nous obtiendrons un point F situé au-delà du point D. Les arcs AB, CE ayant une commune mesure, nous aurons :
$$\frac{AOB}{COE} = \frac{AB}{CE}.$$

Mais ED moindre que EF, c'est-à-dire que $\frac{AB}{n}$, peut être rendu moindre que toute quantité imaginable, puisque n, nombre arbitraire, pouvant être choisi aussi grand qu'on veut, $\frac{AB}{n}$ peut être rendu aussi petit qu'on veut; CD est donc la limite de CE, et par suite le rapport $\frac{AB}{CD}$, celle de $\frac{AB}{CE}$.

De même, l'angle EO'D moindre que EO'F ou que $\frac{AOB}{n}$, peut être rendu par suite moindre que toute quantité imaginable; CO'D est donc la limite de CO'E, et par suite $\frac{AOB}{CO'D}$ celle de $\frac{AOB}{CO'E}$.

Or, les deux rapports $\frac{AOB}{CO'E}$ et $\frac{AB}{CE}$ sont toujours égaux; leurs limites sont donc égales, et l'on a $\frac{AOB}{CO'D} = \frac{AB}{CD}$.

THÉORÈME XXI.

L'angle au centre a même mesure que l'arc compris entre ses côtés, pourvu qu'on prenne pour unité d'arc l'arc compris entre les côtés de l'unité d'angle.

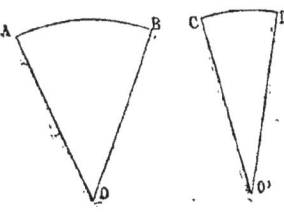

Soient AOB un angle quelconque, et CO'D l'unité d'angle. Soient AB et CD les arcs décrits de leurs sommets comme centres, et par suite CD l'unité d'arc. Nous aurons en vertu du théorème précédent:

$$\frac{AOB}{CO'D} = \frac{AB}{CD}.$$

Or CO'D étant l'unité d'angle, $\frac{AOB}{CO'D}$ est le rapport de AOB à son unité, c'est-à-dire la mesure numérique de AOB. De même

CD étant l'unité d'arc, le rapport $\dfrac{AB}{CD}$ est la mesure de l'arc AB.

L'égalité précédente peut donc s'écrire :

Mesure de AOB = Mesure de AB,

et cela justifie l'énoncé.

REMARQUE I. D'ordinaire on énonce ce théorème d'une manière elliptique en disant : *L'angle au centre a pour mesure l'arc compris entre ses côtés.*

REMARQUE II. L'énoncé précédent laisse l'unité d'angle ou l'unité d'arc, complètement arbitraire. Dans la pratique on prend pour unité d'arc la 360e partie de la circonférence, que l'on appelle degré ; le degré se décompose en 60 minutes, la minute en 60 secondes, etc. Les unités d'angle sont par suite les angles qui correspondent aux arcs de 1 degré, 1 minute, 1 seconde... Ainsi, pour faire connaître un angle, on dit qu'il vaut par exemple

$$54°\text{-}18'\text{-}35''.$$

Dans ce système, l'angle droit vaut 90 degrés. Si en effet on trace dans une circonférence deux diamètres perpendiculaires entre eux, les quatre angles au centre ainsi formés étant égaux comme droits, interceptent sur la circonférence des arcs égaux ; et comme la somme de ces 4 arcs est égale à la circonférence ou à 360°, l'un d'eux vaut $\dfrac{360°}{4}$ ou 90°.

— Les angles pouvant être évalués de deux manières, ou en fraction d'angle droit, ou en degrés, minutes, secondes, on peut se proposer de passer d'une de ces mesures à l'autre. De là deux problèmes que nous allons résoudre successivement.

PROBLÈME I. *Un angle vaut $\dfrac{17}{48}$ d'angle droit ; combien vaut-il de degrés, minutes, secondes ?*

1 Angle droit valant 90°,

$\dfrac{17}{48}$ d'angle droit valent $\dfrac{17}{48}$ de 90°, ou $\dfrac{90° \times 17}{48}$, ou enfin $\dfrac{1530°}{48}$.

Nous sommes ainsi conduits à diviser 1530° par 48.

```
      1530    | 48
        90    |31°-52'-30"
        42
×...    60
      ―――――
      2520'
       120
        24
×...    60
      ―――――
      1440
         0
```

L'angle proposé vaut 31°-52'-30".

PROBLÈME II. — *Un angle vaut* 62°-48'-45"; *à quelle fraction d'angle droit est-il égal?*

Je commence par convertir l'angle proposé tout entier en secondes, à l'aide du calcul suivant :

```
           62
×...       60
         ――――
         3720'
+...       48'
         ――――
         3768'
×...       60
        ―――――
       226080"
+...       45"
        ―――――
       226125".
```

L'angle proposé vaut donc 226125".

D'autre part un angle droit vaut $90\times60\times60$ ou 324000 secondes. Par suite une seconde vaut $\dfrac{1}{324000}$ d'angle droit. Donc l'angle proposé vaut les $\dfrac{226125}{324000}$, ou après simplification, les $\dfrac{67}{96}$ d'un angle droit.

THÉORÈME XXII.

L'angle inscrit a pour mesure la moitié de l'arc compris entre ses côtés.

Nous distinguerons trois cas, suivant que l'un des côtés de

l'angle considéré passe par le centre de la circonférence, ou que les côtés comprennent entre eux le centre, ou qu'ils ne le comprennent pas.

1° Soit ABC l'angle considéré dont je suppose que le côté 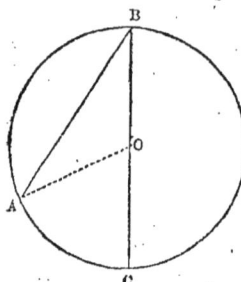 BC passe par le centre. Je mène le rayon AO : l'angle AOC extérieur au triangle ABO, sera égal à la somme des angles A et B qui ne lui sont pas adjacents. Mais ces angles sont égaux, parce que le triangle AOB ayant pour côtés deux rayons, est isocèle. Donc l'angle AOC est double de l'angle B, ou réciproquement l'angle B est égal à la moitié de l'angle AOC. Or AOC, angle au centre, a pour mesure l'arc AC compris entre ses côtés. Donc l'angle B a pour mesure $\dfrac{AC}{2}$.

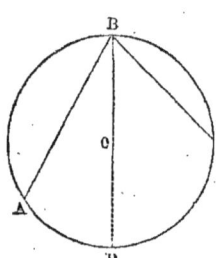 2° Supposons que les côtés BA, BC de l'angle considéré comprennent entre eux le centre, et menons le diamètre BD. Il partagera l'angle ABC en deux parties ABD, DBC qui rentrent toutes deux dans le 1er cas. Dès lors, les deux angles ABD, DBC ayant pour mesures respectives $\dfrac{AD}{2}$ et $\dfrac{DC}{2}$, l'angle ABC qui est leur somme a pour mesure $\dfrac{AD+DC}{2}$, ou $\dfrac{AC}{2}$.

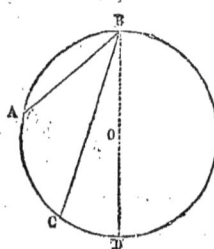 3° Enfin supposons que les côtés BA, BC de de l'angle considéré ne comprennent pas le centre, et menons encore le diamètre BD. L'angle ABC sera la différence des deux angles ABD, CBD qui rentrent chacun dans le 1er cas. Ces deux angles ayant donc pour mesures respectives $\dfrac{AD}{2}$ et $\dfrac{CD}{2}$, l'angle ABC qui est leur différence, a pour mesure $\dfrac{AD-CD}{2}$, ou $\dfrac{AC}{2}$ ce qui justifie l'énoncé.

LIVRE II.   65

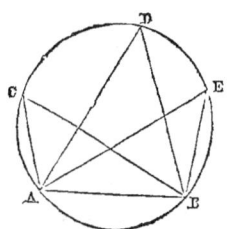

COROLLAIRE I. — *Tous les angles ACB, ADB, AEB.... inscrits dans un même segment, sont égaux.* Ils ont tous en effet pour mesure, la moitié d'un même arc AB.

COROLLAIRE II. — *L'angle inscrit dans une demi-circonférence est un angle droit,* car il a pour mesure, la moitié d'une demi-circonférence, ou un quart de circonférence.

THÉORÈME XXIII.

L'angle compris entre une tangente et une corde a pour mesure la moitié de l'arc sous-tendu par la corde et compris entre ses côtés.

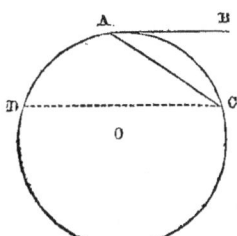

Soit en effet BAC l'angle considéré. Si nous menons par le point C la parallèle CD à AB, les angles alternes-internes BAC, ACD seront égaux, et comme l'angle inscrit ACD a pour mesure la moité de l'arc AD, son égal BAC aura aussi pour mesure $\frac{AD}{2}$. Mais les arcs AC, AD compris entre deux parallèles sont égaux; donc finalement l'angle BAC a pour mesure $\frac{AC}{2}$, ce qui justifie l'énoncé.

THÉORÈME XXIV.

L'angle formé par deux cordes qui se coupent à l'intérieur d'une circonférence, a pour mesure la demi-somme des arcs compris entre ses côtés et entre les prolongements de ses côtés.

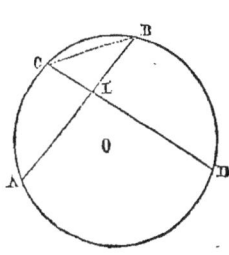

Soit BID l'angle considéré. Si nous menons la corde CB, l'angle BID extérieur au triangle ICB, sera égal à la somme des angles intérieurs B et C qui ne lui sont pas adjacents. Or l'angle B, angle inscrit, a pour mesure $\frac{AC}{2}$; l'angle C de même, a pour mesure $\frac{BD}{2}$. Donc

5

l'angle BID qui est leur somme, a pour mesure $\dfrac{AC}{2}+\dfrac{BD}{2}$, ou $\dfrac{AC+BD}{2}$, ce qui justifie l'énoncé.

THÉORÈME XXV.

L'angle compris entre deux sécantes qui se coupent hors d'un cercle, a pour mesure la demi-différence des arcs compris entre ses côtés.

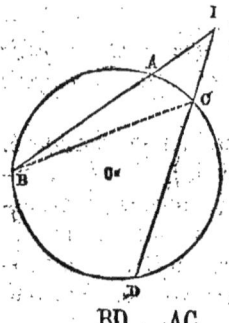

Soit BID l'angle considéré. Si nous menons la corde BC, l'angle BCD étant extérieur au triangle BIC on aura :
$$BCD = BID + IBC$$
On tire de là :
$$BID = BCD - IBC.$$
Or les angles BCD et IBC, ont respectivement pour mesures $\dfrac{BD}{2}$ et $\dfrac{AC}{2}$. Donc BID qui est leur différence, a pour mesure $\dfrac{BD}{2}-\dfrac{AC}{2}$, ou $\dfrac{BD-AC}{2}$, ce qui justifie l'énoncé.

THÉORÈME XXVI.

Le lieu des points d'où une droite AB est vue sous un angle donné α, est un arc de circonférence ayant pour corde AB.

Soit M un point quelconque du lieu, de telle sorte que AMB=α ; si, par les points A, M et B nous faisons passer une circonférence :

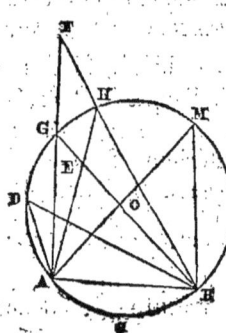

1° L'angle obtenu en joignant un point D quelconque de l'arc AMB aux points A et B, aura pour mesure la moitié de l'arc ACB, et sera par suite égal à l'angle M ou à l'angle α.

2° L'angle formé en joignant aux points A et B, un point E pris dans l'intérieur du segment AMB, a pour mesure $\dfrac{ACB}{2}+\dfrac{GH}{2}$; il est donc plus grand que M, c'est-à-dire que α.

3° Enfin, l'angle formé en joignant à ces mêmes points, un point F extérieur à ce segment a pour mesure $\dfrac{ACB}{2} - \dfrac{GH}{2}$; il est donc moindre que M ou que α.

Ainsi, les seuls points d'où la droite AB soit vue sous un angle égal à α sont les points de l'arc AMB. Cet arc en est donc le lieu.

Remarque I. — Le segment compris entre l'arc AMB et sa corde AB, s'appelle un segment *capable* de l'angle α.

Remarque II. — Nous avons supposé implicitement les points considérés situés au-dessus de AB. Si l'on considérait à la fois les points situés au-dessus et ceux situés au-dessous, leur lieu se composerait de deux arcs égaux à l'arc AMB, et disposés symétriquement par rapport à la droite AB.

THÉORÈME XXVII.

*Dans tout quadrilatère inscrit ABCD, **la somme de deux angles opposés est égale à deux angles droits**.*

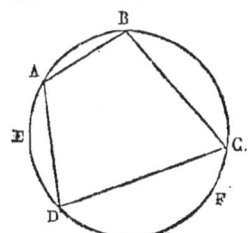

En effet les angles A et C par exemple, ont respectivement pour mesures $\dfrac{BFD}{2}$ et $\dfrac{BED}{2}$. Leur somme a donc pour mesure $\dfrac{BFD + BED}{2}$, c'est-à-dire une demi-circonférence, et vaut 180° ou deux angles droits.

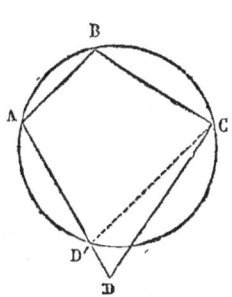

— Réciproquement, supposons que dans le quadrilatère ABCD les angles opposés A et C soient supplémentaires; soit D' le point où la circonférence tracée par les trois points A, B et C va rencontrer le côté AD : le quadrilatère ABCD' étant inscrit dans cette circonférence, l'angle BCD', en vertu de la première partie de la proposition, sera le supplément de l'angle A. Mais déjà par hypothèse l'angle BCD est le supplément de l'angle A. Donc l'angle BCD' est égal à l'angle BCD, ce qui exige que le point D' se confonde avec le point D, c'est-à-dire que la circonférence passe aussi par le point D. Le quadrilatère proposé est donc inscriptible.

PROBLÈMES GRAPHIQUES.

On appelle problèmes graphiques des problèmes qui se résolvent avec le seul secours de la *règle* et du *compas*.

La *règle* est une planchette dont un bord présente la forme d'une ligne droite. — Pour vérifier une règle, on commence par l'appliquer sur le papier dans la position ABCD, et le long de

son bord AB, on tire un trait, soit avec un crayon, soit avec un tire-ligne. On fait alors tourner la règle autour de AB, pour l'amener dans la position ABC'D'. Le trait tracé le long du bord AB, dans cette seconde position, doit coïncider avec le premier. On conçoit en effet que si, au lieu de présenter la forme d'une ligne droite, le bord AB avait présenté la forme d'une courbe, concave vers le haut par exemple, après le retournement de la règle, sa concavité se serait trouvée tournée vers le bas, et le second trait n'aurait pas coïncidé avec le premier.

Le *Compas* se compose de deux branches métalliques d'égale longueur, réunies à charnière par un bout, et terminées à l'autre par des pointes, dont l'une peut être remplacée à volonté par un crayon ou un tire-ligne. — Pour tracer une circonférence à l'aide du compas, on l'ouvre d'une quantité égale au rayon, puis, plaçant l'une des pointes à demeure au centre, on promène l'autre tout autour de ce centre sur le papier. Il est clair qu'elle y décrit le lieu des points distants du centre d'une quantité égale au rayon, c'est-à-dire la circonférence.

On abrège beaucoup de constructions, en adjoignant à ces deux instruments, deux autres instruments qu'on appelle *l'équerre* et le *rapporteur*.

L'*Equerre* est une planchette triangulaire, dont deux côtés sont à angle droit.

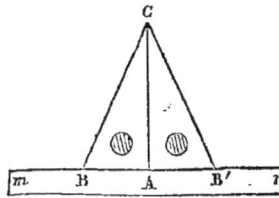

Pour vérifier l'équerre, on commence par tracer sur le papier une droite indéfinie *mn*, puis appliquant l'équerre le long de *mn*, de telle sorte qu'un des côtés de l'angle droit coïncide avec cette droite, on tire le long de l'autre côté un trait AC. Si l'angle de l'équerre est bien droit, l'angle CAB' qui est son supplément, doit être droit aussi, et dès lors l'angle de l'équerre appliqué sur CAB', devra le recouvrir exactement.

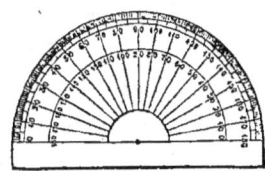

Quant au *rapporteur*, il se compose d'un demi-cercle en corne transparente, dont la circonférence est divisée en 180 parties ou degrés. Les plus grands seuls ont leur circonférence divisée en demi-degrés ou quarts de degré. Nous en verrons plus loin l'usage.

PROBLÈME I.

Partager une droite AB *en deux parties égales.*

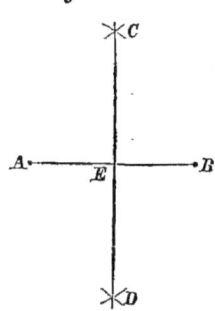

Des points A et B comme centres, avec une même ouverture de compas plus grande que la moitié de AB, on décrit au-dessus, deux arcs de cercle qui se coupent en C ; on en fait autant au-dessous, avec une ouverture de compas égale ou non à la première, ce qui donne le point D. Enfin on tire CD. Cette droite coupe la droite AB en un point E qui est son milieu.

En effet, le point C est à égale distance de A et de B, puisque CA et CB représentent une même ouverture de compas ; il appartient donc à la perpendiculaire que l'on élèverait au milieu de AB. Pour la même raison, le point D appartient aussi à cette perpendiculaire. Comme deux points suffisent pour déterminer une droite, CD est elle-même la perpendiculaire au milieu de AB, et son pied E est ce milieu.

REMARQUE. — La construction qui précède donne non-seulement le milieu de AB, mais encore la perpendiculaire à AB en ce milieu, sans qu'il soit nécessaire de le connaître à l'avance.

70   GÉOMÉTRIE.

PROBLÈME II.

Par trois points A, B, C, *non situés en ligne droite, faire passer une circonférence.*

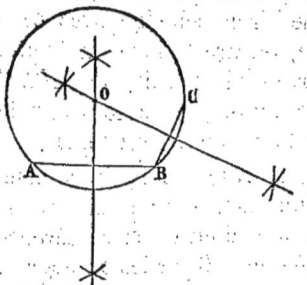

Sur les droites AB et BC, en leurs milieux, à l'aide des procédés du problème précédent, on élève des perpendiculaires. Leur point d'intersection O est à égale distance de A, B et C, et si de ce point comme centre, avec OA comme rayon, on décrit une circonférence, elle passe par ces trois points, et représente la circonférence demandée.

REMARQUE. — Quand une circonférence est tracée, mais que son centre n'est pas connu, on peut, pour l'obtenir, employer un procédé analogue au précédent. On y trace deux cordes quelconques, et en leurs milieux on leur élève des perpendiculaires. La rencontre de ces perpendiculaires détermine le centre.

PROBLÈME III.

En un point C *d'une droite* AB, *élever à cette droite une perpendiculaire.*

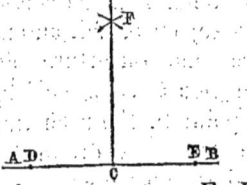

De part et d'autre du point C, on prend sur AB, à l'aide d'un compas, des distances égales CD, CE, puis des points D et E avec une même ouverture de compas, plus grande que CD, on décrit deux arcs de cercle qui se coupent en F. Joignant le point F au point C, on a la perpendiculaire demandée.

En effet les distances FD, FE sont égales comme représentant une même ouverture de compas. Donc le point F appartient à la perpendiculaire qu'on élèverait au milieu de DE. Mais C est ce milieu : Donc FC est elle-même la perpendiculaire au milieu de DE, et par suite elle est perpendiculaire à AB.

REMARQUE. — On abrège la construction précédente à l'aide de l'équerre :

LIVRE II. 71

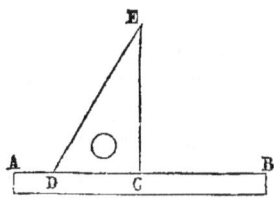

Plaçant une règle le long de la droite AB, on applique une équerre le long de cette règle, par un de ses côtés de l'angle droit, de telle sorte que le sommet du même angle soit au point C. Il est clair que le trait CE tiré le long de l'autre côté de l'angle droit, est perpendiculaire à AB, et résout la question proposée.

PROBLÈME IV.

D'un point C pris hors d'une droite AB, abaisser à cette droite une perpendiculaire.

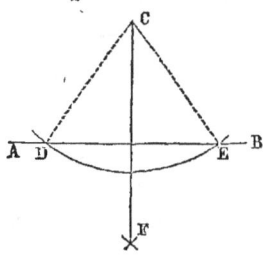

Du point C comme centre, avec une ouverture de compas suffisamment grande, on décrit un arc de cercle qui coupe AB en deux points E et D. De ces points comme centres, avec une même ouverture de compas plus grande que la moitié de DE, (ce qu'il est facile de réaliser à vue d'œil), on décrit, au-dessous, deux arcs de cercle qui se coupent en F. Enfin, tirant CF, on a la perpendiculaire demandée.

En effet, les distances CE, CD sont égales comme rayons d'un même cercle ; les distances FE, FD sont égales comme représentant une même ouverture de compas ; les points C et F appartiennent donc tous deux à la perpendiculaire qu'on élèverait au milieu de DE. Donc CF est elle-même cette perpendiculaire, et par suite elle est perpendiculaire à AB.

REMARQUE I. — Il était nécessaire que l'ouverture de compas avec laquelle on a déterminé le point F, fût plus grande que la moitié de ED, sans quoi la distance des centres n'étant pas moindre que la somme des rayons, les deux arcs ne se seraient pas coupés. La même observation s'applique aux constructions données pour les problèmes précédents.

REMARQUE II. — On peut résoudre le même problème à l'aide de l'équerre : Appliquant une règle le long de AB,

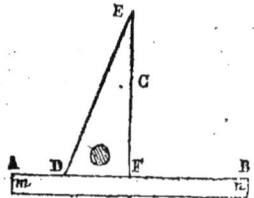

on pose une équerre sur cette règle par un de ses côtés de l'angle droit, puis on fait glisser l'équerre le long de la règle, jusqu'à ce que son autre côté de l'angle droit atteigne le point C. Le trait EF tiré le long de ce côté, représente évidemment la perpendiculaire cherchée.

PROBLÈME V.

Partager un arc ou un angle en deux parties égales.

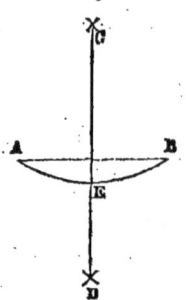

1° Soit AB un arc qu'il s'agit de partager en deux parties égales. — Des points A et B comme centres, avec une même ouverture de compas, plus grande que la moitié de la corde AB, on décrit au-dessus et au-dessous, des arcs de cercle qui se rencontrent respectivement en des points C et D; la droite CD coupe l'arc AB en son milieu.

Effectivement, la construction précédente n'est autre que celle qui donne la perpendiculaire au milieu de la corde AB. Or la perpendiculaire au milieu d'une corde, passe par le milieu de l'arc sous-tendu.

2° S'il s'agit de partager en deux parties égales un angle AOB, on commence par décrire de son sommet comme centre, un arc de cercle qui coupe ses côtés en deux points A et B, puis de ces points comme centres, avec une même ouverture de compas plus grande que la moitié de la distance AB, on décrit au-dessous, deux arcs de cercle qui se coupent en C. La droite CO est la bissectrice de l'angle O.

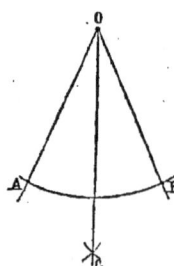

En effet, en vertu de la construction donnée pour le premier cas, la droite CO partage l'arc AB en deux parties égales. Or si les deux arcs partiels sont égaux, les angles AOC, BOC qu'ils mesurent, le sont pareillement.

PROBLÈME VI.

Inscrire une circonférence dans un triangle donné ABC.

LIVRE II.   73

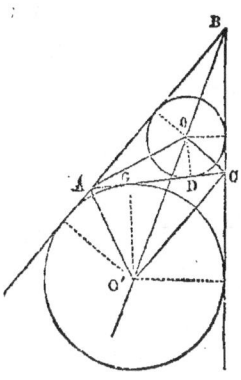

On mène, à l'aide des procédés du problème précédent, les bissectrices de deux angles quelconques A et C du triangle, lesquelles se coupent en un point O. Ce point ainsi qu'il a été démontré page 21, est à égale distance des trois côtés, et si de ce point comme centre, avec la perpendiculaire OD comme rayon, on décrit une circonférence, elle est tangente aux trois côtés du triangle. — C'est la circonférence *inscrite*.

Si au lieu de mener les bissectrices des angles A et C, on mène celles de leurs suppléments, leur point de rencontre O', pour des raisons analogues, est à égale distance des trois côtés du triangle, et la circonférence décrite de ce point O' comme centre, avec la perpendiculaire O'G comme rayon, est aussi tangente à ces trois côtés. — Elle porte le nom de circonférence *ex-inscrite*.

Il existe trois circonférences ex-inscrites à un triangle, une dans chacun de ses angles.

PROBLÈME VII.

En un point A' *d'une droite indéfinie* A'B', *faire un angle égal à un angle donné* A.

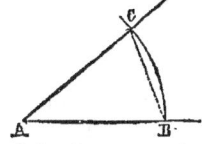 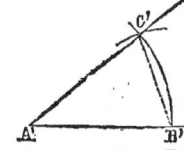

Du sommet A de l'angle donné avec une ouverture de compas arbitraire, on décrit une circonférence qui coupe les côtés de cet angle en deux points B et C. Du point A' comme centre, avec la même ouverture de compas, on décrit un arc indéfini sur lequel on porte avec un compas, à partir de B', une corde B'C' égale à la corde BC. Joignant le point C' au point A' on obtient l'angle demandé B'A'C'.

Effectivement, les cordes BC, B'C' étant égales et tracées dans des circonférences de même rayon, les arcs BC, B'C' qu'elles sous-tendent sont égaux. Donc les angles A et A' mesurés par ces arcs, sont égaux eux-mêmes.

REMARQUE. — On peut abréger la construction précédente à l'aide du rapporteur.

On commence par appliquer l'instrument sur l'angle donné A, de telle sorte que son centre soit au sommet, et son diamètre

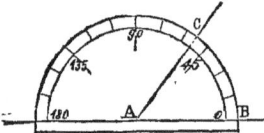 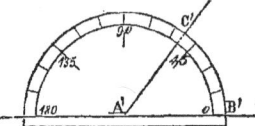

sur le côté AB. On peut lire ainsi sur sa circonférence, le nombre de degrés de l'arc BC, et par suite de l'angle A. Transportant alors le rapporteur de telle sorte que son centre soit en A' et son diamètre le long de A'B', on marque sur le papier, le point C' qui correspond au nombre de degrés précédemment trouvé.

Enfin, enlevant le rapporteur, on joint le point C' au point A', et l'on a l'angle demandé. — Effectivement, par la construction même, les angles A et A' comprennent entre leurs côtés des arcs du même nombre de degrés.

PROBLÈME VIII.

Etant donnés deux angles d'un triangle, trouver le troisième.

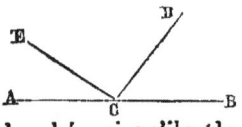

En un point C d'une droite indéfinie AB, on fait un angle DCB égal au premier angle donné, et un angle ECD égal au second. L'angle ACE représente l'angle cherché, puisqu'il est le supplément de la somme des deux premiers.

PROBLÈME IX.

Construire un triangle, connaissant deux de ses côtés et l'angle qu'ils comprennent.

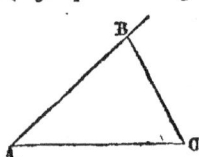

En un point A d'une droite indéfinie on fait un angle égal à l'angle donné et sur ses côtés on prend des distances AB, AC, égales aux côtés donnés. Tirant BC, on a le triangle demandé.

PROBLÈME X.

Construire un triangle dont on connaît un côté et deux angles.

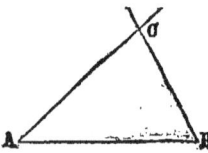

1° Si les angles donnés sont adjacents au côté, on prend sur une droite indéfinie, une longueur AB égale à ce côté, et en ses extrémités, on fait des angles CAB, CBA, égaux aux angles donnés. Le triangle CAB ainsi déterminé, est le triangle demandé.

2° Si les angles donnés ne sont pas tous deux adjacents au côté donné, on détermine le troisième angle du triangle à l'aide de la méthode du problème VIII, et l'on rentre dans le premier cas.

PROBLÈME XI.

Construire un triangle dont on connaît les trois côtés.

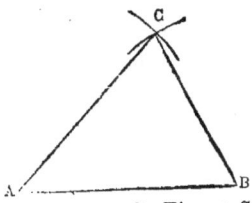

Sur une ligne indéfinie, on prend une longueur AB égale au premier des côtés donnés, et des points A et B comme centres, avec des rayons respectivement égaux aux deux autres, on décrit des arcs de cercle qui se coupent en C. Tirant CA, CB, on a le triangle demandé.

REMARQUE. — Pour que le problème soit possible, il faut que les deux arcs de cercle se coupent, ce qui exige que le côté AB, qui représente la distance de leurs centres, *soit plus petit que la somme des deux autres côtés, et plus grand que leur différence*. Si le côté AB est le plus grand des trois, la seconde condition est satisfaite d'elle-même, et la seule condition de possibilité du problème est *que le plus grand côté soit moindre que la somme des deux autres.*

PROBLÈME XII.

Construire un triangle, connaissant deux de ses côtés et l'angle opposé à l'un d'eux.

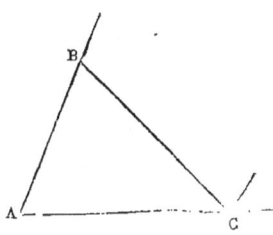

En un point A d'une ligne indéfinie, on fait un angle égal à l'angle donné; sur l'un de ses côtés, on prend une longueur AB égale au côté adjacent à cet angle, et du point B comme centre, avec le côté opposé comme rayon, on décrit une circonférence qui coupe AC au point C. Tirant CB, on a le triangle demandé ACB.

DISCUSSION. — 1° Si l'angle donné A est obtus, le côté op-

76   GÉOMÉTRIE.

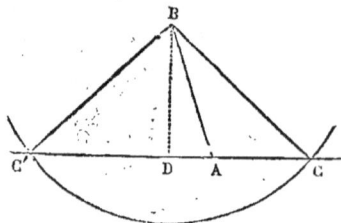

posé est nécessairement le plus grand des deux côtés donnés, et la circonférence décrite de B comme centre, ayant un rayon plus grand que BA et par suite que la perpendiculaire BD, rencontre nécessairement AC en deux points C et C'. Mais ces deux points sont situés de part et d'autre de A, parce que les obliques égales BC, BC' doivent comprendre entre elles l'oblique plus courte BA. Dès lors, des deux triangles ABC, ABC' que l'on forme en les joignant au point B, le premier seul satisfait à la question, puisque l'autre a en A, le supplément de l'angle donné, au lieu de cet angle lui-même.

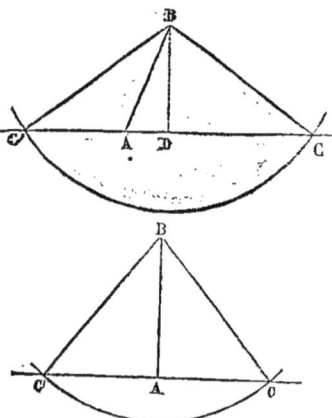

2° La même conclusion subsiste intégralement si l'angle donné est aigu, mais opposé au plus grand des deux côtés donnés.

3° Même conclusion encore, si l'angle A est droit, à cette différence près que, dans ce cas, les deux triangles ABC, ABC' sont égaux.

4° Enfin quand l'angle donné est aigu, mais opposé au plus petit côté, la circonférence décrite de B comme centre, avec ce 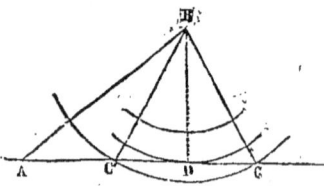 dernier comme rayon, ne rencontre plus nécessairement la droite AC; il faut pour cela, que ce côté soit plus grand que la perpendiculaire BD. Mais alors les deux points d'intersection C et C' sont tous deux à droite du point A, parce que les deux obliques égales BC, BC' ne peuvent comprendre entre elles l'oblique BA qui, étant plus grande, s'écarte plus du pied de la perpendiculaire BD. Les triangles ABC, ABC' satisfont donc tous deux à la question. — Si ce côté est égal à la perpendiculaire BD, les deux points C et C' se confondent avec le point D, et les deux triangles répondant à la question se réduisent au seul triangle ABD. — Enfin si ce côté est moindre que BD, la circonférence n'atteint plus AC, et les points C et C' disparaissant, le problème n'admet plus de solution.

PROBLÈME XIII.

Par un point A donné hors d'une droite BC, mener une parallèle à cette droite.

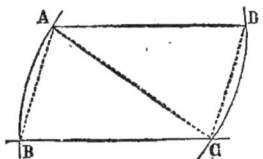

Du point A comme centre, avec un rayon suffisamment grand, on décrit un arc de cercle qui coupe BC en un point C. De ce point C comme centre, avec le même rayon, on décrit un arc de cercle qui passe nécessairement par le point A, et rencontre BC en un point B; mesurant avec un compas la longueur de la corde AB, on la porte sur l'autre arc dans la position CD; enfin tirant AD, on a la parallèle demandée.

Effectivement, les cordes AB, CD étant égales par construction, les arcs qui leur correspondent le sont aussi. Par suite les angles ACB, CAD mesurés par ces arcs sont égaux, et comme ils sont dans la position d'angles alternes-internes, les droites AD, BC qui les forment, sont parallèles.

— Pour résoudre le même problème à l'aide de l'équerre,

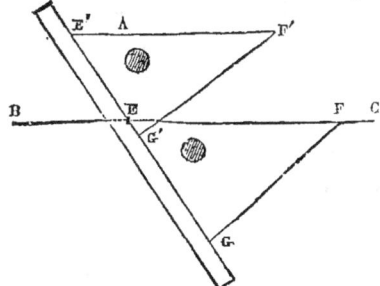

le long de la droite BC on applique une équerre par un de ses côtés, et de préférence par son hypoténuse, dans la position EGF. Le long de son côté EG on place une règle que l'on maintient solidement sur le papier, puis l'on fait glisser l'équerre le long de la règle jusqu'à ce qu'elle atteigne le point A. Le trait E'F' tracé le long de son bord, est la parallèle demandée.

Les angles E et E' sont en effet égaux comme représentant un même angle de l'équerre ; et comme ils sont dans la position d'angles correspondants, les droites E'F' et BC qui les forment sont parallèles.

PROBLÈME XIV.

Par un point donné dans le plan d'une circonférence, mener une tangente à cette circonférence.

1ᵉʳ CAS. — *Le point donné A est sur la circonférence.* — On

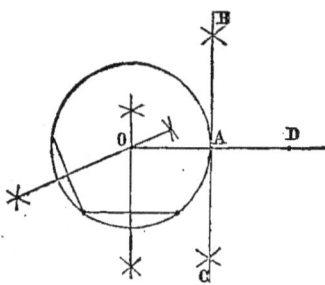

commence par déterminer le centre O de la circonférence à l'aide des procédés du problème II, dans le cas où ce centre n'est pas connu à l'avance, puis l'on mène par le point A une perpendiculaire au rayon OA préalablement prolongé.— Cette perpendiculaire est la tangente demandée.

2ᵉ CAS. — *Le point A est extérieur à la circonférence.* —
1ʳᵉ MÉTHODE. — On commence comme précédemment, par

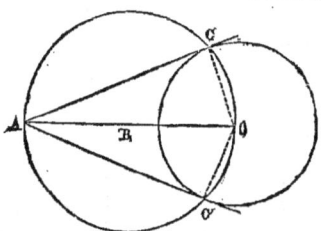

déterminer le centre O de la circonférence donnée, s'il n'est pas connu à l'avance ; on cherche le milieu B de OA ; enfin de ce milieu comme centre, avec BA comme rayon, on décrit une circonférence, qui a pour diamètre OA. Joignant le point donné A au point C où elle coupe la circonférence donnée, on a la tangente demandée.

Effectivement l'angle OCA étant inscrit dans une demi-circonférence, est droit ; AC est donc perpendiculaire à l'extrémité du rayon OC, et par conséquent tangente à la circonférence O.

REMARQUE I. — La circonférence auxiliaire coupe la circonférence donnée en un second point C' qui, au même titre que le point C, fournit une tangente AC' à cette circonférence. — D'un point extérieur on peut donc toujours mener deux tangentes à une circonférence donnée.

REMARQUE II. — Les tangentes AC, AC' menées du point A, sont égales : Les deux triangles rectangles ACO, AC'O, ont en effet l'hypoténuse AO commune, et les côtés OC, OC' égaux comme rayons d'une même circonférence. Ils sont donc égaux et donnent AC=AC'.

De la même égalité de triangles résulte aussi l'égalité des deux angles en A. Ainsi les deux tangentes AC, AC' sont également inclinées sur la ligne OA qui va du point A au centre.

2º MÉTHODE. — Pour résoudre le même problème, on peut encore opérer comme il suit : Du point A, avec la distance AO comme rayon, on décrit une circonférence BOB', puis du point O, avec un rayon OB double du rayon de la circonférence donnée, on décrit deux arcs de cercle qui rencontrent la circonférence BOB' en deux points B et B'; on tire les lignes BO, B'O qui coupent la circonférence donnée en des points C et C'; enfin tirant CA, C'A, on a les tangentes demandées.

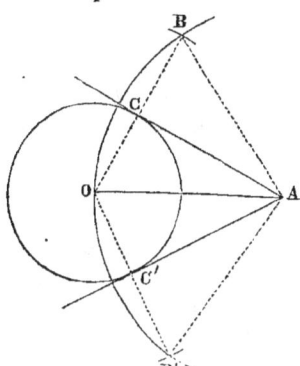

En effet, par la construction même, les triangles BAO, B'AO sont isocèles, et les points C et C' sont les milieux de leurs bases: les droites AC, AC' qui joignent leur sommet A aux milieux de leurs bases, sont donc perpendiculaires sur ces bases, c'est-à-dire sur les rayons OC, OC', et par conséquent sont tangentes à la circonférence O.

REMARQUE. — On conclut aisément de cette construction, comme on l'a fait pour la première : 1º Que les tangentes AC, AC' sont égales ; 2º qu'elles sont également inclinées sur AO.

GÉOMÉTRIE.

PROBLÈME XV.

Mener une tangente commune à deux circonférences.

La tangente commune à deux circonférences peut être *extérieure*, c'est-à-dire laisser les deux circonférences d'un même côté, ou bien *intérieure*, c'est-à-dire les laisser l'une d'un côté, l'autre de l'autre. Le problème comporte donc deux cas différents que nous allons étudier successivement.

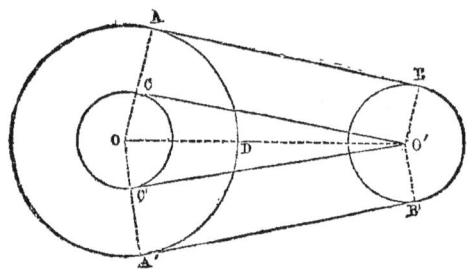

PREMIER CAS. — Supposons le problème résolu et soit AB la tangente commune extérieure aux deux circonférences O et O'. Menons à ses points de contact les rayons OA, O'B qui seront perpendiculaires sur AB, et par le point O' tirons O'C parallèle à la tangente.

Si le point C était connu, le problème serait résolu ; car en le joignant au point O et prolongeant OC jusqu'à la circonférence, on aurait le point A ; menant O'B parallèle à OA dans le même sens, on aurait le point B, et il ne resterait plus qu'à tirer AB. La résolution du problème est donc ramenée à la détermination du point C.

Or, le quadrilatère ACBO' a les côtés CA, O'B parallèles comme perpendiculaires à une même droite AB, et les deux autres parallèles par construction. Ce quadrilatère est donc un parallélogramme. De plus, ce parallélogramme est un rectangle, puisque les angles A et B en sont droits, et par conséquent les deux autres. On en conclut d'abord AC=BO', et par suite OC=OA—BO', ou, en désignant par R et R' les rayons des deux circonférences données, OC=R—R'. Si donc du point O comme centre, avec un rayon égal à R—R' on décrit une circonférence, elle passera par le point C.

D'ailleurs l'angle C étant droit, O'C est perpendiculaire à l'extrémité du rayon OC, et par suite tangente à cette circonférence.

Ainsi, si du point O' on mène une tangente à la circonférence décrite de O comme centre avec le rayon R—R', le point de contact est le point cherché C.

Ce point une fois connu, nous avons dit plus haut comment on achève la résolution du problème.

REMARQUE. — Du point O' on peut mener à la troisième circonférence deux tangentes O'C, O'C', dont chacune fournit une tangente commune aux circonférences données, et le problème comporte ainsi deux solutions.

Les deux tangentes communes AB, A'B' sont égales, car elles sont respectivement égales à deux lignes O'C, O'C', égales entre elles.

Elles sont également inclinées sur OO', car les angles qu'elles font avec OO' sont respectivement égaux aux angles CO'O, C'O'O, qui sont égaux entre eux.

Enfin, si on les prolongeait, elles iraient concourir en un point de OO', car les points O et O' étant tous deux à égale distance de AB et A'B', OO' est la bissectrice de l'angle de ces deux droites, et va passer par leur point de rencontre.

DISCUSSION. — Pour que les deux tangentes AB, A'B' existent, il faut que les points C et C' existent eux-mêmes, c'est-à-dire que les tangentes O'C, O'C' à la circonférence auxiliaire puissent être menées, ce qui exige que le point O' soit à l'extérieur de cette circonférence. Pour que les deux tangentes existent, il faut donc et il suffit qu'on ait

$$OO' > R—R'.$$

Or cette relation n'est satisfaite que lorsque les deux circonférences données sont extérieures, ou tangentes extérieurement, ou sécantes. Ce sont donc les seules positions pour lesquelles on peut mener, à deux circonférences, deux tangentes communes extérieures. Si elles étaient tangentes intérieurement, on aurait

$$OO' = R—R'.$$

et le point O' venant sur la troisième circonférence, les deux tangentes O'C, O'C' se réduiraient à une seule, par suite les deux points C et C' n'en feraient qu'un et les tangentes AB, A'B' se confondraient.

Enfin si les deux circonférences données devenaient intérieures l'une à l'autre, on aurait :

$$OO' < R—R'.$$

Le point O' serait donc à l'intérieur de la troisième circonférence ; les deux tangentes O'C, O'C', ne pourraient plus être menées ni l'une ni l'autre, et les deux tangentes AB, A'B', disparaîtraient elles-mêmes.

SECOND CAS. — Supposons encore le problème résolu et soit AB la tangente intérieure commune aux deux circonférences O et O'.

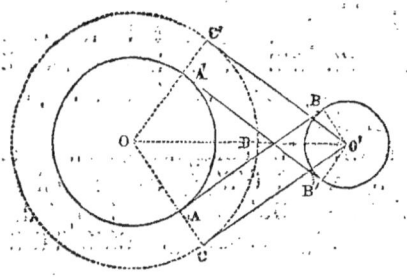

Menons aux deux points de contact les rayons OA, O'B qui seront perpendiculaires sur la tangente, et du point O', traçons O'C parallèle à AB. Si le point C était connu, le problème serait résolu ; car nous pourrions tirer OC qui couperait la première circonférence en A, puis mener O'B parallèle à OA, mais de sens contraire, ce qui ferait connaître le point B ; et pour avoir la tangente commune demandée, il ne resterait plus qu'à joindre le point A au point B.

Or, le quadrilatère ABO'C a ses côtés AC et BO' parallèles comme perpendiculaires tous deux à AB, et les deux autres parallèles par construction. Ce quadrilatère est donc un parallélogramme. De plus, ce parallélogramme est un rectangle, car ses angles A et B sont droits, et par suite les deux autres. — On en conclut d'abord

$$AC = BO',$$

et par suite

$$OC = OA + BO'$$

ou

$$= R + R'.$$

Si donc du point O comme centre, avec un rayon égal à la somme $R+R'$ des rayons des deux circonférences données, on décrit une circonférence, elle passera au point C.

Mais, d'autre part, l'angle C étant droit, O'C est tangente à cette troisième circonférence.

Dès lors, si après avoir décrit du point O comme centre, la circonférence de rayon $R+R'$, on lui mène une tangente O'C, le point de contact de cette tangente est le point cherché C.

Ce point C une fois déterminé, nous avons dit plus haut comment on achève la construction de la tangente commune.

REMARQUE I. — Du point O' on peut mener une seconde tangente O'C' à la troisième circonférence, et son point de contact C', au même titre que le point C, fait connaître une tangente intérieure A'B', commune aux deux circonférences.

REMARQUE II. — Par des procédés analogues à ceux du premier cas, on fera voir : 1° que les tangentes AB, A'B' sont égales ; 2° qu'elles sont également inclinées sur OO' ; 3° enfin qu'elles se coupent en un point de OO'.

DISCUSSION. — Pour que les tangentes AB, A'B' existent toutes deux, il faut que les points C et C' existent, c'est-à-dire que les tangentes O'C, O'C' à la troisième circonférence, puissent être menées, ce qui exige que le point O' soit à l'extérieur de la troisième circonférence. Pour que les deux tangentes AB et A'B' existent, il faut donc et il suffit qu'on ait :

$$OO' > OD$$

ou $$OO' > R+R'.$$

Or cette condition est satisfaite seulement quand les circonférences proposées sont extérieures l'une à l'autre. C'est donc le seul cas où les deux tangentes communes AB, A'B' peuvent être menées.

Si les deux circonférences étaient tangentes extérieurement on aurait

$$OO' = R+R',$$

ou $$OO' = OD,$$

et le point O' se trouvant sur la troisième circonférence, les tangentes O'C, O'C' se réduiraient à une seule ; par suite les tangentes communes AB, A'B' se confondraient.

— Enfin pour toute autre position des deux circonférences proposées, on a

$$OO' < R+R'$$

ou $$OO' < OD,$$

et le point O' passant dans l'intérieur de la troisième circonférence, les tangentes O'C, O'C' cessent d'exister et par suite aussi AB et A'B'.

PROBLÈME XVI.

Sur une droite AB comme corde, décrire l'arc du segment capable d'un angle donné α.

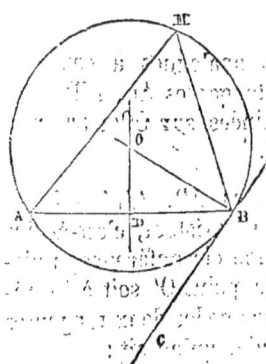

Au point B, on fait un angle ABC égal à l'angle donné, et sur la droite ainsi menée, on élève par le point B une perpendiculaire. Sur le milieu D de AB on élève de même une perpendiculaire qui rencontre la première en O. Enfin du point O comme centre, avec OB comme rayon, on décrit une circonférence, qui passe nécessairement par les points A et B, et est tangente en B à la droite BC.

L'arc AMB de cette circonférence, détermine le segment demandé.

En effet, tout angle M inscrit dans ce segment a pour mesure $\frac{AB}{2}$. Mais l'angle B formé par une tangente et une corde, a aussi pour mesure $\frac{AB}{2}$. Donc l'angle M est égal à l'angle B, c'est-à-dire à l'angle α.

EXERCICES SUR LE LIVRE II.

56. — Quelles sont la plus grande et la plus courte des droites qu'on peut mener d'un point à une circonférence (Supposer alternativement le point intérieur et extérieur à la circonférence).

57. — Trouver la plus longue et la plus courte des droites que l'on peut mener de l'une à l'autre de deux circonférences données (Supposer alternativement les deux circonférences intérieures et extérieures l'une à l'autre).

58. — De toutes les perpendiculaires abaissées d'un point d'un arc sur sa corde, quelle est la plus grande ?

59. — Tout parallélogramme circonscrit à un cercle est un losange. — Tout parallélogramme inscrit est un rectangle.

60. — Sur une droite AB donnée de grandeur et de position, on construit un parallélogramme ABCD, dont les deux côtés AD, BC sont eux-mêmes de grandeur constante, et l'on mène les bissectrices des angles C et D de ce parallélogramme, opposés à la base. Trouver le lieu du point de rencontre de ces bissectrices.

61. — Démontrer que les tangentes communes menées aux points de contact de trois circonférences qui se touchent deux à deux, se rencontrent en un même point qui est le centre de la circonférence inscrite au triangle formé en joignant leurs centres.

62. — Quand deux cordes égales se coupent à l'intérieur ou à l'extérieur d'un cercle, les deux segments de l'une sont respectivement égaux à ceux de l'autre.

63. — Réciproquement, quand deux cordes se coupent à l'intérieur ou à l'extérieur d'un cercle, si l'un des segments de l'une est égal au segment correspondant de l'autre, ces deux cordes sont égales.

64. — Deux circonférences quelconques se coupent en deux points A et B ; démontrer que si par le point A on mène une sécante terminée aux deux circonférences en des points C et D, l'angle CBD est constant quelle que soit la sécante.

65. — Deux circonférences quelconques se coupent en des points A et B, et par le point A on mène trois sécantes qui coupent les deux circonférences respectivement aux points C et C', D et D', E et E', Démontrer que les triangles CDE, C'D'E' sont équiangles entre eux.

66. — Deux circonférences égales se coupent en deux points A et B et par le point A on mène une sécante qui coupe les deux circonférences aux points C et D. Démontrer : 1° que le triangle CBD est toujours isocèle ; 2° que ses angles sont constants quelle que soit la sécante.

67. — Étant données deux circonférences O et O' tangentes intérieurement ou extérieurement en un point A, on mène par ce point une droite BB' terminée de part et d'autre aux deux circonférences, et l'on demande de démontrer que les rayons OB, O'B' sont parallèles.

68. — Étant données deux circonférences O et O' tangentes en un point A, on mène par ce point deux droites BB', CC' terminées de part et d'autre aux deux circonférences. Démontrer que les cordes BC, B'C' qui joignent leurs extrémités sont parallèles.

69. — Étant données deux circonférences tangentes intérieurement en un point A, et une corde BC de la grande, tangente en D à la petite, on demande de démontrer que la droite AD, qui joint les deux points de contact, est bissectrice de l'angle BAC. — Modification que subit l'énoncé quand les deux circonférences sont tangentes extérieurement.

70. — Deux circonférences sont tangentes entre elles au point M, et aux deux côtés d'un angle A aux points B et C. Démontrer : 1° que l'angle BMC est égal au supplément de la moitié de l'angle A ; 2° que si l'on prolonge CM jusqu'à la rencontre de l'autre circonférence, en D, BD est parallèle à la bissectrice de l'angle A.

71. — Trois droites issues d'un même point comprennent entre elles deux à deux des angles de 120°. Démontrer que si d'un point quelconque de leur plan, on abaisse des perpendiculaires sur ces trois droites, le triangle que l'on forme en joignant leurs pieds est toujours équilatéral.

72. — Quand on joint aux trois sommets d'un triangle équilatéral un point quelconque de la circonférence circonscrite, l'une des lignes de jonction est égale à la somme des deux autres. — Réciproque.

73. — Étant données deux tangentes fixes AB, AC à un cercle O, et une troisième tangente DE, dont le point de contact soit compris entre ceux des deux premières, on demande de démontrer : 1° que le périmètre du triangle DAE est constant ; 2° que l'angle DOE est constant, quelle que soit la position de la troisième tangente.

74. — Dans tout quadrilatère circonscrit, la somme de deux côtés opposés est égale à la somme des deux autres. — Réciproque.

75. — Plus généralement, quand un polygone circonscrit a un nombre pair de côtés, la somme des côtés de rang pair est égale à la somme des côtés de rang impair. — La réciproque est-elle vraie ?

76. — Dans tout polygone inscrit d'un nombre pair de côtés, la somme des angles de rang impair est égale à celle des angles de rang pair. La réciproque est-elle vraie ?

EXERCICES SUR LE LIVRE II.

77. — Si par le milieu d'un arc, on mène deux cordes qui coupent la corde de cet arc, les extrémités de ces deux cordes et les points où elles rencontrent la première, sont sur une même circonférence.

78. — Dans tout triangle, les points de contact du cercle inscrit et d'un cercle ex-inscrit, avec un même côté, sont équidistants des extrémités de ce côté.

79. — Démontrer que dans tout triangle les trois hauteurs sont les bissectrices des angles formés en joignant leurs pieds. — En déduire une démonstration de ce fait que, dans tout triangle, les trois hauteurs se coupent en un même point.

80. — Étant donnés une circonférence O, une corde AB, un point E sur cette corde et deux points C et D sur l'un des arcs sous-tendus, on demande de trouver sur l'autre arc, un point M tel que si l'on mène les cordes MC, MD qui coupent AB aux points F et G, on ait : FE=EG ; ou que la différence FE—EG soit égale à une ligne donnée l ;

Ou enfin que la distance FG ait une longueur donnée.

81. — Une circonférence O″ touche deux circonférences données O et O′ en des points A et B. Démontrer que ces points A et B et les points C et D, où la droite OO′ rencontre les deux circonférences données, sont sur une même circonférence.

82. — Quand d'un point de la circonférence circonscrite à un triangle quelconque, on abaisse des perpendiculaires sur ses trois côtés, les pieds de ces perpendiculaires sont en ligne droite. — Réciproque.

83. — Étant donnés deux points A et B dans le plan d'une circonférence, construire un parallélogramme qui ait deux sommets en ces points, et les deux autres sur la circonférence. — Examiner les différents cas du problème.

84. — Étant donnés une circonférence O, un rayon OM de cette circonférence, et une perpendiculaire mn, menée à ce rayon en un point A pris sur son prolongement, du point A on mène à la circonférence une sécante quelconque ABC, puis par ses points d'intersection B et C, des tangentes CD, BE à la circonférence. Prouver que les points D et E où ces tangentes rencontrent la perpendiculaire mn, sont équidistants du point A.

85. — Si d'un point A pris d'une manière arbitraire sur la hauteur d'un triangle isocèle on décrit une circonférence qui coupe les côtés en des points B, C, D, E, le triangle isocèle qui a pour sommet le point A et pour base la droite BD oblique à la hauteur, est toujours équiangle à lui-même quelle que soit la circonférence.

86. — Étant donnés une circonférence O, un diamètre CA de cette circonférence et la tangente AB en son extrémité, d'un point quelconque B pris sur la tangente, on mène une sécante quelconque BDE, et l'on tire CE, CD. Démontrer que les distances OF, OG interceptées

par les lignes CD, CE, CA, sur la droite menée du point B au centre de la circonférence, sont égales entre elles.

87. — Les milieux des côtés d'un triangle, les pieds des trois hauteurs, et les milieux des distances du point d'intersection des hauteurs aux trois sommets sont sur une même circonférence.

88. — Lieu géométrique des points d'où les tangentes menées à une circonférence donnée sont égales à une droite donnée.

89. — Lieu des points d'où un cercle donné est vu sous un angle donné.

90. — Par chacun des points d'une circonférence, on mène des droites égales et parallèles à une droite donnée de grandeur et de position. Trouver le lieu des extrémités de ces parallèles.

91. — Trouver le lieu des milieux des cordes d'un cercle qui passent par un point donné. (Supposer alternativement le point intérieur et extérieur au cercle donné).

92. — D'un point A quelconque d'une circonférence O, on abaisse la perpendiculaire AB sur un diamètre fixe MN de cette circonférence, et sur OA l'on prend OC=AB. Quel est le lieu du point C?

93. — Étant donnée une demi-circonférence dont le diamètre est AB, on y mène une corde quelconque AC, sur laquelle on prend une distance AM égale à la corde CB. Trouver le lieu du point M.

94. — Trouver le lieu du 3e sommet C, d'un triangle dont la base AB est donnée de grandeur et de position, et dans lequel la médiane issue du sommet A a une longueur donnée.

95. — D'un point A quelconque pris sur le prolongement du rayon OB d'une circonférence donnée, on mène une tangente AC à cette circonférence, puis la bissectrice AD de l'angle CAO ; enfin on abaisse du centre la perpendiculaire OM sur cette bissectrice. Trouver le lieu du point M.

96. — On mène dans deux circonférences données deux rayons OA, O'A' faisant entre eux un angle donné α. Trouver le lieu du milieu M de la droite AA' qui joint leurs extrémités.

97. — Lieu des points de rencontre des bissectrices des angles des triangles inscrits dans un même segment.

98. — Lieu des points de rencontre des bissectrices des suppléments des angles à la base des mêmes triangles.

99. — Lieu des points de rencontre des hauteurs des triangles dont l'angle au sommet et la base sont donnés.

100. — Une droite de longueur constante se déplace de manière à avoir toujours ses extrémités sur deux droites rectangulaires données; quel est le lieu de son milieu?

101. — Étant donnés une circonférence et un point A dans son plan, on mène de ce point à la circonférence, une droite AB sur laquelle on construit un triangle équilatéral ABC. Trouver le lieu du troisième sommet C de ce triangle équilatéral.

EXERCICES SUR LE LIVRE II.

102. — Étant donnée une corde AB d'une circonférence, on joint aux extrémités de cette corde un point C quelconque de l'arc sous-tendu, et l'on prolonge AC d'une longueur CM égale à CB. Trouver le lieu du point M.

103. — Deux circonférences sont tangentes entre elles, et à une droite donnée en des points donnés. Trouver le lieu de leur point de contact.

103 bis. — Par un point D pris sur le prolongement du côté AC d'un triangle ABC, on mène une sécante, qui rencontre les deux autres côtés en des points E et F, puis l'on circonscrit des circonférences aux deux triangles CED, FEB. Lieu du point de rencontre M de ces deux circonférences. — Même question pour les circonférences circonscrites aux triangles AFD, CED.

104. — Un triangle rectangle se déplace dans son plan de telle sorte que les extrémités de son hypoténuse glissent sur deux droites rectangulaires données. Lieu du sommet de son angle droit.

105. — Étant données deux parallèles mn, pq, d'un point fixe A pris sur mn, on tire jusqu'à la rencontre de pq une droite AB faisant avec mn un angle quelconque α; au point B, on élève sur AB une perpendiculaire BC jusqu'à la rencontre de mn. Enfin au point C on fait un angle ACD égal à 2α, et l'on abaisse AD perpendiculaire sur CD. Quel est le lieu du pied D de cette perpendiculaire?

106. — Trouver dans l'intérieur d'un triangle un point d'où ses trois côtés soient vus sous le même angle.

107. — Étant donnés un angle et un point dans son plan, on demande de décrire de ce point comme centre une circonférence telle que si l'on joint les points où elle coupe les deux côtés de l'angle, la droite de jonction soit parallèle à une droite donnée.

108. — Étant donnés une droite AB et deux points C et D d'un même côté de cette droite, trouver sur la droite un point M tel que l'angle CMA soit double de l'angle DMB.

109. — Par le point d'intersection de deux circonférences données, mener une droite terminée de part et d'autre à ces circonférences et qui soit partagée en ce point en deux parties égales.

110. — Par le point d'intersection de deux circonférences, mener une droite telle que les deux cordes interceptées fassent une somme donnée; ou aient entre elles une différence donnée.

111. — Par le point d'intersection de deux circonférences, mener une droite de longueur maximum.

112. — Par trois points donnés, mener trois droites qui, par leurs intersections, déterminent un triangle égal à un triangle donné, — ou un triangle équiangle à un triangle donné et de périmètre maximum.

113. — Étant donnés un cercle et deux tangentes, on demande de mener au cercle une troisième tangente telle que la partie interceptée entre les deux premières ait une longueur donnée.

114. — Étant donnés un angle A et un point M dans son plan, mener de ce point une droite qui détache de l'angle un triangle BAC de périmètre donné.

115. — Par deux points donnés, mener deux droites parallèles entre elles et qui par leur intersection avec deux parallèles données forment un losange.

116. — Tracer une sécante commune à deux circonférences données et telle que les cordes interceptées soient égales à des lignes données.

117. — Construire un carré connaissant les points où ses quatre côtés prolongés vont rencontrer une droite donnée.

118. — Inscrire dans un cercle un triangle équiangle à un triangle donné.

119. — Construire un triangle dans lequel on connaît un angle, un côté adjacent à cet angle, et la somme des deux autres côtés.

120. — Construire un triangle connaissant un angle, un des côtés qui le comprennent et la différence des deux autres côtés.

121. — Construire un triangle dont on connaît un côté et deux médianes.

122. — Construire un triangle dont on connaît un côté et deux hauteurs.

123. — Construire un triangle dont on connaît les trois médianes.

124. — Construire un triangle dont on connaît deux côtés, sachant que l'angle opposé à l'un est double de l'angle opposé à l'autre.

125. — Construire un triangle connaissant sa base, la différence des angles à la base, et la somme des deux autres côtés.

126. — Construire un triangle dont on connaît un angle, une médiane et un côté.

127. — Construire un triangle dont on connaît une hauteur et deux médianes.

128. — Construire un triangle connaissant la bissectrice, la médiane et la hauteur issues du même sommet.

129. — Construire un triangle dont on connaît un angle, un côté et une hauteur. Examiner les différentes positions que peuvent avoir les données, et faire la discussion du problème dans chaque cas.

130. — Construire un triangle dont on connaît la base, l'angle au sommet et l'un des deux autres côtés. — Discuter.

131. — Construire un triangle dont on connaît deux côtés et la somme ou la différence des deux angles opposés.

132. — Construire un triangle dont on connaît deux angles et le périmètre.

133. — Construire un triangle dont on connaît la base, l'angle au sommet et le rayon du cercle inscrit.

134. — Construire un triangle dont on connaît un côté, un angle adjacent à ce côté et le rayon de cercle circonscrit.

135. — Construire un triangle connaissant sa base, sa hauteur, et la différence des angles à la base.

136. — Construire un triangle connaissant ses angles et le rayon du cercle inscrit.

137. — Construire un triangle connaissant deux de ses sommets, et le point de rencontre de ses médianes, ou de ses bissectrices ou de ses hauteurs.

138. — Construire un triangle connaissant les milieux de ses trois côtés.

139. — Construire un triangle connaissant les pieds de ses trois hauteurs.

140. — Construire un triangle dont on connaît le périmètre, la hauteur et l'un des angles à la base.

141. — Construire un triangle dont on connaît un angle, le périmètre, et le rayon de la circonférence inscrite.

142. — Construire un triangle, connaissant l'angle au sommet, ainsi que la médiane et la hauteur qui correspondent à ce sommet.

143. — Construire un triangle dont on connaît la base, l'angle au sommet et la somme ou la différence des deux autres côtés.

144. — Étant données deux circonférences, on demande de trouver dans leur plan un point tel que les tangentes menées à ces deux circonférences soient égales et se coupent sous un angle donné.

145. — Construire un quadrilatère, connaissant deux angles opposés, les diagonales et l'angle des diagonales.

146. — Construire un trapèze, connaissant ses bases et ses diagonales.

147. — Construire un trapèze, connaissant ses quatre côtés.

148. — Construire un triangle, connaissant sa base, sa hauteur et la somme ou la différence des deux autres côtés.

149. — Circonscrire à un cercle un trapèze dont on connaît deux côtés.

150. — Construire un triangle équilatéral qui ait ses trois sommets sur trois parallèles données.

151. — Construire un triangle équilatéral qui ait ses trois sommets sur trois circonférences concentriques données. Même question pour un triangle équiangle à un triangle donné.

152. — Tracer, d'un point donné comme centre, une circonférence qui coupe deux circonférences données orthogonalement ou diamétralement.

153. — Faire passer une circonférence à égale distance de quatre points donnés. — Discuter.

154. — Inscrire dans un triangle équilatéral trois circonférences égales, tangentes entre elles deux à deux et aux côtés du triangle.

155. — Inscrire une circonférence dans un secteur circulaire donné.

156. — Construire trois circonférences égales tangentes entre elles deux à deux et à une circonférence donnée.

157. — Décrire trois cercles tangents deux à deux et ayant pour centres trois points donnés.

158. — Une circonférence O' est tangente à une circonférence O et à une droite mn, en des points C et B. Démontrer que si l'on tire CB et que l'on prolonge cette ligne jusqu'à la rencontre de la circonférence O en A, la droite OA est perpendiculaire sur la droite mn.

159. — Construire une circonférence qui touche une circonférence donnée et une droite donnée en un point donné.

160. — Construire une circonférence qui touche une droite donnée et une circonférence donnée en un point donné.

161. — Tracer d'un rayon donné, une circonférence tangente à une droite donnée et passant par un point donné.

162. — Tracer d'un rayon donné, une circonférence tangente à une circonférence donnée et passant par un point donné.

163. — Tracer d'un rayon donné, une circonférence tangente à deux droites données. Discuter.

164. — Tracer d'un rayon donné, une circonférence tangente à deux circonférences données.

164 bis. — Étant données deux parallèles et une sécante, construire deux circonférences, tangentes entre elles, dont les rayons fassent une somme donnée a, et dont chacune soit tangente à la sécante et à l'une des parallèles.

164 ter. — Étant donnés une circonférence et un point A dans son plan, on tire par le point A une sécante quelconque BAC, puis l'on trace deux circonférences O et O' passant par le point A, et tangentes à la 1re, respectivement en B et C. Cela posé, on demande 1° de démontrer que la somme ou la différence des rayons des deux circonférences O et O' est constante, suivant que le point A est intérieur ou extérieur à la première; 2° de trouver le lieu du point de rencontre M des circonférences O et O'.

LIVRE III.

PREMIÈRE PARTIE.

DES LIGNES PROPORTIONNELLES.

THÉORÈME I.

La parallèle à la base d'un triangle détermine, sur les deux autres côtés, des segments proportionnels.

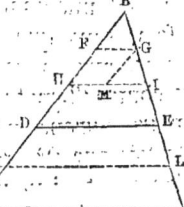

Ainsi DE étant une parallèle quelconque à la base du triangle ABC, je dis qu'on a la proportion

$$\frac{BD}{DA} = \frac{BE}{EC}.$$

PREMIER CAS. — *BD et DA ont une commune mesure.*

Supposons cette commune mesure contenue par exemple 3 fois dans BD et 2 fois dans DA, de telle sorte que le rapport $\frac{BD}{DA}$ soit égal à $\frac{3}{2}$, et partageons BD en trois parties égales et DA en 2 ; ces cinq parties seront égales entre elles. Si maintenant par les points de division nous menons des parallèles à la base, qui partageront BC en 5 parties BG, GI, IE..., je dis que ces cinq parties seront aussi égales entre elles.

Effectivement, si nous tirons GM parallèle à BA, les deux triangles FBG, MGI ont les angles F et M égaux comme ayant les côtés parallèles et dirigés dans le même sens; les angles B et G égaux comme correspondants par rapport aux parallèles

FB, GM coupées par la sécante BI ; enfin les côtés BF et MG égaux, comme tous deux égaux à FH, le premier par hypothèse, le second parce que FH et MG sont les côtés opposés d'un même parallélogramme. Ces deux triangles ayant donc un côté égal adjacent à deux angles égaux chacun à chacun, sont égaux, et l'on en conclut BG=GI. On démontre de même que l'on a GI=IE=EL=LC.

Une même longueur étant donc contenue 3 fois dans BE et 2 fois dans EC, le rapport $\dfrac{BE}{EC}$ a pour valeur $\dfrac{3}{2}$, et est par suite égal à $\dfrac{BD}{DA}$.

Second Cas. — *Les deux segments* BD, DA *n'ont pas de commune mesure.*

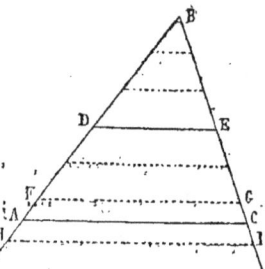

Partageons BD en un nombre arbitraire n de parties égales, et portons l'une de ces parties autant de fois que possible sur DA. Elle n'y sera pas contenue un nombre exact de fois, sans quoi elle serait commune mesure entre BD et DA ce qui est contre l'hypothèse. Ainsi quand nous aurons porté l'une de ces parties un certain nombre de fois sur DA, nous aurons un reste FA moindre que l'une d'elles, et si nous la portons une fois de plus, nous obtiendrons un point H situé au-delà du point A.

Menons maintenant par les points de division des parallèles à AC ; aux parties égales de BA, correspondront sur BC des parties égales, et BD et DF ayant une commune mesure, nous aurons en vertu de la première partie de la proposition

$$\frac{BD}{DF} = \frac{BE}{EG}.$$

Or FA moindre que FH ou que $\dfrac{BD}{n}$, peut être rendu moindre que toute quantité donnée, puisque n étant une quantité arbitraire, $\dfrac{BD}{n}$ est aussi petit qu'on veut, lorsque n est suffisamment grand; DA est donc la limite de DF et par suite $\dfrac{BD}{DA}$ celle de $\dfrac{BD}{DF}$.

De même GC, moindre que GI ou que $\dfrac{BE}{n}$, peut être rendu aussi petit qu'on veut, en sorte que EC est la limite de EG, et par suite $\dfrac{BE}{EC}$ celle de $\dfrac{BE}{EG}$.

Mais les deux rapports $\dfrac{BD}{DF}$ et $\dfrac{BE}{EG}$ sont constamment égaux. Leurs limites sont donc égales, et l'on a

$$\dfrac{BD}{DA}=\dfrac{BE}{EC}\ \ldots\ (1)$$

ce qui démontre l'énoncé.

Corollaire I. — L'égalité (1) n'est pas la seule qui résulte du théorème précédent.

Nous tirons en effet de cette égalité, en y ajoutant à chaque numérateur le dénominateur correspondant :

$$\dfrac{BD+DA}{DA}=\dfrac{BE+EC}{EC},\ \text{ou}\ \dfrac{BA}{DA}=\dfrac{BC}{EC}\ \ldots\ (2).$$

Et de même

$$\dfrac{BD+DA}{BD}=\dfrac{BE+EC}{BE}\ \text{ou}\ \dfrac{BA}{BD}=\dfrac{BC}{BE}\ \ldots\ (3).$$

Les égalités (1), (2) et (3), et celles qu'on en déduirait en y renversant les rapports, expriment que le *rapport de deux segments de gauche (y compris le côté BA lui-même), est égal au rapport des deux segments correspondants de droite, pris dans le même ordre.*

Si dans ces mêmes égalités (1), (2), (3), on intervertit l'ordre des moyens, il vient :

$$\dfrac{BD}{BE}=\dfrac{DA}{EC}\ \ldots\ (4)$$

$$\dfrac{BA}{BC}=\dfrac{DA}{EC}\ \ldots\ (5)$$

$$\dfrac{BA}{BC}=\dfrac{BD}{BE}\ \ldots\ (6).$$

Ces trois nouvelles égalités, et celles qu'on en déduirait en y renversant les rapports, expriment que le *rapport de deux segments correspondants pris de part et d'autre, a la même valeur quels que soient ces segments.*

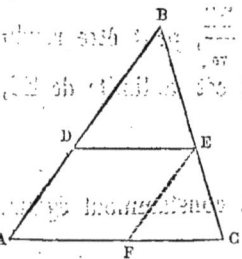

COROLLAIRE II. — Le triangle DBE déterminé par la parallèle DE, et le triangle proposé ABC, *ont tous leurs côtés proportionnels.* — En effet, en vertu du corollaire précédent, on a d'abord l'égalité

$$\frac{BA}{BD} = \frac{BC}{BE}.$$

D'autre part, si l'on mène EF parallèle à BA, on a en vertu du même corollaire

$$\frac{BC}{BE} = \frac{AC}{AF},$$

ou en remplaçant AF par son égal DE :

$$\frac{BC}{BE} = \frac{AC}{DE}.$$

Donc on a finalement, à cause du rapport commun :

$$\frac{BA}{BD} = \frac{BC}{BE} = \frac{AC}{DE}.$$

THÉORÈME II.

Réciproquement lorsque dans un triangle une droite partage deux côtés en parties proportionnelles, elle est parallèle au troisième côté.

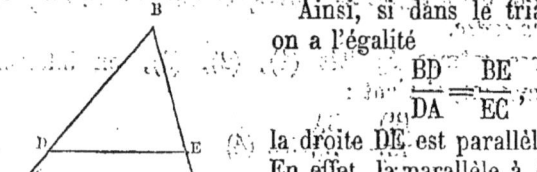

Ainsi, si dans le triangle ABC, on a l'égalité

$$\frac{BD}{DA} = \frac{BE}{EC},$$

la droite DE est parallèle à AC. — En effet, la parallèle à AC menée par le point D doit, en vertu du théorème précédent, partager le côté BC dans le rapport de BD à DA ; mais déjà par hypothèse le point E est le point de partage de BC dans ce rapport. Donc la parallèle à AC, menée par le point D, doit passer par le point E, et n'est autre que DE.

REMARQUE. — Les 12 égalités établies dans le corollaire du théorème précédent étant la conséquence les unes des autres, la réciproque de l'une d'entre elles entraîne celles de toutes les autres.

THÉORÈME III.

Dans tout trapèze, la parallèle aux bases détermine sur les côtés non parallèles des segments proportionnels, et réciproquement.

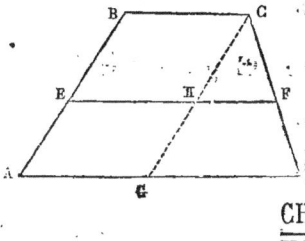

En effet, EF étant une parallèle aux bases du trapèze ABCD, si nous menons à AB la parallèle CG qui coupe EF en H, le triangle GCD, en vertu du théorème précédent, donne l'égalité

$$\frac{CH}{HG} = \frac{CF}{FD};$$

Or, si l'on y remplace CH et HG par les lignes égales BE, EA, il vient finalement

$$\frac{BE}{EA} = \frac{CF}{FD},$$

et cela justifie l'énoncé.

REMARQUE. — Cette égalité entraîne une suite d'égalités en tout semblables à celles du théorème I. La réciproque se démontre d'ailleurs identiquement comme celle du théorème I.

THÉORÈME IV.

La bissectrice d'un angle d'un triangle partage le côté opposé en parties proportionnelles aux côtés adjacents, et réciproquement.

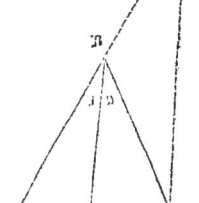

Ainsi BD étant la bissectrice de l'angle B du triangle ABC, je dis qu'on a :

$$\frac{AD}{DC} = \frac{AB}{BC}.$$

Menons en effet CE parallèle à BD jusqu'à la rencontre du côté AB prolongé. L'angle 1 du point B et l'angle E du triangle CBE, seront égaux comme correspondants par rapport aux parallèles BD, CE coupées par la sécante AE ; l'angle 2 et l'angle C du même triangle seront égaux comme alternes-internes par rapport aux

7

mêmes parallèles coupées par la sécante BC. Or les angles 1 et 2 sont égaux par hypothèse ; donc les angles E et C le sont eux-mêmes, et le triangle CBE est isocèle. On en conclut BE=BC.

Cela posé, dans le triangle total AEC, BD étant parallèle à CE, on a :

$$\frac{AD}{DC}=\frac{AB}{BE}.$$

Si dans cette égalité on remplace BE par son égal BC, il vient enfin :

$$\frac{AD}{DC}=\frac{AB}{BC}$$

et cela justifie l'énoncé.

— Réciproquement, si dans le triangle ABC on a l'égalité $\frac{AD}{DC}=\frac{AB}{BC}$, BD est la bissectrice de l'angle B.

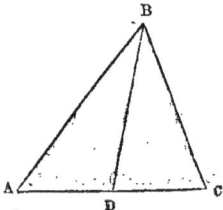

En effet, la bissectrice de cet angle doit, en vertu du théorème précédent, partager AC dans le rapport de AB à BC. Mais déjà par hypothèse, le point D est le point de partage de AC dans ce rapport. Donc la bissectrice de l'angle B doit passer par le point D, et se confond avec BD.

COROLLAIRE. — Le théorème précédent permet de calculer les segments AD, DC déterminés par la bissectrice BD sur le côté AC, quand on connaît les trois côtés du triangle. Si en effet on désigne ces deux segments par x et y, et les côtés du triangle par a, b, c, l'égalité

$$\frac{AD}{DC}=\frac{AB}{BC},$$

s'écrit :

$$\frac{x}{y}=\frac{c}{a} \text{ ou } \frac{x}{c}=\frac{y}{a}.$$

On en tire :

$$\frac{x+y}{a+c}=\frac{x}{c}=\frac{y}{a}$$

ou
$$\frac{b}{a+c} = \frac{x}{c} = \frac{y}{a};$$

on en tire :
$$x = \frac{bc}{a+c} \text{ et } y = \frac{ab}{a+c}.$$

THÉORÈME V.

La bissectrice d'un angle extérieur d'un triangle détermine sur le côté opposé, deux segments soustractifs proportionnels aux deux côtés adjacents du triangle.

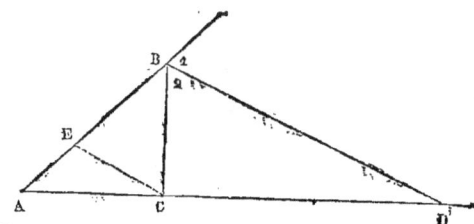

Ainsi, BD' étant la bissectrice du supplément de l'angle B du triangle ABC, on a :
$$\frac{D'A}{D'C} = \frac{BA}{BC}.$$

En effet, si l'on mène CE parallèle à BD', l'angle 1 du point B et l'angle E du triangle EBC, sont égaux comme correspondants par rapport aux parallèles BD', CE, coupées par la sécante BA. L'angle 2 et l'angle C du même triangle sont égaux comme alternes-internes par rapport aux mêmes parallèles et à la sécante BC. Les angles 1 et 2 étant égaux par hypothèse, les angles E et C le sont eux-mêmes, et le triangle EBC est isocèle ; on en conclut BE=BC.

Or, dans le triangle total ABD', à cause du parallélisme de CE et BD', on a :
$$\frac{AD'}{CD'} = \frac{AB}{EB};$$

Si dans cette égalité on remplace EB par son égal BC, il vient finalement
$$\frac{AD'}{CD'} = \frac{AB}{BC}.$$

— Réciproquement, *un point D' situé sur le prolongement du côté AC d'un triangle ABC, satisfaisant à la relation*

$$\frac{D'A}{D'C} = \frac{BA}{BC},$$

BD' est la bissectrice du supplément de l'angle opposé du triangle. — La démonstration de cette réciproque est la même que pour celle du théorème précédent.

REMARQUE. — Les deux théorèmes précédents peuvent être réunis sous cet énoncé unique : *La bissectrice d'un angle d'un triangle ou de son supplément, coupe le côté opposé en un point dont les distances aux extrémités de ce côté sont proportionnelles aux deux autres côtés.*

THÉORÈME VI.

Le lieu des points dont les distances à deux points donnés A et B sont entre elles dans un rapport donné $\dfrac{m}{n}$, *est une circonférence de cercle.*

Soit en effet M un point du lieu, c'est-à-dire un point tel qu'on ait :

$$\frac{MA}{MB} = \frac{m}{n};$$

Si l'on mène les bissectrices de l'angle M et de son supplément, il vient :

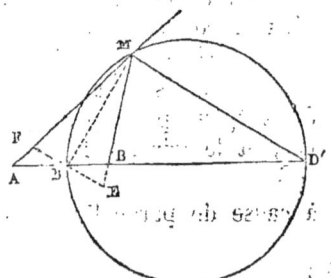

$$\frac{AD}{DB} = \frac{AM}{MB} = \frac{m}{n}$$

et

$$\frac{AD'}{BD'} = \frac{AM}{MB} = \frac{m}{n},$$

et ces égalités montrent que les points D et D' restent invariables quel que soit le point M. D'ailleurs les deux bissectrices MD, MD' sont perpendiculaires entre elles, car les angles du point M étant supplémentaires, la somme de leurs moitiés vaut un angle droit. Donc le point M est sur la circonférence qui a pour diamètre DD'.

— Réciproquement, je dis que tout point M de cette circonférence est un point du lieu. En effet, par le point D menons

EF perpendiculaire à MD et par suite parallèle à MD'. Les triangles équiangles FAD, MAD' donneront en vertu d'un corollaire précédent :

$$\frac{FD}{MD'} = \frac{AD}{AD'};$$

Les triangles équiangles DBE, MBD' donneront de même :

$$\frac{DE}{MD'} = \frac{BD}{BD'};$$

Or les seconds membres de ces égalités sont égaux, car les deux rapports $\frac{AD}{BD}$ et $\frac{AD'}{BD'}$ étant tous deux égaux à $\frac{m}{n}$, sont égaux entre eux, et par suite aussi les rapports $\frac{AD}{AD'}$ et $\frac{BD}{BD'}$. Les premiers membres sont donc égaux eux-mêmes, ce qui donne

$$\frac{FD}{MD'} = \frac{DE}{MD'},$$

et par suite

$$FD = DE.$$

Il suit de là que les deux triangles MDF, MDE, ont un angle égal, l'angle droit, compris entre côtés égaux, et par conséquent sont égaux. Leurs angles en M sont donc égaux et MD est la bissectrice de l'angle AMB. On en conclut :

$$\frac{MA}{MB} = \frac{AD}{DB} = \frac{m}{n},$$

ce qui démontre la réciproque.

— Reste à construire les points D et D'. — A cet effet, on mène par le point A une droite de direction quelconque, sur

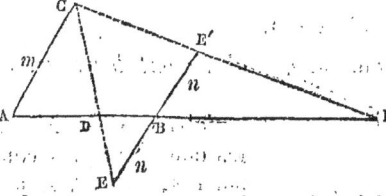

laquelle on prend une longueur AC égale à m ; sur sa parallèle EE' menée par le point B, on prend BE = BE' = n, et l'on tire CE, CE' qui rencontrent AB et son prolongement aux points cherchés D et D'. Les triangles équiangles CAD, DBE donnent en effet :

$$\frac{AD}{DB} = \frac{AC}{BE} = \frac{m}{n}.$$

Les triangles CAD', BE'D' donnent de même
$$\frac{AD'}{BD'} = \frac{AC}{BE'} = \frac{m}{n},$$
et cela justifie la construction.

Triangles et Polygones semblables.

On appelle *triangles*, ou plus généralement *polygones semblables*, des triangles ou des polygones qui ont leurs angles égaux chacun à chacun, et dont les côtés homologues sont proportionnels.

Le rapport constant de deux côtés homologues a reçu le nom de *rapport de similitude*.

L'égalité est le cas particulier de la similitude dans lequel ce rapport est égal à 1, parce qu'alors les figures considérées ont leurs angles égaux chacun à chacun, ainsi que leurs côtés, et par conséquent sont égales.

THÉORÈME VII.

La parallèle DE à la base d'un triangle ABC, détermine un second triangle DBE, semblable au premier.

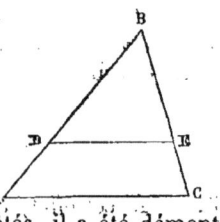

En effet, les triangles DBE, ABC, ont l'angle B commun, les angles D et A égaux comme correspondants par rapport aux parallèles DE, AC, coupées par la sécante BA; les angles E et C égaux pour une raison analogue. Ils sont donc équiangles entre eux. Quant à leurs côtés, il a été démontré (théorème I, corollaire II), qu'ils sont proportionnels.

THÉORÈME VIII.

Deux triangles sont semblables, quand ils ont leurs angles égaux chacun à chacun.

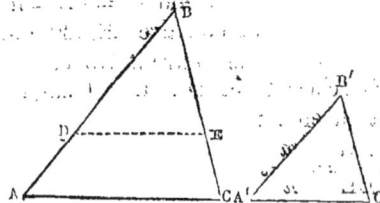

Soient ABC, A'B'C' les deux triangles considérés, dans lesquels on suppose qu'on ait A=A', B=B', C=C'.

Pour démontrer qu'ils sont semblables, on

prend sur BA une distance BD égale à B'A', et l'on mène DE parallèle à AC. Les deux triangles DBE, A'B'C' ont alors les côtés BD, B'A' égaux par construction, les angles B et B' égaux par hypothèse, enfin les angles D et A' égaux parce que D est égal à son correspondant A, lequel est lui-même par hypothèse égal à A'. Ces deux triangles ayant donc un côté égal adjacent à des angles égaux chacun à chacun, sont égaux ; et comme DBE est semblable à ABC en vertu du théorème précédent, son égal A'B'C' est aussi semblable à ABC.

THÉORÈME IX.

Deux triangles sont semblables quand ils ont un angle égal compris entre des côtés proportionnels.

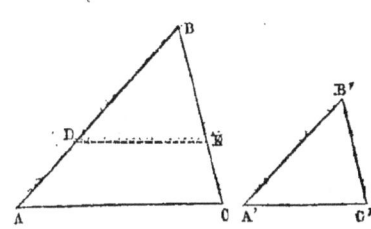

Soient ABC, A'B'C' deux triangles dans lesquels on suppose qu'on ait :
$$B = B'$$
et
$$\frac{AB}{A'B'} = \frac{BC}{B'C'}.$$

Pour démontrer qu'ils sont semblables, on prend encore BD=B'A', et l'on mène par le point D, DE parallèle à AC. Le triangle DBE est semblable à ABC en vertu du théorème VII, et l'on a la proportion

$$\frac{AB}{BD} = \frac{BC}{BE}.$$

En comparant cette proportion à celle que fournit l'énoncé, on voit que leurs premiers rapports $\frac{AB}{BD}$ et $\frac{AB}{A'B'}$ sont égaux, puisque, par construction, BD est égal à A'B'. Leurs seconds rapports, $\frac{BC}{BE}$ et $\frac{BC}{B'C'}$, sont donc égaux eux-mêmes, et comme ils ont même numérateur, il faut que leurs dénominateurs, BE, B'C', soient égaux. Dès lors les deux triangles DBE, A'B'C' ont un angle égal compris entre côtés égaux, et par conséquent sont égaux ; et comme DBE est semblable à ABC, son égal A'B'C' est aussi semblable à ABC.

104
GÉOMÉTRIE.

THÉORÈME X.

Deux triangles sont semblables quand ils ont leurs côtés proportionnels.

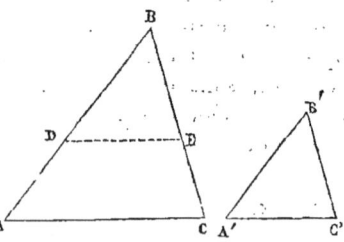

Soient ABC, A'B'C' les triangles proposés, dans lesquels on suppose qu'on ait

$$\frac{AB}{A'B'} = \frac{AC}{A'C'} = \frac{BC}{B'C'}.$$

Pour démontrer qu'ils sont semblables, on prend encore BD=B'A', et l'on mène DE parallèle à AC. Les deux triangles DBE, ABC sont semblables en vertu d'un théorème précédent et donnent :

$$\frac{AB}{BD} = \frac{AC}{DE} = \frac{BC}{BE}$$

En comparant cette proportion à celle de l'hypothèse, on voit que BD étant égal à A'B' par construction, leurs premiers rapports $\frac{AB}{A'B'}$ et $\frac{AB}{BD}$ sont égaux. Tous les autres rapports sont donc égaux, et l'on a :

$$\frac{AC}{DE} = \frac{AC}{A'C'}, \text{ et } \frac{BC}{BE} = \frac{BC}{B'C'}$$

Or les rapports qui forment ces deux nouvelles proportions ont même numérateur ; il faut donc qu'ils aient même dénominateur, ce qui donne : DE=A'C' et BE=B'C'. Dès lors les deux triangles DBE, A'B'C' ayant leurs trois côtés égaux sont égaux, et comme DBE est semblable à ABC, son égal A'B'C' est aussi semblable à ABC.

THÉORÈME XI.

Deux triangles sont semblables quand ils ont les côtés parallèles ou perpendiculaires chacun à chacun.

Deux angles homologues quelconques des deux triangles, ayant leurs côtés parallèles ou perpendiculaires chacun à chacun, sont égaux ou supplémentaires. Dès lors, à priori, quatre cas paraissent possibles : Ou bien les trois angles du 1er triangle sont les suppléments des angles homologues du 2[d]

Ou bien deux angles du 1er sont les suppléments des angles homologues du 2d, les 3es angles étant égaux. Ou un angle seulement du 1er triangle est le supplément de l'angle homologue du 2d, — ou enfin les deux triangles ont leurs trois angles égaux chacun à chacun.

Si l'on désigne par A,B,C, A',B',C', les angles des deux triangles, ces hypothèses se formulent comme il suit:

$A+A'=2^{dr}$	$A+A'=2^{dr}$	$A+A'=2^{dr}$	$A=A'$
$B+B'=2^{dr}$	$B+B'=2^{dr}$	$B=B'$	$B=B'$
$C+C'=2^{dr}$	$C=C'$	$C=C'$	$C=C'$

Or les deux premières sont à rejeter, parce qu'elles supposent la somme des six angles des deux triangles supérieure à 4 angles droits. La 3e rentre dans la 4e, parce que dès que deux triangles ont deux angles égaux, leurs trois angles le sont. Les deux triangles ont donc leurs trois angles égaux chacun à chacun, et par suite sont semblables.

THÉORÈME XII.

Deux polygones semblables peuvent être décomposés en un même nombre de triangles semblables et semblablement placés.

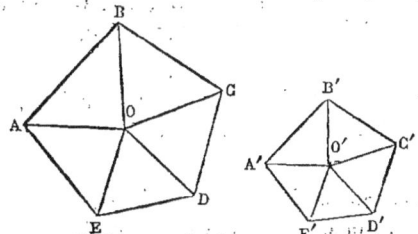

Soient ABCDE, A'B'C'D'E', deux polygones que je suppose semblables, c'est-à-dire dans lesquels je suppose qu'on ait :

$$A=A', \ B=B', \ C=C', \ D=D', \ E=E',$$

et $\dfrac{AB}{A'B'} = \dfrac{BC}{B'C'} = \dfrac{CD}{C'D'} = \dfrac{DE}{D'E'} = \dfrac{AE}{A'E'}.$

Je prends dans le polygone ABCDE un point quelconque O que je joins à tous ses sommets, puis, pour déterminer dans le plan du second polygone, le point O' homologue de O, je fais aux extrémités du côté A'B' des angles B'A'O', A'B'O' égaux

aux angles BAO, ABO. Enfin je joins le point O' à tous les sommets du second polygone, et je dis que les triangles A'O'B', B'O'C', C'O'D'.. ainsi formés dans le second polygone, sont respectivement semblables aux triangles AOB, BOC, COD... qui composent le premier.

D'abord les triangles AOB, A'O'B', ont par construction deux angles égaux chacun à chacun, et sont semblables.

Passons aux seconds triangles : ils ont d'abord leurs angles OBC, O'B'C' égaux comme différences d'angles égaux.

D'autre part, la similitude des premiers triangles donne la proportion

$$\frac{OB}{O'B'} = \frac{AB}{A'B'}.$$

Si l'on y remplace le rapport $\frac{AB}{A'B'}$ par le rapport $\frac{BC}{B'C'}$ qui lui est égal en vertu de l'hypothèse, il vient

$$\frac{OB}{O'B'} = \frac{BC}{B'C'}$$

Cela montre que les triangles BOC, B'O'C' ont un angle égal compris entre côtés proportionnels, et par suite sont semblables.

On passera des seconds triangles aux troisièmes, comme on a passé des premiers aux seconds, et ainsi de suite quel qu'en soit le nombre.

Les triangles semblablement placés des deux figures, sont donc semblables, et cela démontre l'énoncé.

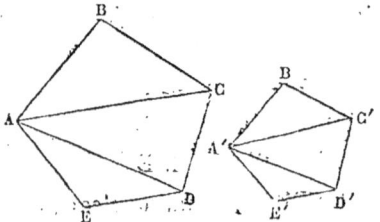

REMARQUE. — On peut supposer que le point O se confonde avec le sommet A, et par suite le point O' avec le sommet A'.

On voit ainsi que les *diagonales issues des sommets homologues de deux polygones semblables, les partagent en triangles semblables chacun à chacun et semblablement placés.*

LIVRE III. 107

THÉORÈME XIII.

Réciproquement, quand deux polygones ABCDE, A'B'C'D'E' sont formés d'un même nombre de triangles semblables et semblablement disposés, ils sont semblables.

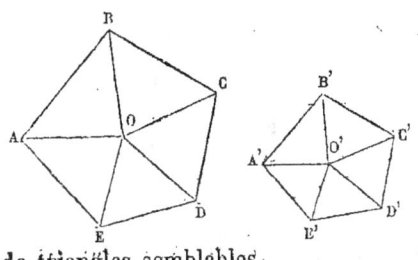

En effet, d'abord les angles de ces deux polygones sont égaux chacun à chacun, car les parties qui composent ces angles, sont égales chacune à chacune comme angles homologues de triangles semblables.

D'autre part, la similitude des triangles AOB, A'O'B' donne la proportion

$$\frac{AB}{A'B'} = \frac{BO}{B'O'}.$$

De même de la similitude des autres triangles, on tire :

$$\frac{BO}{B'O'} = \frac{BC}{B'C'} = \frac{CO}{C'O'}$$

$$\frac{CO}{C'O'} = \frac{CD}{C'D'} = \frac{DO}{D'O'}$$

$$\frac{DO}{D'O'} = \frac{DE}{D'E'} = \frac{EO}{E'O'}, \text{ etc.}$$

Ces égalités étant liées deux à deux par des rapports communs, tous les autres rapports sont égaux, et l'on a :

$$\frac{AB}{A'B'} = \frac{BC}{B'C'} = \frac{CD}{C'D'} = \frac{DE}{D'E'} = \dots$$

Les deux polygones considérés ont donc leurs angles égaux chacun à chacun, et leurs côtés homologues proportionnels, et par suite sont semblables.

THÉORÈME XIV.

Lorsque des droites partent d'un même point, et qu'on porte sur chacune d'elles, soit dans le même sens, soit en sens in-

verse, *deux distances qui soient dans un rapport constant, en joignant deux à deux les points ainsi déterminés, on obtient deux polygones semblables.*

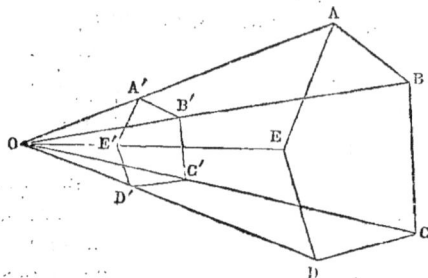

Supposons que les distances OA, OA'; OB, OB'; OC, OC'... portées par exemple dans le même sens, à partir du point O, donnent la proportion

$$\frac{OA}{OA'} = \frac{OB}{OB'} = \frac{OC}{OC'} = \frac{OD}{OD'} = \frac{OE}{OE'},$$

je dis que les polygones ABCDE, A'B'C'D'E' sont semblables.

En effet A'B' divisant, en vertu de l'hypothèse, les côtés du triangle AOB en parties proportionnelles, est parallèle à AB. De même B'C' est parallèle à BC, C'D' est parallèle à CD, etc. Il en résulte que les angles A et A' des deux polygones ont leurs côtés parallèles chacun à chacun et dirigés dans le même sens, et par suite sont égaux. Pour la même raison on a B=B', C=C', etc.

D'autre part A'B' étant parallèle à AB, les triangles A'OB', AOB sont semblables et donnent la proportion

$$\frac{AB}{A'B'} = \frac{OB}{OB'}.$$

De même les triangles semblables BOC, B'OC' donnent :

$$\frac{OB}{OB'} = \frac{BC}{B'C'} = \frac{OC}{OC'}.$$

De même :

$$\frac{OC}{OC'} = \frac{CD}{C'D'} = \frac{OD}{OD'},$$

$$\frac{OD}{OD'} = \frac{DE}{D'E'} = \frac{OE}{OE'}, \text{ etc.}$$

Toutes ces égalités étant liées deux à deux par des rapports communs, leurs autres rapports sont égaux, et l'on a :

$$\frac{AB}{A'B'} = \frac{BC}{B'C'} = \frac{CD}{C'D'} = \frac{DE}{D'E'} = \text{etc.}$$

Les polygones considérés ont donc leurs angles égaux et leurs côtés homologues proportionnels, et par suite sont semblables.

THÉORÈME XV.

Réciproquement, quand deux polygones semblables sont disposés de manière à avoir leurs côtés parallèles chacun à chacun et dirigés soit dans le même sens, soit en sens inverse, les droites qui joignent deux à deux les sommets homologues concourent en un même point.

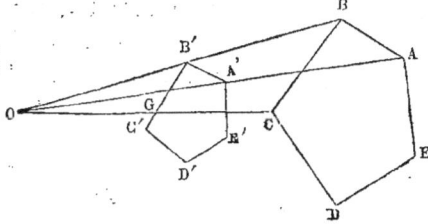

Soient ABCDE, A'B'C'D'E' les polygones semblables proposés, et O le point de rencontre des droites AA', BB'. Pour démontrer que CC' passe aussi en O, joignons le point O au point C, et soit G le point où cette droite coupe B'C'. Les triangles semblables BOC, B'OG donneront :

$$\frac{BC}{B'G} = \frac{OB}{OB'}.$$

Les triangles semblables AOB, A'O'B' donnent de même

$$\frac{AB}{A'B'} = \frac{OB}{OB'};$$

On en conclut :

$$\frac{AB}{A'B'} = \frac{BC}{B'G}.$$

Mais déjà à cause de la similitude des deux polygones, on a :

$$\frac{AB}{A'B'} = \frac{BC}{B'C'}$$

En comparant cette proportion à la précédente, on en tire $B'G = B'C'$. Le point G se confond donc avec le point C', et CO passe en C', ou ce qui revient au même, CC' passe en O.

On fera voir de même que les droites DD', EE' passent aussi en O.

REMARQUE. — Le point O s'appelle le centre de similitude des deux polygones. Il est dit *externe* quand les deux polygones ont leurs côtés dirigés dans le même sens, *interne* dans le cas contraire.

THÉORÈME XVI.

Les segments interceptés sur deux parallèles par des droites issues d'un même point, sont proportionnels.

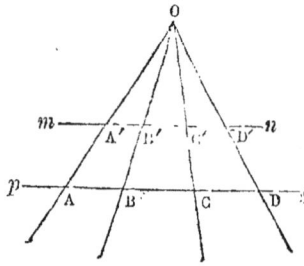

Soient mn, pq les deux parallèles, et OA, OB, OC, OD des droites issues d'un même point O. Les triangles semblables AOB, A'OB' donnent la proportion :

$$\frac{AB}{A'B'} = \frac{OB}{OB'}.$$

De même les triangles semblables BOC, B'OC' donnent :

$$\frac{OB}{OB'} = \frac{BC}{B'C'} = \frac{OC}{OC'}$$

De même enfin dans les triangles semblables COD, C'OD', on a :

$$\frac{OC}{OC'} = \frac{CD}{C'D'}.$$

Ces proportions étant liées deux à deux par des rapports communs, tous les autres rapports sont égaux, et l'on a

$$\frac{AB}{A'B'} = \frac{BC}{B'C'} = \frac{CD}{C'D'}$$

ce qui démontre l'énoncé.

— Réciproquement, *si sur deux parallèles* mn, pq, *on a des segments consécutifs proportionnels* AB, A'B'; BC, B'C'; CD, C'D'; *les droites* AA', BB', CC', DD', *qui joignent deux à deux les points de division homologues, concourent en un même point.*

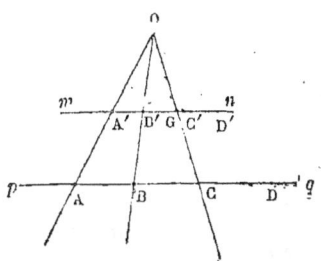

Soit en effet O le point de rencontre de AA' et BB'; joignons ce point O au point C, et soit G le point où OC rencontre mn. Nous aurons en vertu de la proposition précédente :

$$\frac{AB}{A'G} = \frac{BC}{B'G}.$$

Mais déjà en vertu de l'énoncé on a :

$$\frac{AB}{A'B'} = \frac{BC}{B'C'}.$$

La comparaison de cette égalité et de la précédente, montre que B'G est égal à B'C' et par suite que OC passe au point C', ou ce qui revient au même, que CC' passe en O. On démontre de même que DD' prolongée va passer par le même point O.

REMARQUE. — Le théorème précédent et sa réciproque peuvent être considérés comme des cas particuliers des théorèmes XIV et XV.

THÉORÈME XVII.

Lorsque dans deux circonférences quelconques O et O', on mène deux rayons OA, O'A' parallèles entre eux, la droite AA' qui joint les extrémités de ces rayons, coupe la ligne des centres OO' en un point fixe, quelle que soit leur direction.

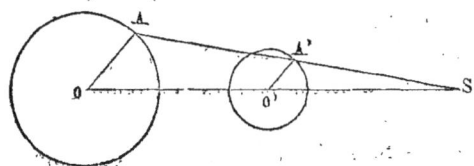

Supposons d'abord les rayons OA, O'A' de même sens, et soit S le point où AA' rencontre la ligne des centres. Les deux triangles semblables AOS, A'O'S, donnent la proportion :

$$\frac{OS}{O'S} = \frac{OA}{O'A'},$$

ou si l'on désigne les rayons des deux circonférences par R et R' :

$$\frac{OS}{O'S} = \frac{R}{R'}.$$

On tire de là :

$$\frac{O'S}{OS - O'S} = \frac{R'}{R - R'} \quad \text{ou} \quad \frac{O'S}{OO'} = \frac{R'}{R - R'},$$

et par suite :

$$O'S = \frac{R' \times OO'}{R - R'}.$$

Or cette valeur de O'S est indépendante de la direction des rayons considérés. Le point S est donc le même, quelle que soit cette direction.

— Considérons en second lieu deux rayons de sens contraires, et soit S' le point où AA' rencontre OO'.

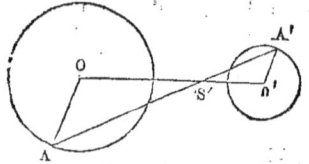

Les triangles semblables AOS', A'O'S', donnent encore la proportion :

$$\frac{OS'}{O'S'} = \frac{OA}{O'A'} = \frac{R}{R'},$$

et par suite :

$$\frac{O'S'}{OS' + O'S'} = \frac{R'}{R + R'}, \quad \text{ou} \quad \frac{O'S'}{OO'} = \frac{R'}{R + R'}.$$

On en tire :

$$O'S' = \frac{OO' \times R'}{R + R'},$$

et cela montre que le point S' lui-même est fixe, quelle que soit la direction des deux rayons.

REMARQUE. — Le point S porte le nom de *centre de similitude externe des deux circonférences*. Le point S' est leur centre de similitude *interne*.

COROLLAIRE. — Si AA' est la tangente commune extérieure aux deux circonférences O et O', les deux rayons OA, O'A',

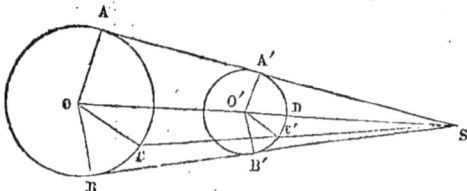

perpendiculaires à cette tangente, sont parallèles et de même sens. Le point S, où la tangente AA' prolongée rencontre la ligne des centres, est donc le centre de *similitude externe* des circonférences données. Dès lors, pour tracer la tangente commune extérieure à ces deux circonférences, il suffit d'y mener deux rayons quelconques OC, O'C', parallèles et de même sens, et de joindre leurs extrémités C et C'. L'intersection de CC' avec OO' fait connaître le point S, et l'on n'a plus qu'à mener de ce point une tangente, soit à la circonférence O, soit à la circonférence O'.

Le problème admet deux solutions, car du point S on peut mener à la circonférence O' par exemple, deux tangentes SA' et SB'.

— Pour que ces deux solutions existent, il faut que les tangentes SA', SB' puissent être menées, c'est-à-dire que le point S soit à l'extérieur de la circonférence O'. Cela mène à la condition

$$O'S > R', \text{ ou}$$
$$\frac{R' \times OO'}{R - R'} > R', \text{ ou enfin } OO' > R - R'.$$

Or cette condition n'est remplie que lorsque les circonférences données sont extérieures, ou tangentes extérieurement, ou sécantes. C'est donc dans ces trois cas seulement que l'on pourra mener à ces deux circonférences, deux tangentes communes extérieures.

Nous retrouvons ainsi les résultats obtenus précédemment par de tout autres considérations.

— On démontre d'une manière analogue que la tangente commune intérieure à deux circonférences passe par leur centre de similitude interne, et l'on fait usage de même de ce point, pour le tracé de la tangente commune intérieure.

Conséquences numériques de la similitude.

THÉORÈME XVII.

La perpendiculaire AD menée du sommet de l'angle droit d'un triangle rectangle sur son hypoténuse BC, partage ce triangle en deux triangles partiels semblables entre eux et au triangle total.

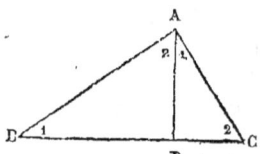

Effectivement, les angles ABD, CAD, sont égaux comme ayant leurs côtés perpendiculaires chacun à chacun et étant tous deux aigus. Il en est de même des angles BAD, ACD. Il en résulte que les triangles BAD, DAC, BAC, ont leurs angles égaux chacun à chacun, et par suite sont semblables deux à deux.

Corollaires. — 1° En écrivant que les triangles semblables BAD, DAC, ont leurs côtés homologues proportionnels, on trouve :

$$\frac{BD}{DA} = \frac{DA}{DC}, \quad \text{d'où} : \quad \overline{DA}^2 = DB \times DC.$$

Donc, *la hauteur AD d'un triangle rectangle est moyenne proportionnelle entre les deux segments BD, DC qu'elle détermine sur l'hypoténuse.*

2° En écrivant que le triangle partiel BAD et le triangle total BAC, ont leurs côtés homologues proportionnels, on trouve :

$$\frac{BD}{BA} = \frac{BA}{BC}, \quad \text{d'où} : \quad \overline{BA}^2 = BC \times BD.$$

De même, les triangles DAC, BAC, donnent la proportion :

$$\frac{DC}{AC} = \frac{AC}{BC}, \quad \text{d'où} : \quad \overline{AC}^2 = BC \times DC.$$

Donc, *dans un triangle rectangle, chaque côté de l'angle droit est moyen proportionnel entre l'hypoténuse entière et le segment de l'hypoténuse adjacent à ce côté.*

3° Si l'on divise membre à membre les deux égalités qui précèdent, il vient :

$$\frac{\overline{BA}^2}{\overline{AC}^2} = \frac{BC \times BD}{BC \times DC}, \quad \text{ou} \quad \frac{\overline{BA}^2}{\overline{AC}^2} = \frac{BD}{DC}.$$

Donc, *les carrés des côtés de l'angle droit sont entre eux comme les segments de l'hypoténuse adjacents à ces côtés.*

4° Si l'on divise par $\overline{BC}^2$, les deux membres de l'égalité précédemment obtenue, $\overline{BA}^2 = BC \times BD$, il vient :

$$\frac{\overline{BA}^2}{\overline{BC}^2} = \frac{BC \times BD}{\overline{BC}^2},$$

ou $\dfrac{\overline{BA}^2}{\overline{BC}^2} = \dfrac{BD}{BC}$. De même : $\dfrac{\overline{AC}^2}{\overline{BC}^2} = \dfrac{DC}{BC}$.

Donc *le carré d'un côté de l'angle droit est au carré de l'hypoténuse, comme le segment adjacent à ce côté est à l'hypoténuse.*

REMARQUE. — La perpendiculaire AD élevée en un point 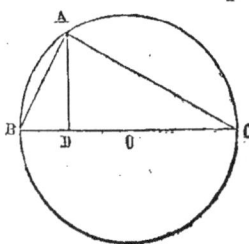 quelconque du diamètre BC d'une circonférence s'appelle l'*ordonnée* de la circonférence, et la distance comprise entre le point B et le pied D de la perpendiculaire, est la *projection* de la corde BA sur ce même diamètre (1).

Dès lors les égalités

$$\overline{AD}^2 = BD \times DC$$
$$\overline{BA}^2 = BD \times BC,$$

fournies par le triangle rectangle BAC, peuvent s'énoncer sous cette nouvelle forme : 1° *L'ordonnée de la circonf. est moyenne proportionnelle entre les deux segments qu'elle détermine sur le diamètre.* — 2° *Quand un diamètre et une corde partent d'un même point de la circonférence, la corde est moyenne proportionnelle entre le diamètre et sa projection sur ce diamètre.*

Plus généralement, on peut dire que *quand plusieurs cordes et un diamètre partent d'un même point de la circonférence, les carrés des cordes et du diamètre sont proportionnels aux projections de ces lignes sur le diamètre.*

THÉORÈME XVIII.

Dans tout triangle rectangle, le carré du nombre qui mesure l'hypoténuse est égal à la somme des carrés des nombres qui mesurent les deux côtés de l'angle droit.

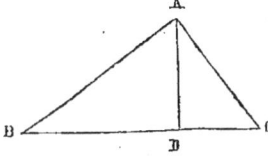 En effet, en vertu du théorème précédent, on a les égalités :

$$\overline{AB}^2 = BC \times BD$$
$$\overline{AC}^2 = BC \times DC.$$

---

(1) On appelle en général projection d'une droite sur une autre, la distance comprise entre les pieds des perpendiculaires abaissées des extrémités de la première sur la seconde.

Si on les ajoute membre à membre, il vient :
$$\overline{AB}^2 + \overline{AC}^2 = (BC \times BD) + (BC \times DC)$$
$$= BC \times (BD + DC)$$
$$= BC \times BC = \overline{BC}^2,$$
et cela justifie l'énoncé.

COROLLAIRE I. — L'égalité qui précède peut s'écrire
$$\overline{AB}^2 = \overline{BC}^2 - \overline{AC}^2$$
ou $$\overline{AC}^2 = \overline{BC}^2 - \overline{AB}^2,$$
et s'énonce alors : *Le carré d'un côté de l'angle droit est égal au carré de l'hypoténuse moins le carré de l'autre côté.*

COROLLAIRE II. — Le théorème précédent sert à calculer un quelconque des côtés d'un triangle rectangle, quand on en connaît les deux autres.

Ainsi si l'on a :
$$BC = 5^m, \text{ et } AC = 3^m,$$
on a par suite :
$$\overline{AB}^2 = 5^2 - 3^2 = 25 - 9 = 16,$$
et $$AB = \sqrt{16} = 4.$$

THÉORÈME XIX.

Dans tout triangle, le carré du côté opposé à un angle aigu est égal à la somme des carrés des deux autres, moins deux fois le produit de l'un d'eux par la projection de l'autre sur celui-là.

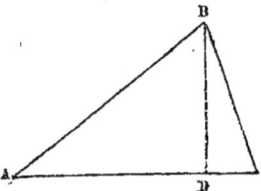

Ainsi A étant un angle aigu du triangle ABC, BD la perpendiculaire abaissée du sommet B sur AC, et par suite AD la projection de AB sur AC, je dis qu'on a :
$$\overline{BC}^2 = \overline{BA}^2 + \overline{AC}^2 - 2AC \times AD.$$

Effectivement, on a d'abord :
$$DC = AC - AD.$$

Elevons au carré les deux membres de cette égalité :
$$\overline{DC}^2 = (AC - AD)^2$$
$$= \overline{AC}^2 + \overline{AD}^2 - 2AC \times AD.$$

Ajoutons enfin aux deux membres, le carré de la perpendiculaire BD :
$$\overline{DC}^2 + \overline{BD}^2 = \overline{AC}^2 + \overline{BD}^2 + \overline{AD}^2 - 2AC \times AD.$$

Or, dans le triangle rectangle BDC, $\overline{DC}^2+\overline{BD}^2$ représente $\overline{BC}^2$. Dans le triangle BDA, $\overline{BD}^2+\overline{AD}^2$ représente $\overline{BA}^2$. On a donc finalement :

$$\overline{BC}^2=\overline{BA}^2+\overline{AC}^2-2AC\times AD,$$

Et cela justifie l'énoncé.

THÉORÈME XX

Dans tout triangle, le carré du côté opposé à un angle obtus est égal à la somme des carrés des deux autres, plus deux fois le produit de l'un d'eux par la projection de l'autre sur celui-là.

Ainsi, A étant un angle obtus du triangle ABC, BD la perpendiculaire abaissée du sommet B sur AC, et par suite AD la projection de AB sur AC, je dis qu'on a :

$$\overline{BC}^2=\overline{BA}^2+\overline{AC}^2+2AC\times AD.$$

Effectivement, on a d'abord :
$$DC=AD+AC.$$

Elevons les deux membres de cette égalité au carré :

$$\overline{DC}^2=(AD+AC)^2$$
$$=\overline{AD}^2+\overline{AC}^2+2AC\times AD.$$

Ajoutons de part et d'autre le carré de la hauteur BD :

$$\overline{DC}^2+\overline{BD}^2=\overline{AD}^2+\overline{BD}^2+\overline{AC}^2+2AC\times AD.$$

Or, dans le triangle rectangle DBC, $\overline{DC}^2+\overline{BD}^2$ représente $\overline{BC}^2$; dans le triangle rectangle BDA, $\overline{AD}^2+\overline{BD}^2$ représente $\overline{BA}^2$. On a donc finalement :

$$\overline{BC}^2=\overline{BA}^2+\overline{AC}^2+2AC\times AD.$$

COROLLAIRE. — Il résulte des trois théorèmes précédents que, suivant qu'un triangle est rectangle, obtusangle ou acutangle, le carré de son plus grand côté est égal à la somme des carrés des deux autres, ou plus grand ou plus petit que cette somme.

On en conclut que, réciproquement, suivant que *le carré du plus grand côté d'un triangle est égal à la somme des carrés des deux autres, ou plus grand, ou plus petit, le triangle est rectangle, obtusangle ou acutangle.*

Par exemple, si le carré du plus grand côté est moindre que la somme des carrés des deux autres, le triangle est acutangle. Si en effet ce côté était opposé à un angle obtus ou droit, son carré serait plus grand que la somme des carrés des deux autres, ou égal à cette somme, deux choses également contre l'hypothèse. Même démonstration pour les autres réciproques.

COROLLAIRE II. — Les mêmes théorèmes permettent de calculer les projections des côtés d'un triangle les uns sur les autres.

Par exemple, supposons que dans le triangle ABC, on ait

$$BC=8^m, AC=6^m, AB=5^m,$$

et proposons-nous de calculer la projection AD de AB sur AC. D'abord le carré 64 du côté BC étant plus grand que 36+25 ou 61, somme des carrés des deux autres, l'angle A est un angle obtus. Nous pouvons donc écrire en vertu du théorème précédent :

$$\overline{BC}^2 = \overline{BA}^2 + \overline{AC}^2 + 2AC \times AD,$$

ou en mettant au lieu de BC, BA et AC leurs valeurs numériques :

$$64 = 25 + 36 + 12\,AD.$$

On tire de là :

$$12\,AD = 64 - 25 - 36$$
$$= 64 - 61 = 3,$$

et par suite

$$AD = \frac{3}{12} = 0^m,25.$$

— De là résulte encore le moyen de calculer les hauteurs d'un triangle dont on connaît les trois côtés.

Effectivement, dans la figure précédente, si l'on veut calculer la hauteur BD par exemple, le triangle BAD, rectangle en D, donne :

$$\overline{BD}^2 = \overline{BA}^2 - \overline{AD}^2$$
$$= 5^2 - 0,25^2 = 25 - 0,0625 = 24,9375.$$

Par suite :

$$BD = \sqrt{24,9375} = 4,993\ldots$$

THÉORÈME XXI.

Dans tout triangle la somme des carrés de deux côtés est

égale à deux fois le carré de la médiane du troisième côté, plus deux fois le carré de la moitié de ce troisième côté.

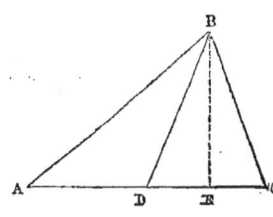

Ainsi ABC étant le triangle considéré, et BD l'une de ses médianes, je dis qu'on a :
$$\overline{AB}^2 + \overline{BC}^2 = 2\overline{BD}^2 + 2\overline{AD}^2.$$
En effet abaissons du point B la perpendiculaire BE sur AC. Les deux triangles ABD, DBC ayant en D, le premier un angle obtus, le second un angle aigu, donneront en vertu des théorèmes précédents :

$$\overline{AB}^2 = \overline{BD}^2 + \overline{AD}^2 + 2AD \times DE$$

et $$\overline{BC}^2 = \overline{BD}^2 + \overline{DC}^2 - 2DC \times DE.$$

Or si nous ajoutons ces deux égalités membre à membre, en observant que les termes $\overline{AD}^2$ et $\overline{DC}^2$ étant égaux, donnent pour somme $2\overline{AD}^2$, et que les termes $2AD \times DE$, et $2DC \times DE$ égaux eux-mêmes, se détruisent, il vient finalement :

$$\overline{AB}^2 + \overline{BC}^2 = 2\overline{BD}^2 + 2\overline{AD}^2.$$

COROLLAIRE I. — Ce théorème permet de calculer les médianes d'un triangle dont on connaît les trois côtés. — Supposons pour fixer les idées, qu'on ait dans le triangle ABC :

$$AC = 6^m, \quad AB = 5^m, \quad BC = 4^m.$$

L'égalité précédente deviendra par l'introduction des valeurs numériques :
$$25 + 16 = 2\overline{BD}^2 + 18,$$
et elle donnera :
$$2\overline{BD}^2 = 25 + 16 - 18 = 23$$
$$\overline{BD}^2 = \frac{23}{2} = 11,5,$$
et $$BD = \sqrt{11,5} = 3^m,39\ldots$$

COROLLAIRE II. — En retranchant membre à membre les mêmes égalités, on trouve après réduction :

$$\overline{AB}^2 - \overline{BC}^2 = 4AD \times DE = 2AC \times DE.$$

De là ce nouvel énoncé : *La différence des carrés de deux côtés d'un triangle est égale à deux fois le produit du troisième côté par la projection de la médiane correspondante sur ce troisième côté.*

THÉORÈME XXII.

Dans tout quadrilatère la somme des carrés des quatre côtés est égale à la somme des carrés des diagonales, plus quatre fois le carré de la ligne qui joint leurs milieux.

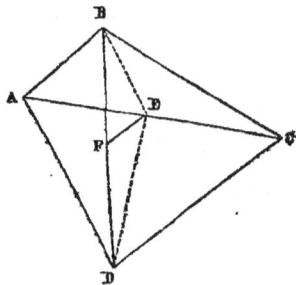

Ainsi E et F étant les milieux des diagonales du quadrilatère ABCD, je dis qu'on a :

$$\overline{AB}^2 + \overline{BC}^2 + \overline{AD}^2 + \overline{DC}^2 = \overline{AC}^2 + \overline{BD}^2 + 4\overline{EF}^2.$$

En effet les triangles ABC, ADC donnent en vertu du théorème précédent :

$$\overline{AB}^2 + \overline{BC}^2 = 2\overline{AE}^2 + 2\overline{BE}^2$$

et $\overline{AD}^2 + \overline{DC}^2 = 2\overline{AE}^2 + 2\overline{DE}^2.$

On en tire, en ajoutant ces égalités membre à membre :

$$\overline{AB}^2 + \overline{BC}^2 + \overline{AD}^2 + \overline{DC}^2 = 4\overline{AE}^2 + 2\overline{BE}^2 + 2\overline{DE}^2.$$

Or, dans le triangle BED on a, en vertu du même théorème :

$$\overline{BE}^2 + \overline{ED}^2 = 2\overline{BF}^2 + 2\overline{EF}^2,$$

ou en doublant :

$$2\overline{BE}^2 + 2\overline{ED}^2 = 4\overline{BF}^2 + 4\overline{EF}^2.$$

Substituant dans l'égalité précédente, à $2\overline{BE}^2 + 2\overline{ED}^2$ sa valeur, on trouve enfin :

$$\overline{AB}^2 + \overline{BC}^2 + \overline{AD}^2 + \overline{DC}^2 = 4\overline{AE}^2 + 4\overline{BF}^2 + 4\overline{EF}^2$$
$$= \overline{AC}^2 + \overline{BD}^2 + 4\overline{EF}^2.$$

COROLLAIRE. — Dans un parallélogramme, la droite qui joint les milieux des diagonales est nulle, puisque ces diagonales se coupent en leurs milieux. Donc, *dans tout parallélogramme, la somme des carrés des quatre côtés est égale à la somme des carrés des deux diagonales.*

Des Tangentes et des Sécantes dans le Cercle.

THÉORÈME XXIII.

Quand deux cordes se coupent dans un cercle, les segments de l'une sont réciproquement proportionnels à ceux de l'autre.

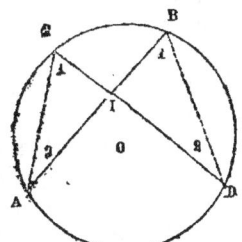

En effet, CD et BA étant deux cordes quelconques qui se coupent en I, si l'on tire CA et BD, les triangles AIC, BID ont les angles B et C égaux comme inscrits dans un même segment; les angles A et D égaux pour une raison analogue, et les angles en I égaux comme opposés par le sommet. Ces triangles sont donc semblables, et en écrivant que leurs côtés homologues sont proportionnels, on a immédiatement :

$$\frac{CI}{IB} = \frac{IA}{ID}, \text{ ou } CI \times ID = IA \times IB.$$

— Réciproquement, si deux droites AB, CD se coupent de telle sorte que les deux segments de l'une soient réciproquement proportionnels à ceux de l'autre, c'est-à-dire si l'on a

$$\frac{CI}{IB} = \frac{IA}{ID},$$

les quatre extrémités A, B, C, D de ces droites sont sur une même circonférence.

Effectivement par les trois points A, C, B, faisons passer une circonférence, et soit D' le point où elle rencontre la droite CD. Nous aurons en vertu de la proposition directe

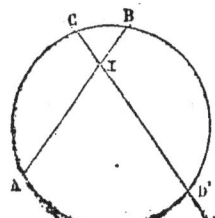

$$\frac{CI}{IB} = \frac{IA}{ID'}.$$

En comparant cette proportion à celle de l'hypothèse, nous en concluons

ID=ID', ce qui exige que le point D' se confonde avec le point D, c'est-à-dire que la circonférence passe aussi par le point D.

THÉORÈME XXIV.

Deux sécantes menées d'un même point à une circonférence sont réciproquement proportionnelles à leurs parties extérieures.

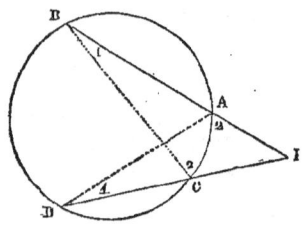

En effet, IB, ID étant deux sécantes quelconques issues du point I et dont les parties extérieures sont IA et IC, si nous tirons BC, AD, les deux triangles IAD, IBC ont l'angle en I commun et les angles B et D égaux comme inscrits dans un même segment; ils sont donc semblables et en écrivant que leurs côtés homologues sont proportionnels, on a immédiatement :

$$\frac{IC}{IA} = \frac{IB}{ID}, \text{ ou } IC \times ID = IA \times IB,$$

— Réciproquement, *Si sur deux droites issues d'un même point I, on a d'un même côté de I, quatre points A, B, C, D, satisfaisant à la relation* $\frac{IC}{IA} = \frac{IB}{ID}$, *ces quatre points sont sur une même circonférence.*

Même démonstration que pour la réciproque du théorème précédent.

COROLLAIRE. — Les deux théorèmes qui précèdent se traduisant indifféremment par l'égalité

$$IC \times ID = IA \times IB,$$

on peut les réunir sous cet énoncé unique : *Quand une sécante part d'un point intérieur ou extérieur à une circonférence, le produit des distances de ce point à la circonférence comptées sur la sécante, est constant quelle que soit la direction de celle-ci.*

THÉORÈME XXV.

Quand une tangente et une sécante sont menées d'un même

point à une circonférence, la tangente est moyenne proportionnelle entre la sécante et sa partie extérieure.

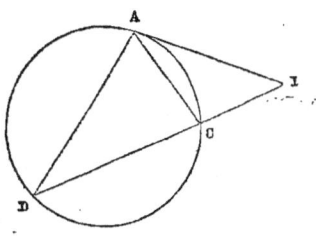

Ainsi, IA étant une tangente et ID une sécante menées du même point I, je dis qu'on a :

$$\overline{IA}^2 = IC \times ID.$$

D'abord on peut regarder ce théorème comme la conséquence du théorème XXIV, si l'on considère la tangente IA comme une sécante dont les deux points d'intersection avec la circonférence sont devenus extrêmement voisins.

Mais on peut aussi le démontrer directement. Si en effet on tire AC et AD, les deux triangles DAI, CAI ont l'angle I commun, et les angles en D et en A égaux comme ayant pour mesure la moitié du même arc AC. Ces deux triangles sont donc semblables, et en écrivant que leurs côtés homologues sont proportionnels, on a immédiatement

$$\frac{IC}{IA} = \frac{IA}{ID} \quad \text{ou} \quad \overline{IA}^2 = IC \times ID.$$

— Réciproquement, *Si trois points* A, D, C *sont choisis de telle sorte que* IA *soit moyenne proportionnelle entre* IC *et* ID, *la circonférence qui passe par ces trois points, est tangente en* A *à la droite* IA. Cette réciproque se démontre comme celle du théorème XXIII.

THÉORÈME XXVI.

Dans tout triangle le produit de deux côtés est égal au carré de la bissectrice de leur angle, plus le produit des segments que cette bissectrice détermine sur le troisième côté.

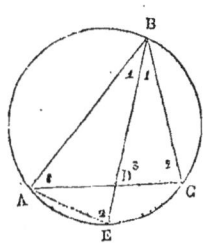

Soit en effet BD la bissectrice de l'angle B du triangle ABC. Concevons la circonférence circonscrite au triangle, laquelle coupe la bissectrice prolongée en E, et tirons AE.

Les triangles ABE, DBC auront les angles en B égaux par hypothèse, et les angles E et C égaux comme inscrits dans un même segment. Ils sont donc semblables, et en écrivant que leurs côtés homologues sont proportionnels, on a l'égalité :

$$\frac{AB}{BD} = \frac{BE}{BC}.$$

On en tire successivement :
$$AB \times BC = BE \times BD$$
$$= (BD + DE) \times BD,$$
$$= \overline{BD}^2 + BD \times DE.$$

Or le produit $BD \times DE$, en vertu d'un théorème précédent, est égal au produit $AD \times DC$; on a donc finalement :

$$AB \times BC = \overline{BD}^2 + AD \times DC,$$

ce qui justifie l'énoncé.

Corollaire. — Ce théorème permet de calculer la longueur des bissectrices d'un triangle dont on connaît les trois côtés.

Supposons pour fixer les idées que dans le triangle ABC, on ait :

$$AB = 6^m, \ BC = 4^m, \ AC = 7^m,$$

et proposons-nous de calculer par exemple la bissectrice BD de l'angle B. — Nous commencerons par calculer à l'aide du théorème IV, les segments AD et DC. Nous trouverons ainsi :

$$AD = \frac{AB \times AC}{AB + BC} = \frac{6 \times 7}{10} = 4,2,$$

$$DC = \frac{BC \times AC}{AB + BC} = \frac{4 \times 7}{10} = 2,8.$$

Introduisant alors les valeurs numériques dans l'égalité
$$AB \times BC = \overline{BD}^2 + AD \times DC,$$

nous trouverons successivement :

$$24 = \overline{BD}^2 + 11,76$$
$$\overline{BD}^2 = 24 - 11,76 = 12,24$$
$$BD = \sqrt{12,24} = 3,49\ldots$$

THÉORÈME XXVII.

Dans tout triangle le produit de deux côtés est égal au produit du diamètre de la circonférence circonscrite par la hauteur relative au troisième côté.

LIVRE III.   125

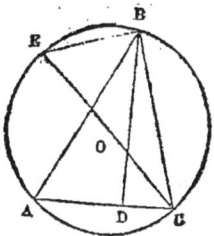

Soient en effet **CE** le diamètre de la circonférence circonscrite au triangle ABC, et BD la hauteur relative au côté AC.

Si l'on tire BE, les deux triangles rectangles EBC, ADB, ont les angles E et A égaux comme inscrits dans un même segment. Ils ont donc tous leurs angles égaux et sont semblables, et en écrivant que leurs côtés homologues sont proportionnels, on trouve immédiatement :

$$\frac{AB}{EC}=\frac{BD}{BC}, \text{ ou } AB\times BC=BD\times EC,$$

ce qui justifie l'énoncé.

REMARQUE. — Nous avons vu antérieurement comment on calcule les hauteurs d'un triangle dont on connaît les trois côtés. Dès lors, dès qu'on connaît les trois côtés d'un triangle, l'égalité précédente ne contient plus d'inconnue que le diamètre CE, et permet par suite d'en calculer la valeur.

Du Quadrilatère inscrit.

THÉORÈME XXVIII.

Dans tout quadrilatère inscrit ABCD, *le produit des diagonales est égal à la somme des produits des côtés opposés, et réciproquement.*

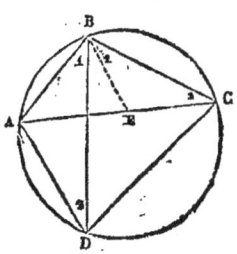

1° Faisons au point B l'angle CBE égal à l'angle ABD. Les deux triangles ABD, EBC, auront les angles en B égaux par construction, et les angles BCE, BDA égaux comme inscrits dans un même segment. Ils sont donc semblables et donnent la proportion :

$$\frac{BD}{BD}=\frac{AB}{EC}, \text{ d'où } BC\times AD=BD\times EC.$$

Les triangles ABE, DBC, sont aussi semblables, car ils ont leurs angles en B égaux comme formés de parties égales, et leurs angles BAE, BDC égaux comme inscrits dans un même segment. Ils donnent donc la proportion :

$$\frac{AB}{BD}=\frac{AE}{DC}, \text{ d'où } AB\times DC=BD\times AE.$$

Si l'on ajoute cette dernière égalité à la précédente, il vient finalement :
$$(BC \times AD) + (AB \times DC) = BD \times (AE + EC)$$
$$= BD \times AC ;$$
et cela justifie la première partie de l'énoncé.

2° Pour démontrer la réciproque, nous allons faire voir que *dans tout quadrilatère non inscriptible ABCD, la somme des produits des côtés opposés est plus grande que le produit des diagonales.*

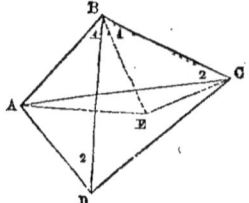

A cet effet, nous faisons en B un angle CBE égal à ABD, et en C un angle BCE égal à ADB. La droite CE ne peut coïncider avec CA, sans quoi les angles égaux BCE, ADB s'appuieraient aux extrémités d'une même droite AB, et devraient être inscrits dans un même segment. Une même circonférence passerait donc par les quatre points A, B, C et D, et le quadrilatère ABCD serait inscriptible.

Ainsi, la droite CE rencontrera BE en un point E situé en dehors de AC.

Cela posé, les triangles ABD, EBC, équiangles entre eux par construction, sont semblables, et donnent la proportion :
$$\frac{AD}{EC} = \frac{BD}{BC}, \text{ d'où } BC \times AD = BD \times EC.$$

D'autre part, si l'on tire AE, les triangles ABE, DBC ont leurs angles en B égaux comme formés de parties égales. De plus, la similitude des deux premiers triangles donne la proportion :
$$\frac{AB}{BE} = \frac{BD}{BC}.$$

Ces triangles ayant donc un angle égal compris entre côtés proportionnels, sont semblables, et donnent :
$$\frac{AB}{BD} = \frac{AE}{CD}, \text{ d'où } AB \times CD = BD \times AE.$$

Si l'on ajoute cette dernière égalité à la précédente, il vient :
$$(BC \times AD) + (AB \times CD) = BD \times (AE + EC).$$
Mais le point E étant situé en dehors de AC, on a AE+EC>AC. On a donc finalement :
$$(BC \times AD) + (AB \times CD) > BD \times AC.$$

— Il résulte de là que le quadrilatère inscriptible est le seul où le produit des diagonales soit égal à la somme des produits des côtés opposés, et par conséquent que *réciproquement*, dès qu'un quadrilatère satisfait à cette condition, il est inscriptible.

THÉORÈME XXIX.

Dans tout quadrilatère inscrit, les diagonales sont entre elles comme les sommes des produits des côtés qui aboutissent à leurs extrémités, et réciproquement.

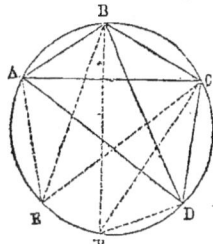

1° Soit ABCD le quadrilatère proposé. Prenons sur la circonférence circonscrite, les arcs AE, DF, respectivement égaux aux arcs CD et AB, puis tirons AE, BE, CE, BF, CF et DF. Les deux quadrilatères inscrits ABCE, FBCD, donneront, en vertu du théorème précédent :

$$AC \times BE = BC \times AE + AB \times CE,$$
$$BD \times CF = BC \times FD + BF \times CD,$$

et si l'on divise ces deux égalités membre à membre, il vient :

$$\frac{AC \times BE}{BD \times CF} = \frac{BC \times AE + AB \times CE}{BC \times FD + BF \times CD},$$

Or, en vertu de la construction même, on a :

$$BE = CF, \quad AE = CD, \quad CE = AD, \quad FD = AB, \quad BF = AD.$$

L'égalité précédente peut donc s'écrire après réduction :

$$\frac{AC}{BD} = \frac{BC \times CD + AB \times AD}{BC \times AB + AD \times CD}$$

Et cela démontre l'énoncé.

2° Avant de démontrer la réciproque nous ferons voir d'abord que les deux théorèmes précédents permettent de *calculer les diagonales d'un quadrilatère inscrit dont on connaît les quatre côtés.*

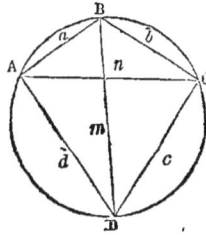

Si en effet nous désignons par a, b, c, d, les quatre côtés du quadrilatère, et par m et n ses deux diagonales, les deux théorèmes précédents donnent les relations :

$$mn = ac + bd$$
$$\frac{m}{n} = \frac{ab + cd}{ad + bc}$$

Or en les multipliant et les divisant successivement membre à membre, on trouve

$$m^2 = \frac{(ac+bd)(ab+cd)}{ad+bc} \quad \text{et} \quad n^2 = \frac{(ac+bd)(ad+bc)}{ab+cd},$$

et cela fait connaître m^2 et n^2, et par suite m et n.

Il en résulte que, dès que les quatre côtés d'un quadrilatère inscrit sont donnés, les triangles ABC, ADC qui le composent sont déterminés, et par suite aussi le rayon de la circonférence circonscrite.

On en conclut immédiatement qu'avec quatre côtés donnés pris dans un ordre déterminé (mais moindres chacun que la somme des trois autres), on peut toujours construire un quadrilatère inscriptible et seulement un.

Cela posé, supposons que les côtés a, b, c, d, et les diagonales m et n d'un quadrilatère donné ABCD, satisfassent à la relation

$$\frac{m}{n} = \frac{ab+cd}{ad+bc}$$

Concevons le quadrilatère inscriptible A'B'C'D', construit avec les mêmes côtés, et soient m', n' ses diagonales. Nous aurons, en vertu de la proposition directe :

$$\frac{m'}{n'} = \frac{ab+cd}{ad+bc},$$

et par suite

$$\frac{m}{n} = \frac{m'}{n'}.$$

Or, cette relation ne peut avoir lieu que si l'on a à la fois $m < m'$ et $n < n'$; ou $m > m'$ et $n > n'$; ou enfin $m = m'$ et $n = n'$. Mais les deux premières hypothèses sont inadmissibles, sans quoi tous les angles du premier quadrilatère seraient à la fois moindres, ou à la fois plus grands que les angles corresponds du second, ce qui ne peut être, puisque la somme des angles est la même dans les deux.

Il faut donc qu'on ait $m = m'$, $n = n'$. Cela entraîne l'égalité des angles des deux quadrilatères, et par suite celle de ces quadrilatères eux-mêmes.

Le quadrilatère proposé est donc inscriptible.

PROBLÈMES SUR LES LIGNES PROPORTIONNELLES.

PROBLÈME I.

Partager une droite en un nombre quelconque de parties égales.

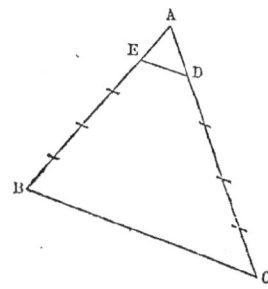

1re MÉTHODE. — Soit AB la droite qu'il s'agit de partager par exemple en cinq parties égales. Du point A, sous un angle quelconque, on tire une droite indéfinie AC, sur laquelle on porte cinq fois, à partir du point A, une longueur arbitraire AD. Joignant le point C ainsi obtenu au point B, on trace par le point D la parallèle DE à BC.

Les lignes AC, AB sont ainsi coupées en parties proportionnelles, et comme AD est le cinquième de AC, AE est le cinquième de AB. Si donc on prend une ouverture de compas égale à AE, en la portant cinq fois sur AB, on partage cette droite en cinq parties égales.

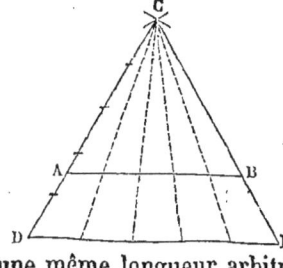

2e MÉTHODE. — Soit encore AB la droite à partager par exemple en cinq parties égales; des points A et B comme centres avec une ouverture de compas égale à AB, on décrit des arcs de cercle qui se coupent en C. On tire CA et CB, et sur ces lignes on porte cinq fois une même longueur arbitraire, ce qui donne les points D et E que l'on joint.

Le triangle ACB est équilatéral par construction; le triangle DCE qui lui est semblable, est donc équilatéral lui-même, et la longueur portée cinq fois sur CD, peut l'être aussi cinq fois exactement sur DE. Si alors on joint les points de division de DE au point C, les lignes de jonction partagent AB en cinq parties égales.

Effectivement, en vertu d'un théorème précédent, les cinq parties de AB sont proportionnelles à celles de DE, et comme celles-ci sont égales entre elles, celles de AB le sont pareillement.

PROBLÈME II.

Partager une droite en parties proportionnelles à des droites ou à des nombres donnés.

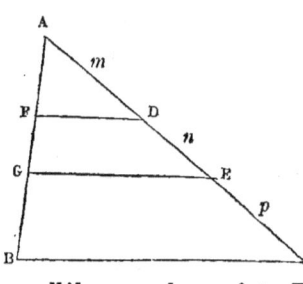

1° Pour partager AB en parties proportionnelles à des droites données m, n, p, on trace par le point A, sous un angle quelconque, une droite indéfinie AC, et l'on porte sur cette droite les longueurs AD, DE, EC, respectivement égales à m, n et p; puis, tirant CB, on lui mène des parallèles par les points E et D. Ces parallèles partagent AB de la manière demandée.

En effet, dans le triangle GAE, FD étant parallèle à GE, on a :

$$\frac{AF}{AD} = \frac{FG}{DE}.$$

D'autre part, GE, étant parallèle aux bases du trapèze BFDC, on a aussi :

$$\frac{FG}{DE} = \frac{GB}{EC}.$$

Donc à cause du rapport commun on a :

$$\frac{AF}{AD} = \frac{FG}{DE} = \frac{GB}{EC}, \text{ ou } \frac{AF}{m} = \frac{FG}{n} = \frac{GB}{p},$$

et cela justifie la construction.

2° S'il s'agit de partager AB en parties proportionnelles à des nombres entiers 2,3,5, par exemple, on trace une ligne m, qui contienne 2 fois une longueur arbitraire et des lignes n et p, qui contiennent cette même longueur respectivement 3 fois et 5 fois. On est ainsi ramené à partager AB en parties proportionnelles à des lignes données m, n, p.

3° Enfin, si l'on a à partager AB en parties proportionnelles à des fractions données, par exemple à $\frac{2}{3}$, $\frac{3}{4}$ et $\frac{5}{6}$, on les réduit d'abord au même dénominateur, ce qui donne

$$\frac{8}{12}, \frac{9}{12} \text{ et } \frac{10}{12},$$

et l'on est ramené à partager AB, en parties proportionnelles, à $\frac{8}{12}, \frac{9}{12}$ et $\frac{10}{12}$, ou ce qui revient au même, à 8, 9 et 10 ; on rentre ainsi dans le cas précédent.

PROBLÈME III.

Trouver une quatrième proportionnelle à trois lignes données, a, b, c, c'est-à-dire une ligne x qui satisfasse à la relation

$$\frac{a}{b} = \frac{c}{x}.$$

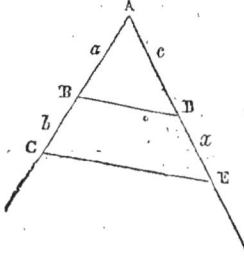

1° Sur l'un des côtés d'un angle quelconque A, on porte à la suite l'une de l'autre, des distances AB, BC, respectivement égales à a et b. Sur l'autre côté, on prend AD égale à c, puis tirant BD, on mène par le point C, CE parallèle à BD : DE est la quatrième proportionnelle demandée.

En effet, dans le triangle CAE, à cause du parallélisme de BD et de CE, on a :

$$\frac{AB}{BC} = \frac{AD}{DE}, \text{ ou } \frac{a}{b} = \frac{c}{DE},$$

ce qui montre que DE n'est autre chose que x.

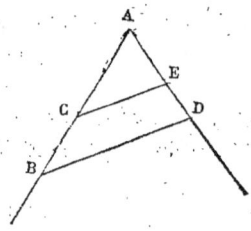

2° Pour résoudre le même problème, on peut encore, sur l'un des côtés de l'angle A, prendre à partir de A, des distances AB, AC, respectivement égales à a et b, et sur l'autre côté, AD égale à c. Si alors on tire BD et qu'on mène CE parallèle à BD, AE est la quatrième proportionnelle demandée.

En effet, à cause du parallélisme de CE et BD, on a

$$\frac{AB}{AC} = \frac{AD}{AE}, \text{ ou } \frac{a}{b} = \frac{c}{AE},$$

et l'on en conclut : AE = x.

3° Enfin, si l'on observe que la proportion $\frac{a}{b} = \frac{c}{x}$, qui définit la quatrième proportionnelle, peut s'écrire, par suite de l'interversion des moyens,

$$\frac{a}{c} = \frac{b}{x},$$

on en conclut que dans les deux constructions précédentes, on aurait pu porter c où l'on a porté b, et b où l'on a porté c, ce qui fournit deux nouveaux moyens d'obtenir la quatrième proportionnelle.

Corollaire I. — La quatrième proportionnelle aux lignes a, b, c, quand b devient égal à c, prend le nom de *troisième proportionnelle* aux lignes a et b. Elle est dès lors définie par la relation

$$\frac{a}{b} = \frac{b}{x}, \text{ ou } x = \frac{b^2}{a}.$$

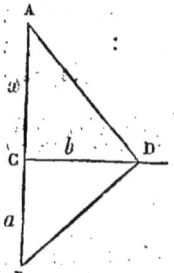

Pour l'obtenir on pourrait employer des procédés analogues à ceux qui ont donné la quatrième proportionnelle. Mais on peut aussi, après avoir mené deux lignes perpendiculaires entre elles, prendre CB = a, CD = b. Si alors on tire BD et qu'on mène DA perpendiculaire sur BD, CA est la troisième proportionnelle demandée. En effet la hauteur CD du triangle rectangle ABD étant moyenne proportionnelle entre les deux segments de l'hypoténuse, on a :

$$\frac{CB}{CD} = \frac{CD}{CA}, \text{ ou } \frac{a}{b} = \frac{b}{CA},$$

ce qui justifie la construction.

Corollaire II. — Les constructions précédentes permettent de trouver géométriquement la valeur d'une expression de la forme

$$x = \frac{abcde\ldots}{fghi\ldots}$$

dans laquelle $a, b, c, d, e, f\ldots$ représentent des lignes données lorsqu'il y a un facteur de plus en numérateur qu'en dénominateur.

Supposons en effet pour fixer les idées, qu'il n'y ait que quatre facteurs en numérateur et trois en dénominateur.

On pourra écrire l'expression proposée

$$x = \frac{ab}{f} \times \frac{c}{g} \times \frac{d}{h}.$$

Or, si l'on pose

$$y = \frac{ab}{f}, \text{ d'où } \frac{f}{a} = \frac{b}{y},$$

on voit qu'on aura y en cherchant une quatrième proportionnelle aux lignes données f, a et b. L'expression proposée s'écrira alors :

$$x = \frac{yc}{g} \times \frac{d}{h};$$

Si l'on pose

$$z = \frac{yc}{g}, \text{ d'où } \frac{g}{y} = \frac{c}{z},$$

On aura z en cherchant une quatrième proportionnelle aux lignes connues g, y et c. L'expression proposée s'écrira finalement :

$$x = \frac{zd}{h}, \text{ d'où } \frac{h}{z} = \frac{d}{x};$$

et l'on voit qu'on obtiendra sa valeur x elle-même, en cherchant une quatrième proportionnelle à h, z et d.

PROBLÈME IV.

Trouver une moyenne proportionnelle entre deux lignes

données a et b, c'est-à-dire une ligne x satisfaisant à la relation $\dfrac{a}{x} = \dfrac{x}{b}$, ou $x = \sqrt{ab}$.

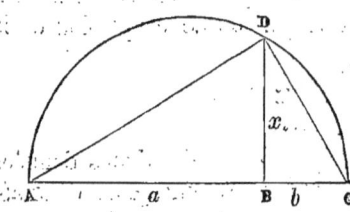

1re MÉTHODE. — Sur une droite indéfinie, on prend, à la suite l'une de l'autre, des distances AB et BC, respectivement égales à a et b, et sur AC comme diamètre, on décrit une demi-circonférence; puis au point B on élève sur AC, jusqu'à la rencontre de cette demi-circonférence, la perpendiculaire BD; cette perpendiculaire représente la moyenne proportionnelle demandée.

En effet, le triangle ADC étant rectangle, sa hauteur BD est moyenne proportionnelle entre les deux parties AB, BC, de l'hypoténuse, c'est-à-dire entre a et b.

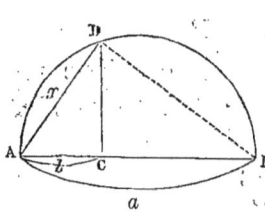

2e MÉTHODE. — Sur une ligne indéfinie, à partir d'un même point, on prend des distances AB, AC, respectivement égales à a et b; sur AB comme diamètre, on décrit une circonférence, et élevant jusqu'à sa rencontre la perpendiculaire CD, on tire DA, qui représente encore la moyenne proportionnelle demandée.

En effet, dans le triangle rectangle ADB, DA côté de l'angle droit, est moyen proportionnel entre l'hypoténuse entière et le segment adjacent, c'est-à-dire entre a et b.

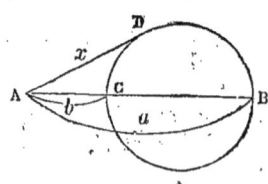

3e MÉTHODE. — Après avoir porté sur une ligne indéfinie, à partir du même point A, les distances AB, AC, respectivement égales aux lignes données, on décrit sur BC comme diamètre une circonférence à laquelle on mène du point A, la tangente AD. Cette tangente est la moyenne proportionnelle demandée, car elle est moyenne proportionnelle entre la sécante AB et sa partie extérieure AC, c'est-à-dire entre a et b.

COROLLAIRE. — Ce qui précède permet de construire géométriquement une expression de la forme

$$x = \sqrt{\frac{abcde\ldots}{fgh\ldots}}$$

dans laquelle a, b, c… f, g… représentent des lignes données, pourvu qu'il y ait deux facteurs de plus en numérateur qu'en dénominateur. En effet, s'il y a par exemple 5 facteurs en numérateur et 3 en dénominateur, on pourra l'écrire :

$$x = \sqrt{\frac{abcd}{fgh} \times e}.$$

Or, $\dfrac{abcd}{fgh}$ représente une ligne que nous avons appris antérieurement à construire. Si nous la désignons par y, il viendra :

$$x = \sqrt{ye}, \text{ ou } x^2 = ye,$$

et dès lors on obtiendra x en cherchant une moyenne proportionnelle entre les deux lignes connues y et e.

PROBLÈME V.

Trouver une ligne x dont le carré soit égal à la somme ou à la différence des carrés de deux lignes données a et b.

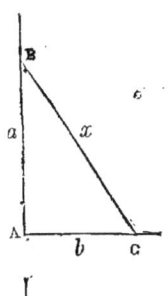

1° Si l'on doit avoir $x^2 = a^2 + b^2$, sur les côtés d'un angle droit A, on prend AB $= a$, AC $= b$, et l'on tire BC; BC est la ligne cherchée x, car le triangle rectangle ABC donne :

$$\overline{BC}^2 = \overline{BA}^2 + \overline{AC}^2 = a^2 + b^2.$$

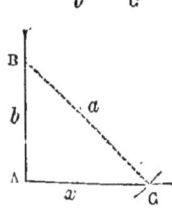

2° Si l'on doit avoir $x^2 = a^2 - b^2$, sur l'un des côtés d'un angle droit A, on prend AB $= b$, et du point B comme centre avec un rayon égal à a, on décrit une circonférence qui coupe l'autre côté de l'angle droit en un point C : AC est la ligne cherchée x, car le triangle ABC donne

$$\overline{AC}^2 = \overline{BC}^2 - \overline{AB}^2 = a^2 - b^2.$$

COROLLAIRE. — Ce qui précède permet de trouver la valeur de x donnée par la relation :

$$x^2 = a^2 \pm b^2 \pm c^2 \pm \ldots$$

dans laquelle a, b, c..., représentent des lignes données.

En effet on peut, à l'aide des procédés précédemment indiqués, trouver d'abord un carré équivalent à la somme ou à la différence des deux premiers carrés a^2 et b^2 ; puis un carré égal à la somme ou à la différence de celui-ci et du 3e carré c^2, et ainsi de suite de proche en proche.

PROBLÈME VI.

Trouver une ligne x dont le carré soit au carré d'une ligne donnée a, dans le rapport de deux lignes données m et n.

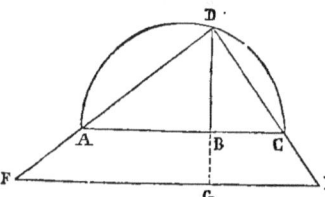

Sur une ligne indéfinie on porte, à la suite l'une de l'autre, des distances AB, BC respectivement égales à m et n, et sur AC comme diamètre, on décrit une circonférence. Au point B on élève une perpendiculaire à AC, jusqu'à la rencontre de cette circonférence, en D. On tire DA, DC, et prenant sur DC une distance DE égale à a, on mène par le point E une parallèle EF à AC : DF représente la ligne cherchée x.

Effectivement, dans le triangle rectangle FDE, les carrés des côtés de l'angle droit sont entre eux comme les projections de ces côtés sur l'hypoténuse. On a donc :

$$\frac{\overline{DF}^2}{\overline{DE}^2} = \frac{GF}{GE}.$$

Mais d'ailleurs les deux parallèles AC, FE, étant coupées par les droites DE, DG, DF, issues du même point D, on a :

$$\frac{GF}{GE} = \frac{AB}{BC}.$$

Donc on a enfin :

$$\frac{\overline{DF}^2}{\overline{DE}^2} = \frac{AB}{BC}, \text{ c'est-à-dire } \frac{\overline{DF}^2}{a^2} = \frac{m}{n}.$$

PROBLÈME VII.

Construire deux lignes x et y, connaissant leur somme a et leur produit m^2.

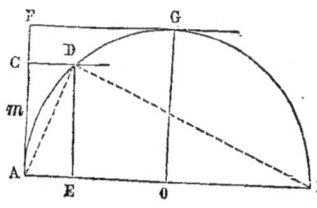

Sur une ligne indéfinie, on prend une longueur AB égale à la somme donnée a, et sur AB comme diamètre, on décrit une demi-circonférence. Au point A on élève sur AB une perpendiculaire AC que l'on prend égale à la ligne m dont le carré représente le produit donné. Enfin, par l'extrémité C de cette perpendiculaire, on mène à AB une parallèle qui rencontre la circonférence en un point D, et de ce point on mène sur AB la perpendiculaire DE. AE et EB représentent les lignes demandées x et y.

Effectivement, on a d'abord :

$$AE + EB = AB = a.$$

D'autre part, la hauteur du triangle rectangle ADB étant moyenne proportionnelle entre les deux parties de l'hypoténuse, on a :

$$AE \times EB = \overline{DE}^2 = \overline{CA}^2 = m^2.$$

Les lignes AE et EB donnent donc la somme a et le produit m^2, et par conséquent représentent x et y.

DISCUSSION. — Pour que le problème soit possible, il faut que la droite CD rencontre la circonférence, c'est-à-dire qu'elle soit au-dessous de la tangente FG, parallèle à AB. Il faut donc qu'on ait :

$$AC \text{ ou } m < AF$$
$$< GO$$
$$< AO \text{ ou } \frac{a}{2}.$$

Le maximum de m est donc $\frac{a}{2}$, et par suite celui de m^2, $\frac{a^2}{4}$. Lorsque m^2 atteint ce maximum, le point D arrive en G ; x et y sont alors représentées par AO et OB, et par suite sont égales entre elles. De là cette conclusion : *Pour partager une ligne a en deux parties dont le produit soit maximum, il faut la partager en deux parties égales.*

PROBLÈME VIII.

Trouver deux lignes x et y, connaissant leur différence d, et leur produit m^2.

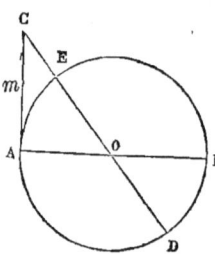

Sur une ligne AB égale à d, comme diamètre, on décrit une circonférence; à l'extrémité de AB on lui élève une perpendiculaire qui est nécessairement tangente à la circonférence, et sur cette perpendiculaire on prend une longueur AC égale à m. Enfin on joint le point C au centre O de la circonférence. CD et CE représentent les lignes cherchées x et y.

En effet, on a d'abord :

$$CD - CE = ED = AB = d.$$

D'autre part, la tangente étant moyenne proportionnelle entre la sécante et sa partie extérieure, on a

$$CD \times CE = \overline{CA}^2 = m^2.$$

Donc les deux lignes CD et CE, donnent la différence d et le produit m^2, et par conséquent ne sont autres que x et y.

PROBLÈME IX.

Partager une droite en moyenne et extrême raison, c'est-à-dire en deux parties telles que la plus grande soit moyenne proportionnelle entre la plus petite et la ligne entière.

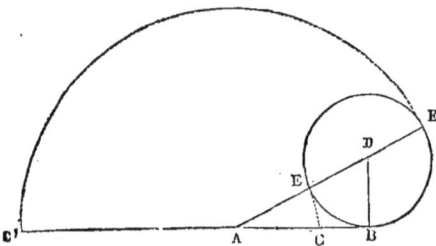

Soit AB la droite à partager. Au point B on lui élève une perpendiculaire que l'on prend égale à $\dfrac{AB}{2}$, et de l'extrémité D de cette perpendiculaire, avec DB comme rayon, on décrit une circonférence qui est nécessairement tangente à AB, et dont le diamètre est égal à cette même ligne AB. On joint le point A au point D, et l'on porte la distance AE en AC. Le point C ainsi obtenu est le point de division demandé.

En effet, en écrivant que la tangente est moyenne proportionnelle entre la sécante de sa partie extérieure, on a la proportion
$$\frac{AE}{AB} = \frac{AB}{AE'}.$$

On en tire, en faisant la différence des numérateurs et celle des dénominateurs :
$$\frac{AB-AE}{AE'-AB} = \frac{AE}{AB}.$$

Or
$$AE=AC,$$
$$AB-AE=AB-AC=CB,$$
$$AE'-AB=AE'-EE'=AE=AC.$$

Donc finalement :
$$\frac{CB}{AC} = \frac{AC}{AB},$$

et cela justifie la construction.

Corollaire I. — Si nous convenons de généraliser l'énoncé du problème comme il suit : *Trouver sur la droite* AB *ou son prolongement, un point dont la distance au point* A *soit moyenne proportionnelle entre sa distance au point* B *et la droite* AB, en portant AE' en AC' nous obtiendrons un second point C' satisfaisant à la question.

En effet, si dans la proportion précédente
$$\frac{AE}{AB} = \frac{AB}{AE'},$$

nous faisons la somme des numérateurs et celle des dénominateurs, il vient :
$$\frac{AB}{AE'} = \frac{AB+AE}{AE'+AB}$$

Or
$$AE'=AC',$$
$$AB+AE=EE'+AE=AE'=AC',$$
$$AE'+AB=AC'+AB=BC'.$$

Donc on a finalement :
$$\frac{AB}{AC'} = \frac{AC'}{BC'},$$

et cela montre que le point C' satisfait lui-même à l'énoncé.

Corollaire II. — Il est aisé, connaissant la valeur de AB, de calculer les valeurs de AC et de AC'. Désignons en effet AB par a, et AC par x. DB vaudra $\dfrac{a}{2}$, et AD, $x+\dfrac{a}{2}$. Or le triangle rectangle ADB donne :

$$\overline{AD}^2 = \overline{AB}^2 + \overline{BD}^2.$$

On en tire par l'introduction des notations précédentes :

$$\left(x+\frac{a}{2}\right)^2 = a^2 + \frac{a^2}{4} = \frac{5a^2}{4},$$

et par suite :

$$x + \frac{a}{2} = \frac{a\sqrt{5}}{2},$$

d'où :

$$x = \frac{a\sqrt{5}}{2} - \frac{a}{2} = \frac{a}{2}(\sqrt{5}-1).$$

— Pour obtenir la valeur de AC', il suffit de remarquer que AC'=AE'=AC+AB. Si donc on désigne AC' par y, il vient :

$$y = x + a$$
$$= \frac{a\sqrt{5}}{2} - \frac{a}{2} + a$$
$$= \frac{a\sqrt{5}}{2} + \frac{a}{2} = \frac{a}{2}(\sqrt{5}+1).$$

PROBLÈME X.

Sur une droite donnée A'B', homologue de AB, construire un polygone semblable à un polygone donné ABCDE.

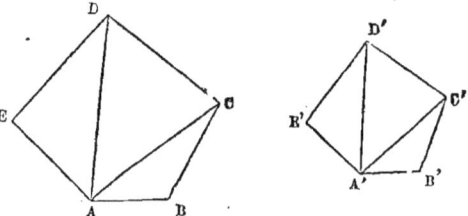

Après avoir mené les diagonales AC, AD du polygone donné, on fait aux points A' et B' des angles égaux aux angles A et B du triangle ABC. Aux points A' et C' on fait avec A'C'

des angles égaux aux angles A et C du triangle ACD. Enfin, aux points A' et D' on fait avec A'D' des angles égaux aux angles A et D du triangle AED. — Le polygone A'B'C'D'E' ainsi construit est le polygone demandé.

En effet, ce polygone et le polygone donné ABCDE sont, par construction, formés d'un même nombre de triangles semblables et semblablement placés, et par conséquent sont semblables.

PROBLÈME XI.

Trouver le lieu des points tels que la différence des carrés de leurs distances à deux points donnés A et B soit égale à un carré donné k^2.

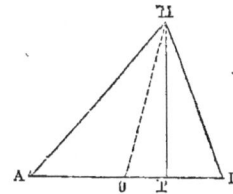

Soit M un point du lieu. Si nous abaissons du point M sur AB la perpendiculaire MP, et que nous joignions le point M au milieu O de AB, nous avons en vertu d'un théorème précédent
$$\overline{MA}^2 - \overline{MB}^2 = 2AB \times OP.$$
Comme par hypothèse, on a
$$\overline{MA}^2 - \overline{MB}^2 = k^2$$
On en conclut
$$2AB \times OP = k^2, \text{ d'où } OP = \frac{k^2}{2AB}.$$

Or k^2 et $2AB$ sont des quantités données; OP a donc une valeur constante quel que soit le point M, et la perpendiculaire MP tombe toujours au même point de AB. Elle représente par suite le lieu du point M.

Pour construire cette perpendiculaire, il suffit d'observer que $\frac{k^2}{2AB}$ valeur de OP, est une troisième proportionnelle aux lignes données $2AB$ et k.

PROBLÈME XII.

Trouver le lieu des points tels que la somme des carrés de leurs distances à deux points donnés A et B, soit égale à un carré donné k^2.

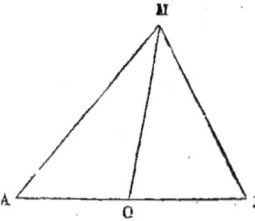

Soit M un point du lieu, et O le milieu de AB. — On a par hypothèse :
$$\overline{MA}^2 + \overline{MB}^2 = k^2.$$

D'ailleurs, en vertu d'un théorème connu :
$$\overline{MA}^2 + \overline{MB}^2 = 2\overline{AO}^2 + 2\overline{MO}^2$$

On doit donc avoir :
$$2\overline{AO}^2 + 2\overline{MO}^2 = k^2.$$

et par suite :
$$\overline{MO}^2 = \frac{k^2}{2} - \overline{AO}^2.$$

Or, les deux termes du second membre de cette égalité sont constants : donc MO est elle-même une quantité constante, et le lieu du point M est une circonférence ayant pour centre le point O.

— Reste à construire le rayon de cette circonférence. Or, si nous posons :
$$z^2 = \frac{k^2}{2} = k \times \frac{k}{2},$$

nous obtiendrons z en cherchant une moyenne proportionnelle entre la quantité donnée k et sa moitié $\frac{k}{2}$; z une fois connu, nous aurons :
$$\overline{MO}^2 = z^2 - \overline{AO}^2,$$

et nous obtiendrons MO en cherchant une ligne dont le carré soit égal à la différence des carrés des deux lignes connues z et AO.

LIVRE III.

DEUXIÈME PARTIE.

Des Polygones réguliers.

On appelle polygone *régulier* un polygone qui a tous ses côtés et tous ses angles égaux.

Si le nombre des côtés du polygone est représenté par n, la somme de ses angles est égal à $2^{dr}(n-2)$. Par suite chacun d'eux est égal à $\dfrac{2^{dr}(n-2)}{n}$.

Comme cette valeur ne dépend que du nombre n des côtés du polygone, il en résulte que deux polygones réguliers du même nombre de côtés ont tous leurs angles égaux.

Il en résulte par suite que deux polygones réguliers du même nombre de côtés sont semblables; car chacun d'eux ayant tous ses côtés égaux, les côtés de l'un sont nécessairement proportionnels à ceux de l'autre.

THÉORÈME I.

Tout polygone régulier est à la fois inscriptible et circonscriptible.

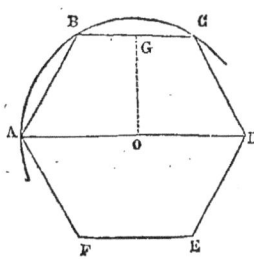

1° Soit ABCDE le polygone régulier proposé. Par trois consécutifs A, B, C de ses sommets, faisons passer une circonférence, puis pour démontrer qu'elle passe aussi par le sommet suivant D, joignons son centre O aux sommets A et D, et abaissant sur BC la perpendiculaire OG, faisons tourner le quadrilatère OGCD autour de OG, pour l'appliquer sur le quadrilatère OGBA. Comme les angles en G sont droits, ils se recouvriront, et GC prendra la direction de GB. Mais GC et GB sont des lignes égales comme moitiés d'une même corde; le point C tombera donc en B. A cet instant, l'angle C qui est égal à l'angle B, en vertu de la définition du polygone régulier, devra le recouvrir et CD prendra la direction de BA : comme CD est égal à BA, le point D tombera en A. Mais dans ce mouvement le point O est resté fixe. Donc OD recouvre OA et par suite lui est égal. OD est donc égal au rayon de la circonférence, et par conséquent cette circonférence passe en D.

On démontrera de même qu'elle passe aux points E et F. Elle passe donc par tous les sommets du polygone, et ce polygone est inscriptible.

2° Par rapport à la circonférence dont nous venons de démontrer l'existence, AB, BC, CD, DE... sont des cordes égales.

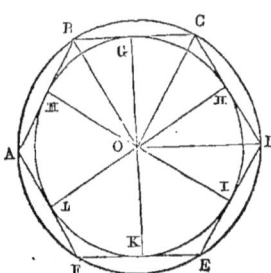

Les perpendiculaires OM, OG, OH, OI... menées du point O sur ces cordes sont donc égales, et si du point O comme centre avec l'une d'elles comme rayon, nous décrivons une circonférence, elle passera par les points M, G, H, I... c'est-à-dire par les milieux de tous les côtés du polygone proposé. De plus tous ces côtés lui seront tangents, car ils sont perpendiculaires à l'extrémité de ses rayons; le polygone lui sera donc circonscrit, et cela démontre la seconde partie de l'énoncé.

REMARQUE. — Le centre commun O, de la circonférence inscrite et de la circonférence circonscrite au polygone proposé, s'appelle *centre* de ce polygone. Le rayon OG de la circonférence inscrite est son *apothème;* le rayon OB de la circonférence circonscrite en est le *rayon*.

L'angle BOC compris entre deux rayons consécutifs s'appelle *angle au centre* du polygone.

Il est évidemment divisé en deux parties égales par l'apothème OG. De même le rayon OB divise en deux parties égales l'angle ABC; cela résulte de l'égalité des deux triangles rectangles MBO, GBO.

— *Tous les angles au centre d'un polygone régulier sont égaux entre eux.* Ainsi BOC=COD. Cela résulte de ce que les deux triangles BCO, DCO ont leurs trois côtés égaux chacun à chacun et par suite sont égaux.

THÉORÈME II.

Quand une circonférence est partagée en parties égales, le polygone inscrit que l'on obtient en joignant les points de division deux à deux est régulier.

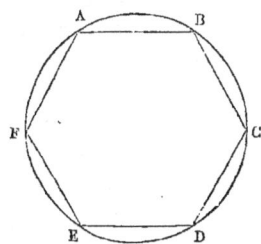

En effet tous les côtés de ce polygone sont égaux comme cordes sous-tendant des arcs égaux; et quant à ses angles, ils sont égaux comme angles inscrits comprenant entre leurs côtés un même nombre de parties égales de la circonférence.

COROLLAIRE. — Il résulte de là que pour inscrire un polygone régulier dans une circonférence, il suffit de la partager en autant de parties égales que le polygone doit avoir de côtés.

Il est toujours facile d'opérer ce partage à l'aide d'un rapporteur, car s'il s'agit par exemple de partager une circonférence en 18 parties égales, l'une des parties AB vaudra $\frac{360°}{18}$

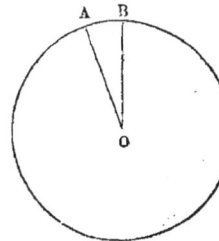

ou 20°. Par suite l'angle au centre correspondant AOB sera un angle de 20°, et si au point O à l'aide d'un rapporteur on fait un angle de 20°, les côtés de cet angle prolongés jusqu'à la circonférence y déterminent l'arc demandé. On n'a plus qu'à prendre une ouverture de compas égale à la corde AB, et la porter 18 fois sur la circonférence.

Remarquons toutefois que ce procédé n'est pas purement géométrique. — En effet, pour diviser la 1/2 circonférence du rapporteur en 180°, il a fallu d'abord obtenir l'arc de 60°.

Cela est facile, car c'est l'arc qui mesure l'angle d'un triangle équilatéral. Cet arc, divisé en deux parties égales, a donné d'abord l'arc de 30°, puis celui de 15. D'autre part, nous verrons plus tard comment on peut partager géométriquement une circonférence en 10 parties égales, c'est-à-dire obtenir l'arc de 36°, qui, divisé par 2, fait connaître l'arc de 18°. La différence des arcs de 18° et de 15°, donne l'arc de 3°. — Mais pour arriver à l'arc de 1°, il faut partager ce dernier en 3 parties égales, ce qu'on ne sait pas faire à l'aide de la règle et du compas.

L'exactitude du rapporteur dépend donc, non de l'application de procédés purement géométriques, mais de l'habileté plus ou moins grande du constructeur, et dès lors le partage d'une circonférence en parties égales à l'aide du rapporteur, n'est pas une opération graphique.

COROLLAIRE II. — Une circonférence étant partagée en un nombre déterminé n de parties égales, si du centre on abaisse des perpendiculaires sur les cordes qui sous-tendent ces arcs, on partage chacun d'eux en deux parties égales, et la circonférence se trouve ainsi partagée en $2n$ parties égales. Le même procédé appliqué de nouveau, permettra de la partager en $4n$, $8n$ parties égales. — Ainsi, l'inscription du polygone de n côtés entraîne celle des polygones de $2n$, $4n$, $8n$... côtés.

PROBLÈME I.

Etant donné un polygone régulier inscrit dans une circonférence, circonscrire à la même circonférence un polygone régulier du même nombre de côtés.

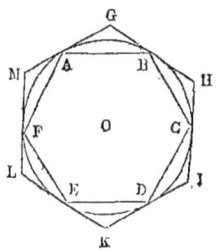

1re MÉTHODE. — ABCDEF étant le polygone inscrit proposé, par tous ses sommets on mène à la circonférence des tangentes qui, par leur intersection, déterminent le polygone circonscrit GHIKLM. Ce polygone est le polygone régulier demandé.

En effet, les triangles AGB, BHC, CID... ont les bases AB, BC, CD... égales comme côtés d'un même polygone régulier, et les angles à la base égaux comme ayant pour mesure les moitiés d'arcs égaux AB, BC, CD... Ces triangles sont donc égaux.

LIVRE III.   147

On en conclut d'abord l'égalité des angles G, H, I,...

Mais d'ailleurs, de l'égalité de ces mêmes triangles et de ce qu'ils sont tous isocèles, on conclut l'égalité des lignes AG, GB, BH, HC... Donc, les côtés MG, GH, HI... qui se composent chacun de deux de ces lignes, sont égaux eux-mêmes.

Le polygone GHIKLM a donc ses angles et ses côtés égaux, et par conséquent est régulier.

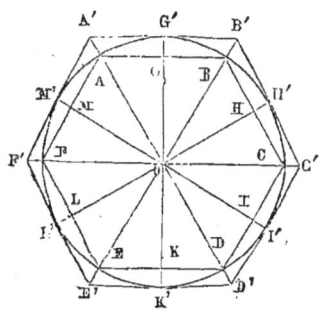

2ᶜ MÉTHODE. — ABCDEF étant encore le polygone régulier proposé, du centre O on abaisse des perpendiculaires OG, OH, OI... sur tous ses côtés, et par les extrémités de ces perpendiculaires, on mène des tangentes à la circonférence. Ces tangentes, par leur intersection, déterminent le polygone régulier demandé A'B'C'D'E'F'.

En effet, d'abord ce second polygone a ses côtés parallèles à ceux du premier, comme perpendiculaires aux mêmes droites. Donc, il a ses angles égaux à ceux du premier, et par suite égaux entre eux.

D'autre part, tirons OB, OB'. Les deux triangles GOB, G'OB' auront les angles G et G' égaux comme droits, et les angles B et B' égaux comme moitiés d'angles égaux. Leurs angles en O sont donc égaux, et par suite OB' coïncide avec OB. De même on fera voir que O, C et C' sont en ligne droite ; de même O, D et D', &c. — Cela posé, les triangles A'OB', B'OC' ont les angles en O égaux comme angles au centre du premier polygone, le côté OB' commun et les angles en B' égaux comme moitiés d'un même angle. Ces triangles ont donc un côté égal adjacent à des angl. égaux et par suite sont égaux ; on en conclut :

$$A'B' = B'C'.$$

On fera voir de même que l'on a

$$B'C' = C'D' = D'E' = ...$$

Le second polygone a donc ses angles et ses côtés égaux, et par conséquent est régulier.

PROBLÈME II.

Inscrire dans une circonférence un carré et les polygones réguliers qui en dépendent.

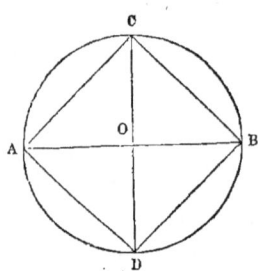

1° On mène deux diamètres AB, CD à angle droit, et l'ont joint deux à deux leurs extrémités. Le quadrilatère ACBD ainsi obtenu est le carré inscrit.

En effet les angles en O étant égaux comme droits, les arcs AC, CB, BD, DA qui leur correspondent sont égaux. Les cordes qui sous-tendent ces arcs sont donc égales. Quant aux angles A, B, C, D, ils sont droits comme inscrits chacun dans une demi-circonférence.

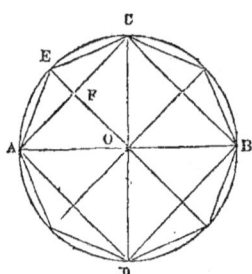

2° Si du centre on abaisse des perpendiculaires sur les côtés du carré inscrit et qu'on les prolonge jusqu'à la circonférence, on partage chacun des arcs sous-tendus en deux parties égales. La circonférence est donc ainsi partagée en 8 parties égales, et en joignant les points de division deux à deux, on a l'octogone régulier inscrit.

On obtient de même le polygone régulier inscrit de 16 côtés à l'aide de celui de 8, puis de proche en proche ceux de 32, 64, 128... côtés.

Valeurs des côtés du carré et de l'octogone régulier inscrits en fonction du rayon R.

1° *Carré.* — Le triangle rectangle AOC donne :

$$\overline{AC^2} = \overline{AO^2} + \overline{OC^2} = R^2 + R^2 = 2R^2.$$

On en tire :

$$AC = R\sqrt{2}.$$

2° *Octogone régulier.* — On a dans le triangle AOE :

$$\overline{AE^2} = \overline{AO^2} + \overline{OE^2} - 2OE \times OF,$$
$$= R^2 + R^2 - 2R \times OF.$$

Mais le triangle rectangle AOF est isocèle parce que son angle en O est par construction égal à $\frac{1}{2}$ droit.

Donc : $$OF = AF = \frac{AC}{2} = \frac{R\sqrt{2}}{2}.$$

Par suite :
$$\overline{AE^2} = 2R^2 - 2R\,\frac{R\sqrt{2}}{2},$$
$$= 2R^2 - R^2\sqrt{2} = R^2(2-\sqrt{2}),$$

et $$AE = R\sqrt{2-\sqrt{2}}.$$

Octogone étoilé. — Une circonférence étant partagée en 8 parties égales aux points A, B, C..., concevons qu'on joigne ces points de 3 en 3 par les cordes AD, DG, GB... Je dis que 3 étant premier avec 8, on ne reviendra au point de départ qu'après avoir mené 8 cordes pareilles.

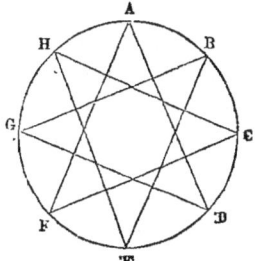

En effet si l'on désigne par m le nombre de ces cordes, la somme des arcs qu'elles sous-tendent est égale à une fraction de la circonférence marquée par $\frac{3m}{8}$.

Pour qu'on revienne au point de départ, il faut que cette fraction représente un nombre entier, ce qui exige que 8 soit un diviseur exact de $3m$. Or 8 étant premier avec 3, il faut pour cela que 8 divise m. La plus petite valeur qu'on puisse donner à m est donc 8, ce qui justifie notre assertion.

La figure formée par les 8 cordes égales, ainsi menées, s'appelle un *octogone régulier étoilé*.

— En généralisant le raisonnement qui précède, on peut conclure que si une circonférence est partagée en un nombre quelconque p de parties égales et qu'on joigne les points de division de n en n, on obtiendra un polygone régulier étoilé de p côtés toutes les fois que n sera premier avec p, et seulement dans ce cas.

Il suffit d'ailleurs de supposer $n < \frac{p}{2}$, car la corde qui sous-tend un arc composé de n des parties aliquotes de la circonférence, est la même qui sous-tend un arc composé de $p-n$ parties, en sorte que le polygone étoilé obtenu en joignant les points de division de n en n, ne diffère pas de celui qu'on obtient en les joignant de $p-n$ en $p-n$.

— Comme 3 est le seul nombre premier avec 8, et moindre que sa moitié 4, il n'existe qu'un seul octogone régulier étoilé. Mais si la circonférence était partagée en 16 parties égales, comme 3, 5 et 7 sont premiers avec 16 et moindres que sa moitié, on obtiendrait des polygones réguliers étoilés de 16 côtés, en joignant ces points de division soit de 3 en 3, soit de 5 en 5, soit enfin de 7 en 7.

Valeur du côté de l'octogone régulier étoilé en fonction du rayon.

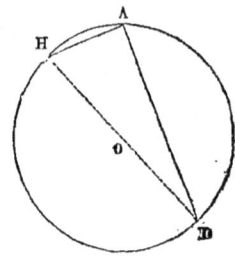

Soit AD le côté à calculer, AH le côté de l'octogone régulier ordinaire. La droite HD est un diamètre de la circonférence et le triangle HAD est rectangle.

On a donc :
$$\overline{AD}^2 = \overline{HD}^2 - \overline{AH}^2.$$

Mais
$$HD = 2R, \quad \overline{HD}^2 = 4R^2$$
$$AH = R\sqrt{2-\sqrt{2}}, \quad \overline{AH}^2 = R^2(2-\sqrt{2}).$$

Donc :
$$\overline{AD}^2 = 4R^2 - R^2(2-\sqrt{2})$$
$$= 2R^2 + R^2\sqrt{2}$$
$$= R^2(2+\sqrt{2}),$$

et enfin :
$$AD = R\sqrt{2+\sqrt{2}}$$

PROBLÈME III.

Inscrire dans une circonférence, un hexagone régulier, et les polygones réguliers qui en dépendent.

1° Soit AB le côté de l'hexagone régulier inscrit. Si nous menons les rayons AO, OB, l'angle O ayant pour mesure $\frac{1}{6}$ de

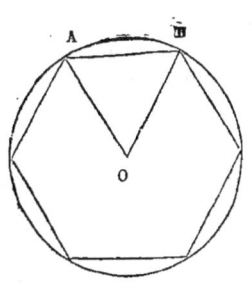

la circonférence sera égal à $\frac{1}{6}$ de quatre angles droits, ou à $\frac{4}{6}$, ou enfin à $\frac{2}{3}$ d'angle droit. Par suite les angles A et B du triangle AOB vaudront ensemble $2^{dr} - \frac{2^{dr}}{3}$, ou $\frac{4}{3}$ d'angle droit; et comme ils sont égaux, chacun d'eux vaudra $\frac{2}{3}$ d'angle droit. Il résulte de là que le triangle AOB, est équilatéral, et par suite que *le côté AB de l'hexagone régulier inscrit, est égal au rayon.*

Ainsi pour inscrire un hexagone régulier dans une circonférence, on porte le rayon comme corde autant de fois que possible sur la circonférence, et l'on joint deux à deux les points de division ainsi obtenus.

2° Si l'on joint de deux en deux les sommets de l'hexagone

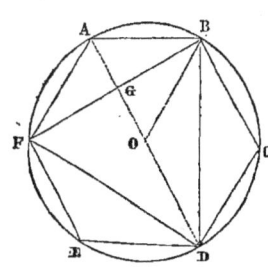

régulier inscrit, le triangle BDF ainsi formé est équilatéral, puisque ses côtés sous-tendent chacun $\frac{2}{6}$, ou $\frac{1}{3}$ de la circonférence. C'est le triangle équilatéral inscrit. Pour l'obtenir directement, il suffit d'observer que BC et BA étant des obliques égales, doivent s'écarter également du pied G de la perpendiculaire BG, en sorte que G est le milieu du rayon AO.

Ainsi *le côté du triangle équilatéral inscrit dans une circonférence, n'est autre chose que la corde perpendiculaire au milieu du rayon.*

3° Si du centre on abaisse des perpendiculaires sur les côtés de l'hexagone régulier inscrit, on partage la circonférence en 12 parties égales, et en joignant les points de division 2 à 2, on obtient le dodécagone régulier inscrit.

On obtient d'une manière analogue les polygones réguliers inscrits de 24, 48, 96... côtés.

4° Comme il n'y a aucun nombre premier avec 6 et moindre que sa moitié, la division de la circonférence en 6 parties égales ne donne pas de polygone régulier étoilé. D'autre part, 5 étant le seul nombre premier avec 12 et moindre que $\dfrac{12}{2}$ ou 6, la division de la circonférence en 12 parties égales, fournit un seul dodécagone étoilé, que l'on obtient en joignant les points de division de la circonférence de 5 en 5.

Valeur des côtés du triangle équilatéral et des dodécagones réguliers ordinaire et étoilé, en fonction du rayon.

1° Pour le triangle équilatéral, observons (fig. précéd.) que la ligne AD, qui joint deux sommets opposés de l'hexagone régulier est un diamètre, en sorte que le triangle ABD est rectangle.

On a donc :

$$\overline{BD}^2 = \overline{AD}^2 - \overline{AB}^2$$
$$= 4R^2 - R^2 = 3R^2$$

et
$$BD = R\sqrt{3}.$$

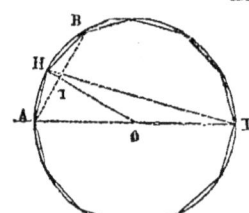

2° AH étant le côté du dodécagone régulier inscrit, et AB celui de l'hexagone régulier, le triangle AOH donne :

$$\overline{AH}^2 = \overline{AO}^2 + \overline{OH}^2 - 2OH \times OI$$
$$= 2R^2 - 2R \times OI.$$

Mais on a :

$$\overline{OI}^2 = \overline{OA}^2 - \overline{AI}^2 = R^2 - \dfrac{R^2}{4} = \dfrac{3R^2}{4},$$

et par suite

$$OI = \dfrac{R\sqrt{3}}{2}.$$

Donc finalement :

$$\overline{AH}^2 = 2R^2 - R^2\sqrt{3} = R^2(2 - \sqrt{3})$$

et
$$AH = R\sqrt{2 - \sqrt{3}}.$$

3° Enfin, HD étant le côté du dodécagone régulier étoilé, le triangle rectangle AHD donne :

$$\overline{HD}^2 = \overline{AD}^2 - \overline{AH}^2.$$

Mais :

$$AD = 2R, \quad \overline{AD^2} = 4R^2,$$

$$AH = R\sqrt{2-\sqrt{3}}, \quad \overline{AH^2} = R^2(2-\sqrt{3}).$$

Donc :

$$\overline{HD^2} = 4R^2 - R^2(2-\sqrt{3}) = R^2(2+\sqrt{3}),$$

et

$$HD = R\sqrt{2+\sqrt{3}}.$$

PROBLÈME IV.

Inscrire dans une circonférence un décagone régulier et les polygones réguliers qui en dépendent.

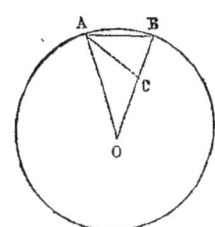

1° Soit AB le côté du décagone régulier ; l'angle O ayant pour mesure $\frac{1}{10}$ de la circonférence, vaut $\frac{1}{10}$ de 4 droits, c'est-à-dire $\frac{4}{10}$ ou $\frac{2}{5}$ d'angle droit. Par suite, les deux angles A et B du triangle AOB valent ensemble $2^{dr}-\frac{2}{5}{}^{dr}$ ou $\frac{8}{5}$ d'angle droit, et comme ils sont égaux, chacun d'eux vaut $\frac{4}{5}$ d'angle droit.

Si maintenant nous menons la bissectrice AC de l'angle A, chacun des angles partiels vaudra $\frac{2}{5}{}^{dr}$. Le triangle AOC, ayant ainsi deux angles égaux, sera isocèle. On en conclut :

$$OC = AC.$$

Mais le triangle CAB ayant un angle de $\frac{4}{5}{}^{dr}$ et un angle de $\frac{2}{5}{}^{dr}$, son 3e angle est égal à $2^{dr}-\frac{6}{5}{}^{dr}$ ou à $\frac{4}{5}{}^{dr}$. Il est donc isocèle lui-même, et l'on a AC = AB.

On en conclut : $\qquad$ AB = OC.

Cela posé, comme AC est la bissectrice de l'angle A, on a la proportion :

$$\frac{OC}{CB} = \frac{AO}{AB}.$$

Si l'on y remplace AB par son égal OC, et OA par OB, il vient :

$$\frac{OC}{CB} = \frac{OB}{OC}, \text{ d'où } \overline{OC}^2 = CB \times OB.$$

Cela montre que le rayon OB est partagé au point C en moyenne et extrême raison ; donc, *le côté du décagone régulier inscrit est égal au plus grand segment du rayon partagé en moyenne et extrême raison.*

Ainsi, pour inscrire un décagone régulier dans une circonférence, on en partage le rayon en moyenne et extrême raison; on porte le plus grand segment autant de fois que possible comme corde sur la circonférence, et l'on joint deux à deux les points de division ainsi obtenus.

2° Pour inscrire dans une circonférence un pentagone régulier, il suffit de joindre de deux en deux les sommets du décagone régulier inscrit.

3° Si du centre on abaisse des perpendiculaires sur les côtés du décagone régulier inscrit, ces perpendiculaires prolongées partagent la circonférence en 20 parties égales, et en joignant les points de division deux à deux, on a le polygone régulier inscrit de 20 côtés.

On obtient de même les polygones réguliers inscrits de 40, 80, 160... côtés.

Polygones étoilés. — 1° Le seul nombre premier avec 5 et moindre que sa moitié est 2 ; il n'existe donc qu'un seul pentagone régulier étoilé, et on l'obtient en joignant de deux en deux les sommets du pentagone régulier ordinaire.

2° Le seul nombre premier avec 10 et moindre que sa moitié est 3 ; il n'y a donc non plus, qu'un seul décagone régulier étoilé, et on l'obtient en joignant de trois en trois les sommets du décagone régulier ordinaire.

Valeur des côtés des décagones et pentagones ordinaires et étoilés inscrits, en fonction du rayon.

1° *Décagone régulier ordinaire.* — Son côté c étant le plus grand segment du rayon partagé en moyenne et extrême raison, on a immédiatement, en désignant le rayon par R,

$$c = \frac{R}{2}(\sqrt{5}-1).$$

2° *Décagone régulier étoilé.* — Soit AB le côté du décagone régulier ordinaire et AC celui du décagone régulier étoilé, inscrits dans la circonférence O. AB est parallèle au diamètre DC, puisque ces droites interceptent sur la circonférence des arcs égaux AD, BC. Les deux triangles ABE, OEC sont donc semblables. Mais OEC est isocèle puisque son angle O a pour mesure BC, ou $\frac{2}{10}$ de la circonférence, et son angle C la moitié de DA, ou $\frac{1}{10}$ de la circonférence, en sorte que l'angle E a pour mesure $\frac{5}{10} - \frac{3}{10}$, ou $\frac{2}{10}$ de la circonférence. Le triangle AEB est donc isocèle lui-même.

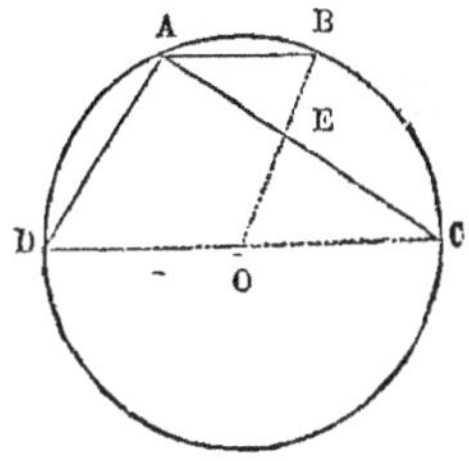

On en conclut :

$$AC = EC + AE = OC + AB.$$

Or

$$AB = \frac{R}{2}(\sqrt{5}-1),$$

Donc

$$AC = R + \frac{R}{2}(\sqrt{5}-1),$$
$$= \frac{R}{2}(\sqrt{5}+1).$$

On voit ainsi que *le côté du décagone régulier étoilé est donné par la seconde solution dans le partage du rayon en moyenne et extrême raison.*

3° *Pentagone régulier ordinaire.* — Dans la même figure, AD étant le côté du pentagone régulier inscrit et AC celui du décagone régulier étoilé, DC est un diamètre de la circonférence, puisque les deux arcs AD, AC, comprennent à eux deux 5 des 10 parties de la circonférence. Le triangle DAC est donc rectangle et l'on a :

$$\overline{AD}^2 = \overline{DC}^2 - \overline{AC}^2,$$

$$= 4R^2 - \frac{R^2}{4}(\sqrt{5}+1)^2$$

$$= 4R^2 - \frac{R^2}{4}(6+2\sqrt{5}),$$

$$= \frac{R^2}{4}(16-6-2\sqrt{5}),$$

$$= \frac{R^2}{4}(10-2\sqrt{5}).$$

On en tire finalement :

$$AD = \frac{R}{2}\sqrt{10-2\sqrt{5}}.$$

4° *Pentagone régulier étoilé.* — On trouve par des procédés analogues que le côté du pentagone régulier étoilé est représenté par :

$$\frac{R}{2}\sqrt{10+2\sqrt{5}}.$$

REMARQUE. — Si l'on fait la somme des carrés du rayon et du côté du décagone régulier ordinaire inscrit dans la circonférence, on trouve :

$$R^2 + \frac{R^2}{4}(\sqrt{5}-1)^2, \text{ ou :}$$

$$R^2 + \frac{R^2}{4}(6-2\sqrt{5}),$$

ou enfin :

$$\frac{R^2}{4}(10-2\sqrt{5}),$$

c'est-à-dire le carré du côté du pentagone régulier inscrit. Donc le *côté du pentagone régulier inscrit dans une circonférence peut être considéré comme l'hypoténuse d'un triangle rectangle dont les deux autres côtés sont le rayon et le côté du décagone régulier inscrit.*

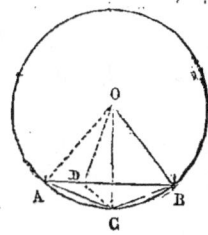

On peut du reste le démontrer directement comme il suit : Soient AB le côté du pentagone régulier inscrit et AC celui du décagone ; si l'on mène la bissectrice OD de l'angle AOC, les deux triangles AOB, ODB sont semblables et donnent :

$$\frac{AB}{OB} = \frac{OB}{DB}, \text{ d'où : } \overline{OB}^2 = AB \times DB,$$

De même les triangles semblables ADC, ABC donnent :

$$\frac{AD}{AC} = \frac{AC}{AB}, \text{ d'où : } \overline{AC}^2 = AB \times AD.$$

En ajoutant cette égalité membre à membre avec la précédente, on trouve :

$$\overline{OB}^2 + \overline{AC}^2 = AB \times (AD + DB),$$
$$= \overline{AB}^2.$$

PROBLÈME V.

Inscrire dans une circonférence un pentédécagone régulier et les polygones réguliers qui en dépendent.

1º La différence des fractions $\frac{1}{6}$ et $\frac{1}{10}$, est égale à $\frac{5}{30} - \frac{3}{30}$; c'est-à-dire à $\frac{2}{30}$ ou $\frac{1}{15}$. Si donc à partir d'un même point A de la circonférence on porte des cordes respectivement égales au côté du décagone régulier inscrit et au rayon, l'arc BC compris entre leurs extrémités est égal au $\frac{1}{15}$ de la circonférence, et la corde sous-tendant cet arc, représente le côté du pentédécagone régulier inscrit. Pour avoir ce pentédécagone lui-même, il suffit de porter la distance BC autant de fois que possible sur la circonférence et de joindre deux à deux les points de division ainsi obtenus.

2º En abaissant du centre des perpendiculaires sur les côtés du pentédécagone régulier et les prolongeant jusqu'à la circonférence, on la partage en 30 parties égales, et les cordes qui joignent les points de division deux à deux donnent le polygone régulier inscrit de 30 côtés. On obtient d'une manière analogue et de proche en proche les polygones réguliers inscrits de 60, 120, 240... côtés.

3° Les nombres 2, 4 et 7 étant premiers avec 15 et moindres que sa moitié, on obtient des pentédécagones étoilés inscrits, en joignant les sommets du pentédécagone régulier ordinaire, soit de 2 en 2, soit de 4 en 4, soit enfin de 7 en 7.

Valeur du côté du pentédécagone régulier inscrit, en fonction de rayon.

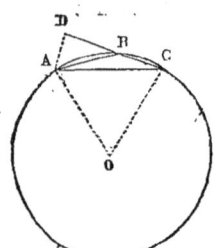

1° Soit AC le côté de l'hexagone régulier inscrit, AB celui du décagone et par suite BC celui du pentédécagone régulier. Abaissons sur ce dernier prolongé, la perpendiculaire AD; nous aurons évidemment :

$$CB = CD - BD.$$

Or les angles A et C du triangle ABC valant respectivement 18° et 12°, l'angle DBA qui est leur somme vaut 30°, en sorte que le triangle rectangle ABD est la moitié d'un triangle équilatéral.

On a donc :

$$AD = \frac{AB}{2} = \frac{R}{4}(\sqrt{5}-1).$$

Dès lors les triangles rectangles DCA, DBA donnent :

$$\overline{DC}^2 = \overline{AC}^2 - \overline{AD}^2,$$
$$= R^2 - \frac{R^2}{16}(6 - 2\sqrt{5}),$$
$$= \frac{R^2}{16}(10 + 2\sqrt{5}),$$

d'où :
$$DC = \frac{R}{4}\sqrt{10 + 2\sqrt{5}},$$

et
$$\overline{DB}^2 = \overline{AB}^2 - \overline{AD}^2,$$
$$= \frac{3\overline{AB}^2}{4},$$

$$= \frac{3R^2}{16}(6-2\sqrt{5}),$$
$$= \frac{R^2}{16}(18-6\sqrt{5}),$$

d'où :
$$DB = \frac{R}{4}\sqrt{18-6\sqrt{5}}.$$

On a par suite :
$$BC = \frac{R}{4}\sqrt{10+2\sqrt{5}} - \frac{R}{4}\sqrt{18-6\sqrt{5}}.$$

— On calcule d'une manière analogue les côtés des pentédécagones réguliers étoilés.

Mesure de la circonférence.

THÉORÈME III.

Les périmètres de deux polygones réguliers du même nombre de côtés sont entre eux comme les rayons de ces polygones, ou comme leurs apothèmes.

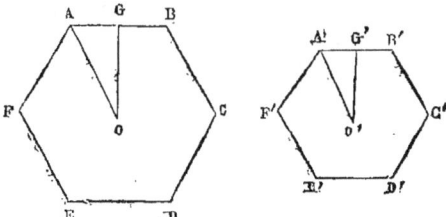

Soient ABCDEF, A'B'C'D'E'F' deux polygones réguliers de n côtés, dont nous désignerons les périmètres par P et P'. Soient OA, O'A' leurs rayons, OG, O'G' leurs apothèmes. Les triangles AOG, A'O'G', ont les angles G et G' égaux comme droits, et les angles A et A' égaux comme moitiés d'angles égaux; ils sont donc semblables et donnent la proportion :

$$\frac{AG}{A'G'} = \frac{AO}{A'O'} = \frac{OG}{O'G'},$$

et par suite :
$$\frac{2nAG}{2nA'G'} = \frac{AO}{A'O'} = \frac{OG}{O'G'}.$$

Mais AG et A'G' étant les moitiés des côtés AB, A'B' des deux polygones, $2n$AG et $2n$A'G' représentent leurs périmètres respectifs P et P'. On a donc finalement :

$$\frac{P}{P'} = \frac{AO}{A'O'} = \frac{OG}{O'G'},$$

ce qui justifie l'énoncé.

THÉORÈME IV.

La circonférence est la limite commune des périmètres des polygones réguliers inscrits et circonscrits, lorsqu'on double indéfiniment le nombre de leurs côtés.

D'abord, le périmètre du polygone régulier inscrit est toujours moindre, et celui du polygone régulier circonscrit toujours plus grand que la circonférence, parce que la ligne enveloppée convexe est moindre que la ligne enveloppante. D'ailleurs, lorsqu'on double le nombre des côtés, le périmètre du polygone inscrit, pour une raison analogue, va en augmentant, et celui du polygone circonscrit en diminuant. Ils se rapprochent donc indéfiniment de la circonférence. Je dis enfin que les périmètres de ces polygones peuvent en différer chacun d'aussi peu qu'on veut, si le nombre de leurs côtés est suffisamment grand.

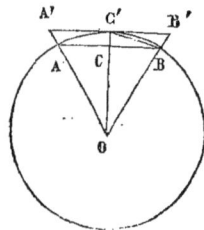

Soient en effet AB et A'B' les côtés de deux polygones réguliers semblables, l'un inscrit, l'autre circonscrit ; P et P' leurs périmètres. On a, en vertu du théorème précédent :

$$\frac{P}{P'} = \frac{OC}{OC'},$$

et par suite

$$\frac{P'-P}{P'} = \frac{OC'-OC}{OC'} = \frac{CC'}{OC'}.$$

On tire de là :

$$P'-P = \frac{P' \times CC'}{OC'}.$$

LIVRE III.   161

Or, CC' est moindre que l'oblique BC', et *à fortiori* moindre que l'arc BC' ou que $\frac{circonf.}{2n}$. Mais n devenant de pl. en pl. grand, $\frac{circonf.}{2n}$ tend vers 0. Donc aussi CC' tend vers 0.

Il en résulte que le produit $\frac{P' \times CC'}{OC'}$, et par suite la différence P'—P, peuvent devenir moindres que toute quantité donnée, si n est suffisamment grand.

Dès lors, les périmètres P et P' pouvant être rendus aussi voisins qu'on veut l'un de l'autre, chacun d'eux peut, à plus forte raison, être rendu aussi voisin qu'on veut de la circonférence, qui est toujours comprise entre eux. La circonférence est donc la limite de chacun d'eux.

THÉORÈME V.

Deux circonférences quelconques sont entre elles comme leurs rayons.

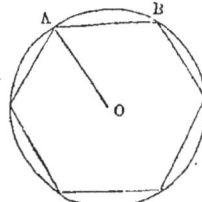 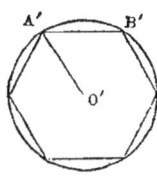

Soient en effet C et C' deux circonférences, OA, O'A' leurs rayons, que nous désignerons par R et R'. Inscrivons dans ces circonférences des polygones réguliers d'un même nombre de côtés, et soient P et P' leurs périmètres; nous aurons :

$$\frac{P}{P'} = \frac{OA}{O'A'} = \frac{R}{R'}.$$

Cette égalité ayant lieu quel que soit n, les limites de ses deux membres sont égales. Mais $\frac{P}{P'}$ a pour limite $\frac{C}{C'}$; $\frac{R}{R'}$ est à lui-même sa propre limite. Donc on a enfin

$$\frac{C}{C'} = \frac{R}{R'}.$$

THÉORÈME VI.

Le rapport d'une circonférence à son diamètre est un nombre constant, c'est-à-dire le même pour toutes les circonférences.

C et C' étant en effet deux circonférences quelconques, on a en vertu du théorème précédent:

$$\frac{C}{C'} = \frac{R}{R'},$$

ou en multipliant par 2 les deux termes du second rapport:

$$\frac{C}{C'} = \frac{2R}{2R'},$$

ou enfin :

$$\frac{C}{2R} = \frac{C'}{2R'},$$

ce qui justifie l'énoncé.

COROLLAIRE. — Le rapport constant $\frac{C}{2R}$ est désigné d'ordinaire par la lettre grecque π. Sa valeur, que nous apprendrons plus loin à calculer, est un nombre incommensurable. Ses premiers chiffres sont :

$$\pi = 3{,}14159265358\ldots$$

Mais d'ordinaire il suffit de prendre

$$\pi = 3{,}1416$$

valeur exacte à moins de 0,00001 par excès.

— Deux valeurs approchées de π qui ont eu une grande célébrité avant que l'emploi des fractions décimales se fût généralisé, sont données par les fractions ordinaires

$$\frac{22}{7} \text{ et } \frac{355}{113}.$$

La première, trouvée par Archimède (287—212 av. J.-C.) est exacte à moins de 1 millième par excès. L'autre, due à Adrien Métius (1575), n'est pas en erreur d'un demi-millionnième.

On fait aussi souvent usage de la valeur de $\frac{1}{\pi}$. Elle est égale à

$$0{,}3183098\ldots$$

THÉORÈME VII.

La longueur d'une circonférence est égale au produit de son diamètre par le nombre π.

Effectivement, l'égalité
$$\frac{C}{2R} = \pi$$
donne immédiatement
$$C = 2R \times \pi,$$
ce qu'on écrit ordinairement
$$C = 2\pi R.$$

— Réciproquement, de cette égalité on tire
$$2R = \frac{C}{\pi}, \text{ ou } = C \times \frac{1}{\pi}.$$

Donc *pour trouver la longueur du diamètre d'une circonférence, il suffit de diviser la longueur de cette circonférence par π, ou de la multiplier par $\frac{1}{\pi}$.*

Applications numériques. — 1° Calculer la longueur de la circonférence dont le rayon $R = 4^m,78$.

On aura :
$$2R = 9^m,56,$$
$$C = 2R \times \pi = 9,56 \times 3,14159\ldots$$
$$= 30^m,0336\ldots$$

2° Calculer le rayon d'une circonférence dont la longueur est de $24^m,92$.

On aura :
$$2R = C \times \frac{1}{\pi},$$
$$= 24,92 \times 0,3183098\ldots,$$
$$= 7^m,93229\ldots$$
et
$$R = 3,96614\ldots$$

THÉORÈME VIII.

Pour obtenir la longueur d'un arc, on multiplie la longueur de la circonférence par le rapport des graduations de l'arc et de la circonférence.

Supposons d'abord que l'arc ne contienne que des degrés, et désignons-en le nombre par n.

La longueur de la circonférence étant égale à $2\pi R$, la longueur de l'arc de 1° vaudra 360 fois moins, ou $\dfrac{2\pi R}{360}$.

Par suite, l'arc proposé contenant n degrés, sa longueur sera égale à
$$\frac{2\pi R n}{360}.$$

— Il est clair que si l'arc proposé contenait des minutes ou des secondes, il suffirait de remplacer dans l'expression précédente le rapport $\dfrac{n}{360}$ par le rapport des nombres de minutes ou de secondes de l'arc et de la circonférence. L'énoncé précédent est donc général.

COROLLAIRE. — Si l'on désigne par a et a' les longueurs de deux arcs quelconques, par R et R' les rayons des circonférences auxquelles ils appartiennent, et par n et n' leurs graduations, on a en vertu de ce qui précède :
$$a = \frac{2\pi R n}{360},\ a' = \frac{2\pi R' n'}{360}.$$

En divisant ces deux égalités membre à membre et omettant les facteurs communs 2π et 360, on en tire :
$$\frac{a}{a'} = \frac{R n}{R' n'} = \frac{R}{R'} \times \frac{n}{n'},$$

Donc *le rapport de deux arcs quelconques est égal au rapport de leurs rayons multiplié par celui de leurs graduations.*

Si dans l'égalité précédente on fait alternativement $n = n'$, ou $R = R'$, il vient :
$$\frac{a}{a'} = \frac{R}{R'},\ \text{et}\ \frac{a}{a'} = \frac{n}{n'},$$

Donc : 1° *Deux arcs du même nombre de degrés ou comme on dit, deux arcs semblables, sont entre deux comme leurs rayons; et* 2° *deux arcs de même rayon, sont entre eux comme leurs graduations.*

Enfin si dans la même égalité on fait $a=a'$, il vient :
$$\frac{R}{R'} \times \frac{n}{n'} = 1,$$
ou
$$\frac{R}{R'} = \frac{n'}{n}.$$

Donc *quand deux arcs pris dans des circonférences différentes ont même longueur, leurs graduations sont en raison inverse de leurs rayons.*

Calcul de π.

Nous avons posé antérieurement
$$\frac{C}{2R} = \pi.$$

Cette formule montre que pour obtenir la valeur de π, il suffit de se procurer la longueur d'une circonférence et celle de son diamètre, et de diviser l'une par l'autre.

Or pour atteindre ce but, deux méthodes peuvent être suivies : La première consiste à choisir arbitrairement la longueur d'une circonférence et à calculer approximativement celle de son rayon ou celle de son diamètre : c'est la méthode des *isopérimètres*. Dans l'autre au contraire, on se donne arbitrairement la longueur du rayon ou du diamètre, et l'on calcule approximativement celle de la circonférence : c'est la méthode des *périmètres* ou des *polygones inscrits*.

Nous allons les exposer successivement.

I. — *Méthode des Isopérimètres.*

Elle est fondée sur le problème suivant :

PROBLÈME.

Etant donnés le rayon R *et l'apothème* r *d'un polygone régulier de n côtés, calculer le rayon* R′ *et l'apothème* r′ *du polygone régulier de 2n côtés isopérimètre au premier, c'est-à-dire ayant même périmètre.*

Soient AB le côté du polygone régulier de n côtés; OA ou R son rayon, OC ou r son apothème. Abaissons du centre de la

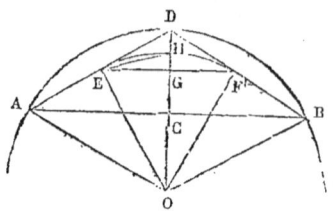

circonférence circonscrite, la perpendiculaire OD sur AB; menons sur les cordes DA, DB, les perpendiculaires OE, OF, et enfin tirons EF.

Les points E et F étant les milieux des cordes DA et DB, EF est égal à la moitié de AB, et par suite représente le côté du polygone régulier de $2n$ côtés, qui a même périmètre que le polygone considéré. D'autre part, l'angle EOF est la moitié de l'angle AOB, et représente l'angle au centre d'un polygone régulier de $2n$ côtés.

Il résulte de là que OE est le rayon R' et OG l'apothème r' qu'il s'agit d'exprimer au moyen de R et de r.

Or, d'abord la figure donne :
$$OG = OC + CG,$$
$$OG = OD - DG.$$

Si l'on ajoute ces deux égalités membre à membre, en observant qu'à cause du parallélisme de EF et de AB, CG est égal à DG, il vient :
$$2OG = OC + OD,$$
ou $\qquad 2r' = R + r$

et $\qquad r' = \dfrac{R+r}{2}$ .... (1)

D'ailleurs, le triangle rectangle OED donne :
$$\overline{OE}^2 = OD \times OG,$$
ou $\qquad R'^2 = Rr',$

et $\qquad R' = \sqrt{Rr'}$ .... (2).

Les formules (1) et (2) résolvent le problème proposé.

REMARQUE. — Il est facile d'établir que l'on a
$$R' - r' < \dfrac{R-r}{4}.$$

En effet, d'abord :
$$R - r = OD - OC = DC.$$

Si d'ailleurs du point O, avec OE comme rayon, on décrit une circonférence qui coupe OD en H, il vient :

$$R'-r'=OH-OG=HG.$$

On est donc ramené à démontrer que l'on a

$$HG<\frac{DC}{4}, \text{ ou } <\frac{GD}{2}.$$

Or, cela est évident: car les angles DEH, HEG, ayant pour mesures respectives les moitiés d'arcs égaux EH, HF sont égaux; EH est donc bissectrice de l'angle DEG, d'où la proportion :

$$\frac{HG}{HD}=\frac{EG}{ED}.$$

Mais EG est moindre que ED, puisque la perpendiculaire est moindre que l'oblique. Donc aussi HG est moindre que HD. On a donc par suite :

$$HG<\frac{GD}{2}.$$

— On peut déduire le même fait, par le calcul, des formules (1) et (2) elles-mêmes. Si en effet on observe que la moyenne géométrique $\sqrt{Rr'}$ est moindre que la moyenne arithmétique $\frac{R+r'}{2}$, on a successivement :

$$R'-r'=\sqrt{Rr'}-r'$$
$$<\frac{R+r'}{2}-r'$$
$$<\frac{R-r'}{2}$$
$$<\frac{R-\frac{R+r}{2}}{2}$$
$$<\frac{R-r}{4}.$$

Et cela démontre encore l'énoncé.

Application au calcul de π. — Partons par exemple du carré dont le périmètre est égal à 4; son apothème OE ou r est égal à AE, c'est-à-dire à $\dfrac{1}{2}$, ou 0,5.

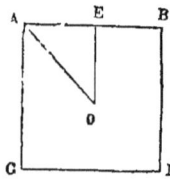

D'autre part le triangle rectangle AOE donne :
$$\overline{AO}^2 \text{ ou } R^2 = \overline{AE}^2 + \overline{OE}^2,$$
$$= \frac{1}{4} + \frac{1}{4} = \frac{1}{2},$$

et :
$$R = \frac{\sqrt{2}}{2} = \frac{1,4142\ldots}{2} = 0,70710\ldots$$

Cela posé, si nous désignons par r_1, R_1; r_2, R_2; r_3, R_3;... les apothèmes et les rayons des polygones réguliers de 8, 16, 32... côtés, isopérimètres du carré considéré, nous aurons d'abord

$$r = 0,5,$$
$$R = 0,70710..$$

puis en vertu des formules (1) et (2):

$$r_1 = \frac{r + R}{2},$$
$$R_1 = \sqrt{Rr_1},$$
$$r_2 = \frac{r_1 + R_1}{2},$$
$$R_2 = \sqrt{R_1 r_2},$$
$$r_3 = \frac{r_2 + R_2}{2},$$
$$R_3 = \sqrt{R_2 r_3},$$
$$\cdots\cdots\cdots\cdots$$
$$r_p = \frac{r_{p-1} + R_{p-1}}{2},$$
$$R_p = \sqrt{R_{p-1} r_p}.$$

On voit par là que si l'on calcule une suite de nombres dont les premiers soient

$$0,5 \text{ et } 0,7071\ldots$$

et dont chacun à partir du troisième, soit alternativement moyen arithmétique et moyen géométrique entre les deux précédent; et la formule permettra de calculer p', périmètre du polygone régulier de 24 côtés.

De même, dans un troisième calcul, nous ferons $n=24$; p représentera le périmètre du polygone régulier inscrit de 24 côtés, périmètre actuellement connu, et la valeur de p' fournie par la formule, sera le périmètre du polygone régulier inscrit de 48 côtés.

En continuant de la sorte, nous calculerons de proche en proche les périmètres des polygones réguliers inscrits de 96, 192, 384… côtés.

Mais la circonférence étant la limite des périmètres des polygones réguliers inscrits, quand le nombre de leurs côtés devient de plus en plus grand, les périmètres des polygones réguliers de 6, 12, 24, 48, 96…. côtés, représentent des valeurs de plus en plus approchées de la circonférence, c'est-à-dire de π, puisque dans notre hypothèse on a $C=\pi$.

On aura donc de la sorte la valeur de π d'autant plus exactement qu'on aura poussé le calcul jusqu'à un polygone plus reculé.

REMARQUE I. — La formule (2) ne renferme pas p mais p^2, et elle ne donne pas immédiatement p', mais son carré p'^2. Il s'en suit qu'au lieu de calculer comme il vient d'être dit, les périmètres des polygones réguliers de 12, 24, 48… côtés, on pourra se borner à calculer leurs carrés. Ce n'est que lorsqu'on arrivera au polygone régulier auquel on veut s'arrêter, qu'on extraira la racine du dernier résultat, pour avoir la valeur même du périmètre de ce polygone, et par suite la valeur approchée de π qu'il représente.

REMARQUE II. — Il est facile à chaque polygone, de se rendre compte du degré d'approximation avec lequel son périmètre représente π.

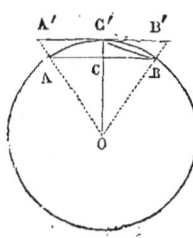

Soit en effet AB le côté du polygone régulier auquel on s'arrête et dont nous désignerons le périmètre par p; A'B' le côté du polygone régulier circonscrit semblable et P son périmètre.

Nous aurons en vertu d'un théorème précédent.
$$\frac{P}{p} = \frac{OC'}{OC}.$$

peut être sûr que le rayon ρ de la circonférence égale à 4 est égal à 0,6366196 à moins de 1 dix-millionnième près, et l'on a:

$$\pi = \frac{2}{0,6366196} = \frac{1}{0,3183098} = 3,141592\ldots$$

Approximation dans le calcul de π. — Pour compléter la théorie précédente, il nous reste deux questions à résoudre : 1° De combien de polygones réguliers successifs faut-il calculer les rayons et les apothèmes pour obtenir le rayon ρ avec un nombre déterminé de chiffres exacts ? 2° Avec quelle approximation faut-il calculer ce rayon ρ, pour obtenir π avec une approximation déterminée ?

1° Si nous écrivons pour chacun des polygones successivement considérés, la relation $R' - r' < \frac{R-r}{4}$ précédemment établie, il vient :

$$R_1 - r_1 < \frac{R-r}{4}$$

$$R_2 - r_2 < \frac{R_1 - r_1}{4}$$

$$R_3 - r_3 < \frac{R_2 - r_2}{4}$$

$$\cdots\cdots\cdots\cdots$$

$$R_p - r_p < \frac{R_{p-1} - r_{p-1}}{4}.$$

Multiplions toutes ces inégalités membre à membre, et omettons les facteurs communs aux deux membres de l'inégalité résultante, nous trouvons :

$$R_p - r_p < \frac{R-r}{4^p}$$

ou $$R_p - r_p < \frac{0,2071068}{4^p}.$$

Cela posé, supposons que l'on veuille obtenir la valeur de ρ à moins de $\frac{1}{10^7}$, par exemple ; il suffira pour cela de rendre $R_p - r_p$ moindre que $\frac{1}{10^7}$. Or, cette condition sera satisfaite à fortiori en vertu de la relation précédente, si l'on a :

LIVRE III. 171

$$\frac{0{,}2071068}{4^p} < \frac{1}{10^7}.$$

On tire de là :

$$4^p > 10^7 \times 0{,}2071068\ldots$$
$$> 2071068.$$

Mais si l'on fait les puissances successives de 4, on trouve $4^{11} = 4194304$, et par conséquent $4^{11} > 2071068$.

On satisfera donc à la condition précédente, en posant $p = 11$. Ainsi, on peut être sûr que dans le calcul ci-dessus, le rayon et l'apothème du 11e polygone (c'est-à-dire du polygone de 8192 côtés), doivent avoir 7 décimales communes, en sorte que ce rayon ou cet apothème représentent le rayon ρ, l'un par excès, l'autre par défaut à moins de $\frac{1}{10^7}$.

2° R_p et r_p désignant encore le rayon et l'apothème du p^{me} polygone, on a évidemment :

$$\frac{4}{2R_p} < \pi < \frac{4}{2r_p},$$

ou

$$\frac{2}{R_p} < \pi < \frac{2}{r_p}.$$

Or, soit e l'erreur commise en prenant $\frac{2}{R_p}$ par exemple pour valeur de π, on aura par suite :

$$e = \pi - \frac{2}{R_p},$$

ou

$$e < \frac{2}{r_p} - \frac{2}{R_p},$$

ou enfin

$$e < \frac{2(R_p - r_p)}{R_p r_p},$$

Mais on a : $\quad R_p > r_p > \frac{1}{2};$

donc : $\quad R_p r_p > \frac{1}{4};$

et par suite : $\quad e < \dfrac{2(R_p - r_p)}{\frac{1}{4}}$

172 GÉOMÉTRIE.

ou : $\qquad e < 8(R_p - r_p.)$

On voit donc que si, comme dans l'exemple précédent, $R_p - r_p$ est moindre que $\dfrac{1}{10^7}$, l'erreur commise sur π est moindre que $\dfrac{1}{10^6}$. — En général, on a dans π une décimale exacte de moins que dans la valeur de ρ.

II. — *Méthode des Polygones inscrits.*

Elle est fondée sur le problème suivant :

PROBLÈME.

Etant donné le périmètre p du polygone régulier de n côtés inscrit dans la circonférence de rayon R, calculer le périmètre p' du polygone régulier de $2n$ côtés inscrit dans la même circonférence.

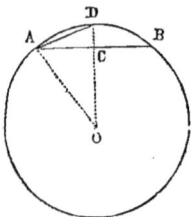

Soit AB le côté du polygone régulier inscrit de n côtés ; si nous abaissons du centre O sur AB la perpendiculaire OD, AD sera le côté du polygone régulier inscrit de $2n$ côtés. Si donc nous désignons pour un instant AB et AD par a et a', nous aurons
$$p = na,\ p' = 2na'.$$

Or dans le triangle AOD on a :
$$\overline{AD}^2 = \overline{AO}^2 + \overline{OD}^2 - 2OD \times OC.$$

Introduisons dans cette égalité les notations algébriques, en remarquant que le triangle rectangle AOC donne :
$$\overline{OC}^2 = \overline{AO}^2 - \overline{AC}^2,$$
$$= R^2 - \frac{a^2}{4}$$

d'où $\qquad OC = \sqrt{R^2 - \dfrac{a^2}{4}},$

il viendra :
$$a'^2 = R^2 + R^2 - 2R\sqrt{R^2 - \frac{a^2}{4}},$$
$$= 2R^2 - 2R\sqrt{R^2 - \frac{a^2}{4}}.$$

Nous avons d'ailleurs :
$$a = \frac{p}{n}, \quad a' = \frac{p'}{2n},$$

d'où :
$$a^2 = \frac{p^2}{n^2}, \quad a'^2 = \frac{p'^2}{4n^2}.$$

L'égalité précédente peut donc s'écrire :
$$\frac{p'^2}{4n^2} = 2R^2 - 2R\sqrt{R^2 - \frac{p^2}{4n^2}}$$
$$= 2R^2 - 2R\sqrt{\frac{4n^2R^2 - p^2}{4n^2}}$$
$$= 2R^2 - \frac{R}{n}\sqrt{4n^2R^2 - p^2}$$

On en tire enfin :
$$p'^2 = 8n^2R^2 - 4nR\sqrt{4n^2R^2 - p^2},$$
$$= 4nR(2nR - \sqrt{4n^2R^2 - p^2}) \ldots \ldots (1)$$

Cette dernière formule faisant connaître p'^2 et par suite p' en fonction des données de la question, résout le problème proposé.

Application au calcul de π. — Dans tout ce qui précède nous avons laissé le rayon R arbitraire. Supposons que l'on pose $2R = 1$ ou $R = \frac{1}{2}$; l'égalité $\frac{C}{2R} = \pi$ deviendra $C = \pi$, ce qui montre que le nombre π est la mesure de la circonférence dont le diamètre est égal à l'unité.

D'autre part la formule (1), par l'introduction de l'hypothèse $2R = 1$, devient :
$$p'^2 = 2n(n - \sqrt{n^2 - p^2}) \ldots (2).$$

— Cela posé concevons que l'on parte de l'hexagone régulier inscrit dans la circonférence considérée. Son côté étant égal au rayon ou à $\frac{1}{2}$, son périmètre est égal à 3. Si donc dans la formule (2) ci-dessus, nous faisons $n = 6$ et par suite $p = 3$, cette formule permettra de calculer p', périmètre du polygone régulier inscrit de 12 côtés.

Dans un second calcul, nous ferons dans la formule (2), $n = 12$; p représentera par suite le périmètre du polygone régulier de 12 côtés, lequel est connu en vertu du calcul précédents, ces nombres mesurent les apothèmes et les rayons des polygones réguliers de 4, 8, 16, 32... côtés ayant tous pour périmètre 4.

Or en vertu de la relation $R'-r' < \dfrac{R-r}{4}$, précédemment établie, chacune des différences R_1-r_1, R_2-r_2, R_3-r_3... est moindre que le quart de la précédente : la différence R_p-r_p peut donc être rendue moindre que toute quantité donnée, si p est suffisamment grand.

Mais R_p est le rayon d'une circonférence plus grande que 4, puisque c'est le rayon de la circonférence circonscrite à un polygone de périmètre égal à 4. Au contraire r_p est le rayon d'une circonférence plus petite que 4. Par conséquent le rayon ρ de la circonférence égale à 4, est compris entre R_p et r_p et représente la limite commune de R_p et r_p lorsque p devient de plus en plus grand.

Il s'en suit que R_p et r_p sont deux valeurs de ρ, et par suite $\dfrac{4}{2R_p}$ et $\dfrac{4}{2r_p}$, deux valeurs de π d'autant plus approchées que p est plus grand, c'est-à-dire qu'on a considéré successivement un plus grand nombre de polygones.

Les résultats des calculs précédemment indiqués, jusqu'au polygone de 8192 côtés, sont contenus dans le tableau suivant :

Nombre de côtés	Apothème	Rayon
4	— 0,5000000	— 0,7071068
8	— 0,6035534	— 0,6532815
16	— 0,6214174	— 0,6407289
32	— 0,6345731	— 0,6376435
64	— 0,6361083	— 0,6368754
128	— 0,6364919	— 0,6366836
256	— 0,6365878	— 0,6366357
512	— 0,6366117	— 0,6366237
1024	— 0,6366177	— 0,6366207
2048	— 0,6366192	— 0,6366199
4096	— 0,6366195	— 0,6366197
8192	— 0,6366196	— 0,6366196

Le rayon et l'apothème du polygone de 8192 côtés ayant, comme on voit, leurs 7 premières décimales communes, on

Mais le triangle AOC donne :
$$\overline{OC}^2 = \overline{AO}^2 - \overline{AC}^2,$$
$$= R^2 - \frac{p^2}{4n^2},$$
$$= \frac{4n^2 R^2 - p^2}{4n^2},$$

ou en introduisant l'hypothèse $R = \frac{1}{2}$:
$$\overline{OC}^2 = \frac{n^2 - p^2}{4n^2},$$
$$OC = \frac{\sqrt{n^2 - p^2}}{2n}, \text{ et } \frac{OC'}{OC} = \frac{n}{\sqrt{n^2 - p^2}}.$$

On a donc :
$$\frac{P}{p} = \frac{n}{\sqrt{n^2 - p^2}}, \text{ et } P = \frac{np}{\sqrt{n^2 - p^2}}.$$

Ainsi P pourra toujours être facilement calculé dès que p le sera.

Or on a évidemment :
$$\pi - p < P - p.$$

La différence $P - p$ connue pour chaque polygone, donnera donc toujours la limite de l'erreur commise quand on prend p pour valeur de π.

— C'est à l'aide des procédés qui viennent d'être indiqués qu'on a dressé le tableau suivant, en partant de l'hexagone régulier inscrit dans la circonférence de rayon $\frac{1}{2}$.

$$p_{12}^2 = 9{,}646176.$$
$$p_{24}^2 = 9{,}813360.$$
$$p_{48}^2 = 9{,}855504.$$
$$p_{96}^2 = 9{,}866112.$$
$$p_{192}^2 = 9{,}868800.$$
$$p_{384}^2 = 9{,}869568.$$

Si l'on s'arrête au polygone de 384 côtés on peut poser approximativement :
$$\pi^2 = 9{,}869568\ldots$$
d'où
$$\pi = \sqrt{9{,}869568\ldots} = 3{,}141585\ldots$$

La formule $P = \dfrac{np}{\sqrt{n^2-p^2}}$,

donne d'ailleurs ici $P_{384} = 3,141676\ldots$

Par suite l'erreur que comporte la valeur précédente est moindre que

$$3,141676 - 3,141585,$$

ou à fortiori que $\quad 0,0001$.

On a donc enfin $\quad \pi = 3,1415$, à moins de $0,0001$.

III. — *Méthode des polygones réguliers inscrits et circonscrits.*

Cette méthode qui n'est qu'un perfectionnement de la précédente, est fondée sur le problème suivant :

PROBLÈME.

Etant donnés les périmètres p et P de deux polygones réguliers du même nombre n de côtés, l'un inscrit, l'autre circonscrit à une circonférence, calculer les périmètres p' et P' des polygones réguliers inscrit et circonscrit de $2n$ côtés.

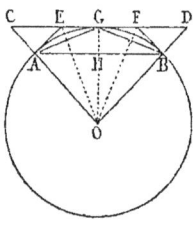

Soient AB et CD les côtés des deux polygones de n côtés : AG est par suite le côté du polygone régulier inscrit de $2n$ côtés, et si l'on mène en A et en B les tangentes à la circonférence, la longueur EF interceptée entre ces tangentes représente le côté du polygone régulier circonscrit de $2n$ côtés.

Cela posé, EF et CG représentant les mêmes parties aliquotes des périmètres P' et P, on a :

$$\frac{P'}{P} = \frac{EF}{CG} = \frac{2EG}{CE+EG}.$$

Mais OE étant bissectrice de l'angle O du triangle COG, on a :

$$\frac{CE}{EG} = \frac{CO}{OG}.$$

Les triangles semblables COG, AOH donnent d'ailleurs

$$\frac{CO}{OG} = \frac{AO}{OH};$$

LIVRE III.

Donc
$$\frac{CE}{EG} = \frac{AO}{OH} \text{ et successivement, } = \frac{GO}{OH} = \frac{CG}{AH} = \frac{P}{p}.$$

On tire de là :
$$\frac{2EG}{CE+EG} = \frac{2p}{P+p},$$

et par suite
$$\frac{P'}{P} = \frac{2p}{P+p}, \text{ d'où } P' = \frac{2Pp}{P+p} \ldots (1).$$

Cette formule fait connaître, en fonction des données, la valeur d'une des inconnues.

D'autre part, 2AG et AB représentant les mêmes parties aliquotes des périmètres p' et p, on a :
$$\frac{p'}{p} = \frac{2AG}{AB}.$$

Mais les triangles semblables AEG, AGB donnent :
$$\frac{AG}{AB} = \frac{AE}{AG},$$

et par suite :
$$\frac{2AG}{AB} = \frac{2AE}{AG} = \frac{P'}{p'},$$

On a donc enfin :
$$\frac{p'}{p} = \frac{P'}{p'}, \text{ d'où } p' = \sqrt{pP'} \ldots (2).$$

Comme déjà P' est connu par la formule (1), la formule (2) fait connaître la seconde inconnue du problème.

Application au calcul de π. — Considérons, par exemple, les hexagones réguliers inscrit et circonscrit à la circonférence dont le diamètre est égal à 1. Le côté du premier étant égal à $\frac{1}{2}$, son périmètre sera égal à 3. Quant à l'autre son côté sera $\frac{1}{3}\sqrt{3}$, et son périmètre $2\sqrt{3}$, ou $2\times 1{,}73205$ ou enfin $3{,}46410$. Si donc on pose dans les formules précédentes :
$$p = p_6 = 3 \text{ et } P = P_6 = 3{,}46410,$$

elles permettront de calculer d'abord P_{12} et p_{12} périmètres des polygones réguliers circonscrit et inscrit de 12 côtés, puis de proche en proche P_{24} et p_{24}; P_{48} et p_{48}... etc.

La différence entre le périmètre de chaque polygone inscrit et celui du polygone circonscrit semblable, indiquera toujours le degré d'approximation avec lequel chacun d'eux représente la circonférence, l'un par défaut, l'autre par excès ; et quand cette différence sera moindre que $\frac{1}{10^n}$, chacun d'eux pourra être pris pour valeur de la circonférence, c'est-à-dire de π, à moins de $\frac{1}{10^n}$.

LIVRE III

TROISIÈME PARTIE

Des Transversales.

DÉFINITION. — On appelle *transversale*, dans un triangle, toute droite qui en rencontre les côtés ou leurs prolongements.

THÉORÈME I.

Toute transversale détermine sur les côtés d'un triangle six segments additifs ou soustractifs tels que le produit de trois non consécutifs est égal au produit des trois autres.

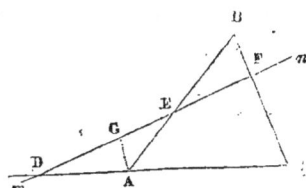

Ainsi, les côtés du triangle ABC étant coupés par la transversale mn aux points D, E, F, je dis qu'on a :
$$BE \times AD \times CF = BF \times CD \times AE.$$
En effet, menons AG parallèle à BC. Les triangles semblables BEF, EAG donneront la proportion :
$$\frac{BE}{EA} = \frac{BF}{GA}, \text{ d'où : } BE \times GA = BF \times EA.$$

De même, les triangles semblables GDA, FDC donnent :
$$\frac{AD}{CD} = \frac{GA}{CF}, \text{ d'où : } CF \times AD = CD \times GA.$$

Multipliant membre à membre cette égalité et la précédente, et omettant le facteur GA commun aux deux membres de l'égalité résultante, on trouve :
$$BE \times CF \times AD = BF \times EA \times CD,$$
ce qui démontre l'énoncé.

THÉORÈME II.

Réciproquement, si trois points sont marqués, deux sur les côtés d'un triangle et un sur le prolongement du troisième, ou tous trois sur les prolongements des côtés, de telle sorte que le produit de trois non consécutifs des segments qu'ils déterminent, soit égal au produit des trois autres, ces trois points sont en ligne droite.

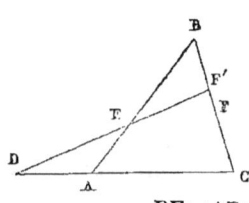

Ainsi, je dis que les points D, E et F sont en ligne droite, si l'on a :
$$BE \times AD \times CF = BF \times CD \times AE.$$
Soit en effet F' le point, quel qu'il soit, où la droite DE prolongée rencontre le côté BC ; nous aurons, en vertu du théorème précédent :
$$BE \times AD \times CF' = BF' \times CD \times AE.$$

En divisant membre à membre cette égalité et la précédente, on trouve :
$$\frac{CF}{CF'} = \frac{BF}{BF'}, \quad \text{ou} \quad CF \times BF' = CF' \times BF.$$

Or cette nouvelle égalité ne peut avoir lieu qu'autant que le point F' se confond avec le point F, sans quoi les deux facteurs du premier membre seraient respectivement plus petits que ceux du second. Le point F est donc sur le prolongement de DE, et cela justifie l'énoncé.

THÉORÈME III.

Quand on joint aux trois sommets d'un triangle un point pris dans son plan, les lignes de jonction prolongées jusqu'à la rencontre des côtés opposés, y déterminent six segments additifs ou soustractifs, tels que le produit de trois non consécutifs est égal au produit des trois autres.

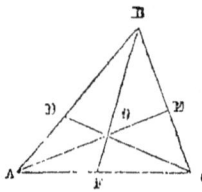

Ainsi, quel que soit le point O, je dis qu'on a :
$$BD \times AF \times CE = BE \times CF \times AD.$$
En effet, par rapport au triangle ABF, CD est une transversale qui donne l'égalité :
$$BD \times AC \times FO = DO \times FC \times AB.$$

Dans le triangle CBF, la transversale AE donne de même:
$$BO \times AF \times CE = BE \times AC \times FO.$$

Multipliant membre à membre cette égalité et la précédente, et omettant les facteurs AC, BO et FO, communs aux deux membres de l'égalité résultante, on trouve finalement :
$$BD \times AF \times CE = BE \times CF \times AD,$$
ce qui justifie l'énoncé.

THÉORÈME IV.

Réciproquement, lorsque trois points sont donnés sur les côtés d'un triangle, ou un sur l'un de ces côtés et deux sur les prolongements des deux autres, de telle sorte que le produit de trois non consécutifs des segments ainsi déterminés soit égal au produit des trois autres, les lignes qui joignent ces points aux sommets opposés du triangle se coupent en un même point.

Même démonstration que pour la réciproque du théorème 1.

COROLLAIRE. — Les théorèmes qui précèdent servent à démontrer avec facilité une série de théorèmes importants. Par exemple il en résulte immédiatement que *les trois médianes ou les trois bissectrices, ou les trois hauteurs d'un triangle se coupent en un même point.*

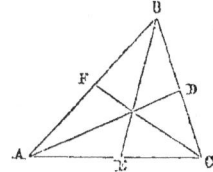

1° Si AD, BE, CF sont les trois médianes du triangle ABC, on a :
$$BD = DC,$$
$$CE = AE,$$
$$AF = FB,$$
et ces trois égalités multipliées membre à membre donnent :
$$BD \times CE \times AF = DC \times AE \times FB.$$

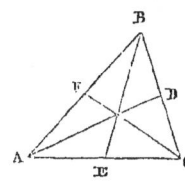

2° Si AD, BE, CF sont les trois bissectrices du triangle ABC, on a :
$$\frac{BD}{DC} = \frac{BA}{AC},\ \frac{CE}{AE} = \frac{BC}{BA},\ \frac{AF}{FB} = \frac{AC}{BC}.$$

En multipliant ces égalités membre à membre on trouve :
$$\frac{BD \times CE \times AF}{DC \times AE \times FB} = \frac{BA \times BC \times AC}{AC \times BA \times BC} = 1.$$

Par suite :
$$BD \times CE \times AF = DC \times AE \times FB.$$

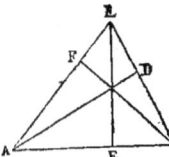

3° Enfin si AD, BE, CF sont les trois hauteurs du triangle ABC, les triangles semblables ACD, BCE donnent :
$$\frac{DC}{CE} = \frac{AC}{BC}.$$

De même les triangles CBF, ABD, et BAE, CAF donnent :
$$\frac{BF}{BD} = \frac{BC}{BA}, \quad \text{et} \quad \frac{AE}{AF} = \frac{AB}{AC}.$$

Multipliant ces trois égalités membre à membre, on trouve :
$$\frac{DC \times BF \times AE}{CE \times BD \times AF} = \frac{AC \times BC \times AB}{BC \times AB \times AC} = 1.,$$

d'où :
$$DC \times BF \times AE = CE \times BD \times AF.$$

Donc, de toute façon, les 3 lignes considérées se coupent en un même point.

REMARQUE. — On démontrerait par des procédés analogues, que *dans tout triangle, les pieds de deux bissectrices intérieures et le pied de la bissectrice extérieure correspondant au 3ᵉ sommet ; ou encore les pieds des trois bissectrices extérieures sont en ligne droite.* Et de même, que *si par les trois sommets d'un triangle, on mène des tangentes à la circonférence circonscrite, les points de rencontre de ces tangentes avec les côtés opposés sont en ligne droite.*

Faisceaux harmoniques.

On dit que trois quantités a, b, c forment une *proportion harmonique*, quand l'excès de la première sur la seconde est à l'excès de la seconde sur la 3ᵉ, comme la première est à la 3ᵉ, c'est-à-dire quand on a :
$$\frac{a-b}{b-c} = \frac{a}{c};$$

La quantité b est dite *moyenne harmonique* entre a et c.

L'égalité précédente peut s'écrire :
$$2ac = ab + bc,$$

et par suite :
$$\frac{1}{b} = \frac{1}{2}\left(\frac{1}{a}+\frac{1}{c}\right).$$

Donc, *l'inverse de la moyenne harmonique entre deux quantités est la demi-somme des inverses de ces deux quantités.*

Une droite AD est divisée *harmoniquement* aux points B et C, quand les distances du point A aux points B, C et D forment une proportion harmonique, c'est-à-dire quand on a :
$$\frac{AD-AC}{AC-AB} = \frac{AD}{AB}.$$

Cette égalité peut s'écrire :
$$\frac{CD}{CB} = \frac{AD}{AB}.$$

On peut donc dire encore que *quatre points en ligne droite A, B, C, D, forment une division harmonique, quand les rapports des distances des deux points A et C aux deux autres sont égaux.* Cette propriété du reste est réciproque, car la proportion précédente donne :
$$\frac{AB}{CB} = \frac{AD}{CD}.$$

Les points A et C prennent pour cette raison le nom d'*harmoniques conjugués*, de même que les points B et D.

Enfin, si dans la proportion précédente on fait le produit des moyens et celui des extrêmes, il vient :
$$BC \times AD = AB \times CD,$$

Ce qui montre que *quand une droite est divisée harmoniquement, le produit de la ligne entière par le segment moyen, est égal au produit des segments extrêmes.*

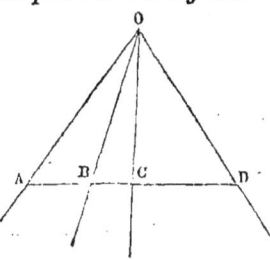

Quand on joint les quatre points A, B, C et D d'une division harmonique, à un point O pris en dehors de AD, on a ce qu'on appelle un *faisceau harmonique* : OA, OB, OC, OD sont les *rayons* du faisceau ; OA et OC sont deux *rayons conjugués*, de même que OB et OD.

THÉORÈME V.

Quand une droite AD *est partagée harmoniquement aux points* B *et* C, *la moitié de* AC *est moyenne proportionnelle entre les distances du milieu* O *de* AC *aux deux autres points conjugués* B *et* D, *et réciproquement.*

En effet, de l'égalité
$$\frac{BA}{BC} = \frac{DA}{DC},$$
qui exprime que la droite AD est partagée harmoniquement aux points B et C, on tire :

$$\frac{BA-BC}{BA+BC} = \frac{DA-DC}{DA+DC}.$$

Or on a évidemment :

$$BA+BC = AC = 2OA$$
$$BA-BC = (OA+OB)-(OC-OB) = 2OB$$
$$DA+DC = (DO+OA)+(DO-OC) = 2DO$$
$$DA-DC = AC = 2AO.$$

La proportion précédente peut donc s'écrire :

$$\frac{OB}{OA} = \frac{OA}{OD},$$

d'où : $\overline{OA}^2 = OB \times OD,$

et cela démontre l'énoncé.

— Réciproquement, si l'on a :

$$\overline{OA}^2 = OB \times OD, \text{ ou } \frac{OB}{OA} = \frac{OA}{OD},$$

on en tire :

$$\frac{OA+OB}{OA-OB} = \frac{OD+OA}{OD-OA},$$

ou $\dfrac{AB}{BC} = \dfrac{AD}{CD},$

ce qui montre que la droite AD est divisée harmoniquement aux points B et C.

THÉORÈME VI.

Toute parallèle à l'un des rayons d'un faisceau harmonique est divisée par les trois autres en deux parties égales.

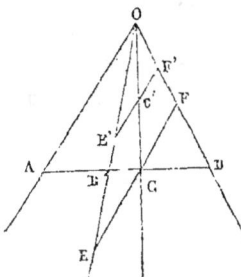

Soit OABCD le faisceau considéré. Supposons d'abord la parallèle EF à l'un de ses rayons, menée par l'un des points A, B, C, D, par exemple par le point C. Je dis que CE=CF.

En effet les triangles semblables ABO, EBC donnent la proportion :

$$\frac{AB}{BC} = \frac{AO}{CE}.$$

Les triangles semblables ADO, CDF donnent de même :

$$\frac{AO}{CF} = \frac{AD}{CD}.$$

Mais la droite AD étant par hypothèse divisée harmoniquement, on a :

$$\frac{AB}{BC} = \frac{AD}{CD}.$$

Donc :

$$\frac{AO}{CE} = \frac{AO}{CF},$$

et par suite :

$$CE = CF,$$

ce qui démontre l'énoncé.

Si la parallèle E'F' à l'un des rayons, n'était pas menée par l'un des points A, B, C, D, le théorème subsisterait. On a en effet à cause du parallélisme de E'F' et EF,

$$\frac{E'C'}{C'F'} = \frac{EC}{CF}.$$

Or l'égalité EC=CF, donne E'C'=C'F'.

THÉORÈME VII.

Dans tout faisceau harmonique, une sécante quelconque est divisée harmoniquement.

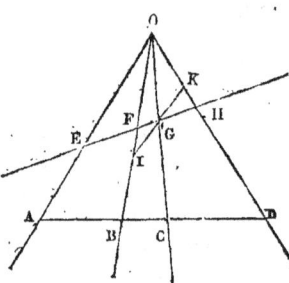

Ainsi OABCD étant un faisceau harmonique, et EH une sécante quelconque, je dis que E, F, G, H, forment une division harmonique.

En effet, si l'on mène IK parallèle à OA, les triangles semblables EOF, IFG donnent la proportion :

$$\frac{EF}{FG} = \frac{OE}{IG}.$$

De même, les triangles semblables EHO, GHK donnent :

$$\frac{EH}{GH} = \frac{OE}{GK}.$$

Or, en vertu du théorème précédent IG=GK ; donc les deux proportions ont un rapport commun et l'on en conclut :

$$\frac{EF}{FG} = \frac{EH}{GH},$$

ce qui montre que les quatre points E, F, G, H, forment une division harmonique.

Remarque I. — Ce théorème sert de justification à cette définition que l'on donne quelquefois à priori : *On appelle faisceau harmonique un groupe de quatre droites issues d'un même point, et telles qu'une sécante quelconque non parallèle à l'une d'elles, soit divisée par elles harmoniquement.*

Remarque II. — Dans la démonstration précédente, nous nous sommes appuyés uniquement sur ce que l'on a GI=GK. De cette démonstration résulte donc la réciproque du théorème VI, savoir : *Quand quatre droites partent d'un même point, si une sécante parallèle à l'une d'elles est divisée par les trois autres en deux parties égales, ces quatre droites forment un faisceau harmonique.*

Remarque III. — Il résulte enfin du théorème précédent que dans tout faisceau harmonique on peut remplacer un ou plusieurs rayons par leurs prolongements. En effet la parallèle à l'un de ces rayons est parallèle à son prolongement, et si elle était partagée par les trois autres en parties égales, elle ne cesse pas de l'être.

THÉORÈME VIII.

Deux lignes droites AB, AC qui se coupent, et les bissectrices AD, AE de leurs angles, forment un faisceau harmonique.

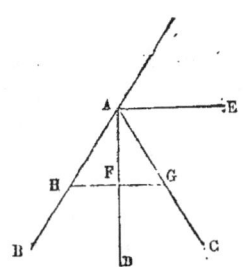

En effet AD et AE étant perpendiculaires entre elles comme bissectrices d'angles adjacents supplémentaires, HG parallèle à AE est perpendiculaire sur AD. Les deux triangles HAF, FAG ont donc un côté AF commun et adjacent à des angles égaux, et par conséquent sont égaux. On en conclut HF=FG. Donc AB, AD, AC, AE forment un faisceau harmonique.

Réciproquement, *quand dans un faisceau harmonique deux rayons conjug. sont perpendiculaires entre eux, ils sont les bissectrices des angles des deux autres.*

En effet dans le faisceau formé par les droites AB, AD, AC, AE, et où AD et AE sont supposés perpendiculaires, si l'on mène HG parallèle à AE cette droite est perpendiculaire sur AD ; elle est d'ailleurs partagée au point F en deux parties égales. Les deux triangles AFH, AFG ont donc un angle égal, l'angle droit, compris entre côtés égaux, et sont égaux. Leurs angles en A sont donc égaux eux-mêmes, et AF est bissectrice de l'angle BAC. Par suite sa perpendiculaire AE est bissectrice du supplément de BAC.

THÉORÈME IX.

Etant donnés deux droites OX, OY, issues d'un point O, et un point A dans leur plan, si du point A on mène une sécante quelconque qui coupe les deux droites en des points B et D, et qu'on détermine l'harmonique conjugué C du point A par rapport aux points B et D, le lieu du point C est une droite passant par le point O.

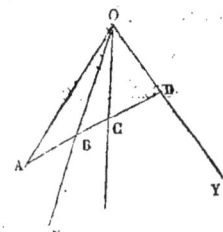

En effet les quatre droites OA, OB, OC, OD forment un faisceau harmonique. Toute autre sécante menée du point A est donc coupée par ces droites en parties harmoniques ; et l'harmonique conjugué de A étant toujours sur OC, OC en est le lieu.

REMARQUE. — Par rapport aux droites OX, OY, le point A est dit le *pôle* de OC ; inversement OC s'appelle la *polaire* du point A.

THÉORÈME X.

Etant données deux droites OX, OY, issues d'un point O, si d'un point A pris dans leur plan on mène deux sécantes ABC, ADE, et qu'on tire les diagonales BE, CD du quadrilatère BCDE ainsi formé, le lieu du point M où se coupent ces diagonales, est la polaire du point A par rapport aux droites OX, OY.

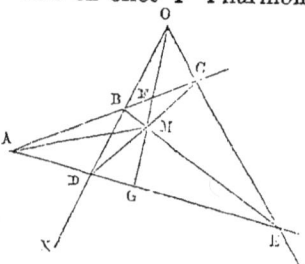

Soit en effet F l'harmonique conjugué de A par rapport à B et C. Les droites MA, MB, MF et MC forment un faisceau harmonique : La droite AE qui rencontre les rayons de ce faisceau ou leurs prolongements, est donc elle-même divisée harmoniquement et G est l'harmonique conjugué de A par rapport à D et E. Comme deux points suffisent pour déterminer une droite, FG est elle-même la polaire de A. Donc cette polaire est le lieu du point M.

Des Polaires dans le Cercle.

THÉORÈME XI.

Lorsque d'un point A pris dans le plan d'un cercle O, on lui mène une sécante AEG, le lieu de l'harmonique conjugué F du point A par rapport aux deux points d'intersection E et G, est une droite perpendiculaire au diamètre du point A.

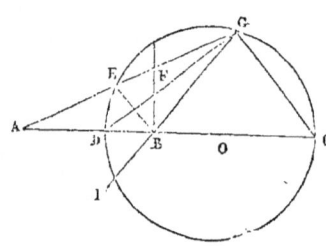

Soit en effet B le conjugué du point A par rapport aux extrémités D et C de ce diamètre. Les lignes GA, GD, GB, GC forment un faisceau harmonique, et comme l'angle DGC, inscrit dans la demi-circonférence, est droit, GD est la bissectrice de l'angle AGB. On a donc :

$$\frac{AG}{GB} = \frac{AD}{DB}.$$

Mais la circonférence de diamètre DC est, en vertu d'un théorème précédemment démontré, le lieu des points dont les distances aux points A et B sont dans le rapport de AD à DB.

Donc :
$$\frac{AE}{EB} = \frac{AD}{DB}.$$

De cette proportion et de la précédente, on tire, à cause du rapport commun :
$$\frac{AG}{GB} = \frac{AE}{EB}, \quad \text{ou} \quad \frac{AG}{AE} = \frac{GB}{EB}.$$

Cela montre que BA est bissectrice de l'angle extérieur EBI du triangle GBE. Donc BF perpendiculaire à BA est bissectrice de l'angle EBG de ce triangle ; par suite, les lignes BA, BE, BF et BG forment un faisceau harmonique. AG est donc divisée par ces droites en parties harmoniques, et le point F, harmonique conjugué du point A, par rapport aux points E et G, est bien sur la perpendiculaire BF, élevée au point B sur DC.

REMARQUE. — Le point A s'appelle le *pôle* de BF par rapport à la circonférence O, et réciproquement, BF s'appelle la *polaire* de A. Quand le point A est à l'intérieur de la circonférence, le point B est à l'extérieur ; quand au contraire le point A est à l'extérieur de la circonférence, le point B lui est intérieur.

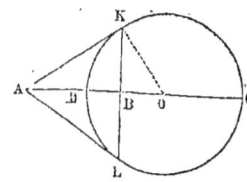

Dans ce dernier cas, la polaire du point A coïncide avec la corde de contact KL des tangentes issues du point A. En effet, le triangle rectangle AKO donne :
$$OB \times OA = \overline{OK}^2 = \overline{OD}^2,$$
en sorte que B, en vertu du théorème V, est l'harmonique conjugué de A par rapport aux points D et C.

THÉORÈME XII.

La polaire d'un point quelconque d'une droite par rapport à un cercle passe par le pôle de cette droite.

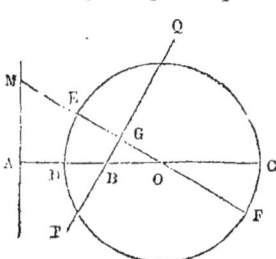

Soient AM une droite quelconque, B son pôle ; je dis que la polaire du point M par exemple, passe par le point B. En effet, B étant le conjugué de A, on a :
$$OA \times OB = \overline{OD}^2.$$

Or, si l'on abaisse BG perpendiculaire sur MO, le quadrilatère

AMGB ayant deux angles opposés droits, est inscriptible, et l'on a:
$$OA \times OB = OM \times OG.$$
Donc : $\qquad OM \times OG = \overline{OD}^2 = \overline{OE}^2,$

et le point G est le conjugué de M par rapport aux points E et F. BG est donc la polaire de M, ce qu'il fallait démontrer.

THÉORÈME XIII.

Réciproquement, toutes les droites menées dans le plan d'un cercle par un même point ont leurs pôles sur la polaire de ce point.

Soient en effet PQ une droite quelconque menée par le point B, et AM la polaire de ce point B. Si nous abaissons OG perpendiculaire sur PQ, et que nous prolongions cette perpendiculaire jusqu'en M, le quadrilatère inscriptible AMBG donne :
$$OG \times OM = OB \times OA = \overline{OD}^2 = \overline{OE}^2.$$
Donc M est le pôle de PQ, ce qui démontre l'énoncé.

COROLLAIRE. — La polaire d'un point extérieur à la circonférence se confondant avec la corde de contact des tangentes issues de ce point, il résulte des théorèmes précédents que :
1° *Si des différents points d'une droite on mène des couples de tangentes à une circonférence, les cordes de contact passent toutes par un même point* qui est le pôle de cette droite par rapport à la circonférence ; 2° *Si par un point on mène des sécantes à une circonférence, les tangentes menées par les extrémités de ces sécantes vont deux à deux se couper sur la polaire de ce point.*

THÉORÈME XIV.

La polaire du sommet A d'un angle BAC s'obtient en joignant les pôles E et D des deux côtés de cet angle.

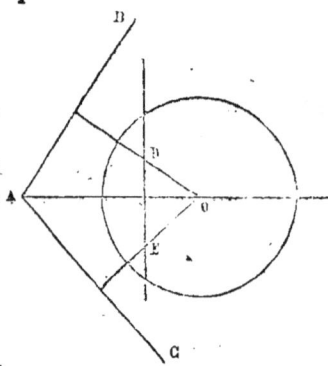

En effet le point A se trouvant sur la droite AB, sa polaire, en vertu du théorème précédent, passe par le pôle D de AB ; pour la même raison, elle passe par le pôle E de AC. Donc elle n'est autre chose que la droite DE elle-même

LIVRE III.   191

THÉORÈME XV.

Quand d'un point pris dans le plan d'un cercle on lui mène des couples de sécantes, et que l'on joint deux à deux les points où ces sécantes rencontrent la circonférence, le lieu des points d'intersection des lignes de jonction est la polaire du point considéré.

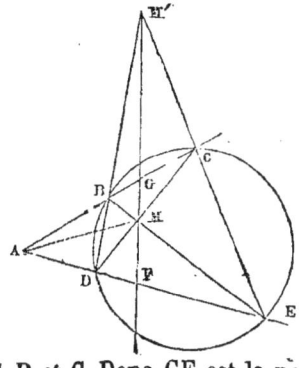

Ainsi soient ABC, ADE, deux sécantes menées du point A, et M le point d'intersection des cordes CD, BE ; je dis que M est sur la polaire de A.

En effet, soit F le conjugué de A par rapport aux points D et E : les droites MA, MD, MF et ME forment un faisceau harmonique. Par suite, les droites MA, MB, MG, MC en forment un pareillement, et G est le conjugué de A par rapport à B et C. Donc GF est la polaire de A ; cette polaire est donc le lieu du point M.

On démontre de même que FG est aussi le lieu du point M'.

REMARQUE. — Ce théorème donnant un procédé commode pour la détermination de la polaire d'un point, et par suite des extrémités de la corde de contact des tangentes issues d'un point extérieur à une circonférence, peut être avantageusement appliqué au tracé de ces tangentes.

De l'hexagone inscrit et de l'hexagone circonscrit à une circonférence.

THÉORÈME XVI.

Dans tout hexagone inscrit ABCDEF, les points de rencontre L, M et P des côtés opposés sont en ligne droite.

En effet prolongeons les côtés non consécutifs jusqu'à leurs rencontres réciproques ; nous formerons un triangle GHI, coupé par les trois transversales LDE, MAF, PBC, qui nous donnera les égalités :

$$IE \times GL \times HD = ID \times HL \times GE,$$
$$IF \times GA \times HM = GF \times AH \times IM,$$
$$IP \times GB \times HC = IC \times HB \times GP.$$

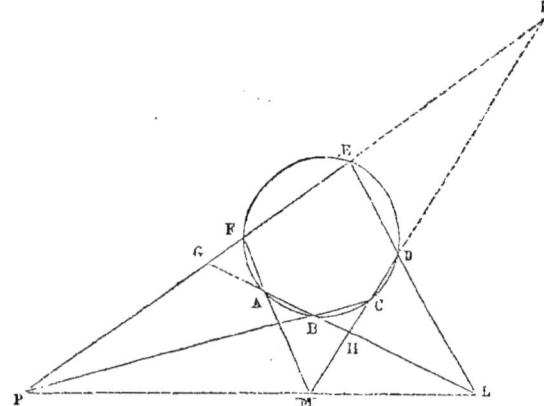

Multiplions ces trois égalités membre à membre en observant qu'on a :

$$IE \times IF = ID \times IC,$$
$$HD \times HC = HB \times AH,$$
$$GA \times GB = GF \times GE,$$

il viendra après réduction :

$$GL \times HM \times IP = HL \times IM \times GP.$$

Cela montre que les trois points P, M, L, sont en ligne droite.

Remarque I. — Ce théorème est connu sous le nom de *Théorème de Pascal*.

Remarque II. — Le théorème précédent ne dépend pas de la grandeur des côtés de l'hexagone; il subsiste donc quand un ou plusieurs de ces côtés sont remplacés par des tangentes à la circonférence. De là un certain nombre d'énoncés dérivés du premier, et notamment celui-ci · *Quand par les sommets d'un triangle on mène des tangentes à la circonférence circonscrite, les points de rencontre de ces tangentes avec les côtés opposés du triangle sont en ligne droite.*

THÉORÈME XVII.

Dans tout hexagone circonscrit, les diagonales des sommets opposés se coupent en **un même point**.

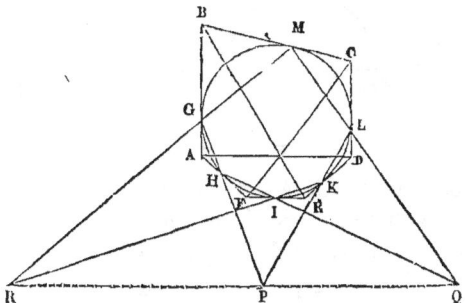

Soit en effet ABCDEF un hexagone circonscrit dont les côtés touchent la circonférence aux points G, H, I, K, L et M. Les points A et D étant les pôles respectifs de HG et de KL, AD est la polaire du point de rencontre P de HG et KL. De même FC et BE sont les polaires respectives des points Q et R où se rencontrent les cordes HI et LM, GM et IK. Mais les 3 points P, Q et R sont en ligne droite en vertu du théorème précédent. Donc les trois diagonales AD, BE, CF, passent par le pôle de cette droite, et cela justifie l'énoncé.

REMARQUE I. — Ce théorème est connu sous le nom de *Théorème de Brianchon*.

REMARQUE II. — Le théorème précédent subsiste quelle que soit la grandeur des côtés de l'hexagone circonscrit. Il subsiste donc quand deux ou plusieurs de ses côtés se réduisent à 0. En particulier, si l'on suppose que trois non consécutifs de ses côtés deviennent nuls, on est conduit à cet énoncé : *Dans tout triangle circonscrit, les droites qui joignent les sommets aux points de contact des côtés opposés se coupent en* **un même point**.

Axes radicaux.

On appelle *puissance* d'un point par rapport à un cercle, le produit constant des distances de ce point à la circonférence comptées sur une quelconque des sécantes qui partent de ce point. Ce produit est considéré comme positif ou négatif suivant que ces distances sont comptées dans une même direction ou dans des directions contraires, c'est-à-dire suivant que le point est extérieur ou intérieur à la circonférence.

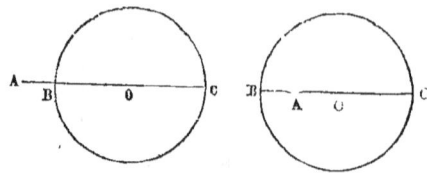

Si le point A considéré est extérieur à la circonférence de rayon R, et à une distance d de son centre, le produit $AB \times AC$ qui exprime la puissance de ce point, est égal à :

$$(d-R)(d+R) = d^2 - R^2.$$

Si au contraire le point A est intérieur à la circonférence, ce même produit est égal à

$$(R-d)(R+d) = R^2 - d^2.$$

On voit par là que le binôme $d^2 - R^2$ exprime la puissance du point A en valeur et en signe.

THÉORÈME XVIII.

Le lieu des points d'égale puissance par rapport à deux cercles donnés dans un même plan, est une droite perpendiculaire à la ligne de leurs centres.

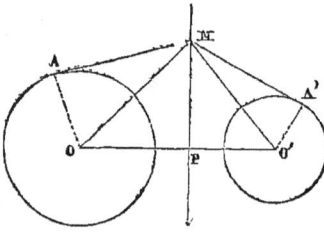

Soient en effet O et O' les deux cercles considérés dont nous désignerons les rayons par R et R', et M un point du lieu. Les puissances de ce point par rapport aux deux cercles sont :

$$\overline{MO}^2 - R^2, \text{ et } \overline{MO'}^2 - R'^2,$$

On doit donc avoir :

$$\overline{MO}^2 - R^2 = \overline{MO'}^2 - R'^2.$$

On en tire :

$$\overline{MO}^2 - \overline{MO'}^2 = R^2 - R'^2.$$

Ainsi le lieu cherché se confond avec le lieu des points tels que la différence des carrés de leurs distances à deux points fixes soit égale à une quantité constante $R^2 - R'^2$. Or nous avons démontré antérieurement que ce lieu est une droite MP perpendiculaire à OO'.

REMARQUE I. — La droite dont tous les points ont même puissance par rapport à deux cercles donnés, et dont nous venons de démontrer l'existence, s'appelle l'*axe radical* de ces cercles.

REMARQUE II. — 1° Quand deux cercles sont intérieurs ou extérieurs l'un à l'autre, leur axe radical est toujours extérieur : car s'il rencontrait l'un des cercles, le point de rencontre aurait une puissance nulle par rapport à ce cercle; il devrait donc avoir aussi une puissance nulle par rapport à l'autre et par suite lui appartiendrait. Les deux circonférences auraient donc un ou deux points communs, ce qui est contre l'hypothèse.

2° Quand deux circonférences se coupent, leur axe radical se confond avec la corde commune; car les deux points d'intersection ayant une puissance nulle par rapport aux deux circonférences, doivent appartenir tous deux à leur axe radical.

3° Quand deux circonférences sont tangentes, leur axe radical passe par le point de contact qui a une puissance nulle par rapport à chacune d'elles; il ne peut d'ailleurs rencontrer aucune d'elles en un autre point, sans quoi les deux circonférences passeraient par ce point, ce qui ne peut être puisqu'elles sont tangentes; l'axe radical se confond donc avec la tangente commune menée au point de contact.

4° Quand deux circonférences sont concentriques, leur axe radical est à l'infini; car les deux centres étant confondus en un même point O, les deux puissances $\overline{MO}^2 - R^2$, et $\overline{MO}^2 - R'^2$ ne peuvent être égales que si MO devient infini.

THÉORÈME XIX.

L'axe radical de deux cercles est le lieu des points d'où les tangentes menées à ces deux cercles sont égales.

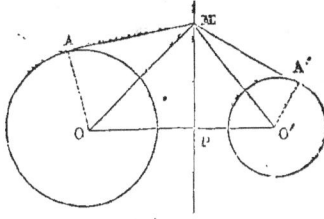

En effet, O et O' étant les deux cercles considérés, R et R' leurs rayons, M un point de leur axe radical et MA, MA' les tangentes menées de ce point aux deux circonférences, on a :

$\overline{MA}^2 = \overline{MO}^2 - \overline{OA}^2 = \overline{MO}^2 - R^2$

$\overline{MA'}^2 = \overline{MO'}^2 - \overline{O'A'}^2 = \overline{MO'}^2 - R'^2$

Mais M étant sur l'axe radical, on a :
$$\overline{MO}^2 - R^2 = \overline{MO'}^2 - R'^2.$$

Donc aussi :
$$\overline{MA}^2 = \overline{MA'}^2, \text{ et } MA = MA',$$

ce qui démontre l'énoncé.

THÉORÈME XX.

Quand trois circonférences sont situées dans un même plan et n'ont pas leurs centres en ligne droite, les axes radicaux de ces circonférences prises deux à deux, concourent en un même point.

Soient en effet O, O' et O" les trois circonférences. L'axe radical de O et O' et celui de O et O" se coupent, puisqu'ils sont perpendiculaires à des droites OO' et OO" qui se coupent, et leur point de rencontre est de même puissance par rapport aux trois circonférences. Donc en particulier il est de même puissance par rapport aux circonférences O' et O", et se trouve sur leur axe radical.

REMARQUE. — Le point de rencontre des axes radicaux de trois circonférences prises deux à deux, s'appelle leur *centre radical*. Quand il est extérieur, il jouit de la propriété que les tangentes menées de ce point aux trois circonférences sont égales. Il jouit aussi par suite, de la propriété d'être le centre de la circonférence qui coupe orthogonalement les trois circonférences données.

REMARQUE II. — Le théorème précédent permet de construire aisément l'axe radical de deux circonférences dans les seuls cas où il n'est pas connu à priori, c'est-à-dire quand elles sont intérieures ou extérieures l'une à l'autre. A cet effet, on coupe les deux circonférences par une troisième, et l'on mène les deux cordes communes. Le point d'intersection de ces deux cordes est le centre radical des trois circonférences ; il appartient donc à l'axe radical des deux circonférences proposées, et pour obtenir cet axe, il n'y a plus qu'à abaisser de ce point une perpendiculaire sur la ligne des centres.

De l'Homothétie.

Étant donné un système de points A, B, C..., si on les joint

à un même point S, et que sur les rayons SA, SB, SC..., on prenne des distances SA', SB', SC'..., satisfaisant à la relation :
$$\frac{SA'}{SA} = \frac{SB'}{SB} = \frac{SC'}{SC} = \ldots = m,$$
les points A', B', C'... forment ce qu'on appelle un *système homothétique* du 1er ; le point S est le *centre d'homothétie*, et le nombre constant m, le *rapport d'homothétie*.

L'homothétie est *directe* ou *inverse*, suivant que les points A', B', C'... sont du même côté que les points A, B, C... par rapport au centre S, ou de part et d'autre de ce centre.

THÉORÈME XXI.

Deux circonférences situées dans un même plan sont à la fois homothétiques directes et homothétiques inverses.

En effet, si l'on y mène deux rayons parallèles OA, O'A' de même sens ou de sens contraires, la ligne AA' va couper la ligne des centres en un point S satisfaisant à la relation
$$\frac{SO'}{SO} = \frac{O'A'}{OA} = \frac{R'}{R}.$$

REMARQUE. — Les centres d'homothétie directe ou inverse de deux circonférences sont évidemment les points où les tangentes communes, extérieures ou intérieures, vont rencontrer la ligne des centres.

THÉORÈME XXII.

Dans deux systèmes homothétiques quelconques, les lignes A'B', AB qui joignent des points homologues, sont parallèles, et leur rapport est égal au rapport m d'homothétie.

D'abord le parallélisme de A'B' et AB résulte de ce que ces lignes déterminent sur les rayons SA, SB des segments proportionnels.

D'ailleurs, les triangles SA'B', SAB sont semblables et donnent :
$$\frac{A'B'}{AB} = \frac{SA'}{SA} = m.$$

REMARQUE I. — Si l'homothétie est directe, A'B' et AB sont dirigées dans le même sens. Elles sont dirigées en sens contraires si l'homothétie est inverse.

REMARQUE II. — Il résulte de ce qui précède que l'angle de deux droites est égal à l'angle de leurs homologues, car ces angles ont leurs côtés parallèles chacun à chacun, et de même sens ou de sens inverses. Par suite, la figure homothétique d'un polygone est un polygone semblable.

Il en résulte aussi que l'homologue d'une droite est une droite, et que, si la première passe par le centre d'homothétie, l'autre y passe pareillement, et réciproquement.

THÉORÈME XXIII.

Étant donnés deux systèmes de points A, B, C..., A', B', C'... *s'il existe deux points* O *et* O' *tels que les rayons* O'A', O'B', O'C'... *soient proportionnels et parallèles aux rayons* OA, OB, OC..., *ces deux systèmes sont homothétiques.*

Soit en effet S le point où la droite AA' va rencontrer la droite OO', et m la valeur constante par hypothèse des rapports $\frac{O'A'}{OA}, \frac{O'B'}{OB}, \frac{O'C'}{OC}.....$; les triangles semblables O'A'S, OAS donneront :

$$\frac{SO'}{SO} = \frac{O'A'}{OA} = m.$$

Donc le point S est le même pour tous les points homologues deux à deux. De plus les rapports $\frac{SA'}{SA}, \frac{SB'}{SB}...$ sont tous égaux à m. Donc les deux systèmes sont homothétiques.

COROLLAIRE I. — *Deux polygones semblables qui ont leurs côtés parallèles et dirigés dans le même sens ou en sens inverses, sont homothétiques.*

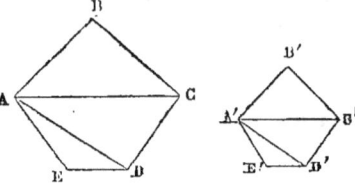

Car de l'hypothèse et de ce que les triangles ABC, ACD, ADE... sont respectivement semblables à A'B'C', A'C'D', A'D'E'.., il résulte que les droites A'C', A'D' sont respectivement parallèles à AC, AD. D'ailleurs A'B', A'C', A'D', A'E' sont proportionnels à AB, AC, AD, AE. Les points A et A' remplissent donc ici le rôle des points O et O' de la proposition précédente.

COROLLAIRE II. — Il résulte encore de la proposition précédente que deux circonférences situées dans le même plan sont à la fois homothétiques directes et inverses, fait que nous avons déjà démontré directement.

THÉORÈME XXIV.

Deux figures P *et* P' *homothétiques d'une troisième sont homothétiques entre elles.*

Soient en effet A et A', les points de la première et de la deuxième figure, homologues du point A" de la troisième; soient de même O" un point quelconque de la troisième, O et O', les points homologues de la première et de la deuxième. Les droites OA, O'A' sont respectivement parallèles à O"A". Donc elles sont parallèles entre elles. D'ailleurs m et m' étant les rapports d'homothétie des deux premiers systèmes par rapport au troisième, on a :

$$\frac{OA}{O'A''}=m, \quad \frac{O'A'}{O'A'}=m'.$$

Par suite :

$$\frac{OA}{O'A'}=\frac{m}{m'}.$$

Même chose pour les points B et B', C et C', etc. Donc le premier système et le deuxième sont homothétiques en vertu du théorème précédent, et ont pour rapport d'homothétie $\frac{m}{m'}$.

REMARQUE. — Si les systèmes P et P' sont tous deux homothétiques directs par rapport au système P", les droites OA et O'A' sont chacune de même sens que O"A", et par conséquent sont de même sens l'une que l'autre. L'homothétie de P et P' est directe.

De même si P et P' sont homothétiques inverses par rapport à P", OA et O'A' sont toutes deux de sens contraire à O"A", et par suite de même sens l'une que l'autre. L'homothétie de P et P' est encore directe.

Enfin si P et P' sont homothétiques, l'un direct, l'autre inverse de P", alors OA et O'A' sont l'une de même sens, l'autre de sens inverse par rapport à une même droite O"A", et par suite sont de sens contraires l'une par rapport à l'autre. L'homothétie de P et P' est donc inverse.

Ordinairement on regarde le rapport d'homothétie de deux systèmes comme positif ou négatif suivant que l'homothétie est directe ou inverse. Dans cette hypothèse, m et m' désignant en valeur et en signe les rapports d'homothétie des deux premiers systèmes par rapport au troisième, le signe du quotient $\dfrac{m}{m'}$ fait toujours connaître si les deux premiers systèmes, P et P', sont homothétiques directs ou inverses l'un par rapport à l'autre.

THÉORÈME XXV.

Quand trois systèmes P, P', P" sont homothétiques deux à deux, les trois centres d'homothétie sont en ligne droite.

Soient Q, R et S les trois centres d'homothétie; la droite RS considérée comme appartenant au système P est à elle-même son homologue dans le système P' et dans le système P", puisqu'elle passe par les centres R et S de ces deux systèmes : Donc en vertu du théorème précédent, elle est aussi son homologue dans le système P et par suite passe par le centre de similitude Q de ce système : Q, R et S sont donc en ligne droite.

THÉORÈME XXVI.

Deux polygones semblables situés dans un même plan, peuvent toujours être amenés à l'homothétie, soit par une simple rotation autour d'un point, soit par un retournement suivi d'une rotation.

Deux cas peuvent se présenter suivant que pour rencontrer les angles homologues des deux polygones dans le même ordre, il faut parcourir leurs contours dans le même sens ou en sens inverses.

PREMIER CAS. — Les côtés du polygone P' prolongés jusqu'à la rencontre des côtés homologues du polygone P, font avec eux un angle constant α. Si donc on fait tourner le polygone P autour du sommet A par exemple, d'un angle égal à α, l'angle de deux côtés homologues quelconques deviendra nul, et les côtés des deux polygones deviendront parallèles deux à deux. De plus A'B' aura

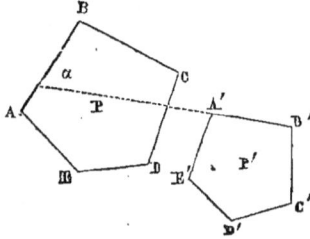

même direction que AB, B'C' que BC, etc. Les deux polygones seront homothétiques directs. Si l'on avait fait tourner le polygone P autour de son sommet A de 180°—α, on aurait rendu les côtés des deux polygones parallèles deux à deux mais de sens contraires, et les deux polygones auraient été homothétiques inverses.

SECOND CAS. — Si l'on fait tourner le polygone P autour de AB comme charnière, les éléments de ce polygone se présentent en ordre inverse de leur ordre primitif ; par conséquent ils se présentent dans le même ordre que ceux du polygone P'. Dès lors nous retombons dans le premier cas, et en faisant tourner le polygone

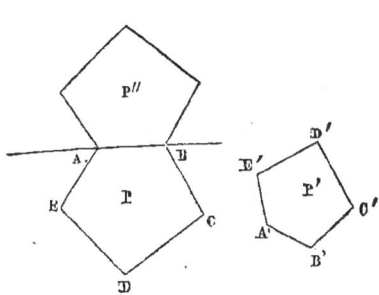

dans sa nouvelle position d'un angle convenable autour de son sommet A par exemple, nous le ramènerons à être homothétique de P'.

DÉFINITION. — Quand de l'un des centres d'homothétie, S, de deux circonférences, on leur mène une sécante SA'B'AB, les points A' et B', sont ce que nous avons appelé les homologues de A et B. Mais on peut associer A avec B', et B avec A'; ces points ainsi pris deux à deux ont reçu le nom de points *antihomologues*, et les cordes qui réunissent les couples de points *antihomologues* s'appellent des cordes *antihomologues*.

THÉORÈME XXVII.

Quand par l'un des centres d'homothétie de deux circonférences, on leur mène deux sécantes :

1° *Le produit des distances du centre d'homothétie à deux points antihomologues est constant.*

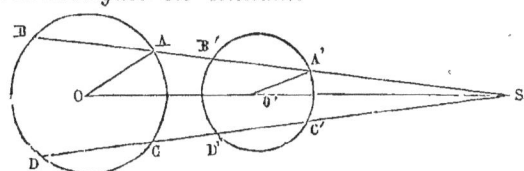

En effet, si l'on désigne par p la puissance du point S par rapport à la circonférence O, on a :
$$SA \times SB = p.$$

D'ailleurs :
$$\frac{SA'}{SA} = \frac{O'A'}{OA} = \frac{R'}{R}.$$

On en tire, en multipliant ces égalités membre à membre :
$$SB \times SA' = p\frac{R'}{R}.$$

On démontre identiquement de même que l'on a :
$$SA \times SB' = SD \times SC' = SC \times SD' = p \times \frac{R'}{R}.$$

2° *Deux couples de points antihomologues sont sur une même circonférence.*

En effet, des égalités
$$SB \times SA' = p\frac{R'}{R},$$
$$SC \times SD' = p\frac{R'}{R},$$

il résulte :
$$SB \times SA' = SC \times SD'.$$

Donc, les quatre points B, C, A', D', appartiennent à une même circonférence. Même démonstration pour les points B, D, A', C'; pour les points A, D, B', C'; et enfin pour les points A, C, B', D'.

3° Enfin, *deux cordes antihomologues se coupent sur l'axe radical des deux circonférences.*

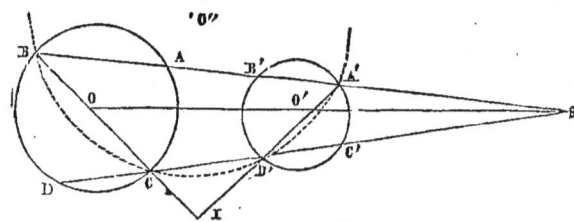

En effet, les quatre points B, C, A', D', comme il vient

d'être démontré, appartiennent à une même circonférence O''. La corde BC est l'axe radical des deux circonférences O et O''; la corde $A'D'$ celui des circonférences O' et O''; donc ces deux cordes se coupent au centre radical des trois circonférences, c'est-à-dire en un point de l'axe radical des circonférences O et O'.

EXERCICES SUR LE LIVRE III.

165. — Étant donné un triangle quelconque ABC, sur son côté AB, et sur le prolongement du côté BC, on prend des distances égales AD, CE, et l'on tire DE qui coupe la base AC en un point F. Démontrer que les deux parties DF, FE de la ligne de jonction DE, sont inversement proportionnelles aux côtés AB, BC du triangle.

166. — Quand on joint un sommet d'un triangle au milieu d'une médiane, comment la ligne de jonction partage-t-elle le côté opposé à ce sommet ?

167. — Quand on joint un sommet d'un parallélogramme aux milieux des deux côtés qui n'y aboutissent pas, comment les deux lignes de jonction partagent-elles la diagonale qui n'aboutit pas à ce même sommet ?

168. — Dans tout triangle : 1° le produit de chaque côté par la hauteur correspondante est le même quel que soit le côté considéré ; 2° le produit des deux segments déterminés sur une hauteur par son intersection avec les autres est constant quelle que soit cette hauteur.

169. — Lorsque par un sommet A d'un parallélogramme ABCD, on mène une droite qui coupe les prolongements des côtés opposés CB, CD en des points E et F, le produit BE$\times$DF est constant quelle que soit la sécante.

170. — Par le sommet D d'un parallélogramme ABCD, on mène une sécante qui coupe la diagonale AC en F, et les côtés non adjacents en des points G et E. Démontrer qu'on a toujours $\overline{FD}^2 = FE \times FG$.

171. — Quand par le point de contact de 2 circonférences tangentes intérieurement ou extérieurement, on mène une droite quelconque terminée aux deux circonférences, le rapport des cordes interceptées sur cette droite est constant quelle que soit sa direction.

172. — Deux côtés d'un triangle sont partagés chacun dans le rapport de deux lignes données m et n. Dans quel rapport se coupent les lignes qui joignent les points de division aux sommets opposés ?

173. — Étant donné un trapèze ABCD circonscrit à un demi-cercle dont le diamètre est AB, on demande de démontrer : 1° que les diagonales AC, BD se coupent sur la perpendiculaire MP abaissée du point de contact M sur le diamètre AB ; 2° que le point de rencontre I partage MP en deux parties égales ; 3° que le rayon OA du cercle est moyen proportionnel entre les deux bases AD, BC du trapèze.

174. — Dans un trapèze ABCD on mène une diagonale AC, et l'on détermine les centres de gravité G et H des triangles ABC, ACD. Prouver que la droite qui joint les milieux des deux bases du trapèze partage la ligne GH en parties inversement proportionnelles aux deux bases.

175. — Deux triangles sont semblables quand les côtés de l'un font avec les côtés respectifs de l'autre des angles égaux.

176. — Dans un quadrilatère quelconque on partage les quatre côtés dans un rapport donné, mais en renversant les deux termes de ce rapport quand on passe d'un côté au suivant. De quelle nature est le quadrilatère formé en joignant les points de division ?

177. — Un quadrilatère ABCD a ses deux angles B et D droits. Démontrer que si d'un point M quelconque de la diagonale AC on abaisse sur les côtés CB, AD les perpendiculaires MP, MQ, on aura toujours :
$$\frac{MP}{AB}+\frac{MQ}{CD}=1.$$

178. — Quand deux triangles ABC, A'B'C', ont leur angles A et A' égaux, et leurs angles B et B' supplémentaires, les côtés opposés aux angles égaux sont entre eux comme les côtés opposés aux angles supplémentaires.

179. — Dans tout triangle, le point de rencontre des hauteurs, celui des médianes, et le centre du cercle circonscrit sont sur une même droite, et la distance des deux premiers de ces points est double de celle des deux autres.

180. — Quand des trois sommets d'un triangle on abaisse des perpendiculaires sur une même droite menée par son centre de gravité : 1° l'une des perpendiculaires est égale à la somme des deux autres ; 2° la distance du centre de gravité au pied d'une des perpendiculaires est égale à la somme de ses distances aux pieds des deux autres.

181. — La somme des perpendiculaires abaissées des sommets d'un triangle sur une droite située dans son plan et qui ne le rencontre pas est égale à 3 fois la perpendiculaire abaissée de son centre de gravité.

182. — Quand deux circonférences sont tangentes extérieurement leur tangente commune extérieure est moyenne proportionnelle entre leurs deux diamètres.

183. — Un triangle BAC étant inscrit dans une demi-conférence, on élève en un point D de son hypoténuse BC une perpendiculaire qui coupe les deux côtés de l'angle droit et la circonférence en des points E, F et G. Démontrer qu'on toujours $\overline{DG}^2=DE\times DF$.

184. — Quand une circonférence quelconque est tangente à deux circonférences données, la ligne qui joint les points de contact va passer par un point fixe.

185. — Démontrer que dans un quadrilatère inscrit ABCD, dont les diagonales se coupent en un seul point I, les produits AB×BC et AD×DC sont entre eux comme les segments BI et DI de la diagonale BD.

186. — On joint un point quelconque O pris dans l'intérieur d'un triangle ABC à ses trois sommets et par les milieux des trois côtés on mène des parallèles respectives aux trois lignes de jonction OA, OB, OC. Prouver que ces trois nouvelles droites concourent elles-mêmes en un même point.

187. — Démontrer que si sur les trois côtés d'un triangle rectangle BAC on construit des carrés BCED, BAGF, ACIH : 1° les lignes AD, FC, se coupent à angle droit ainsi que les lignes AE, IB ; 2° Les deux lignes FC, IB, coupent la hauteur AH, menée du sommet de l'angle droit en un même point M ; 3° La hauteur AH va passer par le point de rencontre des côtés FG, IH des carrés construits BA et AC.

188. — Quand du milieu d'un côté de l'angle droit d'un triangle rectangle on abaisse une perpendiculaire sur l'hypoténuse, la différence des carrés des segments ainsi déterminés sur l'hypoténuse est égale au carré de l'autre côté de l'angle droit.

189. — Démontrer que dans tout triangle rectangle la somme des carrés des inverses des deux côtés de l'angle droit est égale au carré de l'inverse de la hauteur.

190. — Dans un triangle rectangle ABC, on désigne les trois côtés par a, b, c, la hauteur par h et par m et n les projections des deux segments de l'hypoténuse sur les côtés adjacents. Démontrer qu'on a :

$$mna = h^3,$$
$$m^2 + n^2 + 3h^2 = a^2,$$
$$\sqrt[3]{m^2} + \sqrt[3]{n^2} = \sqrt[3]{a^2}.$$

191. — La somme des carrés des 4 segments de deux cordes qui se coupent à angle droit dans un cercle est constante, quelles que soient ces cordes.

192. — La somme des carrés de deux cordes rectangulaires est égale à 8 fois le carré du rayon, moins 4 fois le carré de la distance du centre au point d'intersection des deux cordes.

193. — Lorsqu'une droite AB est partagée en un point C en moyenne et extrême raison, c'est-à-dire de telle sorte que l'on ait $\overline{AC}^2 = AB \times BC$, la somme des carrés du plus petit segment BC et de la droite entière est égale à trois fois le carré du plus grand segment.

194. — Des extrémités du diamètre AB d'une demi-circonférence, on mène deux cordes AC, BD qui se coupent en un point I. Démontrer que la somme AC×AI+BD×BI est constante quelles que soient ces cordes.

195. — Quand du sommet d'un triangle isocèle on mène une

droite quelconque qui rencontre la base et la circonférence circonscrite, le côté du triangle est moyen proportionnel entre les distances du sommet aux deux points d'intersection.

196. — Quand d'un point d'un arc on abaisse des perpendiculaires sur la corde de cet arc et sur les tangentes en ses extrémités, la première de ces perpendiculaires est moyenne proportionnelle entre les deux autres.

197. — Quand on partage l'hypoténuse d'un triangle rectangle en trois parties égales et qu'on joint les points de division au sommet de l'angle droit, la somme des carrés des trois côtés du triangle moyen ainsi formé est égale aux deux tiers du carré de l'hypoténuse.

198. — Quand du milieu d'une droite, ainsi que de ses extrémités, avec des rayons quelconques, on décrit trois circonférences, puis que d'un point quelconque de la circonférence moyenne on mène des tangentes aux deux autres, la somme des carrés de ces tangentes est constante, quel que soit ce point.

199. — Des trois sommets A, B, C, d'un triangle, on mène trois droites AA', BB', CC' parallèles entre elles et terminées à leur rencontre avec les côtés opposés. Démontrer que si l'on fait les trois produits AA'×BB', AA'×CC', BB'×CC', l'un de ces produits est égal à la somme des deux autres.

200. — Étant donné un losange circonscrit ABCD, si l'on mène à la circonférence une tangente quelconque, qui coupe les côtés AB, AD en des points E et F, le produit des deux segments FB, ED ainsi déterminés sur ces côtés est constant quelle que soit la tangente.

201. — Quand trois circonférences se coupent deux à deux, les trois cordes communes se coupent en un même point. Que devient l'énoncé quand les circonférences deviennent tangentes deux à deux? Démonstration directe.

202. — Le produit de deux côtés d'un triangle est égal au produit des segments soustractifs, déterminés par la bissectrice du supplément de leur angle sur le troisième côté, moins le carré de cette bissectrice.

203. — Quand des différents points d'une droite on mène à un cercle des couples de tangentes, les cordes de contact coupent en un point fixe le diamètre du cercle perpendiculaire à la droite.

204. — Dans tout triangle, la somme des carrés des distances des trois sommets à un même point M, est égale à la somme des carrés des distances des trois sommets au centre de gravité du triangle, plus trois fois le carré de la distance du point M à ce même centre de gravité

205. — Quand d'un point pris dans l'intérieur d'un triangle, on abaisse des perpendiculaires sur ses trois côtés, la somme des carrés de trois segments non consécutifs ainsi déterminés est égale à la somme des carrés des trois autres.

206. — Quand par les sommets d'un triangle on mène des droites faisant, dans le même sens de rotation, des angles de 60° avec les

côtés opposés, ces droites forment par leur intersection un second triangle égal au premier.

207. — Étant donnés un cercle, deux tangentes à ce cercle aux extrémités d'un même diamètre AB, et un point C sur ce diamètre, on joint un point quelconque D de la circonférence au point C, et par le point D on mène GH perpendiculaire à CD. Démontrer que le produit des deux segments AE, BF, interceptés par la perpendiculaire sur les deux tangentes, est constant, quel que soit le point D.

208. — Étant donnés une circonférence, une corde CD et deux points A et B d'un même côté, on prend sur l'arc opposé un point quelconque M que l'on joint aux points A et B par les droites MA, MB, qui coupent la corde CD en des points E et F. Démontrer que le rapport $\dfrac{CE \times FD}{EF}$ est constant quel que soit le point M.

209. — Un angle de grandeur donnée se meut de telle sorte qu'un de ses côtés passe par un point fixe et que son sommet glisse sur une circonférence donnée ; son second côté rencontre cette circonférence en un point par où l'on mène une droite faisant avec ce côté, mais en sens contraire, un angle égal à l'angle mobile. Démontrer que cette droite passe elle-même par un point fixe.

210. — On prend un point quelconque C sur le diamètre AB d'une demi-circonférence ; sur les deux parties AC, CB comme diamètres, on décrit deux demi-circonférences, puis sur AB on élève la perpendiculaire CD, prolongée jusqu'à la rencontre de la première demi-circonférence. Démontrer que les circonférences inscrites dans les triangles curvilignes ACD, BCD, sont égales entre elles.

211. — La distance des centres des circonférences inscrite et circonscrite à un triangle, est moyenne proportionnelle entre le rayon R de la seconde, et l'excès R—2r de ce rayon sur le double de celui de la première.

212. — Quand une corde menée par le point de rencontre des diagonales d'un quadrilatère inscrit, y est partagée en deux parties égales la portion de cette corde comprise dans le quadrilatère y est aussi partagée en deux parties égales.

---

213. — Les côtés non parallèles d'un trapèze sont partagés tous deux dans un rapport donné $\dfrac{m}{n}$; exprimer la longueur de la ligne qui joint les points de division, au moyen des longueurs B et b des deux bases. — Cas particuliers de $\dfrac{m}{n}=1$; $\dfrac{m}{n}=\dfrac{2}{3}$, $\dfrac{m}{n}=\dfrac{3}{4}$ etc.

EXERCICES SUR LE LIVRE III.   209

214. — Dans un trapèze, les deux bases valent respectivement B et b. Calculer la longueur de la parallèle aux bases menée par le point de rencontre des diagonales. — On commencera par faire voir que cette parallèle est coupée en ce point en deux parties égales. Application numérique : $B=6,4$, $b=2,5$.

215. — Deux distances $AB=a$, $BC=b$, sont prises à la suite l'une de l'autre, sur une même droite ; trouver sur la droite AD perpendiculaire à AC, le point D d'où les distances AB, BC sont vues sous un même angle. Application $a=5^m$, $b=8^m$.

216. — Dans un triangle rectangle, les deux côtés de l'angle droit valent respectivement $2^m,5$ et $3^m,4$. Calculer les longueurs de la médiane, de la bissectrice et de la hauteur issues du sommet de l'angle droit.

217. — Les deux côtés de l'angle droit d'un triangle rectangle, étant respectivement de 1^m et de 2^m, calculer à 1 centième près le rayon de la circonférence inscrite.

218. — Calculer les trois côtés d'un triangle rectangle, sachant que leur somme est 132, et la somme de leurs carrés 6050.

219. — Calculer les deux côtés de l'angle droit d'un triangle rectangle sachant que la perpendiculaire abaissée du sommet de l'angle droit de ce triangle sur l'hypoténuse, y détermine deux segments respectivement égaux à 2^m88 et $5^m,12$.

220. — L'hypoténuse d'un triangle rectangle est de $32^m,526$. Le rapport des côtés de l'angle droit est $\dfrac{5}{8}$. Calculer ces côtés à 1 millième près.

221. — Deux circonférences se coupent à angle droit, c'est-à-dire de telle sorte que les tangentes menées à ces deux circonférences par leur point d'intersection, se coupent à angle droit. Calculer la distance des centres de ces deux circonférences, sachant que leurs rayons sont respectivement de 5^m et 7^m.

222. — Un cercle a un rayon de $2^m,30$. D'un point pris à une distance de $5^m,24$ de son centre on lui mène des tangentes ; calculer la valeur commune de ces tangentes ; calculer la corde qui joint les points de contact ; calculer la flèche de cette corde.

223. — Deux droites OA, OB se coupent à un angle droit au centre O d'un cercle dont le rayon $OA=1091^m$. Par le point C pris sur le prolongement du rayon OA, à une distance du centre égale à 1997^m, on mène une tangente au cercle : trouver à quelle distance OD du point O, cette tangente coupe le rayon OB prolongé.

224. — Les rayons de deux cercles valent respectivement 327^m et 115^m ; la distance OO' de leurs centres est de 729^m. Calculer la longueur de leur tangente commune extérieure, ainsi que celle de leur tangente commune intérieure.

225. — Par un point donné, mener une droite qui passe par le point de concours de deux droites qu'on ne peut prolonger.

226. — Inscrire un carré dans un triangle. Plus généralement, inscrire dans un triangle un rectangle semblable à un rectangle donné.

227. — Mener par l'extrémité d'un diamètre d'une circonférence une sécante telle que la partie interceptée entre cette circonférence et la tangente menée par l'autre extrémité du même diamètre ait une longueur donnée.

228. — D'un point pris hors d'une circonférence, mener à cette circonférence une sécante qui soit coupée : 1° en deux parties égales ; 2° en deux parties dont le rapport soit donné ; 3° en moyenne et en extrême raison.

229. — Étant données deux circonférences, trouver sur la ligne qui joint leurs centres un point M tel que les tangentes menées de ce point aux deux circonférences soient égales. — Construire. — Prouver que si en ce point on élève une perpendiculaire à la ligne des centres, tout point de cette perpendiculaire jouit de la même propriété.

230. — Étant donnés un angle et un point, mener par le point une droite dont les deux segments compris entre ce point et les côtés de l'angle, soient entre eux dans un rapport donné.

231. — Étant donnés un angle et un point dans son plan, mener par ce point une droite telle que les segments additifs ou soustractifs compris entre le point et les deux côtés de l'angle, donnent un produit égal à un carré m^2.

232. — Trouver une droite connaissant le plus grand segment de cette droite dans le partage en moyenne et extrême raison.

233. — Deux circonférences qui se coupent étant données, mener par l'un de leurs points d'intersection une sécante telle que les deux cordes additives ou soustractives interceptées sur cette sécante soient entre elles dans le rapport de deux lignes données m et n.

234. — Étant donné un point D sur le côté AB d'un triangle ABC, mener de ce point jusqu'à la rencontre des deux autres côtés, deux droites DE, DF telles que le triangle DEF soit semblable à un triangle donné.

235. — Décrire une circonférence passant par deux points, et tangente à une droite donnée.

236. — Décrire une circonférence passant par un point et tangente à deux droites données.

237. — Décrire une circonférence passant par deux points et tangente à une circonférence donnée.

238. — Décrire une circonférence passant par un point et tangente à deux circonférences données.

239. — Trouver sur une droite ou sur une circonférence donnée, le point d'où une droite donnée de longueur et de position est vue sous le plus grand angle possible.

240. — Construire deux circonférences tangentes entre elles extérieurement, qui touchent les deux côtés d'un angle respectivement en des points donnés, et dont les rayons soient entre eux dans un rapport donné.

241. — Par deux points donnés A et B faire passer une circonférence qui soit vue d'un point C sous un angle égal à un angle donné.

242. — Construire un triangle, connaissant sa base, son angle au sommet, et la longueur de la bissectrice de cet angle.

243. — Construire un triangle connaissant ses trois hauteurs.

244. — Construire un triangle dont on connaît la base, la hauteur et la somme des deux autres côtés.

245. — Construire un triangle dont on connaît la base, la hauteur et la différence des deux autres côtés.

246. — Inscrire dans un cercle un triangle isocèle tel que la somme de sa base et de sa hauteur soit égale à une ligne donnée l.

247. — Inscrire dans un cercle du rayon R un triangle isocèle dont la base et la hauteur soient dans le rapport de deux lignes données.

248. — Trouver sur une droite indéfinie xy un point A tel que si l'on mène de ce point à une droite donnée mn, une parallèle ABC qui rencontre une circonférence donnée en des points B et C, le produit AB×AC soit égal à un carré donné k^2. Discuter.

249. — Des trois sommets d'un triangle équilatéral avec un rayon égal à la moitié de son côté, on décrit des cercles qui sont tangents entre eux deux à deux. 1° Construire le cercle qui les touche tous les trois extérieurement et celui qui les enveloppe tous les trois. 2° Calculer en fonction du côté a du triangle équilatéral proposé, les rayons de ces deux nouveaux cercles. 3° Comparer la moyenne géométrique entre ces deux rayons, au rayon du cercle inscrit dans le triangle proposé.

250. — Inscrire dans un triangle équilatéral, trois cercles égaux, tangents deux à deux et aux côtés du triangle équilatéral; calculer le rayon commun de ces trois cercles en fonction du côté a du triangle équilatéral.

251. — Partager une droite donnée en parties proportionnelles aux carrés de trois lignes données, a, b, c.

252. — Construire les formules :

$$x=\frac{b\sqrt{a^2+b^2}}{\sqrt{a^2-b^2}};\quad x=\frac{a}{2}+\frac{b^2}{2a};\quad x=\frac{a(\sqrt{2}+\sqrt{3})}{\sqrt{5}}$$

$$x=\frac{\sqrt{a^4-b^4}}{2\sqrt{ab}};\quad x=\frac{a}{1+\sqrt{\frac{b}{a}}}$$

$$x=\frac{3a^2\sqrt{3}}{b\sqrt{2}};\quad x=\frac{a^2\sqrt{5}+b^2\sqrt{3}}{a\sqrt{2}}$$

$$x=\frac{a^3-b^3}{a^2-b^2};\quad x=\frac{a^2}{b}+\frac{b^2}{a}$$

$$x=a\sqrt{\frac{a}{b}};\quad x=a\left(\sqrt{\frac{b}{a}}+\sqrt{\frac{a}{b}}\right)$$

$$x=\frac{2b^2-a^2}{b-a};\quad x=a+\frac{b^2}{a}+\frac{b^3}{a^2}$$

Dans lesquelles a et b représentent des lignes données.

253. — Construire les valeurs de x et y données par les formules

$$x+y=a+\sqrt{a^2+m^2},$$

$$xy=a(a+\sqrt{a^2+m^2}),$$

Dans lesquelles a et m sont des lignes données.

254. — Construire les valeurs de x et y données par les formules

$$x+y=a+\frac{m^2}{a},$$

$$xy=\frac{m^4}{a^2},$$

Dans lesquelles a et m sont des lignes données.

255. — Construire deux lignes connaissant leur somme a, et la somme k^2 de leurs carrés.

256. — Etant donné un triangle rectangle ABC, mener par son sommet B une droite BD qui soit moyenne proportionnelle entre les segments AD, DC qu'elle détermine sur le côté opposé. Discuter, construire les formules.

257. — Déterminer le rayon d'un cercle de telle sorte qu'on puisse y inscrire un trapèze isocèle ayant pour base le diamètre, et dont les trois autres côtés soient égaux à des lignes données. Construire.

EXERCICES SUR LE LIVRE III.   213

258. — Trouver le lieu des points dont les distances à deux droites données sont dans un rapport donné.

259. — Trouver le lieu des points tels que les parallèles menées de ces points à deux droites données et terminées à ces droites, soient dans un rapport donné.

260. — D'un point A pris dans le plan d'une circonférence, on mène à cette circonférence une droite AB que l'on partage au point M dans un rapport donné. Quel est le lieu du point M.

261. — Lieu des points de rencontre des médianes des triangles inscrits dans un même segment.

262. — Étant donné un angle fixe, on mène une circonférence tangente à ses deux côtés, et l'on tire le diamètre de cette circonférence qui passe par l'un des points de contact. Trouver le lieu de l'autre extrémité de ce diamètre.

263. — Étant donnés deux points fixes A et B, et deux nombres m et n, on demande le lieu du point M tel que la somme $m\overline{MA}^2 + n\overline{MB}^2$ soit égale à un carré donné K^2.

264. — Étant donnés deux points A et B sur une circonférence, trouver le lieu des points M tels que la somme $\overline{MA}^2 + \overline{MB}^2$ soit égale au carré de la tangente menée du même point.

265. — Par un point donné dans le plan d'une circonférence on mène à cette circonférence une sécante, puis par les points d'intersection deux tangentes. Trouver le lieu des points de rencontre de ces tangentes.

266. — Lieu des points d'où deux longueurs AB, A'B' données sur une même droite sont vues sous le même angle.

267. — Trouver le lieu des points d'où deux circonférences données sont vues sous le même angle.

268. — Trouver le lieu des milieux des cordes qui sous-tendent les arcs interceptés sur une circonférence donnée par les côtés d'un angle droit tournant autour d'un point fixe.

269. — Étant donnés deux points D et E sur le côté BC d'un triangle ABC, on mène FG parallèle à BC et l'on tire DG et EF. Trouver le lieu du point de rencontre des deux lignes de jonction.

270. — Par le point de contact de deux circonférences tangentes extérieurement, on mène deux cordes à angle droit, et l'on joint leurs extrémités. Trouver le lieu du point de partage de la droite de jonction dans un rapport donné — ou encore du pied de la perpendiculaire menée du point de contact sur cette droite.

271. — Étant donné un losange ABCD composé de deux triangles équilatéraux ABD, BCD, par son sommet C on mène une sécante qui coupe les prolongements des côtés AB et AD en des points E et F, puis on tire ED et FB qui se coupent en un point M. Lieu de point M.

272. — Étant donnés une circonférence et un point dans son plan, on mène du point à la circonférence une droite quelconque sur laquelle on construit un triangle équiangle à un triangle donné. Trouver le lieu du troisième sommet de ce triangle. — Cas particulier où le point est donné sur la circonférence.

APPLICATION. — Étant données deux circonférences concentriques, construire un rectangle semblable à un rectangle donné et qui ait deux sommets sur chacune d'elles.

273. — Trouver le lieu des points de rencontre des diagonales des rectangles inscrits dans un triangle.

274. — D'un point B pris d'une manière quelconque sur une perpendiculaire à la ligne des centres de deux circonférences données, on mène deux tangentes BC, BC′, BD, BD′ à chacune de ces circonférences, et l'on tire les cordes CC′, DD′. Trouver le lieu du point M où se rencontrent ces deux cordes prolongées.

275. — Trouver le lieu des centres des circonférences qui coupent orthogonalement deux circonférences données.

276. — Étant données deux circonférences tangentes entre elles en un point A, on mène de ce point des cordes AB, AC des deux circonférences, qui soient entre elles dans un rapport donné, et l'on abaisse des centres les perpendiculaires OD, O′E sur ces deux cordes. Trouver le lieu du point M où se coupent ces deux perpendiculaires.

277. — De l'extrémité A d'un diamètre AB d'une circonférence, on mène une sécante AC que l'on prolonge d'une quantité CD égale à AC, puis l'on tire DO et CB. Trouver le lieu du point d'intersection de ces deux droites.

278. — Trouver le lieu des points tels que la somme ou la différence des carrés des tangentes menées de ces points à deux circonférences données, soit égale à un carré donné k^2.

279. — D'un point A donné sur une circonférence, on mène une corde AB que l'on prolonge d'une quantité BC de telle sorte que le produit AB×AC ait une valeur donnée k^2. Trouver le lieu du point C.

280. — D'un point fixe A, on mène à une circonférence deux sécantes quelconques ABC, AB′C′, puis par les points A, B′ et C on fait passer une circonférence, ainsi que par les points A, B et C′. Trouver le lieu du point M où se coupent ces deux circonférences.

281. — Trouver le lieu des points tels que la somme des carrés de leurs distances à trois points donnés soit égale à un carré donné K^2. — Cas où les trois points sont les sommets d'un triangle équilatéral.

282. — On mène à toutes les circonférences tangentes à deux droites données, des tangentes parallèles à une droite donnée. Trouver le lieu des points de contact de ces tangentes.

283. — Par le milieu de la corde commune à deux circonférences, on mène une sécante quelconque sur laquelle elles interceptent des cordes AB, CD, et sur ces cordes comme diamètres on décrit des circonférences qui se coupent en M. Lieu du point M.

284. — Étant donnés trois points, par deux d'entre eux on fait passer une circonférence, et on lui mène du troisième deux tangentes. Lieu du milieu de la corde de contact.

---

285. — Un polygone inscrit est-il toujours régulier quand il a tous ses angles égaux ? — Un polygone circonscrit est-il toujours régulier quand il a tous ses côtés égaux ?

286. — Un pentagone est régulier quand il a tous ses côtés égaux, ainsi que ses angles moins deux.

287. — Une circonférence étant partagée en 8 parties égales, on mène la corde qui sous-tend 3 de ces parties, et de l'extrémité de l'une de celles-ci, on abaisse une perpendiculaire sur la corde. Prouver que les deux parties ainsi déterminées sur cette corde sont entre elles dans le rapport de $\sqrt{2}-1$ à 1.

288. — Couper les angles d'un carré de telle sorte que la figure résultante soit un octogone régulier. Calculer le côté de cet octogone régulier en fonction du côté a du carré.

289. — La différence entre les périmètres des hexagones réguliers, l'un inscrit, l'autre circonscrit à une même circonférence, est de 1^m. Calculer à 1 centimètre près le rayon de la circonférence.

290. — La différence entre les côtés du carré et du triangle équilatéral inscrits dans une circonférence, est de $2^m,25$. Calculer la valeur du rayon à 1 millimètre près.

291. — Étant donnés dans une circonférence O, deux diamètres à angle droit AB, CD, du milieu E du rayon AO, avec un rayon égal à EC, on décrit un arc de cercle qui coupe le rayon OB en un point F. Démontrer que OF est le côté du décagone régulier, et CF le côté du pentagone régulier inscrits dans la même circonférence.

292. — Les diagonales d'un pentagone régulier se coupent en moyenne et extrême raison.

293. — Calculer en fonction du rayon R d'une circonférence : 1° le côté du triangle équilatéral circonscrit ; 2° le côté de l'hexagone régulier circonscrit ; 3° le côté de l'octogone régulier circonscrit ; 4° le côté du dodécagone régulier circonscrit.

294. — Calculer les rayons des cercles inscrits au carré, au triangle équilatéral, au pentagone régulier, à l'hexagone régulier, au décagone régulier et au dodécagone régulier, en fonction des côtés de ces polygones.

Calculer les rayons des cercles circonscrits à ces mêmes polygones.

295. — Si un polygone régulier circonscrit à une circonférence a ses côtés doubles de ceux du polygone inscrit semblable, ce polygone est un triangle équilatéral.

296. — Calculer le côté du polygone régulier de n côtés, inscrit dans une circonférence, en fonction du côté du polygone régulier de $2n$ côtés inscrit dans la même circonférence. Application : calculer en fonction du rayon le côté du pentagone régulier inscrit.

297. — Démontrer que si R et r désignent le rayon et l'apothème d'un polygone régulier de n côtés, et R', r' le rayon et l'apothème du polygone régulier isopérimètre de $2n$ côtés, on a

$$R'^2 - r'^2 = \frac{R^2 - r^2}{4}.$$

298. — Calculer le rayon R" du polygone régulier de $4n$ côtés en fonction des rayons R et R' des polygones réguliers isopérimètres de n et $2n$ côtés.

Même question pour les apothèmes.

299. — Calculer en partant de l'hexagone régulier dont le périmètre est 6, les rayons et les apothèmes des polygones réguliers isopérimètres au premier, et ayant respectivement 12, 24, 48, 96, 192 côtés.

Combien, à priori, doit-il y avoir au moins de décimales communes entre le rayon et l'apothème du dernier polygone ? — Calculer la valeur approchée de π qui en résulte. — Combien a-t-elle de décimales exactes ?

300. — L'arc de 24°-18'-30" d'une circonférence étant égal à 18^{m}25, calculer le rayon de cette circonférence à un millimètre près.

301. — L'arc de 18°-24' d'une circonférence de 3^{m}18 de rayon, a même longueur que l'arc de 24°-36' d'une autre circonférence. Calculer à un millimètre près le rayon de cette seconde circonférence.

302. — Dans des circonférences dont les rayons sont entre eux dans le rapport de 5 à 8, on prend des arcs d'égale longueur. Le premier de ces arcs comprenant 18°-25', calculer la graduation du second.

303. — D'après Bessel la circonférence du méridien terrestre vaut 40003424^m, et celle de l'équateur 40070376. Calculer le rayon moyen de la terre, en supposant sa circonférence moyenne proportionnelle entre celles du méridien et de l'équateur.

304. — Une circonférence roule sans glisser dans une circonférence fixe de rayon double, à laquelle elle reste constamment tangente intérieurement. Démontrer que chaque point de la circonférence mobile décrit, dans ce mouvement, un diamètre de la circonférence fixe.

LIVRE IV

MESURE DES SURFACES.

THÉORÈME I.

Deux rectangles de même base et de même hauteur sont égaux.

Ils ont en effet tous leurs angles et tous leurs côtés égaux chacun à chacun, et par suite sont superposables.

THÉORÈME II.

Deux rectangles de même base sont entre eux comme leurs hauteurs.

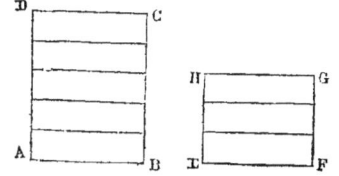

Ainsi soient ABCD, EFGH deux rectangles dans lesquels on suppose qu'on ait AB=EF, je dis qu'on aura :
$$\frac{ABCD}{EFGH} = \frac{BC}{FG}.$$

1° Supposons d'abord que BC et FG aient une commune mesure contenue par exemple 5 fois dans BC et 3 fois dans FG, de telle sorte que le rapport $\frac{BC}{FG}$ soit égal à $\frac{5}{3}$, et partageons BC en 5 parties égales, et FG en 3. Ces 8 parties seront égales entre elles, et si par les points de division nous menons des parallèles aux bases AB, EF, nous partagerons les deux rectangles proposés en 8 rectangles partiels, égaux eux-mêmes comme ayant leurs bases égales ainsi que leurs hauteurs. Dès lors comme ABCD contient 5 de ces rectangles et EFGH, 3, le rapport $\dfrac{ABCD}{EFGH}$ est égal à $\dfrac{5}{3}$. Il a donc même valeur que le rapport $\dfrac{BC}{FG}$.

2° Supposons que BC et FG n'aient pas de commune mesure,

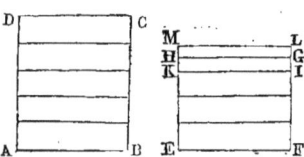

et partageons BC en un nombre arbitraire n de parties égales, puis portons l'une des parties α, sur FG. Elle n'y sera pas contenue un nombre exact de fois sans quoi α serait commune mesure entre BC et FG. Ainsi quand on aura porté α autant de fois que possible sur FG, on aura un reste IG moindre que α, et si on la porte une fois de plus, on obtiendra un point L situé en dehors de FG.

Les deux hauteurs BC, FI ayant une commune mesure, on a en vertu de la première partie de la proposition :

$$\dfrac{ABCD}{EFIK} = \dfrac{BC}{FI}.$$

Or IG qui représente la différence entre FI et FG, est moindre que α ou $\dfrac{BC}{n}$; elle tend donc vers 0 lorsque n devient de plus en plus grand, en sorte que FI a pour limite FG. Le rapport $\dfrac{BC}{FI}$ a par suite pour limite $\dfrac{BC}{FG}$.

De même le rectangle IGHK qui représente la différence entre EFIK et EFGH, est moindre que ILMK ou que $\dfrac{ABCD}{n}$, et tend vers 0 lorsque n devient de plus en plus grand : EFIK a donc pour limite EFGH, et par suite $\dfrac{ABCD}{EFGH}$ est la limite de $\dfrac{ABCD}{EFIK}$.

Mais les deux rapports $\dfrac{ABCD}{EFIK}$ et $\dfrac{BC}{FI}$ étant toujours égaux,

quel que soit n, leurs limites sont égales. On peut donc écrire finalement :
$$\frac{\overline{ABCD}}{\overline{EFGH}} = \frac{BC}{FG},$$
ce qui achève de démontrer l'énoncé.

Remarque. — La base d'un rectangle pouvant être prise pour sa hauteur et réciproquement, il résulte du théorème précédent que : *Deux rectangles de même hauteur sont entre eux comme leurs bases.*

THÉORÈME III.

Deux rectangles quelconques sont entre eux comme les produits respectifs de leurs bases par leurs hauteurs.

Soient R et R' les deux rectangles considérés, dont nous désignerons les bases par b et b' et les hauteurs par h et h'.

Concevons un troisième rectangle R'' dont les dimensions soient b et h', et comparons-le successivement à chacun des deux premiers.

Les rectangles R et R'' ayant même base b, sont entre eux comme leurs hauteurs, et l'on a la proportion :
$$\frac{R}{R''} = \frac{h}{h'}.$$

De même les rectangles R'' et R' ayant même hauteur h', sont entre eux comme leurs bases, ce qui donne :
$$\frac{R''}{R'} = \frac{b}{b'}.$$

En multipliant membre à membre cette égalité et la précédente, on trouve :
$$\frac{RR''}{R''R'} = \frac{bh}{b'h'}, \text{ ou } \frac{R}{R'} = \frac{bh}{b'h'},$$
ce qui justifie l'énoncé.

THÉORÈME IV.

Le rectangle a pour mesure le produit de sa base par sa hauteur, pourvu qu'on prenne pour unité de surface le carré qui a pour côté l'unité de longueur.

Soient en effet R le rectangle à mesurer, b et h ses deux dimensions. Désignons par R' le carré pris pour unité, et appelons pour un instant b' et h' ses dimensions. Nous aurons en vertu du théorème précédent :

$$\frac{R}{R'} = \frac{bh}{b'h'}, \text{ ou } \frac{R}{R'} = \frac{b}{b'} \times \frac{h}{h'}.$$

Mais R' étant l'unité de surface, le rapport $\frac{R}{R'}$ est la mesure de R. De même b' et h' représentant l'unité de longueur, $\frac{b}{b'}$ et $\frac{h}{h'}$ sont les mesures numériques de b et h. On a donc

Mesure de R = *mesure de* b × *mesure de* h,

ou simplement :

$$R = bh.$$

Applications numériques. — Si dans un rectangle on a :

$$b = 5^m, h = 7^m,$$

on a par suite :

$$R = 5 \times 7 = 35 \text{mq}.$$

Si l'on a :

$$b = 3^m,5, \ b = 4^m,7,$$

on en conclut :

$$R = (3,5 \times 4,7) \text{mq} = 16^{mq},45.$$

THÉORÈME V.

Le parallélogramme a pour mesure le produit de sa base par sa hauteur.

On appelle *base* d'un parallélogramme un quelconque de ses côtés ; sa *hauteur* est la distance du côté pris pour base au côté opposé.

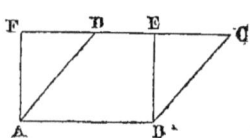

Je dis donc que AB étant la base et BE la hauteur du parallélogramme ABCD, sa mesure est représentée par AB × BE.

En effet, si nous élevons sur AB la perpendiculaire AF jusqu'à la rencontre du côté opposé, les deux triangles CBE, DAF sont égaux comme ayant un angle égal compris entre côtés égaux chacun à chacun. On peut donc de la figure totale retrancher le premier de ces triangles, pourvu qu'on le remplace par le second : On est ainsi ramené à mesurer le rectangle AFEB. Or ce rectangle a pour mesure AB×BE. C'est donc aussi la mesure du parallélogramme ; et cela justifie l'énoncé.

THÉORÈME VI.

Le triangle a pour mesure la moitié du produit de sa base par sa hauteur.

On appelle *base* d'un triangle un quelconque de ses côtés. Sa *hauteur* est la perpendiculaire abaissée du sommet opposé sur la base.

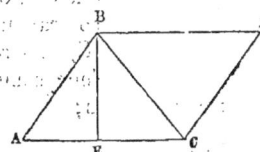

Soient donc ABC un triangle quelconque ; AC sa base, BE sa hauteur. Je dis qu'il a pour mesure $\dfrac{AC \times BE}{2}$.

Menons en effet BD parallèle à AC, et CD parallèle à AB. Le parallélogramme ABDC ainsi formé, est composé de deux triangles ABC, CBD égaux comme ayant le côté BC commun, adjacent à des angles égaux ; il en résulte que le triangle ABC est la moitié de ce parallélogramme. Or, le parallélogramme a pour mesure AC×BE. Donc, le triangle a pour mesure $\dfrac{AC \times BE}{2}$.

COROLLAIRE. — Si l'on désigne par S et S' les surfaces de deux triangles, par b et b', h et h' leurs bases et leurs hauteurs, on a en vertu du théorème qui précède :

$$S = \frac{bh}{2}, \quad S' = \frac{b'h'}{2}.$$

On tire de là :

$$\frac{S}{S'} = \frac{bh}{b'h'}.$$

Or, si $b = b'$, il reste $\dfrac{S}{S'} = \dfrac{h}{h'}$; si au contraire $h = h'$, il reste $\dfrac{S}{S'} = \dfrac{b}{b'}$. Donc, *deux triangles de même base sont entre* eux comme leurs hauteurs, et de même hauteur sont entre eux comme leurs bases. — Si enfin $b=b'$ et $h=h'$, on a $S=S'$. Donc, deux triangles de même base et de même hauteur ont des surfaces égales, ou, comme on dit, sont équivalents.

Les mêmes énoncés s'appliquent au parallélogramme et se démontrent de même.

AUTRES MESURES DU TRIANGLE. — I. *Le triangle a pour mesure son demi-périmètre multiplié par le rayon de la circonférence inscrite.*

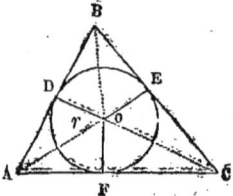

Soient O le centre de la circonférence inscrite au triangle ABC, et D, E, F les points de contact de cette circonférence avec les trois côtés, en sorte que OD, OE, OF, représentent également son rayon r. Désignons les côtés BC, AC, AB respectivement par a, b, c, et leur somme $a+b+c$ par $2p$; nous aurons:

Or:
$$ABC = BOC + AOC + AOB.$$

$$BOC = BC \times \frac{OE}{2} = a\frac{r}{2}$$

$$AOC = AC \times \frac{OF}{2} = b\frac{r}{2}$$

$$AOB = AB \times \frac{OD}{2} = c\frac{r}{2}$$

Donc: $\quad ABC = (a+b+c)\frac{r}{2} = 2p \times \frac{r}{2} = pr.$

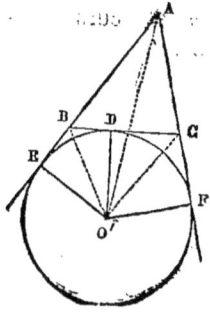

II. Si O' est le centre d'une circonférence ex-inscrite au triangle ABC, et r' son rayon, on a:

$$ABC = AO'B + AO'C - BO'C$$

$$AO'B = AB \times \frac{O'E}{2} = \frac{cr'}{2}$$

$$AO'C = AC \times \frac{O'F}{2} = \frac{br'}{2}$$

$$BO'C = BC \times \frac{O'D}{2} = \frac{ar'}{2}$$

Par suite:
$$ABC = (b+c-a)\frac{r'}{2}$$

LIVRE IV.

Mais de l'égalité
$$a+b+c=2p.$$
on tire, en retranchant $2a$ de part et d'autre :
$$b+c-a=2p-2a=2(p-a)$$
Donc finalement :
$$ABC=2(p-a)\times\frac{r'}{2}=(p-a)r'.$$

— On démontrerait de même que r'' et r''' désignant les rayons des deux autres circonférences ex-inscrites, on a :
$$S=(p-b)r''\text{ et }S=(p-c)r'''.$$

III. En désignant encore par $2p$ le périmètre d'un triangle, par a, b, c ses trois côtés, et par S sa surface, on a pour expression de cette surface :
$$S=\sqrt{p(p-a)(p-b)(p-c)}.$$

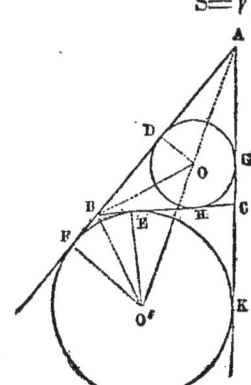

Pour démontrer cette formule, nous commencerons par établir quelques faits préliminaires :

Soient ABC le triangle considéré, O le centre de la circonférence inscrite, O' le centre d'une des circonférences ex-inscrites :

1° On a évidemment :
$$2p=AB+AC+BC$$
$$=AB+BE+AC+CE$$
$$=AB+BF+AC+CK$$
$$=AF+AK$$
$$=2AF=2AK.$$
Donc : $AF=AK=p.$

2° De là on tire immédiatement :
$$BE=BF=AF-AB=p-c$$
$$CE=CK=p-b.$$

3° De même :
$$AD+AG=AB-BD+AC-CG$$
$$=AB+AC-(BH+HC)$$
$$=AB+AC-BC$$
$$2AD=2AG=2(p-a)$$
$$AD=AG=p-a.$$

Pour les mêmes raisons :
$$BD=BH=p-b$$
$$CG=CH=p-c.$$

4° Enfin :
$$DF = GK = AF - AD = p - (p-a) = a.$$

— Cela posé, désignons les rayons OD et O'F par r et r' et menons les bissectrices BO, BO' des angles en B, et la bissectrice AOO' de l'angle A. Les deux triangles DBO, BFO' semblables comme ayant les côtés perpendiculaires chacun à chacun, donneront la proportion :

$$\frac{DO}{FB} = \frac{BD}{FO'}.$$

Les triangles ADO, AFO' semblables parce que DO est parallèle à FO', donneront de même :

$$\frac{AF}{AD} = \frac{FO'}{DO},$$

En multipliant ces deux proportions membre à membre et omettant le facteur commun FO', on trouve :

$$\frac{DO \times AF}{FB \times AD} = \frac{BD}{DO},$$

ou
$$\overline{DO}^2 \times AF = BD \times FB \times AD,$$

ou, en multipliant de part et d'autre par AF :
$$\overline{DO}^2 \times \overline{AF}^2 = AF \times BD \times FB \times AD.$$

Si l'on introduit dans cette égalité les valeurs trouvées plus haut pour AF, BD, FB et AD, il vient :

$$p^2 r^2 = p(p-a)(p-b)(p-c)$$

et
$$pr = \sqrt{p(p-a)(p-b)(p-c)}.$$

Mais pr représente la surface S du triangle. Donc on a finalement :

$$S = \sqrt{p(p-a)(p-b)(p-c)}.$$

IV. Nous avons trouvé plus haut qu'en désignant par r, r', r'', r''' les rayons de la circonférence inscrite et des circonférences exinscrites, on a :

$$S = pr$$
$$S = (p-a)r'$$
$$S = (p-b)r''$$
$$S = (p-c)r'''.$$

On en tire, en multipliant ces égalités membre à membre :
$$S^4 = p(p-a)(p-b)(p-c) r\, r'\, r''\, r'''$$
ou
$$S^4 = S^2 r\, r'\, r''\, r'''$$
ou enfin
$$S^2 = r\, r'\, r''\, r''',$$
et
$$S = \sqrt{r\, r'\, r''\, r'''}.$$

THÉORÈME VII.

Le trapèze a pour mesure le produit de sa hauteur par la demi-somme de ses bases.

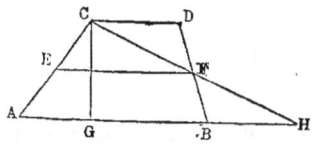

On appelle *bases* d'un trapèze ABCD ses côtés parallèles AB et CD; sa *hauteur* est la distance CG de ses bases. — Il s'agit donc de démontrer que le trapèze proposé a pour mesure le produit

$$CG \times \frac{AB+CD}{2}.$$

Pour y arriver, nous prolongeons AB, d'une longueur BH égale à CD, et nous tirons CH. Les deux triangles CFD, BFH ont les côtés CD et BH égaux par construction; les angles C et H égaux comme alternes-internes par rapport aux parallèles AB, CD et à la sécante CH; les angles D et B égaux pour une raison analogue. Ils sont donc égaux, et l'on peut retrancher du trapèze le triangle CFD, à condition de le remplacer par le triangle BFH. On est ainsi ramené à mesurer le triangle ACH. Ce triangle ayant pour mesure $\dfrac{AH \times CG}{2}$ ou $\dfrac{AH}{2} \times CG$, on peut dire que le trapèze lui-même a pour mesure

$$\frac{AH}{2} \times CG,$$

ou
$$\frac{AB+BH}{2} \times CG,$$

ou enfin
$$\frac{AB+CD}{2} \times CG,$$

et cela justifie l'énoncé.

COROLLAIRE I. — Si par le point F on mène FE parallèle à AB, comme le point F, à cause de l'égalité des deux triangles CFD, BFH, est le milieu de CH et de DB, le point E sera aussi le milieu de AC, et l'on aura :

$$\frac{FE}{AH} = \frac{CE}{CA} = \frac{1}{2}, \text{ d'où } FE = \frac{AH}{2}.$$

Dès lors, au lieu de dire que le trapèze a pour mesure $\frac{AH}{2} \times CG$, on peut dire qu'il a pour mesure :

$$FE \times CG.$$

De là cet énoncé : *Le trapèze a pour mesure le produit de sa hauteur par la droite qui joint les milieux de ses côtés non parallèles.*

COROLLAIRE II. Pour mesurer un polygone quelconque, on le décompose en portions que l'on sache mesurer à l'aide des théorèmes précédents, et l'on fait la somme de leurs mesures. Cette décomposition peut s'effectuer de plusieurs manières.

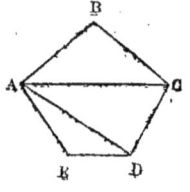
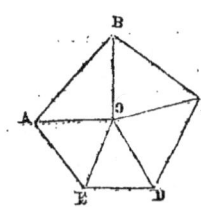

1° On mène toutes les diagonales d'un même sommet A. On décompose ainsi le polygone en triangles.

2° On joint un point O pris dans l'intérieur du polygone, à tous ses sommets. De la sorte on décompose encore le polygone en triangles.

3° Sur une diagonale du polygone, et autant que possible 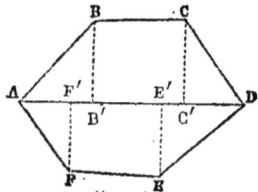 la plus grande, on abaisse des perpendiculaires de tous les sommets. On décompose ainsi le polygone en parties ABB′, BB′CC′, CC′D, AFF′, FF′EE′, EE′D, dont les unes sont des triangles rectangles, et les autres des trapèzes rectangles. On sait donc les mesurer, et la somme de leurs mesures donne encore celle du polygone.

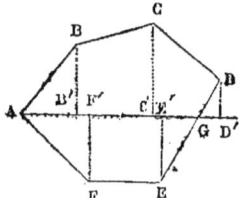

— Dans la figure précédente, nous avons supposé que les perpendiculaires étaient abaissées sur une diagonale, et tombaient toutes à l'intérieur. S'il n'en était pas ainsi, il est clair que les triangles tels que DGD′ qui se trouveraient à l'extérieur de la figure, devraient être retranchés de la somme des autres parties au lieu d'y être ajoutés, puisque l'on a CC′DG=CC′DD′—GDD′.

Relations entre les carrés construits sur les côtés d'un triangle.

THÉORÈME VIII.

Le carré construit sur l'hypoténuse d'un triangle rectangle est équivalent à la somme des carrés construits sur ses deux autres côtés.

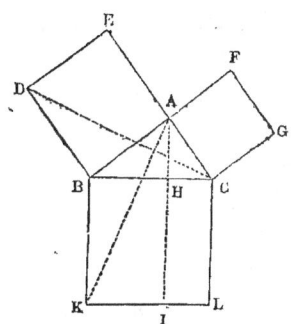

Ainsi soient BAC un triangle rectangle, BKLC, BDEA, AFGC les carrés construits sur son hypoténuse et ses deux côtés de l'angle droit. Je dis que le premier de ces carrés est équivalent à la somme des deux autres.

Pour le démontrer, j'abaisse du sommet A de l'angle droit sur l'hypoténuse la perpendiculaire AH, qui prolongée, partage le carré BKLC en deux rectangles BHIK, HCIL, puis je tire DC et AK.

Les deux triangles résultants DBC, ABK, ont les angles du point B égaux comme formés chacun d'un angle droit et d'une partie commune ABC; les côtés BD, BA égaux comme côtés d'un même carré; les côtés BC, BK égaux pour la même raison. Ces deux triangles ayant donc un angle égal compris entre deux côtés égaux chacun à chacun, sont égaux.

Or le triangle ABK et le rectangle BHIK ont même base BK, et même hauteur, savoir la distance des deux parallèles BK, AI; le triangle vaut donc la moitié du rectangle. De même le triangle DBC et le carré DEAB ont même base DB, et même hauteur, savoir la distance des deux parallèles EC, DB, et le triangle est équivalent à la moitié du carré.

Dès lors l'égalité des triangles DBC, ABK, entraîne l'équivalence du rectangle BHIK et du carré DEAB dont ils représentent les moitiés.

Un raisonnement tout pareil fera voir que le carré AFGC est équivalent au rectangle HCLI. Donc la somme des carrés DEAB, AFGC est équivalente à la somme des rectangles BHIK, HCLI, c'est-à-dire au carré BCLK, ce qui justifie l'énoncé.

REMARQUE. — On aurait pu déduire la démonstration du théorème précédent du théorème XVIII (Livre III, 1re partie).

Remarquons en effet qu'un carré n'étant autre chose qu'un rectangle dont la base et la hauteur sont égales, a pour mesure le produit de sa base par elle-même, c'est-à-dire la seconde puissance ou *carré* de sa base. Dès lors, dire que le carré du nombre qui représente l'hypoténuse d'un triangle rectangle est égal à la somme des carrés des nombres qui mesurent les deux autres côtés, c'est dire que la surface du carré construit sur l'hypoténuse est équivalente à la somme des surfaces des carrés construits sur les deux autres côtés.

COROLLAIRE I. — Le carré BAED et le rectangle BHIK, ont respectivement pour mesures $\overline{AB}^2$ et $BH \times BK$, ou $BH \times BC$. Ces deux figures étant équivalentes, on a :

$$\overline{BA}^2 = BH \times BC,$$

De même :

$$\overline{AC}^2 = CH \times BC.$$

Nous retrouvons ainsi cet énoncé déjà démontré d'une autre manière : *Chaque côté de l'angle droit d'un triangle rectangle est moyen proportionnel entre l'hypoténuse entière et sa projection sur l'hypoténuse.*

COROLLAIRE II. — Les rectangles BHIK et HCLI ayant même hauteur, sont entre eux comme leurs bases :

Donc :

$$\frac{BHIK}{HCLI} = \frac{BH}{HC},$$

ou

$$\frac{DBAE}{ACGF} = \frac{BH}{HC},$$

ou enfin :

$$\frac{\overline{BA}^2}{\overline{AC}^2} = \frac{BH}{HC}.$$

Nous retrouvons cet autre énoncé déjà démontré autrement : *Les carrés des deux côtés de l'angle droit sont entre eux comme les projections de ces côtés sur l'hypoténuse.*

THÉORÈME IX.

Le carré construit sur un côté d'un triangle opposé à un angle aigu, est équivalent à la somme des carrés construits sur

LIVRE VI.   229

les deux autres côtés, moins deux fois le rectangle dont les dimensions sont l'un de ces côtés et la projection de l'autre sur celui-là.

D'abord, nous pourrions déduire ce théorème du théorème XIX (liv. III, 1re partie), en observant que le carré a pour mesure la seconde puissance, ou *carré* de son côté, et le rectangle, le produit de ses deux dimensions. Mais on peut le démontrer directement comme il suit :

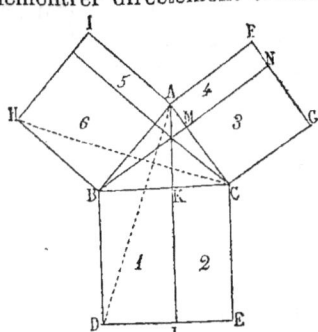

Soient ABC un triangle dont l'angle A est aigu, BCED, ACGF, ABHI les carrés construits sur ses trois côtés. De chacun de ses sommets abaissons des perpendiculaires sur les côtés opposés : ces perpendiculaires prolongées partageront les carrés chacun en deux rectangles ; or je dis d'abord que deux rectangles adjacents à un même sommet du triangle sont équivalents. Considérons par exemple le rectangle 1 et le rectangle 6. Le triangle BAD, ayant même base BD et même hauteur que le rectangle 1, est équivalent à sa moitié. De même le triangle HBC, ayant même base HC et même hauteur que le rectangle 6, est équivalent à sa moitié. Or, les deux triangles ABD, HBC ont les angles en B égaux comme formés de parties égales, et les côtés qui comprennent ces angles, égaux comme côtés des mêmes carrés ; ils sont donc égaux, et leur égalité entraîne l'équivalence des rectangles 1 et 6. — De même on démontrera l'équivalence des rectangles 2 et 3, et des rectangles 4 et 5.

Cela posé, on a :

$$\text{BCED} = \text{Rect. 1} + \text{Rect. 2}$$
$$= \text{Rect. 6} + \text{Rect. 3}$$
$$= \text{ABHI} - \text{Rect. 5} + \text{ACGF} - \text{Rect. 4}$$
$$= \text{ABHI} + \text{ACGF} - 2 \text{ rect. 4}.$$

Or, le rectangle 4 a pour dimensions AF ou AC, et AM, c'est-à-dire le côté AC et la projection de AB sur AC. L'égalité qui précède démontre donc le théorème.

THÉORÈME X.

Dans tout triangle, le carré construit sur le côté opposé à un angle obtus, est équivalent à la somme des carrés construits sur les deux autres côtés, plus 2 fois le rectangle qui a pour dimensions l'un de ces côtés et la projection de l'autre sur celui-là.

Cet énoncé résulte immédiatement du théorème xx (liv. III, 1re partie) si l'on observe que le carré a pour mesure la seconde puissance ou *carré* de son côté, et qu'un rectangle a pour mesure le produit de ses deux dimensions.— La démonstration directe est en tout semblable à la précédente.

Rapport des surfaces des Polygones semblables.

THÉORÈME XI.

Quand deux triangles ont un angle égal, leurs surfaces sont entre elles comme les produits des côtés qui comprennent cet angle.

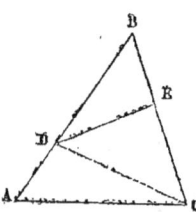

Soient ABC, DBE deux triangles qui ont l'angle B commun, je dis que l'on a :

$$\frac{ABC}{DBE} = \frac{AB \times BC}{DB \times BE}.$$

Effectivement, si nous tirons DC, les deux triangles ABC, DBC ont même hauteur, savoir la perpendiculaire menée du point C sur AB, et par conséquent sont entre eux comme leurs bases :

$$\frac{ABC}{DBC} = \frac{AB}{DB}.$$

De même, les triangles DBC, DBE ont tous deux pour hauteur la perpendiculaire menée du point D sur BC, et sont entre eux comme leurs bases :

$$\frac{DBC}{DBE} = \frac{BC}{BE}.$$

LIVRE IV.

Si l'on multiplie ces deux égalités membre à membre, il vient :

$$\frac{ABC \times DBC}{DBC \times DBE} = \frac{AB \times BC}{DB \times BE},$$

ou

$$\frac{ABC}{DBE} = \frac{AB \times BC}{DB \times BE},$$

et cela justifie l'énoncé.

THÉORÈME XII.

Les surfaces de deux triangles semblables sont entre elles comme les carrés de leurs côtés homologues.

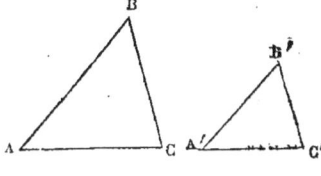

En effet, les deux triangles semblables ABC, A'B'C' ayant l'angle B égal à l'angle B', on a en vertu du théorème précédent :

$$\frac{ABC}{A'B'C'} = \frac{AB \times BC}{A'B' \times B'C'} = \frac{AB}{A'B'} \times \frac{BC}{B'C'}.$$

Mais à cause de la similitude des deux triangles, les rapports $\frac{AB}{A'B'}$ et $\frac{BC}{B'C'}$, sont égaux et peuvent être remplacés l'un par l'autre.

Donc :
$$\frac{ABC}{A'B'C'} = \frac{AB}{A'B'} \times \frac{AB}{A'B'} = \frac{\overline{AB}^2}{\overline{A'B'}^2}.$$

COROLLAIRE.— Le rapport $\frac{\overline{AB}^2}{\overline{A'B'}^2}$, peut s'écrire $\left(\frac{AB}{A'B'}\right)^2$. De là ce second énoncé : *Le rapport des surfaces de deux triangles semblables est égal au carré de leur rapport de similitude.*

THÉORÈME XIII.

Les surfaces de deux polygones semblables quelconques, sont entre elles comme les carrés de leurs côtés homologues.

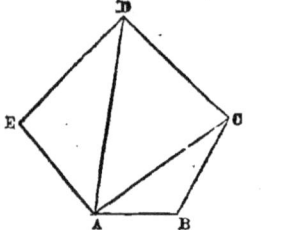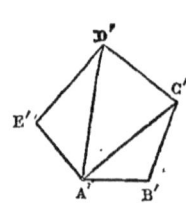

En effet, si dans les polygones semblables ABCDE, A'B'C'D'E', on mène les diagonales des sommets homologues A et A', on partage les deux polygones en triangles semblables chacun à chacun et semblablement placés. On a donc :

$$\frac{ABC}{A'B'C'} = \frac{\overline{AB}^2}{\overline{A'B'}^2}$$

$$\frac{ACD}{A'C'D'} = \frac{\overline{CD}^2}{\overline{C'D'}^2}$$

$$\frac{ADE}{A'D'E'} = \frac{\overline{DE}^2}{\overline{D'E'}^2}.$$

Mais vertu de la similitude des polygones, on a :
$$\frac{AB}{A'B'} = \frac{CD}{C'D'} = \frac{DE}{D'E'}.$$

et par suite :
$$\frac{\overline{AB}^2}{\overline{A'B'}^2} = \frac{\overline{CD}^2}{\overline{C'D'}^2} = \frac{\overline{DE}^2}{\overline{D'E'}^2}.$$

Donc les seconds membres des égalités ci-dessus sont égaux. Il en est par suite de même des premiers membres, ce qui donne :
$$\frac{ABC}{A'B'C'} = \frac{ACD}{A'C'D'} = \frac{ADE}{A'D'E'} = \frac{\overline{AB}^2}{\overline{A'B'}^2}.$$

On tire de là :
$$\frac{ABC+ACD+ADE}{A'B'C'+A'C'D'+A'D'E'} = \frac{\overline{AB}^2}{\overline{A'B'}^2}$$

ou :
$$\frac{ABCDE}{A'B'C'D'E'} = \frac{\overline{AB}^2}{\overline{A'B'}^2}$$

et cela justifie l'énoncé.

Mesures du Polygone régulier et du Cercle.

THÉORÈME XIV.

La surface d'un polygone régulier a pour mesure le produit de son périmètre par la moitié de son apothème.

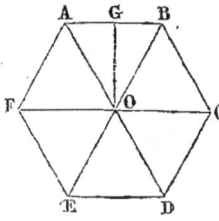

Soient en effet ABCDEF un polygone régulier, OG son apothème, n le nombre de ses côtés. Si nous joignons le centre O à tous ses sommets, nous partageons ce polygone en n triangles égaux entre eux comme ayant leurs trois côtés égaux chacun à chacun. Or, l'un d'eux AOB a pour mesure $AB \times \dfrac{OG}{2}$. Le polygone tout entier a donc pour mesure $nAB \times \dfrac{OG}{2}$. Mais nAB représente le périmètre P du polygone. Donc finalement sa surface a pour mesure $P \times \dfrac{OG}{2}$, ce qui justifie l'énoncé.

COROLLAIRE. — Lorsqu'on sait calculer, en fonction du rayon, la corde qui sous-tend un arc double de l'arc sous-tendu par l'un des côtés du polygone considéré, on peut arriver plus rapidement que par le théorème précédent, à exprimer au moyen du rayon, la surface de ce polygone.

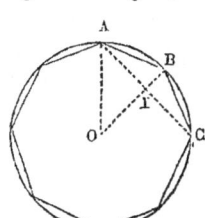

AB étant en effet le côté du polygone de n côtés, le triangle AOB a pour mesure $OB \times \dfrac{AI}{2}$, ou $OB \times \dfrac{AC}{4}$. Le polygone a donc lui-même pour mesure $nOB \times \dfrac{AC}{4}$, ou $nR \times \dfrac{AC}{4}$.

Appliquons cette formule au calcul des surfaces de quelques polygones inscrits dans la circonférence de rayon R.

1° S'il s'agit de l'hexagone régulier inscrit, AC représente le côté du triangle équilatéral inscrit et vaut par conséquent $R\sqrt{3}$. Sa surface est donc mesurée par

$$6R \times \dfrac{R\sqrt{3}}{4}, \text{ ou par } \dfrac{3R^2\sqrt{3}}{2}.$$

2º Dans le cas de l'octogone régulier inscrit, AC est le côté du carré inscrit dans la même circonférence et vaut $R\sqrt{2}$. La surface de l'octogone régulier est donc mesurée par

$$8R \times \frac{R\sqrt{2}}{4}, \text{ ou par } 2R^2\sqrt{2}.$$

3º Pour le dodécagone régulier inscrit, AC représente le côté de l'hexagone régulier inscrit, et par conséquent est égal à R. La surface de ce polygone est donc représentée par

$$12R \times \frac{R}{4}, \text{ c'est-à-dire par } 3R^2.$$

On calculerait de même la surface du décagone régulier inscrit, pour lequel AC représente le côté du pentagone régulier, et celle du pentagone régulier lui-même pour lequel AC représente le côté du pentagone régulier étoilé.

Pour obtenir les surfaces des mêmes polygones au moyen de leur côté a, il suffit de remplacer dans les formules précédentes, R par sa valeur en fonction de a, déduite des relations antérieurement établies, et qui pour chacun d'eux, font connaître a en fonction de R.

THÉORÈME XV.

Les surfaces des polygones réguliers du même nombre de côtés, sont entre elles comme les carrés de leurs rayons ou de leurs apothèmes.

En effet, soient S et S' les surfaces de deux pareils polygones, AO, A'O' leurs rayons, OG, O'G' leurs apothèmes, AB, A'B' leurs côtés. Comme deux polygones réguliers du même nombre de côtés sont deux figures semblables, on a d'abord en vertu d'un théorème précédemment démontré :

$$\frac{S}{S'} = \frac{\overline{AB}^2}{\overline{A'B'}^2}.$$

Mais les triangles semblables AOG, A'O'G' donnent

$$\frac{AG}{A'G'} = \frac{AO}{A'O'} = \frac{OG}{O'G'},$$

ou

$$\frac{AB}{A'B'} = \frac{AO}{A'O'} = \frac{OG}{O'G'},$$

LIVRE IV.   235

et par suite :
$$\frac{\overline{AB}^2}{\overline{A'B'}^2} = \frac{\overline{AO}^2}{\overline{A'O'}^2} = \frac{\overline{OG}^2}{\overline{O'G'}^2},$$

Donc aussi :
$$\frac{S}{S'} = \frac{\overline{AO}^2}{\overline{A'O'}^2} = \frac{\overline{OG}^2}{\overline{O'G'}^2},$$

THÉORÈME XVI.

Le cercle est la limite des surfaces des polygones réguliers inscrits et circonscrits, lorsqu'on double indéfiniment le nombre de leurs côtés.

En effet, la surface du polygone régulier inscrit est toujours moindre que le cercle, celle du polygone régulier circonscrit est toujours plus grande. La surface du premier va évidemment en augmentant, celle du second en diminuant, quand on double le nombre de leurs côtés ; elles se rapprochent donc du cercle. Reste à faire voir qu'elles peuvent en différer d'aussi peu qu'on veut.

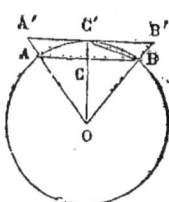

Soient S et S' les surfaces des deux polygones, OC, OC' leurs apothèmes. On a, en vertu du théorème précédent :
$$\frac{S'}{S} = \frac{\overline{OC'}^2}{\overline{OC}^2}.$$

On tire de là, en retranchant chaque dénominateur du numérateur correspondant :
$$\frac{S'-S}{S'} = \frac{\overline{OC'}^2 - \overline{OC}^2}{\overline{OC'}^2}$$
$$= \frac{\overline{OB}^2 - \overline{OC}^2}{\overline{OC'}^2}$$
$$= \frac{\overline{CB}^2}{\overline{OC'}^2},$$

Et par suite :
$$S' - S = \frac{S' \times \overline{CB}^2}{\overline{OC'}^2}.$$

Mais, quand on double indéfiniment le nombre des côtés, $\overline{OC'}^2$ reste invariable, S' diminue ; enfin le côté BA, moindre que l'arc BA ou que $\dfrac{circonf.}{n}$, tend vers 0 à mesure que n devient de plus en plus grand. Il en est donc à fortiori de même de CB qui est la moitié de BA, et par suite aussi du carré de CB. Pour ces raisons, le second membre de l'égalité précédente tend vers 0 quand n devient de plus en plus grand. La différence S'—S peut donc être rendue aussi petite qu'on veut.

Or, si les surfaces des deux polygones peuvent différer l'une de l'autre de moins que toute quantité donnée, à plus forte raison chacune d'elles peut-elle différer d'aussi peu qu'on veut de la surface du cercle qui est comprise entre elles deux. La surface du cercle en est donc la limite commune.

THÉORÈME XVII.

Le cercle a pour mesure le produit de sa circonférence par la moitié de son rayon.

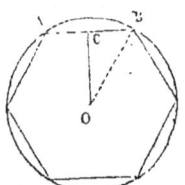

Si en effet on inscrit dans le cercle donné un polygone régulier d'un nombre arbitraire n de côtés, on a, en désignant le périmètre de ce polygone par P :

$$\text{Surf. polygone} = P \times \frac{OC}{2}.$$

Cette égalité ayant lieu quel que soit n, est vraie aussi à la limite, c'est-à-dire quand n croît indéfiniment. Or, la limite du premier membre est la surface même du cercle. Au second membre, P a pour limite la circonférence. Quant à OC, on a :

$$\overline{OC}^2 = \overline{OB}^2 - \overline{BC}^2.$$

Mais quand n devient de plus en plus grand, $\overline{OB}^2$ demeure invariable, tandis que BC, et par suite $\overline{BC}^2$, tend vers 0. La limite de $\overline{OC}^2$ est donc $\overline{OB}^2$ ou R^2. Par suite, la limite de OC est R. L'égalité précédente devient donc à la limite :

$$\text{Surf. cercle} = \text{circonf.} \times \frac{R}{2}.$$

COROLLAIRE I. — Nous avons trouvé antérieurement :
$$\text{Circonf.} = \pi \times 2R.$$

Donc on peut écrire :
$$\text{Surf. cercle} = \pi \times 2R \times \frac{R}{2}$$
$$= \pi \times R^2.$$

De là ce second énoncé : *La surface du cercle a pour mesure le produit du nombre π par le carré du rayon.*

Applications numériques. — 1° Calculer la surface S d'un cercle dont le rayon est de $5^m,4$.

On a :
$$R = 5,4$$
$$R^2 = 5,4^2 = 29,16$$
$$S = \pi \times R^2 = 3,1416 \times 29,16$$
$$= 91^{mq},609\ldots$$

2° Calculer le rayon d'un cercle dont la surface est de $12^{mq},36$.

On a :
$$\pi R^2 = 12,36.$$
$$R^2 = \frac{12,36}{\pi} = 12,36 \times \frac{1}{\pi} = 12,36 \times 0,3183098$$
$$= 3,934309\ldots$$
$$R = \sqrt{3,934309\ldots} = 1,983\ldots$$

COROLLAIRE II. — Si l'on désigne par S et S' les surfaces de deux cercles, et par R et R' leurs rayons, on a :
$$S = \pi R^2, \quad S' = \pi R'^2.$$

On tire de là :
$$\frac{S}{S'} = \frac{\pi R^2}{\pi R'^2} = \frac{R^2}{R'^2}.$$

Donc, *les surfaces de deux cercles sont entre elles comme les carrés de leurs rayons.* — (On aurait pu aussi déduire cet énoncé du théorème XV et de ce que le cercle est la limite de la surface du polygone régulier inscrit ou circonscrit).

THÉORÈME XVIII.

On obtient la mesure d'un secteur, en multipliant la mesure du cercle par le rapport des graduations de son arc et de la circonférence.

Supposons d'abord que l'arc ne contienne que des degrés, et soit n le nombre de ces degrés. Le secteur considéré contiendra évidemment n fois le secteur qui répond à l'arc d'un degré, tandis que le cercle le contient 360 fois.

Dès lors la surf. du cercle étant représentée par πR^2, la surface du secteur de 1° vaut $\dfrac{\pi R^2}{360}$, et la surface du secteur proposé

$$\frac{\pi R^2 n}{360} \text{ ou } \pi R^2 \times \frac{n}{360}.$$

Même démonstration si l'arc contenait des minutes et des secondes, si ce n'est que le rapport $\dfrac{n}{360}$ serait remplacé par le rapport des nombres de minutes ou de secondes de l'arc et de la circonférence. L'énoncé précédent est donc général.

Corollaire I. — L'expression précédente peut s'écrire :

$$\frac{2\pi R n}{360} \times \frac{R}{2}.$$

Or $\dfrac{2\pi R n}{360}$ représente l'arc de n degrés dans la circonférence de rayon R, c'est-à-dire l'arc du secteur proposé. De là ce second énoncé : *Le secteur a pour mesure le produit de l'arc qui lui sert de base par la moitié du rayon.*

Corollaire II. — Si l'on désigne par S et S' les surfaces de deux secteurs, par R et par R' leurs rayons, par n et n' leurs graduations, on a :

$$S = \frac{\pi R^2 n}{360}, \quad S' = \frac{\pi R'^2 n'}{360},$$

On en tire en divisant ces égalités membre à membre et omettant les facteurs communs :

$$\frac{S}{S'} = \frac{R^2 n}{R'^2 n'} = \frac{R^2}{R'^2} \times \frac{n}{n'}.$$

Ainsi *le rapport de deux secteurs quelconques s'obtient en multipliant le rapport des carrés de leurs rayons par le rapport de leurs graduations.*

Si l'on a R = R', il reste :

$$\frac{S}{S'} = \frac{n}{n'}.$$

Donc *deux secteurs pris dans un même cercle sont entre eux comme leurs graduations.*

Si au contraire on a $n=n'$, il reste :
$$\frac{S}{S'} = \frac{R^2}{R'^2}.$$

Donc *deux secteurs de même graduation, ou comme on dit, deux secteurs semblables, sont entre eux comme les carrés des rayons des cercles dont ils font partie.*

Enfin si l'on a $S=S'$, il vient :
$$R^2 n = R'^2 n',$$
ou
$$\frac{n}{n'} = \frac{R'^2}{R^2}.$$

Donc *quand deux secteurs sont équivalents, leurs graduations sont en raison inverse des carrés des rayons.*

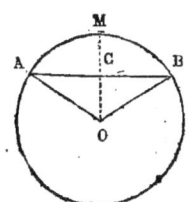

Corollaire III. — On obtient la mesure d'un segment AMB en observant qu'il est la différence entre le secteur AMBO et le triangle AOB, c'est-à-dire entre deux surfaces que l'on sait mesurer.

Si par exemple AB est le côté du triangle équilatéral inscrit, le secteur AMBO est le tiers du cercle et sa surface est représentée par $\frac{\pi R^2}{3}$. D'autre part on a :

$$\text{triangle } AOB = AB \times \frac{OC}{2}$$
$$= R\sqrt{3} \times \frac{R}{4}$$
$$= \frac{R^2 \sqrt{3}}{4}.$$

On a donc :
$$\text{Segment } AMB = \frac{\pi R^2}{3} - \frac{R^2 \sqrt{3}}{4} = R^2 \left(\frac{\pi}{3} - \frac{\sqrt{3}}{4} \right).$$

GÉOMÉTRIE.

PROBLÈMES SUR LES SURFACES.

PROBLÈME I.

Construire un carré équivalent à un rectangle, un parallélogramme, ou un triangle donné.

1° Soient a et b les dimensions du rectangle proposé, et x le

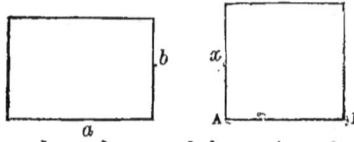

côté du carré demandé. La surface du rectangle sera représentée par le produit $a \times b$, et celle du carré par $x \times x$ ou x^2. Dès lors, comme ces deux figures doivent être équivalentes, on a l'égalité :

$$x^2 = a \times b \text{ ou } x^2 = ab.$$

On voit ainsi que x est moyenne proportionnelle entre a et b, et on l'obtiendra à l'aide des procédés précédemment exposés.

La valeur de x une fois connue, on prendra sur une ligne indéfinie une longueur AB égale à x; en ses extrémités on lui élèvera des perpendiculaires égales elles-mêmes à x; enfin joignant leurs extrémités on aura le carré demandé.

2° On obtient de même le côté du carré équivalent à un parallélogramme, en cherchant une moyenne proportionnelle entre sa base et sa hauteur; et celui du carré équivalent à un triangle, en cherchant une moyenne proportionnelle entre sa base et la moitié de sa hauteur.

PROBLÈME II.

Construire un triangle équivalent à un polygone donné.

Ce problème est indéterminé, ou en d'autres termes, admet une infinité de solutions, car il y a une infinité de triangles ayant une surface donnée. La construction qui suit donne seulement l'un des triangles qui répondent à la question.

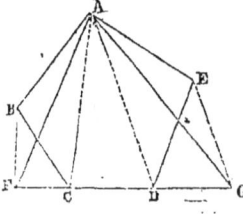

Soit donc ABCDE le polygone proposé qu'il s'agit de transformer en un triangle. Menons la diagonale AC qui isole un sommet B; par le point B traçons BF parallèle à AC, enfin tirons AF. Les deux triangles ABC, AFC auront même base AC, et même hauteur puisque leurs sommets B et F sont sur une même parallèle à la base. Ils sont donc équivalents et peuvent être substitués l'un à l'autre. De la sorte, le polygone proposé ABCDE se trouvera transformé en un polygone AFDE ayant un sommet de moins.

De même, en menant la diagonale AD, traçant EG parallèle à AD, et tirant AG, on aura deux triangles AED, AGD équivalents, et que par suite on pourra substituer l'un à l'autre. Le polygone AFDE, se trouvera ainsi transformé en un triangle AFG.

Il est clair que quel que soit le polygone proposé, en le transformant ainsi successivement en polygones ayant chacun un sommet de moins que le précédent, on finira toujours par tomber sur un triangle équivalent.

REMARQUE. — Faire la *quadrature* d'une figure, c'est la transformer à l'aide de la règle et du compas, en un carré équivalent. Les deux problèmes précédents permettent de faire la quadrature d'un polygone quelconque, puisqu'ils permettent de transformer ce polygone en un triangle, puis celui-ci en un carré.

Le problème de la quadrature du cercle qui a occupé une partie de l'antiquité et du moyen âge, est aujourd'hui regardé comme impossible.

PROBLÈME III.

Etant donnés deux polygones semblables, construire un polygone semblable à chacun d'eux et équivalent à leur somme ou à leur différence.

Soient P et Q les deux polygones donnés, a et b deux côtés homologues de ces polygones, R le polygone demandé, équivalent par exemple à leur somme, et x son côté homologue de a et b. Comme les surfaces des polygones semblables sont entre elles comme les carrés de leurs côtés homologues, on a :

$$\frac{P}{a^2} = \frac{Q}{b^2} = \frac{R}{x^2}.$$

On tire de là, en faisant la somme des numérateurs et celle des dénominateurs des deux premiers rapports :

$$\frac{P+Q}{a^2+b^2} = \frac{R}{x^2}.$$

Or par hypothèse on doit avoir :

$$R = P + Q,$$

Donc aussi :

$$x^2 = a^2 + b^2.$$

Ainsi on aura x en cherchant une ligne dont le carré soit égal à la somme des carrés des deux lignes données a et b, problème antérieurement résolu. La ligne x une fois connue, on n'aura plus qu'à construire sur cette ligne comme côté homologue de b, un polygone semblable au polygone Q.

Marche analogue si l'on devait avoir :

$$R = P - Q.$$

PROBLÈME IV.

Étant donnés deux polygones P et Q, construire un troisième polygone R qui soit semblable à l'un et équivalent à l'autre.

Soit a un côté quelconque du polygone P, et x le côté du polygone R, homologue de a.

Nous aurons d'abord :

$$\frac{P}{a^2} = \frac{R}{x^2}$$

Comme le polygone R doit être équivalent au polygone Q, nous pouvons dans cette égalité remplacer R par Q, ce qui donne :

$$\frac{P}{a^2} = \frac{Q}{x^2}$$

Or concevons qu'on ait transformé les polygones donnés P et Q en des carrés équivalents m^2 et n^2, il viendra :

$$\frac{m^2}{a^2} = \frac{n^2}{x^2}, \text{ ou } \frac{m}{a} = \frac{n}{x}.$$

Ainsi l'on obtiendra la valeur de x, en cherchant une quatrième proportionnelle aux lignes connues m, a et n. Cette valeur une fois connue, on n'aura plus qu'à construire sur x comme côté homologue de a, un polygone semblable au polygone P, problème précédemment traité.

LIVRE IV. 243

PROBLÈME V.

Partager la surface d'un trapèze par une parallèle à ses bases, en parties proportionnelles à des quantités données m et n.

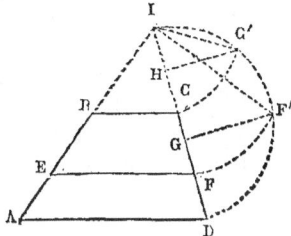

Supposons le problème résolu, et ABCD étant le trapèze donné, soit EF la ligne demandée. Nous aurons d'abord en vertu de l'hypothèse :

$$\frac{EBCF}{m} = \frac{AEFD}{n},$$

Ou en prolongeant les côtés non parallèles jusqu'à leur rencontre en I :

$$\frac{EIF-BIC}{m} = \frac{AID-EIF}{n}.$$

Or les triangles BIC, EIF, AID sont semblables, et proportionnels par suite aux carrés de leurs côtés homologues. Nous n'altèrerons donc pas l'égalité précédente en y remplaçant BIC, EIF et AID par $\overline{IC}^2$, $\overline{IF}^2$, $\overline{ID}^2$, ce qui donne :

$$\frac{\overline{IF}^2 - \overline{IC}^2}{m} = \frac{\overline{ID}^2 - \overline{IF}^2}{n}.$$

Décrivons maintenant sur ID comme diamètre une demi-circonférence, et ramenant à l'aide d'arcs de cercle, IC et IF en IC' et IF', abaissons sur ID les perpendiculaires C'H, F'G. Les carrés des lignes IC', IF', ID et par suite des lignes IC, IF, ID, seront proportionnels à IH, IG et ID.

L'égalité précédente peut donc s'écrire encore

$$\frac{IG-IH}{m} = \frac{ID-IG}{n},$$

ou
$$\frac{HG}{m} = \frac{GD}{n}.$$

Ainsi la ligne HD est partagée en G en parties proportionnelles aux quantités données m et n.

De cette analyse résulte la construction suivante :

On prolonge les côtés non parallèles du trapèze jusqu'à leur rencontre en I, et sur ID comme diamètre on décrit une demi-circonférence; on ramène IC en IC' à l'aide d'un arc de cercle et l'on abaisse sur ID la perpendiculaire C'H ; enfin on partage HD dans le rapport donné, au point G.

Pour achever la résolution du problème, il n'y a plus qu'à élever GF' perpendiculaire à ID, à ramener IF' en IF à l'aide d'un arc de cercle décrit de I comme centre, puis à tracer du point F ainsi obtenu, la parallèle FE aux bases du trapèze.

EXERCICES SUR LE LIVRE IV.

305. — La surface d'un rectangle est de 273^{mq},8 ; calculer ses deux dimensions, sachant qu'elles sont entre elles dans le rapport de 4 à 5.

306. — La surface d'un rectangle est de 79^{mq},90 ; son périmètre est de 35^m,80. Que valent ses deux dimensions?

307. — Calculer les dimensions d'un rectangle, sachant que leur somme est de 8^m,9, et que si l'on augmente l'une et diminue l'autre de 1^m, la surface du rectangle diminue de 2^{mq},90

308. — Un rectangle a 160^m de contour, mais sa surface n'est que les $\frac{3}{4}$ de celle du carré du même périmètre. Quelles sont ses dimensions?

309. — L'hypoténuse d'un triangle rectangle est de 55^m, sa surface est de 726^{mq}. Que valent les deux côtés de l'angle droit?

310. — Dans un triangle rectangle un angle aigu est de 60° ; le côté adjacent vaut 12 mètres. Calculer la surface du triangle. — Dans un triangle, un angle est de 60° ; les côtés qui le comprennent valent respectivement 6 m. et 10 m. Calculer la surface du triangle.

311. — Deux triangles équilatéraux dont chacun a 10 mètres de côté sont disposés sur un même plan de telle sorte que leurs côtés soient parallèles chacun à chacun, et que la ligne AA' qui joint deux sommets homologues, soit perpendiculaire aux milieux des côtés opposés. Calculer la surface commune aux deux triangles, sachant que cette ligne AA' a une longueur de 3^m,8.

312. — Étant donné un trapèze ACDB, dont les bases parallèles AB,CD ont des longueurs respectives de 3^{m}15 et 1^{m}65, et dont la hauteur est de 2^m, par un point E pris sur la base supérieure DC, à la distance DE=0^m,70 du sommet D, on mène la droite EF qui divise le trapèze en deux autres dont les surfaces soient entre elles dans le rapport de 1 à 3. Calculer la distance AF.

313. — Étant donné un trapèze ABCD, dont les bases parallèles AB,CD, ont des longueurs respectives de 3^m et 5^m, on demande de trouver sur la diagonale AC un point I tel que la parallèle EF au côté AD, menée par ce point, partage le trapèze en deux parties qui soient entre elles dans le rapport de 2 à 3.

314. — Démontrer que la surface du trapèze a pour mesure le produit d'un de ses côtés non parallèles, par la demi-somme des perpendiculaires abaissées sur ce côté des extrémités du côté opposé.

315. — La base inférieure d'un trapèze est de 8^m, sa base supérieure de 5^m, sa surface de 24^{mq}. Calculer la hauteur du triangle formé en prolongeant ses côtés non parallèles.

316. — La surface d'un trapèze est de 24^{mq} ; le rapport de ses bases est de $\frac{5}{6}$. Calculer les surfaces des triangles formés en prolongeant ses côtés non parallèles.

317. — Dans un triangle ABC, l'angle A vaut $\frac{1}{2}$ droit ; le côté AB=5^m,4, le côté AC=7^m,42. On prend sur AB, AD=3^m, et l'on mène DE parallèle à AC. Calculer l'aire du trapèze DACE.

318. — Les bases d'un trapèze sont respectivement de 2125^m et de 1152^m. Sa hauteur est de 182^m. Exprimer sa surface en hectares, ares et centiares. Calculer le côté du carré équivalent.

319. — La surface d'un trapèze est de 1536^{mq}. L'une de ses bases est triple de l'autre, et la hauteur est égale au tiers de la somme des bases. Que valent les bases et la hauteur?

320. — Dans un trapèze, la hauteur est de 3^m ; la surface est équivalente à celle du rectangle construit sur les deux bases ; enfin l'une des bases plus deux fois l'autre donnent une somme égale à 3 fois la hauteur. Calculer les bases et la hauteur du trapèze.

321. — Dans un hexagone régulier ABCDEF, on joint un sommet A aux milieux F et G des côtés DC, DE qui aboutissent au sommet diamétralement opposé. Démontrer qu'on partage de la sorte l'hexagone en trois parties équivalentes.

322. — On joint deux à deux les milieux des côtés d'un hexagone régulier. Démontrer qu'on forme ainsi un second hexagone régulier. Calculer les rapports de sa surface, de son apothème et de son périmètre, à la surface, à l'apothème et au périmètre du premier.

323. — On joint deux à deux les milieux de deux côtés adjacents d'un hexagone régulier, et des deux côtés opposés à ceux-là. Démontrer qu'on forme ainsi un rectangle. Calculer la surface de ce rectangle en fonction du côté a de l'hexagone, et le rapport des surfaces des deux figures.

324. — Lorsque par les sommets d'un triangle équilatéral on élève des droites respectivement perpendiculaires à ses côtés, et qu'on les prolonge jusqu'à la rencontre des côtés opposés, le triangle formé en joignant les trois points de rencontre deux à deux, est lui-même équilatéral, et équivalent à 7 fois le premier.

325. — Étant donné un triangle isocèle dont la base est b et la hauteur h, on demande de mener deux parallèles à sa base, dont la différence soit égale à une ligne donnée a, et qui comprennent entre elles un trapèze équivalent à un carré donné m^2. Discuter.

326. — Quand dans deux triangles deux angles A et A' sont supplémentaires, les surfaces des deux triangles sont entre elles comme les produits des côtés qui comprennent ces angles.

327. — Dans un triangle ABC, on mène une parallèle DE à la base AC, et l'on tire AE. Démontrer que le triangle ABE ainsi formé est moyen proportionnel entre le triangle ABC et le triangle DBE.

328. — Si sur les trois côtés d'un triangle rectangle on construit des carrés, et que l'on joigne deux à deux les sommets extérieurs de ces carrés, on forme trois triangles équivalents.

329. — Étant donné un triangle quelconque ABC, sur ses côtés AB, BC on construit des parallélogrammes ADEB, BFGC, dont on prolonge les côtés extérieurs jusqu'à leur rencontre en H; puis, tirant BH, on construit sur le troisième côté AC du triangle un parallélogramme dont deux côtés soient égaux et parallèles à BH. Démontrer que ce troisième parallélogramme est équivalent à la somme des deux autres.

330. — Le produit des surfaces d'un losange circonscrit quelconque et du rectangle formé en joignant les points de contact de ses côtés, est constant et égal à $8R^4$, quel que soit le losange.

331. — Étant donnés un parallélogramme ABCD et un point M dans son plan, démontrer que le triangle qui a pour sommet ce point, et pour base l'une des diagonales AC du parallélogramme, est suivant les cas, équivalent à la somme ou à la différence des triangles qui ont pour sommet commun le même point et pour bases les côtés AB, AD qui aboutissent à une même extrémité de la diagonale.

332. — Partager un triangle en deux parties équivalentes par une parallèle à la base.

333. — Plus généralement, partager un triangle par des parallèles à sa base, en parties proportionnelles à des lignes données m, n, p.

334. — Partager un trapèze par des parallèles à ses bases en parties proportionnelles à des lignes données m, n, p.

335. — Partager un trapèze par une parallèle à sa base, en parties telles que la surface de l'une soit moyenne proportionnelle entre celle de l'autre et celle du trapèze entier.

336. — Trouver dans l'intérieur d'un triangle ABC un point M tel que si on le joint aux trois sommets, les trois triangles partiels AMB, BMC, AMC ainsi formés 1° soient équivalents, 2° soient proportionnels à des lignes données m, n, p.

337. — Partager un triangle en deux parties équivalentes par une droite menée d'un point pris sur l'un de ses côtés.

Même question pour un quadrilatère quelconque.

338. — Deux quadrilatères sont équivalents quand leurs diagonales sont égales et se coupent sous le même angle.

339. — Tout triangle rectangle a pour mesure le produit des segments interceptés sur l'hypoténuse par le point de contact du cercle inscrit.

340. — Si par le milieu de chaque diagonale d'un quadrilatère on mène une parallèle à l'autre, on obtient un point tel que si on le joint aux milieux des quatre côtés, les quatre lignes ainsi menées partagent le quadrilatère en quatre parties équivalentes.

341. — Par un point donné dans le plan d'un angle mener une droite qui détache de cet angle un triangle équivalent à un carré donné m^2. — Discuter.

342. — Vérifier par la géométrie l'exactitude des formules algébriques $(a+b)^2 = a^2 + b^2 + 2ab$; $(a-b)^2 = a^2 + b^2 - 2ab$; $(a+b)(a-b) = a^2 - b^2$.

343. — Construire un triangle dont on connaît les angles et la surface.

344. — Deux circonférences ont leurs tangentes intérieures à angle droit. Démontrer que le triangle compris entre ces deux tangentes et une tangente extérieure a pour mesure le produit Rr des rayons des deux circonférences.

345. — Étant donnés deux parallèles et deux points dans leur plan, mener par ces points deux droites qui se coupent sur l'une des parallèles et qui déterminent par leur intersection avec l'autre un triangle équivalent à un triangle donné. — Discuter.

346. — Trouver le lieu des points tel que la somme des triangles qui ont pour sommet ces points et pour bases respectives les deux diagonales d'un parallélogramme fixe de grandeur et de position, soit constante et équivalente à un carré donné.

347. — Étant donné un diamètre fixe AB d'une circonférence, trouver le lieu du point M tel que le carré de la tangente menée de ce point à la circonférence soit équivalent à la surface du triangle MAB, ayant pour sommet ce point et pour base le diamètre considéré.

---

348. — Calculer la surface du triangle équilatéral en fonction de son côté.

349. — Calculer les surfaces de l'hexagone régulier inscrit, et de l'hexagone régulier circonscrit en fonction du rayon. — Id. pour les octogones réguliers inscrit et circonscrit.

350. — Calculer la surface de l'octogone régulier en fonction de son côté.

351. — Calculer la surface : 1° de l'hexagone régulier; 2° de l'octogone régulier; 3° du dodécagone régulier en fonction des côtés de ces polygones.

352. — Dans un cercle, la surface du secteur qui a pour base l'arc égal au rayon est de $12^{mq},25$. Que vaut le rayon?

353. — La surface d'un secteur de $46°\text{-}24'$ est de $18^{m}25$. Calculer à 1 centimètre près le rayon du cercle.

354. — Un cercle est tel, que le secteur de $24°18'$ pris dans ce cercle, est équivalent au secteur de $36°15'$, dans le cercle de $6^{m}25$ de rayon. Calculer à moins de 1 centimètre près le rayon du 1er cercle.

355. — Calculer en fonction du rayon R, la surface comprise entre l'arc et la corde : 1° de 90°; 2° de 60°; 3° de 120°.

356. — La surface comprise entre la corde et l'arc de 60°, est de 8^{mq}; que vaut le rayon du cercle?

357. — La portion du cercle comprise entre les cordes parallèles qui sous-tendent des arcs respectifs de 60° et de 120° est équivalente au secteur de 60 degrés.

358. — On donne le périmètre $2p$, et la surface m^2 d'un secteur circulaire. Calculer son rayon et son angle.

359. — Du sommet de l'angle droit d'un triangle rectangle on abaisse une perpendiculaire sur l'hypoténuse, et l'on inscrit des cercles dans chacun des triangles ainsi formés. Démontrer que les surfaces de ces cercles sont entre elles comme les deux segments de l'hypoténuse.

360. — La surface d'un carré étant partagée en m^2 carrés égaux par des parallèles à ses côtés, faire voir que la somme des surfaces des cercles inscrits dans chacun de ces carrés partiels est constante, quel que soit le nombre entier m.

361. — Le diamètre AB d'un cercle étant partagé en trois parties égales, aux points C et D, sur les distances AC et AD comme diamètres, on décrit des demi-circonférences au-dessus de AB; on en décrit deux autres sur CB et DB comme diamètres au-dessous de AB; démontrer que la surface du cercle proposé se trouve ainsi partagée en trois parties équivalentes. Généraliser, en supposant AB partagé en un nombre quelconque de parties égales.

362. — Dans un triangle isocèle on inscrit un cercle; puis on décrit un second cercle tendant au premier, et aux deux côtés égaux du triangle. Calculer le rapport de ces deux cercles, connaissant la base b et la hauteur h du triangle proposé.

363. — Calculer le rayon d'un cercle à 0,001 près, sachant que la surface de l'octogone inscrit dans ce cercle surpasse celle de l'hexagone inscrit de 1^{mq}.

364. — Calculer le rayon d'un cercle, sachant que la surface de l'hexagone circonscrit à ce cercle, surpasse celle de l'hexagone inscrit de 1^{mq}.

365. — Calculer en fonction du rayon d'une circonférence, la surface comprise entre la corde qui sous-tend l'arc de 30°, le diamètre parallèle à cette corde, et les cordes qui joignent les extrémités de la première aux extrémités du diamètre.

366. — Partager un cercle en deux parties équivalentes par une circonférence concentrique. Plus généralement, partager un cercle par des circonférences concentriques, en parties proportionnelles à des lignes données, m, n et p.

367. — Partager un cercle en moyenne et extrême raison par une circonférence concentrique.

368. — Exprimer la surface S d'un cercle en fonction de la longueur C de sa circonférence. — Application: on a $C=12^m,46$, calculer S à 1 décimètre carré près.

369. — Les rayons de deux cercles sont respectivement de 20^m et de 21^m; calculer le rayon d'un troisième cercle équivalent en surface à la somme des deux autres.

370. — Calculer, à moins de 0^m001 la longueur de l'arc d'un secteur, sachant que son angle au centre est de $32°25'$ et sa surface de 24 mètres carrés.

371. — Dans un cercle O, un angle au centre AOB est de 30°, et la surface du triangle AOB surpasse de 2^{mq} la surface du segment correspondant. Calculer à 0,001 près, le rayon du cercle.

372. — Calculer l'aire d'un cercle, sachant qu'une corde de 0^m4 y sous-tend un arc de 120 degrés.

373. — Sur le diamètre AB d'un cercle, par le centre O, on élève un rayon perpendiculaire OC, puis du point C avec CA comme rayon on décrit un arc de cercle qui passe nécessairement par le point B. Calculer la surface du segment compris entre cet arc AB et sa corde, en fonction du rayon R du cercle donné.

374. — On partage le diamètre AB d'une demi-circonférence en deux parties quelconques, AC, CB, sur lesquelles on décrit des demi-circonférences. Démontrer que l'espace compris entre les trois demi-circonférences est équivalent au cercle qui aurait pour diamètre la perpendiculaire élevée en C sur AB, et prolongée jusqu'à la rencontre de la première demi-circonférence.

375. — Étant données les surfaces s et S de deux polygones réguliers semblables, l'un inscrit, l'autre circonscrit à une même circonférence, démontrer que les surfaces des polygones réguliers d'un nombre double de côtés, inscrit et circonscrit à la même circonférence, sont donnés par les formules
$$s'=\sqrt{sS}, \text{ et } S'=\frac{2sS}{S+s'}$$
Conclure de ces formules un moyen de calculer la valeur du nombre π.

376. — Démontrer que, si l'on prolonge dans le même sens les côtés d'un hexagone régulier de longueur égale à ses côtés, et qu'on

joigne par des droites consécutives les extrémités de ces prolongements, on forme un second hexagone régulier, dont la surface est triple de celle du premier.

377. — Étant donné un hexagone régulier inscrit dans un cercle, on abaisse du centre, sur les côtés non consécutifs, trois perpendiculaires que l'on prend égales au côté du carré inscrit, et l'on joint leurs extrémités. Démontrer que le triangle ainsi formé est équivalent à l'hexagone.

378. — Sur chacun des côtés d'un hexagone régulier, on construit un carré extérieur à l'hexagone, et l'on demande : 1° de démontrer que les sommets extérieurs des 6 carrés ainsi construits sont ceux d'un dodécagone régulier ; 2° de calculer la surface de ce dodécagone régulier en supposant le côté de l'hexagone donné égal à 1^m.

Géométrie de l'espace.

LIVRE V.

DROITES ET PLANS.

DÉFINITIONS. — On appelle *plan* une surface telle que si on y prend deux points et qu'on les joigne par une ligne droite, cette ligne droite y est contenue tout entière.

Le plan est indéfini dans toutes les directions, puisque la ligne droite est indéfinie elle-même. Cependant on est convenu de le figurer par un rectangle qui, vu en perspective, se présente à l'œil sous la forme d'un parallélogramme.

On dit qu'une droite est *perpendiculaire à un plan* quand elle est perpendiculaire à toutes les droites qui passent par son pied dans ce plan. Réciproquement, dans le même cas, le plan est perpendiculaire à la droite.

Conditions qui déterminent un plan.

THÉORÈME I.

Par trois points donnés non en ligne droite on peut toujours faire passer un plan et l'on n'en peut faire passer qu'un seul.

Soient A, B, C les trois points donnés. D'abord par la droite AB on peut toujours faire passer un plan, puisqu'une droite pouvant toujours être appliquée sur un plan, un plan peut toujours être appliqué contre une droite, de manière à la contenir tout entière. Si alors on fait tourner ce plan autour de AB comme charnière, comme il est indéfini, il rencontrera successivement tous les points de l'espace : il rencontrera donc à un certain instant le point C, et passera par les trois points donnés, A, B et C.

LIVRE V.   253

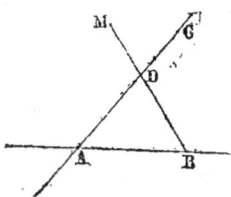

Je dis en second lieu, que par ces trois points on ne peut faire passer qu'un seul plan. Supposons en effet pour un instant qu'on en puisse faire passer deux. D'abord ils contiendront tous deux les droites AB, AC puisqu'ils contiennent deux points de chacune d'elles. Soit maintenant M un point quelconque du premier de ces plans : la droite MB ayant deux points dans ce plan, y est contenue tout entière ; elle rencontre donc la droite AC en un certain point D. Or le second plan contient le point B par hypothèse ; il contient le point D qui est situé sur AC ; il contient donc la droite DB tout entière, et par conséquent le point M qui est sur cette droite. Ainsi tout point de l'un des deux plans appartient par là même à l'autre, et par conséquent ces deux plans se confondent.

REMARQUE. — Nous avons admis que les deux droites MB et AC, du moment qu'elles sont dans un même plan, se rencontrent. S'il n'en était pas ainsi, on remplacerait le point B par un autre point quelconque de AB, et la démonstration subsisterait textuellement.

THÉORÈME II.

Par deux droites qui se coupent, AB, CD, *on peut toujours faire passer un plan, et l'on n'en peut faire passer qu'un seul.*

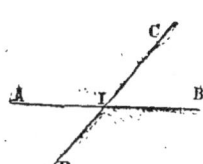

En effet, le plan qu'on peut faire passer par les trois points I, B et C en vertu du théorème précédent, contient deux points de chacune des deux droites données, et par conséquent les contient tout entières.

D'autre part, deux plans passant par les deux droites AB et CD, contiendraient tous deux les trois points I, B et C, et par suite se confondraient.

THÉORÈME III.

Par une droite AB *et un point* C **situé hors de cette droite**, *on peut toujours faire passer un plan, et l'on n'en peut faire passer qu'un seul.*

En effet, le plan qu'on peut faire passer par les trois points A, B et C, contient la droite AB et le point C, ce qui justifie la première partie de l'énoncé.

D'autre part, deux plans passant par AB et le point C, contiendraient tous les deux les trois points A, B et C, et par conséquent n'en feraient qu'un seul.

THÉORÈME IV.

Par deux parallèles on peut toujours faire passer un plan, et l'on n'en peut faire passer qu'un seul.

D'abord la première partie de l'énoncé résulte de ce que par définition, deux parallèles sont deux droites situées dans un même plan.

D'autre part, deux plans conduits par les parallèles AB, CD, contiendraient tous les deux les trois points A, B et E, et par suite n'en feraient qu'un seul.

Génération du Plan.

On considère ordinairement en géométrie, une surface comme engendrée par une ligne, droite ou courbe, appelée *génératrice*, qui se déplace dans l'espace en obéissant constamment à une loi déterminée. Les théorèmes précédents fournissent diverses générations du plan.

1° *Un plan est engendré par une droite qui se déplace, en restant constamment parallèle à elle-même, et en rencontrant constamment une droite fixe.*

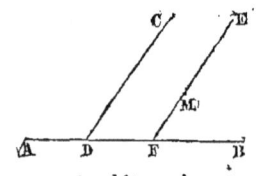

Soient en effet AB la droite fixe, EF une position quelconque de la droite mobile, et CD la droite à laquelle elle doit rester parallèle, et que nous pouvons supposer menée par un point D de AB. Les droites CD et AB qui se coupent, déterminent un plan; les droites parallèles CD, EF en déterminent un pareillement. Or ces deux plans contiennent tous les deux la droite CD et le point F, et par conséquent se confondent. Cela montre déjà que dans son mouvement, la génératrice ne sort pas du plan déterminé par CD et AB.

Je dis de plus qu'elle en rencontre successivement tous les points. En effet, M étant un point quelconque de ce plan, la parallèle MF menée du point M à la droite CD, rencontre AB puisque CD la rencontre elle-même. Donc MF peut être considérée comme une des positions de la génératrice : cela montre que dans son déplacement, cette dernière rencontre à un certain instant le point M. Elle rencontre donc dans son mouvement tous les points du plan CDB.

2° *Un plan est engendré par une droite mobile qui tourne autour d'un point fixe A, en rencontrant constamment une droite fixe BC.*

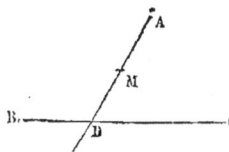

En effet, d'abord dans une quelconque de ses positions, la droite mobile a deux de ses points dans le plan déterminé par la droite BC, et le point A. Elle est donc toujours dans ce plan. — D'ailleurs elle en rencontre tous les points : car M étant un point quelconque de ce plan, la droite AM, qui y a deux points, y est tout entière, et par conséquent, en général, elle rencontre BC. On peut donc la regarder comme une des positions de la droite mobile, en sorte que dans son mouvement, cette droite rencontre nécessairement le point M.

REMARQUE I. — Les points situés sur la parallèle menée du point A à BC échappent à la démonstration. Mais on peut les considérer comme ceux que la droite mobile atteint dans sa position limite, c'est-à-dire quand elle rencontre la directrice BC *à l'infini*.

REMARQUE II. — La première des générations qui précèdent assimile le plan à une surface cylindrique, la seconde à une surface conique. (Voir livre VIII).

THÉORÈME V.

L'intersection de deux plans est une ligne droite.

En effet, si sur cette intersection il pouvait y avoir trois points non en ligne droite, les deux plans passant tous deux par trois points non en ligne droite, qui se confondraient, tandis qu'au contraire nous supposons qu'ils se coupent.

Des Perpendiculaires et des Obliques aux Plans.

THÉORÈME VI.

Quand une droite AB est perpendiculaire à deux autres droites BC, BD qui passent par son pied dans un plan mn, elle est perpendiculaire à toute autre droite BE passant par son pied dans le même plan, et par suite perpendiculaire au plan.

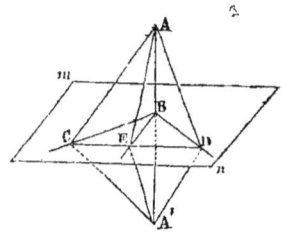

Joignons en effet un point quelconque de BC à un point quelconque de CD par la droite CD, qui coupera BE en un point E; puis prenant sur BA et sur son prolongement des distances égales BA, BA', tirons CA, CA', DA, DA' EA, EA'. Dans la figure ainsi construite, CB étant perpendiculaire au milieu de AA', les droites CA, CA' sont égales comme obliques s'écartant également du pied B de cette perpendiculaire. De même les droites DA, DA' sont égales comme obliques s'écartant également du pied B de la perpendiculaire DB. Dès lors, les deux triangles CAD, CA'D ont les trois côtés égaux et par conséquent sont égaux, et l'on peut les superposer. Pour cela, il suffit de faire tourner le triangle CA'D autour de sa base CD pour l'appliquer sur l'autre : le point A' vient ainsi tomber sur le point A. Mais dans ce mouvement le point E est resté immobile; donc EA' est venu coïncider avec EA, et par suite lui est égale. Le triangle AEA' est donc isocèle, et la ligne EB qui joint son sommet au milieu B de sa base, est perpendiculaire sur cette base. Ainsi EB est perpendiculaire sur AA' ou AB, et réciproquement AB est perpendiculaire sur EB ce qui justifie l'énoncé.

THÉORÈME VII.

Lorsqu'une droite se déplace dans l'espace en restant constamment perpendiculaire en un même point A d'une droite fixe BA, dans son mouvement elle engendre un plan perpendiculaire à cette droite.

LIVRE V.

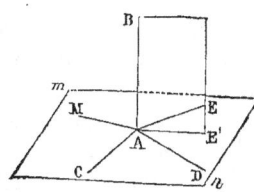

Soient AC, AD deux positions quelconques de la droite mobile. Le plan *mn*, qui passe par AC et AD, est perpendiculaire à AB en vertu de la proposition précédente. Or je dis d'abord que toute autre position de la droite mobile est située dans ce plan. — Soit en effet AE une de ces positions, et BE' le plan conduit par AB et AE. Ce plan coupe *mn* suivant une droite AE' perpendiculaire à AB, puisque AB est perpendiculaire à *mn*. Mais déjà AE est perpendiculaire à AB, dans le même plan BE'. Donc AE se confond avec AE', et par conséquent est située dans le plan *mn*. Ainsi la droite mobile, dans son mouvement, ne quitte pas ce plan.

Je dis ensuite qu'elle en atteint tous les points. Soit en effet M un point quelconque de *mn* : MA est perpendiculaire à AB, puisque AB est perpendiculaire au plan *mn*. Donc MA peut être considérée comme une des positions de la droite mobile, en sorte que cette droite dans une de ses positions rencontre le point M. — La droite mobile engendre donc le plan *mn*.

REMARQUE. — Ce troisième mode de génération assimile le plan à un *cône de révolution*. (Voir livre VIII).

THÉORÈME VIII.

D'un point A pris hors d'un plan mn, on peut toujours lui abaisser une perpendiculaire, et l'on ne peut lui en abaisser qu'une seule.

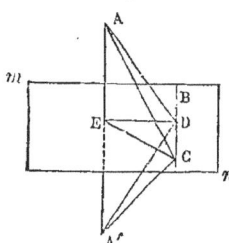

D'abord, si l'on trace une droite quelconque BC dans le plan *mn*, on peut toujours, par BC et le point A, faire passer un plan, et dans ce plan mener une perpendiculaire AD du point A sur BC. On peut ensuite du point D, mener DE perpendiculaire à BC dans le plan *mn*. Enfin, dans le plan ADE, on peut mener du point A sur DE la perpendiculaire AE : or je dis que AE est perpendiculaire au plan *mn*.

Joignons en effet le point E à un point quelconque C de BC, puis prenant sur le prolongement de AE, une distance EA' égale à AE, tirons CA, CA' et DA'. La droite CD étant perpendiculaire par construction aux deux droites DA, DE du plan ADA', est perpendiculaire à la droite DA' qui passe par son pied dans ce plan : les deux triangles ADC, A'DC ont donc les angles du point D égaux comme droits ; ils ont le côté DC commun, et les côtés DA, DA' égaux comme obliques s'écartant également du pied E de la perpendiculaire DE. Ces deux triangles ont donc un angle égal compris entre côtés égaux, et par conséquent sont égaux ; on en conclut l'égalité des lignes CA et CA'. Dès lors, le triangle ACA' est isocèle, et la droite CE qui va de son sommet au milieu de sa base, est perpendiculaire sur cette base. Ainsi CE est perpendiculaire sur AA' ou AE, et réciproquement AE est perpendiculaire à CE.

Cela montre que AE est perpendiculaire à une droite quelconque menée par son pied dans le plan mn, et par conséquent est perpendiculaire à ce plan.

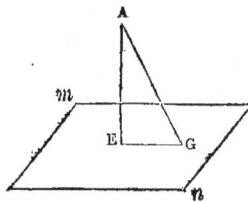

Je dis en second lieu qu'aucune autre droite AG, issue du point A, ne peut être perpendiculaire au plan mn : AE en effet, est perpendiculaire à EG qui passe par son pied dans le plan mn ; par suite AG lui est oblique, puisque dans le triangle AEG il ne peut y avoir qu'un angle droit. La droite AG n'est donc pas perpendiculaire à toutes les droites qui passent par son pied dans le plan mn, et par conséquent n'est pas perpendiculaire à ce plan.

THÉORÈME IX.

D'un point E pris sur un plan mn on peut toujours élever une perpendiculaire à ce plan, et l'on n'en peut élever qu'une seule.

D'abord, BC étant une droite quelconque du plan mn (fig. du théor. VIII), on peut toujours mener ED perpendiculaire à BC; puis concevant par BC un plan quelconque, on peut toujours dans ce plan élever DA perpendiculaire à BC. Enfin dans le plan ADE, on peut toujours élever EA perpendiculaire à DE. EA est perpendiculaire au plan mn. — La démonstration est la même que pour la première partie du théorème précédent.

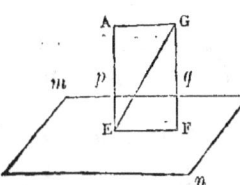

Je dis en second lieu qu'aucune autre droite EG menée du point E, ne peut être perpendiculaire au plan *mn*. Effectivement, le plan *pq* mené par AE et EG, coupe *mn* suivant une droite EF, et AE perpendiculaire à *mn* l'est par suite à EF. Donc EG est oblique à EF puisque dans le plan *pq* on ne peut mener du point E qu'une seule perpendiculaire sur EF. Dès lors EG n'étant pas perpendiculaire à toutes les droites qui passent par son pied dans le plan *mn*, ne peut être perpendiculaire à ce plan.

THÉORÈME X.

D'un point A pris hors d'une droite BC on peut toujours lui mener un plan perpendiculaire, et l'on ne peut lui en mener qu'un seul.

D'abord du point A on peut toujours mener AD perpendiculaire sur BC, puis conduisant par BC un plan quelconque, on peut toujours dans ce plan mener une perpendiculaire DE

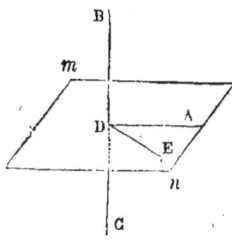

à BC. Le plan *mn* conduit par DA et DE est perpendiculaire à BC, et cela justifie la première partie de l'énoncé.

Pour en démontrer la seconde partie, concevons par le point A un second plan *m'n'* qui coupe BC en D' et tirons D'A. Comme AD est perpendiculaire à BC par construction, l'angle D est droit; donc l'angle D' est aigu, puisque dans un triangle il ne peut y avoir qu'un angle droit, et BC n'est pas perpendiculaire à D'A. BC n'est donc pas perpendiculaire à toutes les droites qui passent par son pied dans le plan *m'n'*, et par conséquent n'est pas perpendiculaire à ce plan. Donc réciproquement ce plan n'est pas **perpendiculaire à BC.**

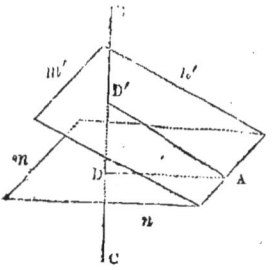

THÉORÈME XI.

D'un point A pris sur une droite BC on peut toujours mener un plan perpendiculaire à cette droite, et l'on n'en peut mener qu'un seul.

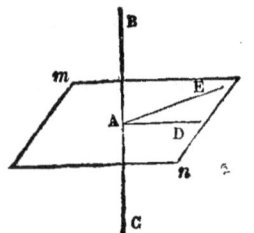

D'abord dans deux plans différents conduits par BC, on peut élever des perpendiculaires AD, AE à BC, et le plan *mn* mené par ces perpendiculaires, est lui-même perpendiculaire à BC.

D'autre part, concevons par le point A un second plan *m'n'*, et menons par BC un plan qui coupera les deux premiers suivant les droites AE, AE'; AE sera perpendiculaire à BC, puisque BC est perpendiculaire au plan *mn*. Donc AE' sera oblique à BC, puisque d'un point on ne peut mener dans un plan qu'une perpendiculaire à une droite. Dès lors BC n'est pas perpendiculaire à toutes les droites du plan *m'n'*, et par conséquent ne lui est pas perpendiculaire. Réciproquement *m'n'* n'est pas perpendiculaire à BC.

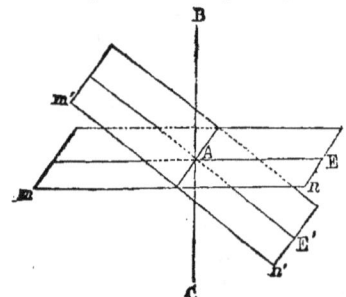

THÉORÈME XII.

Lorsque d'un point A on mène à un plan mn, une perpendiculaire et des obliques : 1° La perpendiculaire est plus courte que toute oblique; 2° Deux obliques également éloignées du pied de la perpendiculaire sont égales; 3° De deux obliques inégalement éloignées du pied de la perpendiculaire, la plus éloignée est la plus longue.

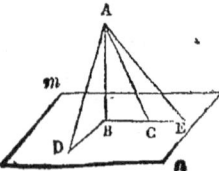

1° La perpendiculaire AB est plus courte que l'oblique AC : en effet les trois droites AB, AC, BC, sont dans un même plan; et AB perpendiculaire à *mn*, est perpendiculaire à BC qui passe par son pied dans ce plan; donc AC lui est oblique, et en vertu d'un théorème de géométrie plane, on a AB<AC.

2° Supposons que les obliques AD, AC s'écartent également du pied de la perpendiculaire, c'est-à-dire qu'on ait BD=BC.

Les triangles ABC, ABD auront les angles en B égaux comme droits; le côté AB commun, et les côtés BC et BD égaux par hypothèse. Ces deux triangles sont donc égaux, et l'on en conclut AC=AD.

3° Si l'on a BE>BD, je dis qu'on a aussi AE>AD. Prenons en effet sur BE, la distance BC égale à BD. Les deux obliques AC, AD seront égales en vertu de ce qui précède, et nous serons ramenés à démontrer que AE est plus grande que AC. Or les trois lignes AB, AE, AC sont dans un même plan, savoir le plan du triangle ABE, et AB perpendiculaire à *mn*, est perpendiculaire à BE qui passe par son pied dans ce plan; donc AE et AC lui sont obliques, et comme on a BE>BC, on a en vertu d'un théorème de géométrie plane, AE>AC. Donc on a aussi AE>AD, ce qui justifie l'énoncé.

Réciproques. — Les réciproques des trois parties de la proposition sont vraies.

1° *Si une droite est la plus courte de celles qu'on peut mener d'un point à un plan, elle est perpendiculaire au plan.*

Car s'il n'en était pas ainsi, la perpendiculaire menée du même point serait plus courte qu'elle, ce qui est contraire à l'hypothèse.

2° *Si deux obliques sont égales, elles doivent s'écarter également du pied de la perpendiculaire.*

Car si elles s'en écartaient inégalement, l'une serait plus longue que l'autre, ce qui est contre l'hypothèse.

3° *Quand une oblique est plus longue qu'une autre, elle s'écarte plus du pied de la perpendiculaire.*

Car si elle s'en écartait autant, elle serait égale à l'autre; si elle s'en écartait moins elle serait plus petite, deux conséquences également contre l'hypothèse.

Remarque. — Il résulte de la deuxième de ces réciproques, que les pieds des obliques égales étant tous également éloignés du pied de la perpendiculaire, le lieu de ces pieds *est une circonférence qui a pour centre le pied de la perpendiculaire.*

THÉORÈME XIII.

Quand au milieu C d'une droite AB, on élève un plan mn perpendiculaire à cette droite, 1° tout point pris dans ce plan est également distant des extrémités A et B de la droite; 2° tout point pris en dehors en est inégalement distant.

1° Soit D un point quelconque du plan *mn*. Si nous tirons DC, DA, DB, la droite AB perpendiculaire au plan *mn*, est perpendiculaire à DC qui passe par son pied donc dans ce plan; les deux triangles ADC, CDB ont donc les angles en C égaux comme droits; ils ont le côté DC commun, et AC=CB par hypothèse; ils sont donc égaux et l'on en conclut AD=DB.

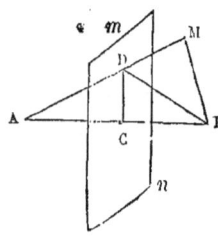

2° Soit M un point pris hors du plan *mn*. La droite MA coupe ce plan en un point D, et si nous tirons DB, nous avons DB=DA.

Cela posé, le triangle MDB donne :

$$MB < MD + DB.$$

Remplaçons DB par son égal DA, il vient :

$$MB < MD + DA.$$

ou $$MB < MA.$$

REMARQUE. — On énonce souvent ce théorème en disant : *Le lieu des points équidistants des extrémités d'une droite est le plan perpendiculaire à cette droite en son milieu.*

THÉORÈME XIV.

(Théorème des trois perpendiculaires).

Lorsqu'une droite AB est perpendiculaire à un plan mn, et que de son pied B on abaisse une perpendiculaire BF sur une droite quelconque DC de ce plan, toute droite qui joint un point A de AB au point F, est elle-même perpendiculaire sur DC.

Prenons en effet de part et d'autre de F des distances FC, FD égales entre elles, et tirons BC, BD, AC et AD. Les deux obliques BC, BD s'écartant également, en vertu de cette construction, du pied F de la perpendiculaire BF, seront égales; mais elles mesurent les distances des pieds des deux obliques AC, AD au pied B de la perpendiculaire AB. Donc ces deux obliques sont égales elles-mêmes et le triangle DAC est isocèle. La ligne AF qui joint son sommet au milieu F de sa base DC, est par suite perpendiculaire sur cette base, et cela justifie l'énoncé.

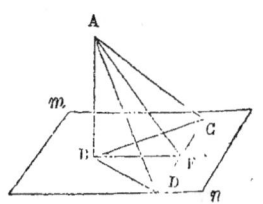

— *Réciproquement*, si une droite AB est perpendiculaire à un plan *mn* et que d'un point A de cette droite on mène une perpendiculaire AF sur une droite quelconque CD de ce plan, la droite BF qui joint les pieds de ces deux perpendiculaires, est elle-même perpendiculaire à CD.

En effet si l'on prend encore FD=FC, et que l'on tire BC, BD, AC et AD, les deux droites AC et AD sont égales comme obliques s'écartant également du pied F de la perpendiculaire AF; donc elles doivent s'écarter également du pied B de la perpendiculaire AB. On en conclut BC=BD. Le triangle CBD est donc isocèle, et la droite BF qui joint son sommet au milieu F de sa base CD, est perpendiculaire sur cette base.

Des parallèles dans l'espace.

THÉORÈME XV.

D'un point A *pris hors d'une droite* BC, *on peut toujours mener à cette droite une parallèle, et l'on ne peut lui en mener qu'une seule.*

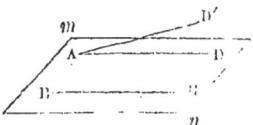

D'abord, par le point A et la droite BC on peut toujours faire passer un plan, et dans ce plan on peut toujours mener une parallèle AD à BC, ce qui justifie la première partie de l'énoncé.

D'autre part, supposons que par le point A on puisse mener à BC une seconde parallèle AD'. Le plan des deux parallèles AD et BC, et celui des deux parallèles AD' et BC, passant tous deux par le point A et la droite BC, n'en feront qu'un seul; et dès lors les parallèles AD et AD', menées d'un même point A à une même droite dans un même plan, se confondront.

THÉORÈME XVI.

Quand deux droites AB, CD sont parallèles, si l'une AB est perpendiculaire à un plan mn, l'autre CD l'est aussi.

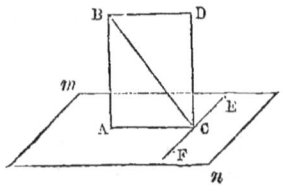

En effet, d'abord les deux droites AB, CD étant parallèles, sont dans un même plan ABCD, qui coupe *mn* suivant la droite AC. La droite AB, perpendiculaire au plan *mn*, l'est par suite à AC qui passe par son pied dans ce plan. Sa parallèle CD est donc aussi perpendiculaire à AC.

D'autre part, menons EF perpendiculaire à AC, et joignons le point C à un point quelconque B de AB. En vertu du théorème des trois perpendiculaires, BC est perpendiculaire à EF, ou EF à BC; EF est donc perpendiculaire à deux droites AC, BC, passant par son pied dans le plan ABCD, et par suite perpendiculaire à CD qui passe aussi par son pied dans ce plan; réciproquement CD est perpendiculaire à EF, et dès lors CD étant perpendiculaire à deux droites AC et EF passant par son pied dans le plan *mn*, est perpendiculaire à ce plan.

THÉORÈME XVII.

Réciproquement, quand deux droites AB, CD sont perpendiculaires à un même plan mn, elles sont parallèles.

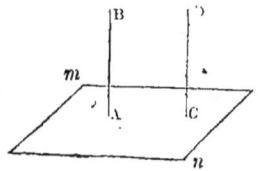

En effet, la parallèle à AB, menée par le point C, doit, en vertu du théorème précédent, être perpendiculaire à *mn*, et se confond avec CD.

LIVRE V.

THÉORÈME XVIII.

Quand deux droites AB, CD *sont parallèles à une troisième* EF, *elles sont parallèles entre elles.*

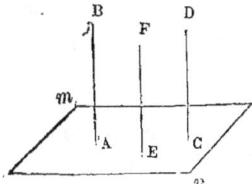

En effet, si nous menons un plan *mn* perpendiculaire à EF, les droites AB, CD qui sont parallèles à EF, sont aussi perpendiculaires à ce plan ; et dès lors ces droites AB, CD étant perpendiculaires à un même plan, sont parallèles.

Droites parallèles aux Plans.

DÉFINITION. — On dit qu'une droite et un plan sont parallèles quand ils ne peuvent se rencontrer, à quelque distance qu'on les prolonge.

THÉORÈME XIX.

Quand une droite AB *est parallèle à une droite* CD *située dans un plan mn, elle est parallèle à ce plan.*

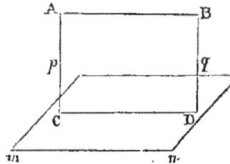

En effet, AB et CD étant parallèles sont dans un même plan *pq*. Or, si AB pouvait rencontrer *mn*, d'abord le point de rencontre serait dans le plan *mn* ; d'autre part, ce même point se trouvant sur AB, serait dans le plan *pq*. Il devrait donc se trouver sur l'intersection CD des deux plans. Ainsi AB ne pourrait rencontrer *mn* qu'à condition de rencontrer CD, ce qui est impossible puisqu'elle lui est parallèle. Elle est donc aussi parallèle à *mn*.

THÉORÈME XX.

Quand une droite AB *est parallèle à un plan mn, un second plan pq mené par* AB, *coupe mn suivant une parallèle* CD *à* AB.

En effet, par construction (fig. précéd.) AB et CD sont dans un même plan ; d'ailleurs, elles ne peuvent se rencontrer, puisque AB, parallèle au plan *mn*, ne peut rencontrer aucune droite de ce plan.

THÉORÈME XXI.

Quand une droite AB *est parallèle à un plan* mn, *si par un point* C *de ce plan, on mène une parallèle* CD *à* AB, *elle est toute entière dans le plan* mn.

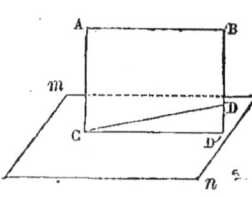

En effet, le plan des deux parallèles AB et CD, en vertu du théorème précédent, coupe mn suivant une droite CD' parallèle à AB; et comme d'un point on ne peut mener qu'une parallèle à une droite, CD doit se confondre avec CD'. Dès lors, CD se confondant avec une droite du plan mn, y est contenue toute entière.

THÉORÈME XXII.

Deux parallèles EF, GH, *comprises entre une droite et un plan parallèles sont égales.*

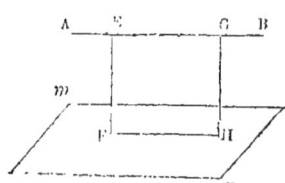

En effet, le plan des deux parallèles EF, GH, coupe mn suivant une droite FH parallèle à AB. La figure EFGH est donc un parallélogramme, et l'on en conclut :

EF = GH.

THÉORÈME XXIII.

Un plan mn *et une droite* AB *parallèles entre eux sont partout à la même distance.*

Cet énoncé signifie que si de deux points quelconques E et G de AB (fig. précéd.), on abaisse des perpendiculaires sur mn, ces perpendiculaires sont égales. Or cela résulte immédiatement du théorème précédent, puisque EF et GH perpendiculaires à un même plan mn, sont parallèles.

— Réciproquement, *quand une droite* AB, *a deux de ses points* E *et* G *à la même distance d'un plan* mn, *elle lui est parallèle*. En effet, les droites EF, GH perpendiculaires toutes deux à un même plan sont parallèles, et le quadrilatère EFGH ayant deux côtés à la fois égaux et parallèles, est un parallélogramme. Il en résulte que EG ou AB est parallèle à FH, et par suite au plan mn.

LIVRE V.

Plans parallèles entre eux.

DÉFINITION. — On dit que deux plans sont *parallèles* quand ils ne se rencontrent jamais à quelque distance qu'on les prolonge l'un et l'autre.

THÉORÈME XXIV.

Quand deux plans mn, pq, sont perpendiculaires à une même droite AB, *ils sont parallèles.*

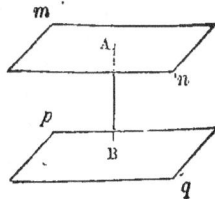

Effectivement, s'ils se rencontraient, d'un point quelconque de leur droite d'intersection partiraient deux plans perpendiculaires à une même droite AB, ce que nous savons impossible.

THÉORÈME XXV.

Quand deux plans parallèles mn, pq, sont coupés par un troisième rs, les intersections AB, CD *sont des droites parallèles.*

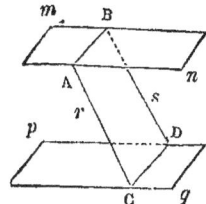

En effet elles sont dans un même plan *rs*, et d'ailleurs elles ne peuvent se rencontrer, puisqu'elles appartiennent à deux plans *mn*, *pq*, qui étant parallèles, ne peuvent avoir aucun point commun.

THÉORÈME XXVI.

Quand deux plans mn, pq, sont parallèles, toute droite AB, *perpendiculaire à mn, l'est aussi à pq.*

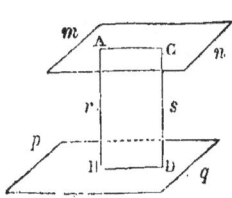

Concevons en effet une droite quelconque BD, par le point B, dans le plan *pq*, et par AB et BD faisons passer un plan *rs*; il coupera *mn* suivant une droite AC parallèle à BD. Or AB perpendiculaire à AC, puisqu'elle l'est au plan *mn*, l'est par suite à sa parallèle BD : AB est donc perpendiculaire à une droite quelconque

BD menée par son pied dans le plan *pq*, et par conséquent est perpendiculaire à ce plan.

THÉORÈME XXVII.

Par un point A pris hors d'un plan pq, on peut toujours lui mener un plan parallèle, et l'on ne peut lui en mener qu'un seul.

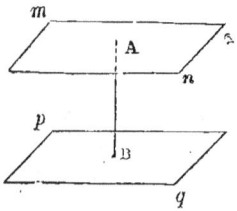

En effet, du point A on peut toujours mener AB perpendiculaire à *pq*. On peut ensuite, du point A, élever un plan *mn* perpendiculaire à AB, et les deux plans *mn*, *pq*, étant tous deux perpendiculaires à une même droite AB sont parallèles. Cela justifie la première partie de l'énoncé.

D'autre part, on ne peut, par le point A, mener qu'un seul plan parallèle à *pq*, car tout plan parallèle à *pq*, mené par le point A, doit, en vertu de la proposition précédente, être perpendiculaire à AB, et par suite se confond avec *mn*.

THÉORÈME XXVIII.

Quand deux plans mn, pq sont parallèles, si par un point A de mn, on mène une parallèle AB à pq, elle est tout entière dans le plan mn.

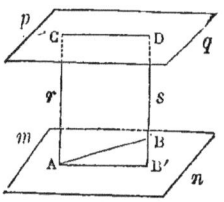

En effet un plan quelconque *rs* mené par AB, coupe *mn* et *pq* suivant deux droites AB' et CD parallèles entre elles ; mais AB et CD sont parallèles puisqu'elles sont dans un même plan *rs*, et que d'ailleurs AB parallèle à *pq* ne peut rencontrer la droite CD de ce plan.

Donc AB et AB' étant menées d'un même point A parallèlement à une même droite CD, se confondent, et par suite AB se confondant avec une droite du plan *mn*, y est située tout entière.

Corollaire. — Il résulte immédiatement de ce théorème qu'on peut considérer un plan *mn* comme engendré par une droite AB qui se déplace dans l'espace en passant constamment par un même point A et restant constamment parallèle à un plan *pq*. Ce plan *pq* prend dans cette circonstance, le nom de *plan directeur*.

THÉORÈME XXIX.

Deux parallèles AB, CD, comprises entre deux plans parallèles mn, pq, sont égales.

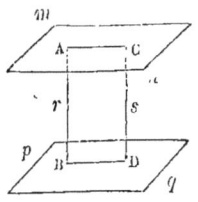

En effet, le plan *rs* des deux parallèles AB, CD, coupe les deux plans *mn, pq* suivant des droites AC, BD, parallèles entre elles, en sorte que la figure ACBD est un parallélogramme.

On a donc :
$$AB = CD.$$

THÉORÈME XXX.

Deux plans parallèles sont partout à la même distance.

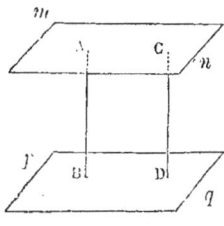

Cet énoncé signifie que, si de deux points quelconques A et C du premier plan, on abaisse sur l'autre des perpendiculaires AB, CD, ces perpendiculaires sont égales. Or, cela résulte immédiatement de la proposition précédente, puisque les droites AB, CD, perpendiculaires à un même plan, sont parallèles.

THÉORÈME XXXI.

Quand trois plans sont parallèles deux à deux, les segments qu'ils interceptent sur deux droites quelconques AB, CD, sont proportionnels.

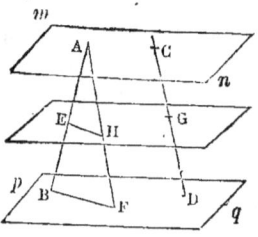

Menons en effet par le point A, AF parallèle à CD, et tirons EH, BF. Les droites EH et BF seront parallèles comme intersections de deux plans parallèles par un troisième, et l'on aura, en vertu d'un théorème de géométrie plane :

$$\frac{AE}{EB} = \frac{AH}{HF}.$$

Or, AH et CG sont égales comme parallèles comprises entre parallèles ; de même HF et GD. L'égalité précédente peut donc s'écrire :

$$\frac{AE}{EB} = \frac{CG}{GD},$$

et cela démontre l'énoncé.

THÉORÈME XXXII.

Réciproquement, quand on partage dans un rapport donné $\frac{\alpha}{\beta}$, toutes les droites menées de l'un à l'autre de deux plans parallèles mn, pq, le lieu des points de division est un troisième plan parallèle aux deux autres.

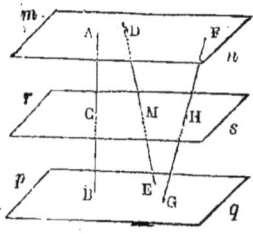

Menons d'abord d'un point quelconque A de *mn* une perpendiculaire AB sur *pq*, et partageant AB dans le rapport $\frac{\alpha}{\beta}$, menons par le point de division C, le plan *rs* perpendiculaire à AB. Ce plan sera parallèle à *mn* et *pq*. Or je dis qu'il représente le lieu cherché.

En effet toute droite DE menée d'un point de *mn* à un point de *pq* est, en vertu du théorème précédent, partagée par le plan *rs* dans le rapport $\frac{AC}{CB}$, ou $\frac{\alpha}{\beta}$; tout point du lieu est donc dans ce plan.

D'autre part, tout point H de ce plan est un point du lieu ;

car toute droite FG menée par ce point, rencontre les plans mn et pq, et est coupée en H dans le rapport de AC à BD, c'est-à-dire de α à β.

THÉORÈME XXXIII.

Quand deux angles ABC, A'B'C', *non situés dans un même plan, ont leurs côtés parallèles chacun à chacun et dirigés dans le même sens, ils sont égaux et leurs plans sont parallèles.*

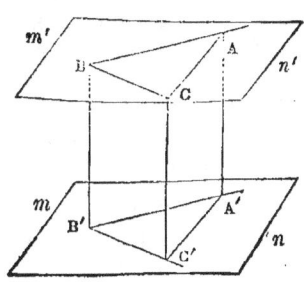

Prenons en effet, sur les côtés de ces angles, BA=B'A', BC=B'C' et tirons AC, A'C', BB', CC', AA'. Dans la figure ainsi construite, le quadrilatère AA'BB' ayant deux côtés AB, A'B' égaux et parallèles, est un parallélogramme ; on en conclut que AA' est elle-même égale et parallèle à BB'. De même BC étant égale et parallèle à B'C', la figure BB'CC' est un parallélogramme, d'où il résulte que CC' est égale et parallèle à BB' : AA' et CC' sont donc toutes deux égales et parallèles à BB' et par conséquent sont égales et parallèles entre elles. Il s'en suit que la figure AA'CC' est un parallélogramme. On en conclut, AC=A'C'. Dès lors les deux triangles ABC, A'B'C' ont leurs trois côtés égaux chacun à chacun, et par conséquent l'angle B de l'un est égal à l'angle B' de l'autre.

En second lieu, concevons le plan mn que déterminent les côtés de l'angle A'B'C', et par le point B menons un plan parallèle à mn. En vertu d'un théorème précédent, il doit déterminer sur AA' et sur CC', des distances égales à BB'. Donc puisqu'on a déjà AA'=BB' et CC'=BB', il passe par les points A et C ; il se confond donc avec le plan de l'angle ABC, et par conséquent le plan de cet angle est parallèle à celui de l'angle A'B'C'.

REMARQUE. — Il résulte immédiatement de la proposition précédente, que deux angles sont égaux s'ils ont leurs côtés parallèles et dirigés en sens inverses ; supplémentaires, si leurs côtés sont parallèles, et dirigés deux dans le même sens et deux en sens inverses, et que dans les deux cas, les plans de ces angles sont parallèles.

THÉORÈME XXXIV.

Quand trois droites, AA′, BB′, CC′ non situés dans un même plan, sont égales et parallèles, les triangles qu'on obtient en joignant leurs extrémités deux à deux, sont égaux, et leurs plans sont parallèles.

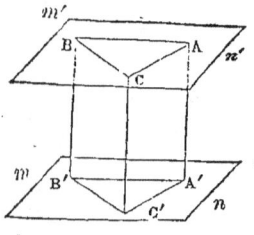

En effet, les droites AA′, BB′, étant égales et parallèles, le quadrilatère ABA′B′ est un parallélogramme. On en conclut que AB est égale à A′B′. Pour une raison analogue, AC est égale à A′C′ et BC à B′C′. Il en résulte d'abord que les triangles ABC, A′B′C′ ont leurs trois côtés égaux chacun à chacun, et par suite sont égaux.

D'autre part, les droites BA, BC étant respectivement parallèles à B′A′, B′C′, le plan du triangle ABC est, en vertu du théorème précédent, parallèle à celui du triangle A′B′C′.

COROLLAIRE. — Il résulte immédiatement de cette proposition que *deux plans sont parallèles si trois points du premier sont également distants du second*, c'est-à-dire si les perpendiculaires abaissées de ces trois points sur le second plan sont égales.

THÉORÈME XXXV.

Étant donnés deux droites AB, CD, non situées dans un même plan, on peut toujours concevoir deux plans passant respectivement par ces deux droites, et parallèles entre eux ; et l'on ne peut concevoir qu'un seul groupe de pareils plans.

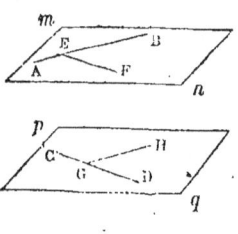

D'abord, par un point quelconque E de AB, on peut toujours concevoir une parallèle EF à CD, et par un point G de CD, une parallèle GH à AB. Les plans mn, pq des deux angles BEF, HGD, sont parallèles en vertu d'un théorème précédent, et cela démontre la première partie de l'énoncé.

LIVRE V.   273

D'autre part, concevons s'il est possible, deux autres plans parallèles $m'n'$, $p'q'$ passant respectivement par AB et CD : GH parallèle à la droite AB du plan $m'n'$, sera toute entière dans le plan $p'q'$ (XXVIII); donc ce plan $p'q'$ passe par les droites CD et GH du plan pq, et se confond avec ce dernier plan. On fera voir de même que le plan $m'n'$ se confond avec le plan mn. Les plans $m'n'$, $p'q'$ ne sont pas distincts des plans mn et pq, et cela justifie la seconde partie de l'énoncé.

THÉORÈME XXXVI.

Étant données deux droites AB, CD, non situées dans un même plan : 1° *on peut toujours leur mener une perpendiculaire commune ;* 2° *on ne peut leur en mener qu'une seule ;* 3° *elle est la plus courte des droites qu'on peut mener de l'une à l'autre des deux droites données.*

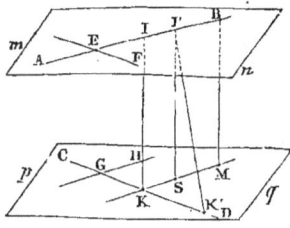

D'abord menons, comme dans le théorème précédent, EF parallèle à CD, et GH parallèle à AB, puis concevons le plan des droites AB, EF, et celui des droites CD et GH, plans qui, en vertu d'un théorème précédent, seront parallèles. Cela fait, d'un point B de AB, menons BM perpendiculaire au plan pq, et concevons le plan des droites AB, BM. Il coupera pq suivant une droite MK parallèle à AB. Si alors nous menons dans ce plan, KI parallèle à BM, jusqu'à la rencontre de AB, cette droite KI sera perpendiculaire aux deux plans mn, pq, puisqu'elle est parallèle à la droite BM qui leur est perpendiculaire; par suite elle sera perpendiculaire aux droites AB, CD qui passent par ses pieds respectifs dans ces deux plans. — Cela justifie la première partie de l'énoncé.

En second lieu, si une autre droite I'K' pouvait être perpendiculaire à la fois à AB et CD, elle serait aussi perpendiculaire à la droite menée dans le plan mn, parallèlement à CD par le point I'. Étant perpendiculaire à deux droites du plan mn, elle serait perpendiculaire à ce plan ; elle serait donc parallèle à IK, en sorte que I'K' et IK seraient dans un même plan ; dès lors les droites AB, CD ayant chacune deux points dans ce

18

plan, y seraient elles-mêmes tout entières, ce qui est contre l'hypothèse.

En troisième lieu, IK est la plus courte des lignes qui vont d'un point de AB à un point de CD; par exemple IK est moindre que I'K'. En effet, la perpendiculaire I'S, menée du point I' sur pq, est distincte de I'K', puisque I'K' ne peut être perpendiculaire à pq, et l'on a I'S<I'K'. Mais I'S et IK sont égales comme parallèles comprises entre plans parallèles. Donc on a aussi IK<I'K'.

Angles Dièdres.

On appelle *angle dièdre* l'écartement plus ou moins grand de deux plans qui se coupent, et sont limités à leur intersection. Cette intersection est l'*arête* du dièdre; les deux plans en sont les *faces*.

Pour désigner un angle dièdre, on se sert de quatre lettres placées, deux sur l'arête, et les deux autres sur les faces, en énonçant les lettres de l'arête entre les deux autres. Toutefois quand un dièdre est seul, on peut aussi le désigner par son arête.

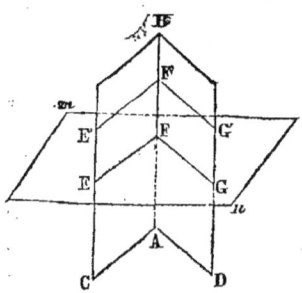

On appelle *angle rectiligne* d'un angle dièdre, l'angle formé par les perpendiculaires menées dans les deux faces en un même point de l'arête. Tel est l'angle EFG. — Si nous observons que l'arête AB, perpendiculaire aux deux côtés de l'angle EFG, est par suite perpendiculaire à leur plan, nous pouvons en conclure que l'angle rectiligne d'un dièdre n'est autre chose que la section obtenue en coupant ce dièdre par un plan perpendiculaire à son arête.

Le point de l'arête où l'angle rectiligne est construit, est d'ailleurs indifférent, car deux pareils angles EFG, E'F'G', construits en deux points différents F et F' de l'arête, ont leurs côtés FG, F'G' parallèles comme perpendiculaires à une même droite dans un même plan, et leurs côtés FE, F'E' parallèles pour une raison analogue; ces deux angles ayant donc leurs côtés parallèles deux à deux et dirigés dans le même sens, sont égaux.

THÉORÈME XXXVII.

Quand deux dièdres sont égaux, leurs angles rectilignes sont égaux, et réciproquement.

D'abord si les angles dièdres sont égaux, on peut les faire coïncider, et l'angle rectiligne de l'un devient l'angle rectiligne de l'autre. Ces deux angles rectilignes sont donc égaux, ce qui justifie la première partie de l'énoncé.

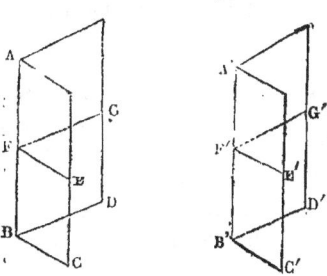

Réciproquement, si les angles rectilignes EFG, E'F'G' sont égaux, on peut toujours porter les deux angles dièdres l'un dans l'autre, de telle sorte que EFG, E'F'G' coïncidant, FE suive la direction F'E', et FG la direction F'G'. A cet instant, AB perpendiculaire au plan du premier angle rectiligne, prend la direction de A'B' perpendiculaire au plan du second. Dès lors AB et EF recouvrant A'B' et E'F', le plan AC déterminé par les deux premières de ces lignes, coïncide avec le plan A'C' déterminé par les deux autres. Pour une raison analogue le plan AD coïncide avec le plan A'D', et les deux dièdres n'en font plus qu'un seul. Ils sont donc égaux.

THÉORÈME XXXVIII.

Le rapport de deux angles dièdres est toujours égal à celui de leurs angles rectilignes.

Ainsi CABD, HIKL étant deux angles dièdres quelconques, et EFG, MNP leurs angles rectilignes, je dis qu'on a :

$$\frac{\text{CABD}}{\text{HIKL}} = \frac{\text{EFG}}{\text{MNP}}.$$

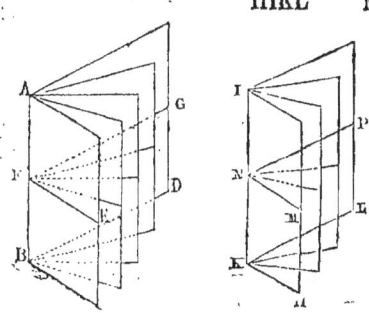

Supposons d'abord que les angles rectilignes aient une commune mesure, contenue par exemple 4 fois dans EFG, et 3 fois dans MNP, de telle sorte que le rapport de ces angles rectilignes soit $\frac{4}{3}$.

Si nous partageons EFG

en 4 parties égales et MNP en 3, les 7 angles partiels ainsi obtenus seront égaux entre eux. Par suite les dièdres partiels formés en menant des plans par les lignes de division et les arêtes correspondantes, ayant pour angles rectilignes ces 7 angles égaux, seront égaux eux-mêmes.

Dès lors, comme les dièdres CABD et HIKL, contiennent le premier 4 de ces dièdres partiels et le second 3, leur rapport est égal à $\frac{4}{3}$. Ce rapport est donc égal à celui des angles rectilignes.

On étend l'énoncé précédent au cas où les angles rectilignes EFG, MNP, n'ont pas de commune mesure, par des procédés analogues à ceux que nous avons déjà employés en pareil cas, soit en démontrant que le rapport de deux angles au centre est égal à celui de leurs arcs, soit en faisant voir que deux rectangles de même base sont entre eux comme leurs hauteurs.

THÉORÈME XXXIX.

La mesure d'un angle dièdre est la même que celle de son angle rectiligne, pourvu qu'on prenne pour unité d'angle dièdre, le dièdre qui correspond à l'unité d'angle rectiligne.

Soient en effet D un dièdre, R son angle rectiligne, d l'unité d'angle dièdre et r son angle rectiligne que nous supposons pris pour unité. Nous aurons en vertu du théorème qui précède :

$$\frac{D}{d} = \frac{R}{r}.$$

Mais d étant l'unité d'angle dièdre, $\frac{D}{d}$ est le rapport de D à son unité, c'est-à-dire la mesure numérique de D ; de même $\frac{R}{r}$ est la mesure de R. L'égalité précédente peut donc s'écrire :

Mesure de D = mesure de R,

Et cela justifie l'énoncé.

REMARQUE. — On énonce souvent le théorème précédent d'une manière elliptique en disant : *L'angle dièdre a pour mesure son angle rectiligne.*

Plans perpendiculaires entre eux.

On dit qu'un plan est *perpendiculaire* sur un autre, quand il fait avec cet autre deux angles dièdres adjacents égaux. Ces deux angles dièdres prennent eux-mêmes le nom de *dièdres droits*.

THÉORÈME XL.

Quand un dièdre est droit, son angle rectiligne est droit, et réciproquement.

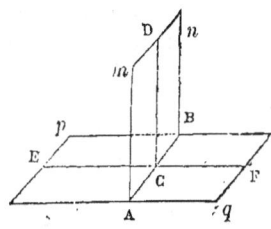

D'abord supposons que les dièdres adjacents mABp, mABq soient droits, et par conséquent égaux en vertu de la définition précédente, et menons en un point C de AB, CD et EF perpendiculaires à AB dans les deux plans mn et pq. Les angles dièdres mABp, mABq étant égaux, leurs angles rectilignes DCE, DCF le seront aussi, et comme ils sont adjacents et formés par la rencontre des lignes droites DC et EF, ils sont droits.

Réciproquement, si les angles rectilignes DCE, DCF sont droits, ils sont égaux; dès lors leurs angles dièdres mABp, mABq sont égaux eux-mêmes, et comme ils sont adjacents et formés par la rencontre de deux plans, ils sont droits.

THÉORÈME XLI.

Quand une droite AB est perpendiculaire à un plan mn, tout plan pq passant par AB, est aussi perpendiculaire à mn.

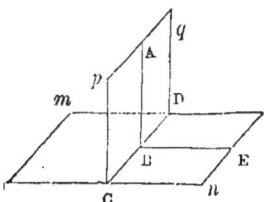

Pour le faire voir, il suffit de faire voir que l'angle rectiligne du dièdre pCDn est droit. Or d'abord AB perpendiculaire à mn, est perpendiculaire à CD qui passe par son pied dans ce plan ; on obtiendra donc l'angle rectiligne du dièdre pCDn, en menant BE perpendiculaire à CD dans le plan mn. Mais AB perpendiculaire à mn, est perpendiculaire à BE. Donc l'angle rectiligne ABE est droit, et le plan pq est perpendiculaire à mn.

REMARQUE. — On peut encore énoncer le théorème précédent sous cette forme souvent plus commode : *Quand une droite* AB *est* situées dans un plan *pq*, tout plan *mn* perpendiculaire à AB est perpendiculaire à *pq*.

THÉORÈME XLII.

Quand deux plans mn, pq sont perpendiculaires entre eux, toute droite AB menée dans pq, perpendiculairement à leur intersection CD, est perpendiculaire à mn.

La droite AB (fig. précéd.) étant déjà par hypothèse perpendiculaire à la droite CD du plan *mn*, pour démontrer qu'elle est perpendiculaire à *mn*, il suffit de faire voir qu'elle est perpendiculaire à une autre droite passant par son pied dans ce plan. Or menons BE perpendiculaire à CD dans le plan *mn*. L'angle ABE sera l'angle rectiligne du dièdre des deux plans; et puisque ces plans sont perpendiculaires entre eux, cet angle est droit, et AB est perpendiculaire à BE. Elle est donc perpendiculaire à *mn*, ce qui justifie l'énoncé.

THÉORÈME XLIII.

Réciproquement, quand deux plans mn, pq sont perpendiculaires entre eux, la perpendiculaire AB à mn, menée d'un point A du plan pq, est tout entière dans celui-ci.

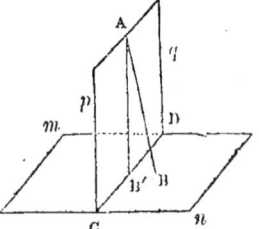 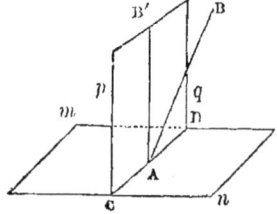

En effet, la perpendiculaire AB' menée dans *pq* sur l'intersection CD des deux plans, est en vertu du théorème précédent, perpendiculaire à *mn*. Comme d'un point on ne peut mener qu'une perpendiculaire à un plan, AB doit se confondre avec AB', et par conséquent est dans le plan *pq*.

REMARQUE. — La démonstration qui précède est identiquement la même, que le point A soit situé d'une manière quelconque dans le plan *pq*, ou qu'il soit pris sur l'intersection CD des deux plans.

LIVRE V.   279

THÉORÈME XLIV.

Quand deux plans pq, rs sont perpendiculaires à un troisième mn, leur intersection AB *est elle-même perpendiculaire à ce troisième.*

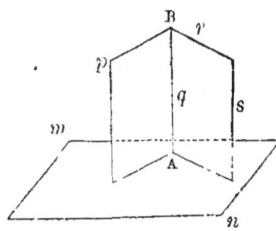

En effet, si par le point A on élève une perpendiculaire au plan *mn*, en vertu du théorème précédent elle est située à la fois dans le plan *pq* et le plan *rs*, et par suite se confond avec leur intersection AB. AB est donc elle-même perpendiculaire à *mn*.

THÉORÈME XLV.

Par une droite AB *donnée dans un plan mn, on peut toujours faire passer un second plan perpendiculaire au premier, et l'on n'en peut faire passer qu'un seul.*

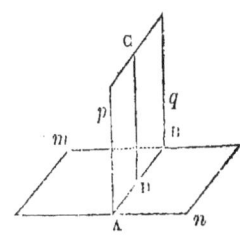

En effet, d'abord, si l'on élève par un point D de AB, une perpendiculaire DC à *mn*, le plan *pq* conduit par AB et CD, est perpendiculaire à *mn*, en vertu du théorème XLI.

D'autre part, tout plan mené par AB, perpendiculairement à *mn*, doit en vertu du théorème XLIII, contenir la perpendiculaire DC, et par suite se confond avec *pq*.

THÉORÈME XLVI.

Par une droite AB *donnée hors d'un plan mn, et non perpendiculaire à ce plan, on peut toujours mener un second plan perpendiculaire au premier, et l'on n'en peut mener qu'un seul.*

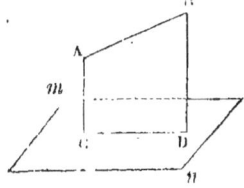

En effet, d'abord si de deux points quelconques de la droite AB, on abaisse des perpendiculaires AC, BD sur *mn*, ces deux perpendiculaires sont parallèles entre elles, et leur plan est perpendiculaire à *mn*, en vertu du théorème XLI.

D'autre part, si par AB on pouvait faire passer deux plans perpendiculaires à *mn*, AB qui représente leur intersection, serait elle-même perpendiculaire à *mn*, ce que nous n'admettons pas.

Des Projections.

On appelle *projection* d'un point A sur un plan *mn*, le pied *a* de la perpendiculaire abaissée de ce point sur ce plan. — La perpendiculaire A*a* prend elle-même le nom de *ligne projetante* du point A.

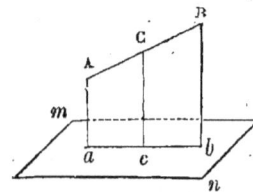

On appelle *projection* d'une droite AB sur un plan *mn*, le lieu des projections de ses différents points. Il est aisé de voir que *la projection d'une droite ainsi définie est une autre droite*, car si *a* et *b* sont les projections de deux points A et B de la droite, et qu'on tire *ab*, le plan déterminé par les parallèles A*a*, B*b*, est perpendiculaire à *mn* ; dès lors la perpendiculaire menée d'un point quelconque C de AB sur *ab*, est perpendiculaire à *mn*, et son pied *c* est la projection de C. Tout point de AB a donc sa projection sur *ab*.

Le plan A*a*B*b*, lieu des droites projetantes de tous les points de AB, s'appelle le *plan projetant* de cette droite. On peut donc encore définir la projection de AB sur *mn*, en disant que c'est l'intersection de ce plan avec le plan projetant de AB, c'est-à-dire avec un plan perpendiculaire à *mn*, conduit par AB.

THÉORÈME XLVII.

L'angle que fait une droite AB avec sa projection sur un plan mn, est moindre que l'angle qu'elle fait avec toute autre droite menée par son pied dans ce plan.

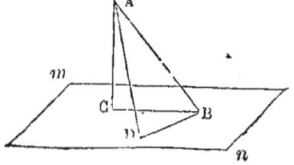

D'abord, B étant le point de rencontre de AB et du plan *mn*, pour obtenir la projection de AB sur ce plan, il suffit d'abaisser du point A la perpendiculaire AC, et de tirer BC. Or, soit BD une autre droite quelconque menée par le point B dans le plan mn. Prenons BD=BC, et tirons AD : les deux triangles ABC, ABD auront le côté AB commun, les côtés BC et BD égaux par construction, mais le côté AC plus petit que le côté AD, puisque AC est perpendiculaire et par suite AD oblique au plan mn. On en conclut ABC<ABD, ce qui démontre l'énoncé.

REMARQUE. — L'angle ABC que fait AB avec sa projection sur le plan mn, s'appelle l'*angle de* AB *et du plan mn*.

Angles solides.

On appelle *angle solide* la figure formée par plusieurs plans qui passent tous en un même point, et sont limités à leurs intersections réciproques. Ces intersections sont les *arêtes* de l'angle solide. Les angles compris entre deux arêtes consécutives, en sont les *faces* ou les *angles plans*. Le point où passent tous les plans qui comprennent un angle solide, et où aboutissent toutes ses arêtes, s'appelle le *sommet* de l'angle solide.

Un angle solide est *convexe* quand le plan d'une quelconque de ses faces prolongé, laisse la figure toute entière d'un même côté. Dans le cas contraire, il prend le nom d'angle solide *à angles rentrants*.

Les angles solides se distinguent entre eux par le nombre de leurs faces ou de leurs arêtes. Ainsi l'on dit : un angle solide à 5 faces, à 6 faces, etc. En particulier l'angle solide à trois faces prend le nom d'angle solide *trièdre,* ou simplement de *trièdre* ; il est forcément convexe.

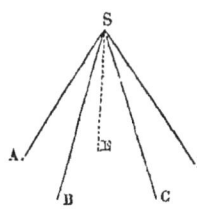

Pour désigner un angle solide, on énonce d'abord la lettre du sommet, puis les lettres placées sur les arêtes, dans l'ordre de celles-ci. Ainsi pour désigner l'angle solide ci-contre, on dit l'angle SABCDE. Quand un angle solide est seul, on le désigne souvent par la lettre du sommet.

THÉORÈME XLVIII.

Dans tout angle trièdre une face quelconque est moindre que la somme des deux autres.

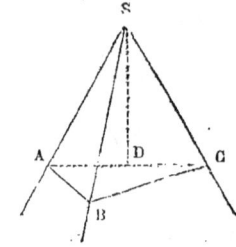

D'abord le fait est évident pour la plus petite face, puisque étant moindre que les deux autres séparément, elle est moindre à plus forte raison que leur somme. Le fait est pareillement évident pour la face moyenne. Reste à l'établir pour la plus grande face. Je dis donc que si ASC est cette plus grande face, on a ASC<ASB+BSC.

Menons en effet dans la face ASC, une droite SD qui fasse avec SA un angle ASD égal à ASB ; puis, joignant un point quelconque de SA à un point quelconque de SC, par la droite AC qui coupe SD en un point D, prenons SB=SD, et tirons AB et BC. Dans la figure ainsi construite, les triangles ASD, ASB ont les angles en S égaux par construction, ainsi que les côtés SB, SD, et le côté SA commun. Ayant donc un angle égal compris entre côtés égaux, ils sont égaux. On en conclut AB=AD.

Or la ligne droite étant le plus court chemin d'un point à un autre, on a :

$$AD+DC<AB+BC.$$

Supprimons de part et d'autre AD ou son égal AB, il restera :

$$DC<BC.$$

Dès lors les triangles DSC, BSC, ont le côté SC commun, le côté SB égal à SD, mais le côté DC moindre que le côté BC ; on en conclut :

$$DSC<BSC.$$

Si l'on ajoute aux deux membres de cette inégalité ASD ou son égal ASB, il vient :

$$ASD+DSC<ASB+BSC,$$
ou $$ASC<ASB+BSC,$$

Et cela démontre l'énoncé.

Remarque. — Ce théorème s'étend facilement à un angle solide convexe d'un nombre quelconque de faces.

THÉORÈME XLIX.

Dans tout angle solide convexe, la somme des faces est moindre que quatre angles droits.

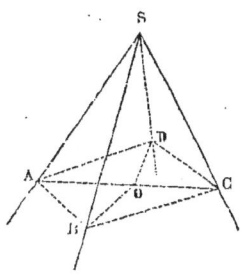

Soient en effet SABCD l'angle solide considéré, ABCD la section de cet angle solide par un plan qui rencontre toutes les arêtes d'un même côté du sommet. Prenons un point quelconque O dans l'intérieur du polygone ABCD et joignons-le à ses quatre sommets. Il est clair que la somme des angles des quatre triangles ainsi formés, sera égale à celle des angles des quatre triangles ASB, BSC, CSD, DSA. On peut donc poser l'égalité :

ang. en O+(OAD+OAB+OBA+OBC+OCB+OCD+ODC+ODA)
=ang. en S+(SAD+SAB+SBA+SBC+SCB+SCD+SDC+SDA)

Mais dans l'angle trièdre dont les arêtes sont AS, AD et AB, les angles OAD et OAB composent la face BAD; on a donc :

OAD+OAB<SAD+SAB.

De même, de la considération des angles trièdres, B, C et D, on tire :

OBA+OBC<SBA+SBC,

OCB+OCD<SCB+SCD,

ODC+ODA<SDC+SDA.

Ces inégalités montrent que toute la seconde partie du premier membre de l'égalité ci-dessus, vaut moins que la seconde partie du second membre. Donc par compensation, il faut que la première partie du premier membre, c'est-à-dire la somme des angles en O, vaille plus que la première partie du second membre, c'est-à-dire que la somme des angles en S. Mais la somme des angles en O est égale à quatre angles droits. Donc celle des angles en S vaut moins de quatre droits.

THÉORÈME L.

Pour qu'avec trois faces données on puisse construire un angle trièdre, il faut et il suffit que la plus grande soit moindre que la somme des deux autres, et que leur somme vaille moins de quatre angles droits.

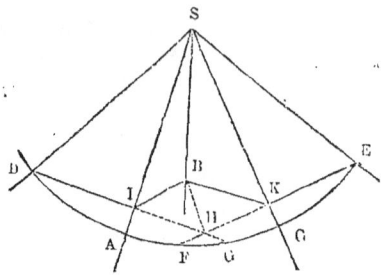

La nécessité de cette double condition, résulte des deux théorèmes précédents. Reste à faire voir qu'elle est suffisante.

Or soient ASC la plus grande des faces données, ASD, CSE les deux autres rabattues de part et d'autre de la première dans son plan; du point S avec un rayon arbitraire, décrivons un arc de cercle dont la partie DE, en vertu de l'hypothèse, vaudra moins d'une circonférence, et des points D et E où il coupe SD, SE, abaissons des perpendiculaires sur SA et SC. Comme la face ASC est moindre que ASD+CSE, l'arc AC est moindre que AD+CE, ou ce qui revient au même que AG+CF, et les perpendiculaires DI, EK se coupent à l'intérieur du secteur ASC. Elevons maintenant par leur point de rencontre H, sur le plan ASC, la perpendiculaire HB. Comme DI est > IH, si du point I avec DI comme rayon, nous décrivons dans le plan BHI une circonférence, elle rencontrera HB en un certain point B, et IB sera perpendiculaire à SA en vertu du théorème des trois perpendiculaires. Si alors nous tirons SB, les triangles ISD, ISB, rectangles tous deux en I, auront le côté SI commun et les côtés ID et IB égaux par construction, et par suite seront égaux. Il en résulte BSI=DSI. Les triangles ESK, BSK sont aussi égaux, car ils sont rectangles en K, et ont les hypoténuses SE, SB égales comme toutes deux égales à SD, et le côté SK commun. On en conclut KSB=KSE.

Ainsi l'angle trièdre SIBK a ses trois faces égales aux trois faces données, et cela démontre que la condition énoncée ci-dessus est suffisante.

Trièdres supplémentaires.

Etant donné un trièdre quelconque OABC, si de son sommet

LIVRE V.   285

O on mène OA' perpendiculaire au plan COB du même côté que
OA, OB' perpendiculaire au plan COA du même côté que OB, et

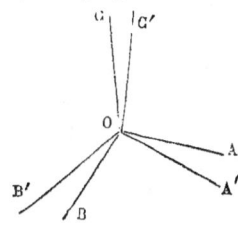

OC' perpendiculaire au plan AOB du
même côté que OC, les lignes OA', OB',
OC' sont les arêtes d'un second trièdre
OA'B'C', appelé le *trièdre supplémentaire de* OABC.

Cette définition est réciproque, et
le trièdre OABC peut être considéré
comme obtenu à l'aide du trièdre OA'B'C', absolument par le
même procédé.

Pour le faire voir, observons d'abord que quand deux droites
OA, OA' sont l'une perpendiculaire, l'autre oblique à un plan

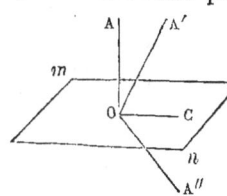

mn, si ces deux droites sont d'un
même côté de mn, leur angle AOA'
est aigu, car il est compris dans l'angle droit AOC formé par OA et la projection de OA' sur le plan mn. Au
contraire si elles sont de part et
d'autre de mn, leur angle est obtus,
car il comprend ce même angle droit AOC.

Il en résulte que réciproquement, suivant que l'angle AOA'
est aigu ou obtus, on peut être sûr que les droites OA, OA'
sont d'un même côté du plan mn, ou de part et d'autre.

Cela posé, OC' perpendiculaire au plan AOB est par suite
perpendiculaire à OA qui passe par son pied dans ce plan, et
réciproquement. De même OB' perpendiculaire au plan COA,
est perpendiculaire à OA, et réciproquement. Donc OA perpendiculaire aux deux droites OB', OC' est perpendiculaire à
leur plan B'OC'. De plus OA est par rapport à ce plan, du
même côté que OA', car par construction l'angle AOA' est aigu.
De même on fera voir que OB est perpendiculaire au plan C'OA'
et du même côté que OB'; et enfin que OC est perpendiculaire
au plan B'OA', et du même côté que OC'.

THÉORÈME LI.

*Quand deux trièdres sont supplémentaires, les faces de l'un
sont les suppléments respectifs des dièdres de l'autre, et réciproquement.*

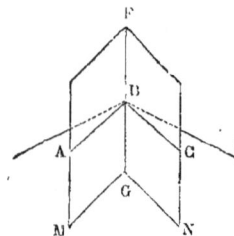

Pour le démontrer, supposons d'abord que MFGN étant un dièdre et ABC son angle rectiligne, on mène à ses faces les perpendiculaires BD, BE, la première du même côté que AB, la seconde du même côté que BC ; je dis que l'angle DBE ainsi formé est le supplément de l'angle rectiligne ABC. En effet, d'abord les côtés de l'angle DBE sont dans le plan perpendiculaire à FG que l'on mènerait par le point B, c'est-à-dire dans le plan de l'angle ABC. De plus ses côtés, par la construction même, sont perpendiculaires à ceux de ABC. Pour démontrer que ces angles sont supplémentaires, il suffit donc de faire voir qu'ils sont l'un aigu l'autre obtus. Or si l'angle ABC est aigu, DB perpendiculaire à BC est en dehors de ABC ; il en est de même de BE ; l'angle DBE comprend donc l'angle droit DBC et par suite est obtus. Si au contraire ABC était obtus, l'angle DBE serait compris dans un angle droit et par conséquent serait aigu. Les angles ABC, DBE sont donc toujours supplémentaires.

De ce lemme il résulte immédiatement que si OABC, OA′B′C′ sont deux trièdres supplémentaires (fig. de la page préc.), les faces A′OB′, A′OC′, B′OC′ du second, sont les suppléments des angles rectilignes des dièdres OC, OB, OA du premier, et que réciproquement AOB, AOC, BOC sont les suppléments respectifs des angles rectilignes des dièdres OC′, OB′, OA′.

C'est à cause de cette double propriété, que les trièdres OABC, OA′B′C′ ont reçu le nom de *trièdres supplémentaires*.

THÉORÈME LII.

La somme des dièdres d'un angle trièdre est toujours comprise entre 2 droits et 6 droits.

En effet, si l'on désigne par a, b, c, les dièdres d'un trièdre quelconque, les faces du trièdre supplémentaire seront représentées par $2^{dr}-a$, $2^{dr}-b$, $2^{dr}-c$. Or, la somme des faces de ce dernier est comprise entre 0 et 4 droits. On a donc les deux inégalités :

$$2^{dr}-a+2^{dr}-b+2^{dr}-c > 0$$

et

$$2^{dr}-a+2^{dr}-b+2^{dr}-c < 4^{dr}.$$

On en tire :

$$a+b+c < 6^{dr}$$

et

$$a+b+c > 2^{dr}.$$

Remarque. — Si nous écrivons que dans le trièdre supplémentaire, l'une des faces est moindre que la somme des deux autres, il vient :

$$2^{dr}-a < 2^{dr}-b+2^{dr}-c$$
ou $\quad 2^{dr}+a > b+c.$

Donc, dans tout angle trièdre, *en ajoutant deux droits à l'un quelconque des trois dièdres, on obtient une somme plus grande que la somme des deux autres.*

Trièdres symétriques.

THÉORÈME LIII.

Quand on prolonge les arêtes d'un trièdre SABC au-delà de son sommet, on forme un second trièdre SA'B'C' appelé le trièdre symétrique du 1er, qui a mêmes faces et mêmes dièdres que le premier, mais qui cependant ne lui est pas superposable.

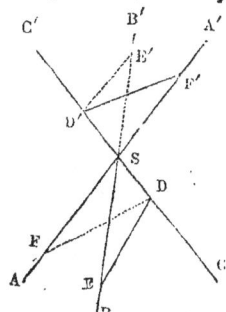

D'abord, les deux trièdres ont leurs faces égales chacune à chacune comme angles compris entre les mêmes droites, et opposés par leur sommet.

Quant aux dièdres, considérons par exemple les dièdres SC, SC', et soient FDE, F'D'E' leurs angles rectilignes. Ces angles rectilignes ont leurs côtés parallèles chacun à chacun, comme perpendiculaires à la même droite dans les mêmes plans, et dirigés d'ailleurs en sens inverses. Ils sont donc égaux, et leur égalité entraîne celle des angles dièdres SC, SC'. Pour des raisons analogues, les dièdres SA, SA' sont égaux, ainsi que les dièdres SB, SB'.

— Bien que les trièdres SABC, SA'B'C' soient égaux dans toutes leurs parties, ils ne sont cependant pas superposables. C'est qu'en effet ils ont leurs éléments égaux disposés en ordre inverse.

Pour le faire voir, concevons que le plan de la face ASC coïncidant avec celui du papier, on renverse le trièdre SA'B'C' en faisant glisser la face A'SC' sur le papier, de manière à le mettre dans la position S'A"B"C". L'arête SA' qui était à droite se trouvera à gauche, l'arête SC' qui était à

288   GÉOMÉTRIE.

gauche se trouvera à droite, et l'arête SB′ qui était par der-

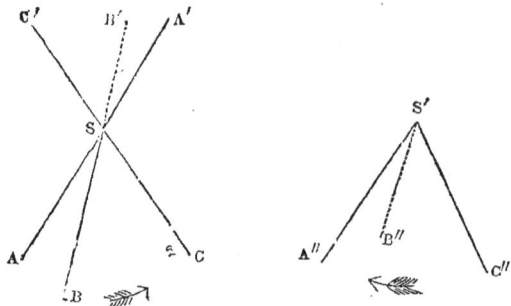

rière, restera par derrière. On voit alors que si, pour rencontrer les faces du premier trièdre dans l'ordre ASB, BSC, ASC, il faut tourner autour de ce trièdre de droite à gauche, pour rencontrer les faces du second dans le même ordre A″S′B″, B″S′C″, A″S′C″, il faut tourner autour de ce trièdre de gauche à droite.

Ce renversement dans l'ordre des éléments égaux, entraîne évidemment l'impossibilité de superposer les trièdres.

THÉORÈME LIV.

Lorsqu'un trièdre a deux dièdres égaux, les faces opposées à ces dièdres sont égales elles-mêmes.

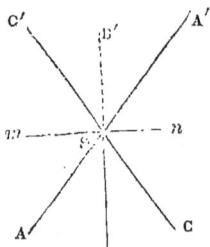

Ainsi je dis que si dans le trièdre SABC, on a :

Dièdre SA = Dièdre SC,

on a par suite :

face BSC = face BSA.

Prolongeons en effet les arêtes du trièdre SABC au-delà du sommet S. En vertu du théorème précédent, le trièdre SA′B′C′ ainsi formé, a ses éléments égaux à ceux du premier, en sorte que les quatre dièdres SA, SC, SA′, SC′ sont égaux entre eux. Concevons maintenant la bissectrice *mn* de l'angle C′SA, puis faisons tourner le trièdre supérieur de 180° autour de *mn*. Les arêtes SA′, SC′ viendront coïncider respectivement avec SC et SA; comme les dièdres SA′, SC′ sont égaux aux dièdres SC, SA, les plans des faces B′SA′,

B'SC' s'appliqueront respectivement sur les plans des faces CSB, BSA, et SB' intersection des deux premiers, coïncidera avec SB intersection des deux autres; les trièdres coïncideront donc eux-mêmes, et dès lors la face B'SA' est égale à la face BSC; comme d'autre part elle est égale à la face BSA, les faces BSC, BSA sont égales entre elles.

Remarque. — La démonstration précédente prouve que si, en général, deux trièdres symétriques ne sont pas superposables, ils le deviennent quand ils ont deux dièdres égaux et par suite deux faces égales, c'est-à-dire quand ils sont isocèles.

THÉORÈME LV.

Dans tout angle trièdre à un plus grand dièdre est opposé une plus grande face.

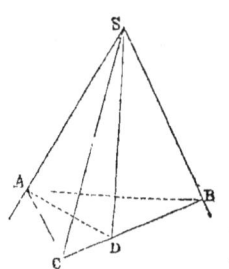

Ainsi, si dans le trièdre SABC on a :

Dièdre SA $>$ Dièdre SB,

je dis qu'on a :

face BSC $>$ face ASC.

Effectivement, puisque le dièdre SA est plus grand que le dièdre SB, on peut toujours mener dans le dièdre SA, par son arête, un plan ASD qui fasse avec le plan ASB, un dièdre égal au dièdre SB. Le trièdre ainsi formé SADB, ayant ses deux dièdres SA, SB égaux entre eux, ses faces DSB, DSA sont égales en vertu du théorème précédent.

Or dans le trièdre SACD, on a :

$$ASD+DSC>ASC.$$

Si dans cette inégalité on remplace la face ASD par son égale DSB, il vient :

$$DSB+DSC>ASC,$$

ou $$CSB>ASC,$$

et cela démontre l'énoncé.

Remarque. — Les réciproques des deux théorèmes précédents sont vraies. Ainsi : 1° *Si dans un trièdre SABC, les faces ASC, CSB sont égales, les dièdres opposés SB, SA sont égaux.* Car s'ils étaient inégaux, les deux faces ASC, CSB seraient inégales dans le même ordre, ce qui n'est pas. — 2° *Si dans* un trièdre SABC, on a face BSC > face CSA, on a aussi dièdre SA > dièdre SB. Car si l'on avait dièdre SA = dièdre SB ou dièdre SA < dièdre SB, on aurait par suite face BSC = face CSA ou face BSC < face CSA, deux choses également contre l'hypothèse.

Cas d'égalité des Trièdres.

THÉORÈME LVI.

Deux trièdres sont égaux quand ils ont un dièdre égal compris entre faces égales chacune à chacune, et disposées de même.

Soient SABC, S'A'B'C' les deux trièdres proposés, dans lesquels je suppose qu'on ait :

Dièdre SB = Dièdre S'B'; face ASB = face A'S'B';
face BSC = face B'S'C'.

Pour démontrer que si en même temps la disposition y est la même, ces trièdres sont égaux, je transporte la première

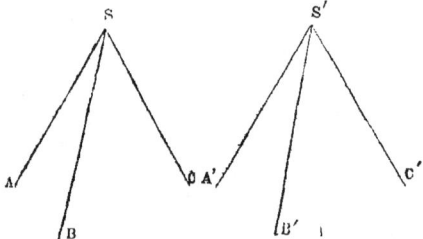

figure sur la seconde, de manière à mettre le dièdre SB sur son égal le dièdre S'B', et le sommet S en S'. Comme la disposition des deux figures est la même, le plan de la face ASB s'appliquera sur le plan de la face A'S'B', et comme ces deux faces sont égales, l'arête SA suivra la direction de l'arête S'A'. De même le plan de la face BSC s'appliquera sur le plan de la face B'S'C', et l'arête SC suivra la direction de S'C'. Les arêtes du premier trièdre coïncidant donc avec celles du second, ces deux trièdres n'en feront qu'un, et par suite sont égaux.

Supposons qu'au contraire dans les trièdres SABC, S'A'B'C', la disposition des éléments égaux soit inverse, et construisons le symétrique S'A"B"C" du trièdre S'A'B'C'. Ce trièdre ayant mêmes éléments que le trièdre S'A'B'C', les deux trièdres SABC,

S'A'B'C', ont encore un dièdre égal compris entre faces

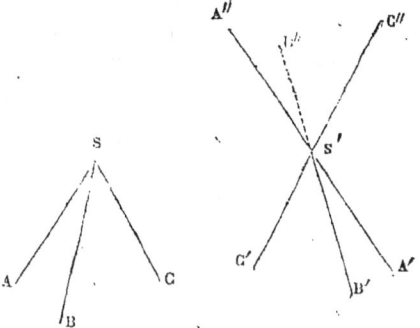

égales chacune à chacune. Mais de plus la disposition y est la même, car dans les deux, elle est inverse de celle du trièdre S'A'B'C'. Donc ces deux trièdres SABC, S'A"B"C" sont égaux. Ainsi *quand deux trièdres ont un dièdre égal compris entre faces égales chacune à chacune, mais disposées en ordre inverse, l'un est égal au symétrique de l'autre.*

THÉORÈME LVII.

Deux trièdres sont égaux quand ils ont une face égale adjacente à deux dièdres égaux chacun à chacun, et disposés de même.

Supposons que dans les deux trièdres SABC, S'A'B'C' (fig. de la page précéd.), on ait :

ASC = A'S'C',
Dièdre SA = Dièdre S'A'.
Dièdre SC = Dièdre S'C'.

Je dis que si en même temps la disposition y est la même, ces deux trièdres sont égaux.

Transportons en effet le premier sur le second : comme les faces ASC, A'S'C' sont égales, nous pourrons toujours les appliquer l'une sur l'autre, de telle sorte que SA coïncide avec S'A', et SC avec S'C'. Comme la disposition est supposée la même, les deux trièdres se trouveront d'un même côté du plan commun des deux faces ASC, A'S'C'; alors les dièdres SA, S'A' égaux par hypothèse, coïncideront, et le plan de la face ASB s'appliquera sur celui de la face A'S'B'. Pour la même raison, le plan de la face CSB s'appliquera sur celui de la face C'S'B', et l'arête SB intersection de deux de ces plans, coïncidera avec

S'B' intersection des deux autres. Les deux trièdres n'en feront donc plus qu'un, et par suite sont égaux.

REMARQUE. — Si la disposition des éléments égaux était inverse dans les deux trièdres, on ferait voir comme dans le théorème précédent, que l'un est égal au symétrique de l'autre.

THÉORÈME LVIII.

Quand deux trièdres ont leurs faces égales chacune à chacune, les dièdres opposés aux faces égales sont égaux.

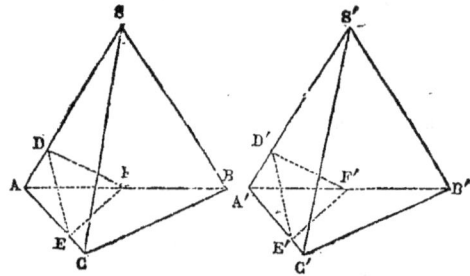

Soient SABC, S'A'B'C' deux trièdres dans lesquels je suppose qu'on ait :

$$ASB = A'S'B', \quad ASC = A'S'C'$$
$$BSC = B'S'C'.$$

Je dis que le dièdre SA, par exemple, est égal au dièdre S'A'. Prenons en effet sur les arêtes des deux trièdres, les distances SA, SB, SC, S'A', S'B', S'C' égales entre elles, puis tirons AB, AC, BC, A'B', A'C', B'C'. Les deux triangles ASB, A'S'B' auront les angles en S et S' égaux et compris entre côtés égaux, et par suite seront égaux. On en conclut AB=A'B'. De même les triangles ASC, A'S'C' sont égaux, ainsi que les triangles BSC, B'S'C', d'où : BC=B'C' et AC=A'C'. De là résulte l'égalité des triangles ABC, A'B'C'.

Cela posé, prenons les distances AD, A'D' égales entre elles, et aux points D et D' construisons les angles rectilignes EDF, E'D'F' des dièdres SA, S'A', puis tirons EF, E'F .

Les deux triangles AED, A'E'D' auront les angles A et A' égaux à cause de l'égalité des triangles ASC, A'S'C', et les angles D et D' égaux comme droits. Comme d'ailleurs leurs côtés AD, A'D' sont égaux par construction, ces deux triangles sont égaux. On en conclut AE=A'E', DE=D'E'

On démontre de même que les triangles ADF, A'D'F' sont égaux, d'où : AF=A'F', DF=D'F'.

Maintenant, les deux triangles EAF, E'A'F' ont les angles A et A' égaux à cause de l'égalité des triangles CAB, C'A'B'; on a d'ailleurs, en vertu de ce qui précède, AE=A'E', AF=A'F'. Les deux triangles AEF, A'E'F' sont donc égaux, et donnent EF=E'F'.

Il en résulte enfin que les triangles EDF, E'D'F' ont les trois côtés égaux chacun à chacun, et par suite sont égaux. Leurs angles D et D' sont donc égaux, ce qui entraîne l'égalité des dièdres SA et S'A'.

On démontre de même l'égalité des dièdres SB, S'B', et celle des dièdres SC, S'C'.

THÉORÈME LXIX.

Deux trièdres sont égaux quand ils ont leurs trois faces égales chacune à chacune et disposées de même.

Effectivement, du moment qu'ils ont leurs faces égales chacune à chacune, les dièdres opposés à ces faces sont égaux eux-mêmes en vertu du théorème précédent. On peut donc les considérer comme ayant un dièdre égal compris entre faces égales chacune à chacune, ce qui ramène à un cas déjà traité.

Si donc la disposition est la même, les deux trièdres sont égaux. Si au contraire la disposition est inverse, l'un est égal au symétrique de l'autre.

THÉORÈME LX.

Deux trièdres sont égaux quand ils ont leurs dièdres égaux chacun à chacun et disposés de même.

En effet, les trièdres supplémentaires des trièdres considérés, ont leurs faces égales chacune à chacune, puisque ces faces sont les suppléments respectifs des dièdres des premiers. Ces deux trièdres supplémentaires ayant donc leurs faces égales chacune à chacune, ont aussi leurs dièdres égaux. Par suite, les faces des trièdres proposés sont égales elles-mêmes, comme étant les suppléments respectifs de ces dièdres.

Si donc dans les trièdres proposés, la disposition des éléments est la même, ces trièdres sont égaux; si au contraire la disposition y est inverse, l'un est égal au symétrique de l'autre.

REMARQUE. — Les trièdres, comme on a pu le voir par la théorie qui vient d'être exposée, rappellent par un grand nombre de leurs propriétés, les propriétés des triangles.

C'est ainsi que dans tout trièdre une face quelconque est moindre que la somme des deux autres, et plus grande que leur différence, de même que dans un triangle un côté quelconque est moindre que la somme des deux autres et plus grand que leur différence.

De même, dans tout trièdre, aux dièdres égaux sont opposées des faces égales, et à un plus grand dièdre est opposé une plus grande face; et cet énoncé rappelle ces propriétés des triangles, que dans tout triangle à des angles égaux sont opposés des côtés égaux, tandis qu'à un plus grand angle est opposé un plus grand côté.

De même enfin, les trois premiers cas d'égalité des trièdres, ont une analogie parfaite avec les trois cas d'égalité des triangles.

Mais ce qui différencie complétement ces deux sortes de figures, c'est que tandis que dans un triangle la somme des angles est constante, dans un trièdre au contraire, la somme des dièdres est variable, et peut prendre toutes les valeurs possibles entre deux droits et six droits.

Il en résulte cette autre différence radicale, que tandis que l'égalité des angles de deux triangles n'entraine pas l'égalité de ces triangles, deux trièdres au contraire, sont égaux dès qu'ils ont leurs dièdres égaux chacun à chacun.

PROBLÈMES ET EXERCICES SUR LE LIVRE V.

379. — Étant données trois droites issues d'un même point S et non situées dans un même plan, on prend sur chacune d'elles deux points, A et A', B et B', C et C'; démontrer que toujours les points de rencontre de AB avec A'B', de AC avec A'C', et de BC avec B'C' sont en ligne droite.

380. — Quand une droite fait des angles égaux avec trois droites menées par son pied dans un plan, elle est perpendiculaire à ce plan.

381. — D'un point M donné hors d'un plan, on abaisse des perpendiculaires sur toutes les droites menées dans ce plan, par un point donné A. Quel est le lieu des pieds de toutes ces perpendiculaires?

382. — Quand deux triangles semblables non situés dans un même plan, ont leurs côtés parallèles chacun à chacun, les lignes de jonction des sommets homologues concourent en un même point.

383. — Par un point donné, faire passer une droite qui rencontre deux droites données et non situées dans un même plan.

384. — Dans tout quadrilatère gauche ABCD, quand une droite EF partage les côtés opposés AC, BD, en parties proportionnelles, toute droite GH qui rencontre à la fois AB, CD, EF, partage AB et CD en parties proportionnelles.

385. — Trouver dans l'espace le lieu des points également distants de deux droites qui se coupent.

386. — Trouver le lieu des points de division dans un rapport donné, des droites menées de l'une à l'autre de deux droites données.

387. — Trouver le lieu des points de division dans un rapport donné, des droites menées de l'une à l'autre de deux droites données, parallèlement à un plan fixe donné.

388. — Trouver le lieu des milieux des droites de longueur donnée, dont les extrémités s'appuient sur deux droites orthogonales données. (On dit que deux droites sont orthogonales, quand par chacune on peut mener un plan perpendiculaire à l'autre).

389. — Trouver le lieu géométrique des points de l'espace également distants de trois points donnés non en ligne droite.

390. — Étant donnés un triangle et un plan non parallèle à celui du triangle, on demande de mener des trois sommets du triangle, trois droites parallèles entre elles, et telles qu'en joignant deux à deux les points où elles rencontrent le plan, on obtienne un triangle semblable à un triangle donné.

391. — Étant données deux droites non situées dans un même plan, on demande de mener par l'une, un plan qui fasse avec l'autre un angle maximum ou minimum.

392. — Étant donnés deux plans qui se coupent, on demande de mener dans l'un une droite qui fasse avec sa projection sur l'autre un angle maximum.

393. — Dans les deux faces d'un dièdre et par un même point de son arête, on mène deux droites également inclinées sur cette arête. Démontrer que l'angle de ces deux droites est moindre que l'angle rectiligne du dièdre.

394. — Démontrer que lorsque deux plans se coupent, si d'un point quelconque de l'espace on abaisse des perpendiculaires sur ces deux plans, puis de leurs pieds des perpendiculaires sur l'intersection des deux plans, ces perpendiculaires y tombent au même point.

395. — Trouver la condition nécessaire et suffisante que doivent remplir les angles d'un quadrilatère, pour que ses quatre côtés soient dans un même plan.

396. — Quand un angle trièdre a un dièdre droit, tout plan perpendiculaire à une quelconque de ses arêtes, le coupe suivant un triangle rectangle.

397. — Comment faut-il couper un angle solide à quatre faces, pour que la section soit un parallélogramme?

398. — Les plans menés par les arêtes d'un trièdre perpendiculairement aux faces opposées, se coupent suivant une même droite.

399. — Les plans perpendiculaires aux faces d'un trièdre quelconque, menés par les bissectrices de ces faces, se coupent suivant une même droite.

400. — Les plans bisecteurs des trois dièdres d'un trièdre quelconque, se coupent suivant une même droite.

401. — Les plans menés par chaque arête d'un trièdre et la bissectrice de la face opposée, se coupent suivant une même droite.

402. — Quand dans chaque face d'un angle trièdre, on mène une perpendiculaire à l'arête opposée, les trois droites ainsi menées sont dans un même plan.

403. — Quand deux angles trièdres égaux ont même sommet, il existe toujours une droite passant par ce point et telle qu'en faisant tourner l'un des trièdres autour de cette droite comme axe, on l'amène à coïncider avec l'autre.

404. — Sur les trois arêtes d'un trièdre tri-rectangle on prend trois points à volonté A, B, C, puis du sommet S on abaisse sur le plan ABC la perpendiculaire SP. Démontrer 1° que le pied P de cette perpendiculaire est le point de rencontre des hauteurs du triangle ABC; 2° que la surface du triangle CSA est moyenne proportionnelle entre celles des triangles CBA et CPA; 3° que l'on a toujours.

$$(ACB)^2 = (CSA)^2 + (ASB)^2 + (BSC)^2.$$

405. — Trouver dans l'espace un point d'où l'on puisse voir les trois côtés d'un triangle donné sous des angles droits.

LIVRE VI.

DES SOLIDES.

Définitions. — On appelle *solide* ou *polyèdre* une portion de l'espace terminée de toutes parts par des polygones : ces polygones en sont les *faces*, leurs côtés en sont les *arêtes*, les extrémités des arêtes en sont les *sommets*. Les dièdres compris entre deux faces adjacentes s'appellent les *dièdres* du polyèdre, et les angles solides formés par les faces aboutissant à un même sommet, en sont les *angles solides*.

Les polyèdres se distinguent entre eux par le nombre de leurs faces. En particulier on appelle :

Tétraèdre le polyèdre à 4 faces.
Hexaèdre — 6 faces.
Octaèdre — 8 faces.
Dodécaèdre — 12 faces.
Icosaèdre — 20 faces.

Un polyèdre est *régulier*, quand toutes ses faces sont des polygones réguliers égaux et également inclinés deux à deux.

Il n'existe que cinq polyèdres réguliers. En effet la condition pour qu'en associant des polygones réguliers égaux on puisse former un polyèdre, c'est qu'en assemblant un certain nombre d'angles égaux à ceux de ces polygones, on puisse faire un angle solide.

Or d'abord on peut associer des triangles équilatéraux trois à trois, autour d'un même point, car l'angle d'un pareil triangle valant $\frac{2}{3}$ d'angle droit, en le répétant 3 fois on a 2 angles droits, c'est-à-dire moins de 4 droits. Le solide résultant est le tétraèdre régulier.

On peut associer de même des triangles équilatéraux 4 à 4, ou 5 à 5, autour d'un même point, car un angle de $\frac{2}{3}$ d'angle droit répété ou 4 ou 5 fois, donne également moins de 4 angles droits. Les solides résultants sont l'octaèdre régulier et l'icosaèdre régulier.

Mais on ne peut pas associer des triangles équilatéraux en nombre supérieur à 5, car 6 fois $\frac{2\text{dr}}{3}$ donnent 4 angles droits.

On peut associer des carrés trois à trois, autour d'un même point, puisque chacun de leurs angles vaut 1 droit, et que la somme de 3 angles pareils fait moins de 4 droits. Le solide résultant est le cube ou hexaèdre régulier ; mais on ne peut pas associer des carrés en nombre supérieur à 3 ; car 4 carrés associés autour d'un point donnent une somme d'angles égale à 4 droits.

On peut de même associer des pentagones trois à trois, mais non en nombre supérieur ; et le solide résultant est le dodécaèdre régulier.

Quant aux polygones réguliers ayant plus de 5 côtés, l'un de leurs angles répété 3 fois ou plus, donne une somme égale ou supérieure à 4 angles droits, en sorte qu'ils ne fournissent aucun polyèdre régulier. Les seuls polyèdres réguliers sont donc : Le tétraèdre, l'hexaèdre, l'octaèdre, le dodécaèdre et l'icosaèdre. (Voir note I).

Prisme. — Le prisme est un solide terminé par deux polygones égaux et à côtés parallèles, qu'on appelle ses *bases*, et par une suite de parallélogrammes déterminés par les côtés parallèles deux à deux, et qui en sont les *faces latérales*, ou les *pans*. Les côtés communs à deux faces latérales consécutives, sont les *arêtes latérales* du prisme. On appelle *hauteur* d'un prisme la distance de ses bases. Quand les arêtes latérales d'un prisme deviennent perpendiculaires sur ses bases, chacune en représente la hauteur, et le prisme s'appelle un prisme *droit*. Ses faces latérales sont alors des rectangles.

Parallélipipède. — Lorsque dans un prisme les bases sont elles-mêmes des parallélogrammes, ce prisme prend le nom de *parallélipipède*. Le parallélipipède est d'après cela, un solide terminé par 6 parallélogrammes.

Lorsque les arêtes latérales d'un parallélipipède sont perpendiculaires sur les bases, il reçoit le nom de parallélipipède *droit*. On l'appelle parallélipipède *rectangle*, quand en même temps ses bases sont des rectangles. **Le parallélipipède rectangle est donc un solide terminé par 6 rectangles.**

Pyramide. — On appelle *pyramide* un solide terminé par un polygone quelconque appelé *base*, et une suite de triangles ayant tous un sommet commun appelé *sommet*, et pour bases les côtés successifs de la base. Ces triangles sont les *faces latérales* de la pyramide. Sa *hauteur* est la perpendiculaire abaissée du sommet sur la base. — Les pyramides se distinguent entre elles par le nombre de leurs faces latérales, ou ce qui revient au même par le nombre des côtés de leur base. Ainsi une pyramide est dite quadrangulaire, pentagonale, hexagonale, etc, suivant que sa base est un quadrilatère, un pentagone, un hexagone, etc. La pyramide triangulaire est un solide terminé par quatre triangles, et n'est autre chose qu'un tétraèdre.

Quand la base d'une pyramide est un polygone régulier, et que la hauteur tombe au centre de la base, cette pyramide est dite *régulière*. Ses arêtes latérales sont égales comme obliques s'écartant également du pied de la hauteur; ses faces latérales sont par suite des triangles isocèles égaux, puisqu'ils ont tous leurs côtés égaux chacun à chacun.

Tronc de pyramide. — Le tronc de pyramide (page 321) est le solide que l'on obtient en coupant une pyramide SBACDE, par un plan parallèle à sa base, et enlevant la pyramide partielle SA'B'C'D'E' déterminée par le plan sécant. Les polygones A'B'C'D'E' et ABCDE sont les bases du tronc. Sa hauteur est la distance de ses bases.

Tronc de prisme. — On appelle de même *tronc de prisme* et *tronc de parallélipipède*, les solides obtenus en coupant soit un prisme, soit un parallélipipède, par un plan oblique à leur base, et enlevant la partie détachée par le plan sécant.

Propriétés générales du parallélipipède et du prisme.

THÉORÈME I.

Dans tout parallélipipède : 1° *Les arêtes sont égales et parallèles quatre à quatre.* 2° *Les faces opposées sont égales et ont leurs côtés parallèles.* 3° *Les sections planes sont des parallélogrammes.* 4° *Les dièdres opposés sont égaux.* 5° *Les trièdres opposés sont symétriques.* 6° *Les 4 diagonales se coupent en un même point qui est le milieu de chacune d'elles.*

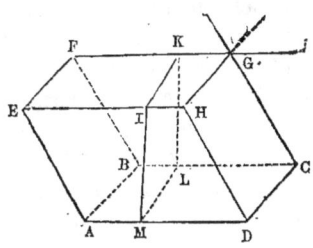

1° Les arêtes AB et EF sont égales comme côtés opposés d'un même parallélogramme; de même EF et HG, de même HG et DC. Donc on a :

AB=EF=HG=DC.

Par des raisons analogues on fera voir qu'on a :

AD=BC=FG=EH,

et AE=BF=CG=DH.

Il résulte aussi de la démonstration précédente que les côtés égaux sont en même temps parallèles.

2° Considérons deux faces opposées quelconques AEFB, DHGC, autres que les bases. Leurs angles sont égaux comme ayant deux à deux leurs côtés parallèles et dirigés dans le même sens. Leurs côtés sont d'ailleurs égaux en vertu de la première partie de la proposition. Ces faces sont donc des parallélogrammes égaux et à côtés parallèles.

Il en résulte que dans un parallélipipède, on peut prendre pour bases deux faces opposées quelconques.

3° Soit IKLM la section faite dans un parallélipipède par un plan quelconque; ses côtés IK, LM sont parallèles comme intersections de deux plans parallèles par un troisième; ses côtés KL, IM sont parallèles pour une raison analogue. Donc cette section est un parallélogramme.

4° Si le plan sécant est perpendiculaire à EH et par suite à sa parallèle BC, les angles I et L de la section, représentent les angles rectilignes des dièdres EH et BC. Ces angles I et L étant égaux comme angles opposés d'un parallélogramme, il en est de même des dièdres EH et BC qu'ils mesurent.

5° Si l'on prolonge au-delà du sommet G, les arêtes qui aboutissent à ce sommet, le trièdre ainsi formé ayant ses arêtes parallèles à celles du trièdre A, et de même sens, a ses faces respectivement égales à celles du trièdre A et de même disposition; il lui est donc égal. Mais il est symétrique du trièdre GFHC : donc aussi le trièdre A et le trièdre GFHC sont symétriques.

6° Soient BH, FD deux diagonales quelconques du parallélipipède, c'est-à-dire des lignes joignant deux à deux des sommets non situés dans une même face : comme les arêtes HD, FB sont égales et parallèles, le quadrilatère BFHD est un parallélogramme. Il en résulte que les deux diagonales FD, BH, non-seulement se coupent, mais se coupent en leur milieu, puisqu'elles sont les diagonales d'un même parallélogramme. Les deux autres diagonales EC, GA, pour une raison analogue, doivent couper chacune des deux premières en son milieu. Donc elles passent toutes par le même point O, [et y ont leurs milieux.

THÉORÈME II.

Deux prismes droits de même base et de même hauteur sont égaux.

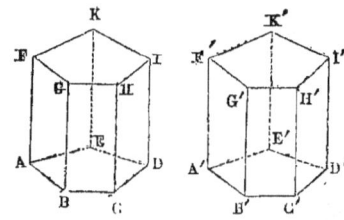

Portons en effet le premier prisme dans le second. Comme les bases ABCDE, A'B'C'D'E' sont égales par hypothèse, nous pourrons toujours les faire coïncider. Alors AF, perpendiculaire en A au plan de la première base, prendra la direction de A'F', perpendiculaire au plan de la seconde. Mais AF=A'F', puisque par hypothèse les hauteurs des deux prismes sont égales. Donc le point F tombera en F'. Pour la même raison, BG suivra la direction de B'G', et le point G tombera en G'. De même H tombera en H', I en I', et K en K'. Les deux prismes auront ainsi leurs sommets communs, et par suite coïncideront. Ils sont donc égaux, et cela démontre l'énoncé.

THÉORÈME III.

Les sections FGHIK, F'G'H'I'K', faites dans un prisme par des plans parallèles qui en rencontrent toutes les arêtes latérales sont des polygones égaux et à côtés parallèles.

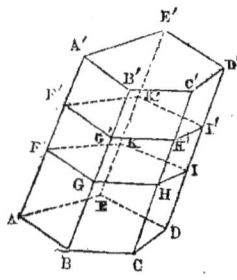

D'abord, les côtés de ces deux sections sont parallèles entre eux deux à deux comme intersections de deux plans parallèles par les mêmes plans. Il en résulte que les côtés FG, F'G', sont égaux comme parallèles comprises entre parallèles. De même GH et G'H', HI et H'I', etc. D'autre part, les angles F et F' sont égaux comme ayant leurs côtés parallèles et dirigés dans le même sens; de même les angles G et G', les angles H et H', etc. Les deux sections ayant donc leurs angles égaux et leurs côtés égaux chacun à chacun et disposés de la même façon, sont égales. Il résulte d'ailleurs de la démonstration, qu'elles ont leurs côtés parallèles.

COROLLAIRE I. — On appelle section droite d'un prisme, la section faite dans ce prisme par un plan perpendiculaire à ses arêtes latérales. Deux pareils plans étant nécessairement parallèles comme perpendiculaires aux mêmes droites, on en conclut que *deux sections droites d'un même prisme sont des polygones égaux et à côtés parallèles.*

COROLLAIRE II. — La figure comprise entre deux sections parallèles d'un même prisme est elle-même un prisme.

THÉORÈME IV.

Tout prisme oblique est équivalent au prisme droit qui a pour base sa section droite et pour hauteur son arête.

On dit que deux solides sont *équivalents*, quand ils comprennent le même volume sans avoir la même forme.

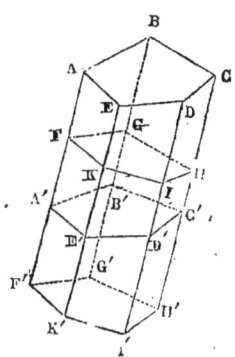

Soit donc ABCDEA'B'C'D'E' un prisme oblique quelconque, et FGHIK sa section droite; prenons sur son arête AA' prolongée, à partir du point F, FF'=AA', et par le point F' menons un plan perpendiculaire aux arêtes, qui donnera la section droite F'G'H'I'K'. Le prisme droit FGHIKF'G'H'I'K' aura pour base la section droite du premier, et pour hauteur son arête : or je dis qu'il lui est équivalent.

Prenons en effet le solide ABCDEFGHIK,

compris entre les bases supérieures des deux prismes, et portons-le dans le solide A'B'C'D'E'F'G'H'I'K' compris entre leurs bases inférieures. Nous pourrons toujours faire coïncider leurs faces FGHIK, F'G'H'I'K' qui sont égales comme sections droites d'un même prisme : alors FA perpendiculaire à la première, prendra la direction de F'A', perpendiculaire à la seconde. Mais les droites FA et F'A' sont égales, car elles ne sont autres que les arêtes égales FF', AA', diminuées d'une même quantité FA'. Donc le point A tombera en A'. Pour une raison analogue, B, C, D, E tomberont respectivement en B', C', D', E', et les deux solides coïncideront. Donc ils sont égaux.

Or si de la figure totale on retranche le premier de ces solides, il reste le prisme droit ; si de la même figure on retranche le second, il reste le prisme oblique. Le prisme oblique et le prisme droit sont donc équivalents.

Mesure du parallélipipède.

THÉORÈME V.

Deux parallélipipèdes rectangles de même base et même hauteur sont égaux.

En effet deux parallélipipèdes rectangles ne sont autre chose que des prismes droits; or il a été démontré (th. II) que deux prismes droits de même base et de même hauteur sont égaux.

REMARQUE. — On appelle *dimensions* d'un parallélipipède rectangle, les trois arêtes aboutissant à un même sommet. Deux d'entre elles représentent les côtés de la base, et la troisième la hauteur. On peut donc encore énoncer le théorème précédent en disant que deux parallélipipèdes rectangles sont égaux quand ils ont les mêmes dimensions.

THÉORÈME VI.

Deux parallélipipèdes rectangles de même base sont entre eux comme leurs hauteurs.

Soient P et P' les parallélipipèdes proposés, ABCD, EFGH

LIVRE VI.

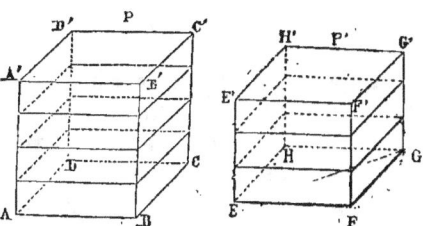

leurs bases que nous supposons égales, AA', EE' leurs hauteurs. Je dis qu'on a :

$$\frac{P}{P'} = \frac{AA'}{EE'}.$$

1° Supposons que les hauteurs AA', EE' aient une commune mesure contenue par exemple quatre fois dans AA' et trois fois dans EE', de telle sorte que le rapport $\frac{AA'}{EE'}$ soit égal à $\frac{4}{3}$. Si nous partageons AA' en quatre parties égales et EE' en trois, ces 7 parties seront égales entre elles. Par suite, si par les points de division nous menons des plans parallèles aux bases, les 7 parallélipipèdes rectangles partiels ainsi formés, auront bases égales et même hauteur, et par conséquent seront égaux. Comme les parallélipipèdes P et P' en contiennent respectivement 4 et 3, leur rapport est $\frac{4}{3}$. Ce rapport est donc égal à celui des hauteurs AA', EE'.

2° On étend le théorème au cas où les hauteurs AA', EE' n'ont pas de commune mesure, par des procédés analogues à ceux que nous avons employés en pareil cas, soit en démontrant que le rapport de deux angles au centre est le même que celui de leurs arcs, soit en faisant voir que deux rectangles de même base sont entre eux comme leurs hauteurs, etc.

REMARQUE. — On peut encore énoncer le théorème précédent en disant : *Quand deux parallélipipèdes rectangles ont deux dimensions communes, ils sont entre eux comme leurs troisièmes dimensions.*

20

THÉORÈME VII.

Deux parallélipipèdes rectangles de même hauteur sont entre eux comme leurs bases, ou en d'autres termes, deux parallélipipèdes rectangles qui ont une dimension commune sont entre eux comme les produits de leurs dimensions non communes.

Soient en effet P et P' les deux parallélipipèdes rectangles considérés, dont je représente les dimensions respectives par a, b et c, a, b' et c'. Concevons un troisième parallélipipède rectangle P'', qui ait deux dimensions communes avec chacun des deux premiers, c'est-à-dire dont les dimensions soient a, b et c'. Les parallélipipèdes P et P'' ayant deux dimensions communes a et b, sont entre eux comme leurs dimensions c et c', d'où :

$$\frac{P}{P''} = \frac{c}{c'}.$$

De même les parallélipipèdes P'' et P', ayant deux dimensions communes a et c', sont entre eux comme leurs dimensions b et b' :

$$\frac{P''}{P'} = \frac{b}{b'}.$$

Si nous multiplions membre à membre les deux égalités qui précèdent, il vient :

$$\frac{PP''}{P''P'} = \frac{bc}{b'c'},$$

ou après la suppression du facteur P'' commun aux deux termes du premier rapport :

$$\frac{P}{P'} = \frac{bc}{b'c'}.$$

THÉORÈME VIII.

Deux parallélipipèdes rectangles quelconques sont entre eux comme les produits de leurs trois dimensions.

Soient P et P' les parallélipipèdes proposés, a, b, c les dimensions du premier, a', b', c' celles du second. Concevons un troisième parallélipipède rectangle P'', qui ait deux dimensions communes avec le parallélipipède P, et une avec le paralélipipède P', c'est-à-dire dont les dimensions soient a, b et c'. En vertu des théorèmes précédents nous aurons :

$$\frac{P}{P''} = \frac{c}{c'}$$

$$\frac{P''}{P'} = \frac{ab}{a'b'}.$$

Or, en multipliant ces deux égalités membre à membre, nous en tirons :

$$\frac{PP''}{P''P'} = \frac{abc}{a'b'c'}, \text{ ou } \frac{P}{P'} = \frac{abc}{a'b'c'}.$$

THÉORÈME IX.

Le parallélipipède rectangle a pour mesure le produit des nombres qui mesurent ses trois dimensions, pourvu qu'on prenne pour unité de volume le cube qui a pour côté l'unité de longueur.

Soit P le parallélipipède proposé, a, b, c ses trois dimensions. Désignons pour un instant par P', le cube pris pour unité, et par a', b', c' ses dimensions; nous aurons, en vertu du théorème précédent :

$$\frac{P}{P'} = \frac{abc}{a'b'c'},$$

ou

$$\frac{P}{P'} = \frac{a}{a'} \times \frac{b}{b'} \times \frac{c}{c'}.$$

Or, $\frac{P}{P'}$ est le rapport du parallélipipède P à l'unité de volume P'; c'est donc la mesure de P. De même $\frac{a}{a'}$, $\frac{b}{b'}$, $\frac{c}{c'}$, représentant les rapports des arêtes a, b, c, à l'unité de longueur, ne sont autres que les mesures numériques de ces arêtes. L'égalité précédente peut donc s'écrire :

Mesure de P = *mesure de a* × *mesure de b* × *mesure de c*.

REMARQUE I. — On énonce d'ordinaire le théorème précédent en disant : *Le parallélipipède rectangle a pour mesure le produit de ses trois dimensions*, ce qui s'écrit :

$$P = abc.$$

REMARQUE II. — Si l'on regarde la dimension c comme la hauteur du parallélipipède P, le produit ab mesure la surface de sa base, pourvu que l'on prenne pour unité de surface le carré qui a pour côté l'unité de longueur. On peut donc dire encore que *le parallélipipède rectangle a pour mesure le produit de sa base par sa hauteur.*

THÉORÈME X.

Le parallélipipède droit a pour mesure le produit de sa base par sa hauteur, si l'on fait les mêmes hypothèses que ci-dessus, sur l'unité de volume et l'unité de surface.

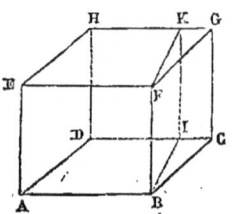

Soit ABCDEFGH le parallélipipède droit proposé. Nous pouvons le regarder comme un prisme oblique dont la base serait BFGC, et les arêtes AB, DC, HG et EF. Dès lors il est équivalent au prisme droit qui aurait pour hauteur son arête AB, et pour base sa section droite BFKI. Mais on obtient cette dernière en menant BI perpendiculaire sur AB, et conduisant le plan des deux droites BF et BI. Comme BF perpendiculaire au plan ABCD, est par suite perpendiculaire à BI, cette section droite est un rectangle, et le prisme droit ayant pour hauteur AB et pour base BFKI, est un parallélipipède rectangle, qui a pour mesure :

$$BI \times BF \times BA.$$

C'est donc aussi la mesure du parallélipipède proposé. Mais $BA \times BI$ représente la mesure du parallélogramme ABCD. Donc enfin le parallélipipède proposé a pour mesure :

$$ABCD \times BF.$$

THÉORÈME XI.

Le parallélipipède oblique a pour mesure le produit de sa base par sa hauteur.

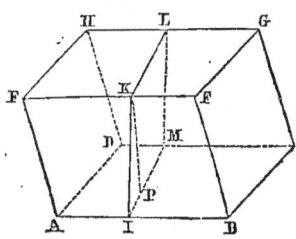

Soit ABCDEFGH un parallélipipède oblique. Nous pouvons le considérer comme un prisme oblique dont la base serait BCGF et les arêtes latérales AB, DC, EF et HG. Il est dès lors équivalent au prisme droit ayant pour hauteur son arête AB, et pour base sa section droite IKLM. Mais IKLM est un parallélogramme ; ce prisme est donc un parallélipipède droit, et sa mesure, et par suite celle du parallélipipède proposé, est représentée par le produit

$$IKLM \times AB,$$

ou
$$IM \times KP \times AB.$$

Mais IM perpendiculaire à AB est la hauteur du parallélogramme ABCD, en sorte que $IM \times AB$ exprime la surface de ce parallélogramme. La mesure du parallélipipède est donc encore représentée par

$$ABCD \times KP.$$

Comme KP perpendiculaire à IM, l'est par suite au plan ABCD, et représente la hauteur du parallélipipède, on peut dire enfin que le parallélipipède proposé a pour mesure le produit de sa base par sa hauteur.

COROLLAIRE. — Si l'on désigne par P et P′ les volumes de deux parallélipipèdes droits ou obliques, par B et H, B′ et H′ leurs bases et leurs hauteurs respectives, on a en vertu des théorèmes précédents :

$$P = B \times H,$$
$$P' = B' \times H',$$

d'où :

$$\frac{P}{P'} = \frac{B \times H}{B' \times H'}.$$

Si l'on a B=B′, il reste

$$\frac{P}{P'} = \frac{H}{H'};$$

Si au contraire H=H′, il reste :

$$\frac{P}{P'} = \frac{B}{B'}.$$

Ainsi, *deux parallélipipèdes quelconques de bases équivalentes,* sont entre eux comme leurs hauteurs, ou de même hauteur, sont entre eux comme leurs bases.

Mesure du Prisme.

THÉORÈME XII.

Tout prisme triangulaire est équivalent à la moitié du parallélipipède de base double et de même hauteur.

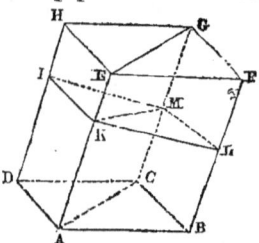

Soit ABCEFG le prisme triangulaire proposé. Je commence par mener CD parallèle à AB, et AD parallèle à BC. J'ai ainsi le parallélogramme ABCD double du triangle ABC. Si alors je mène DH parallèle et égale à l'arête AE du prisme, et que je tire HE et HG, le parallélipipède ABCDEFGH a même hauteur que le prisme proposé et base double, et j'ai à faire voir que le prisme est équivalent à la moitié de ce parallélipipède, ou ce qui revient au même, que les prismes ABCEFG, ADCEHG sont équivalents.

Pour y arriver, je mène un plan quelconque perpendiculaire à AE; il coupe le parallélipipède suivant le parallélogramme IKLM, et les triangles MLK, MIK qui en sont les moitiés, sont les sections droites des deux prismes. Chacun de ces prismes est équivalent au prisme droit ayant pour base sa section droite et pour hauteur son arête AE: mais ces deux prismes droits sont égaux comme ayant bases égales et même hauteur; les deux prismes obliques sont donc équivalents eux-mêmes, et le prisme ABCEFG est équivalent à la moitié du parallélipipède.

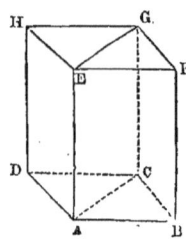

REMARQUE. — Nous avons dans ce qui précède, supposé le prisme ABCEFG oblique. S'il était droit, les deux prismes triangulaires ABCEFG, ADCEHG qui composent le parallélipipède, seraient égaux comme ayant même hauteur et bases égales, et le prisme proposé ne serait pas seulement équivalent, mais égal à la moitié du parallélipipède ABCDEFGH.

THÉORÈME XIII.

Le prisme a pour mesure le produit de sa base par sa hauteur.

1° Considérons d'abord un prisme triangulaire ABCEFG (fig. de la page précédente) : Il vaut la moitié du parallélipipède ABCDEFGH de base double et de même hauteur. Or si l'on désigne cette hauteur par h, le parallélipidède a pour mesure :

$$ABCD \times h.$$

Donc le prisme a pour mesure :

$$\frac{ABCD}{2} \times h, \text{ ou } ABC \times h,$$

ce qui justifie l'énoncé dans le premier cas.

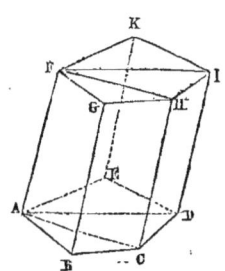

2° Soit ABCDEFGHIK un prisme polygonal quelconque. Si par son arête AF et toutes les arêtes non adjacentes, nous menons des plans, nous décomposons ce prisme en une suite de prismes triangulaires ABCFGH, ACDFHI, ADEFIK, ayant tous pour hauteur la hauteur h du prisme proposé.

Ces prismes triangulaires en vertu de la première partie du théorème, ont pour mesures respectives :

$$ABC \times h; \ ACD \times h; \ ADE \times h.$$

Le prisme polygonal qui est leur somme, a donc pour mesure :

$$(ABC + ACD + ADE) \times h,$$

ou

$$ABCDE \times h,$$

et cela démontre l'énoncé dans le cas général.

COROLLAIRE. — Il résulte immédiatement de ce théorème, que *deux prismes quelconques de bases équivalentes sont entre eux comme leurs hauteurs, et que deux prismes de même hauteur sont entre eux comme leurs bases.*

Mesure de la Pyramide.

THÉORÈME XIV.

Deux sections ABCDE, A'B'C'D'E' faites dans un même angle solide, par des plans parallèles qui en coupent toutes les arêtes d'un même côté du sommet, sont des polygones semblables, et les surfaces de ces polygones sont entre elles comme les carrés des distances de leurs plans au sommet de l'angle solide.

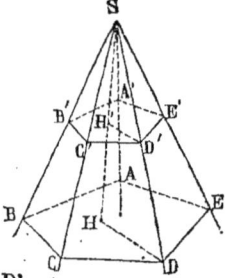

D'abord ces deux polygones ont leurs côtés parallèles chacun à chacun, comme intersections de deux plans parallèles par les mêmes plans. Il en résulte que leurs angles sont égaux deux à deux, comme ayant leurs côtés parallèles et dirigés dans le même sens.

D'autre part, les triangles semblables ASB, A'SB'; BSC, B'SC'; CSD, C'SD'.... donnent les proportions :

$$\frac{AB}{A'B'} = \frac{SB}{SB'}\ ;\ \frac{SB}{SB'} = \frac{BC}{B'C'} = \frac{SC}{SC'}\ ;$$

$$\frac{SC}{SC'} = \frac{CD}{C'D'} = \frac{SD}{SD'}\ ;\ \text{etc.}$$

On en conclut à cause des rapports communs :

$$\frac{AB}{A'B'} = \frac{BC}{B'C'} = \frac{CD}{C'D'} = \ldots$$

Ainsi les deux polygones ABCDE, A'B'C'D'E', ont leurs angles égaux et leurs côtés homologues proportionnels, et par conséquent sont semblables.

2° Les polygones ABCDE, A'B'C'D'E' étant semblables, on a :

$$\frac{ABCDE}{A'B'C'D'E'} = \frac{\overline{CD}^2}{\overline{C'D'}^2}\ ;$$

Or si nous abaissons SH perpendiculaire au plan ABCDE, et par suite à A'B'C'D'E', les droites DH, D'H' sont parallèles comme intersections de deux plans parallèles par un même plan. Les triangles semblables DSH, D'SH' donnent donc :

$$\frac{SH}{SH'} = \frac{SD}{SD'};$$

On a d'ailleurs dans les triangles semblables CSD, C'SD' :

$$\frac{SD}{SD'} = \frac{CD}{C'D'}.$$

On en conclut, à cause du rapport commun :

$$\frac{CD}{C'D'} = \frac{SH}{SH'}, \text{ et } \frac{\overline{CD^2}}{\overline{C'D'^2}} = \frac{\overline{SH^2}}{\overline{SH'^2}}$$

Donc enfin :

$$\frac{ABCDE}{A'B'C'D'E'} = \frac{\overline{SH^2}}{\overline{SH'^2}},$$

ce qui démontre la seconde partie de l'énoncé.

REMARQUE. — Le théorème subsiste quand au lieu d'être menés d'un même côté du sommet S, les plans parallèles sont menés de part et d'autre.

THÉORÈME XV.

Quand deux pyramides ont même hauteur, les sections faites dans ces pyramides parallèlement à leurs bases, et à la même distance des bases ou des sommets, sont entre elles dans le même rapport que les bases.

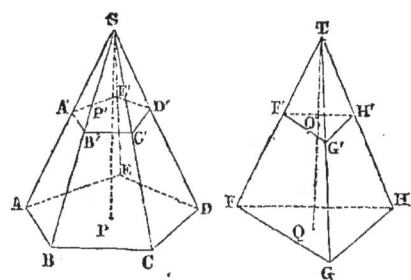

En effet, en vertu du théorème précédent on a :

$$\frac{A'B'C'D'E'}{ABCDE} = \frac{\overline{SP'}^2}{\overline{SP}^2}, \text{ et } \frac{F'G'H'}{FGH} = \frac{\overline{TQ'}^2}{\overline{TQ}^2}.$$

Or par hypothèse $SP'=TQ'$, $SP=TQ$. Donc les seconds membres des deux proportions précédentes sont égaux ; les premiers le sont donc aussi, et l'on a :

$$\frac{A'B'C'D'E'}{ABCDE} = \frac{F'G'H'}{FGH}, \text{ ou } \frac{A'B'C'D'E'}{F'G'H'} = \frac{ABCDE}{FGH}.$$

COROLLAIRE. — Si les bases ABCDE, FGH sont équivalentes, le second membre de la proportion précédente est égal à l'unité ; il en est donc aussi de même du premier, en sorte que les sections A'B'C'D'E', et F'G'H' sont elles-mêmes équivalentes.

THÉORÈME XVI.

Deux pyramides triangulaires de bases équivalentes et de même hauteur sont équivalentes.

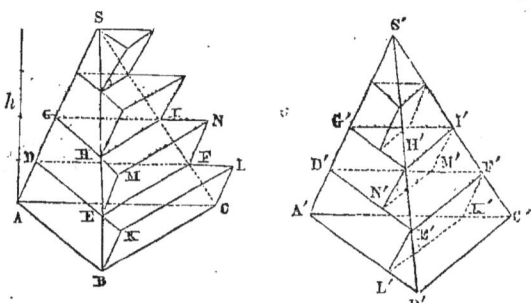

Supposons en effet, s'il est possible, que la première pyramide soit plus grande que la seconde, et partageons la hauteur commune h en un nombre arbitraire n de parties égales, puis par les points de division, dans l'une et l'autre pyramide, menons des plans parallèles aux bases. En vertu du théorème précédent, les sections correspondantes des deux pyramides seront équivalentes. Cela fait, dans la première pyramide, construisons sur la base et sur chaque section comme bases inférieures, des prismes extérieurs ABCDKL, DEFGMN..., ayant pour hauteur l'une des parties de la hauteur, et leurs arêtes latérales parallèles à SA. Au contraire, dans la seconde pyramide, construisons sur chaque section comme base supérieure, des prismes intérieurs D'E'F'A'L'K', G'H'I'D'N'M'...., ayant également pour hauteur l'une des parties de la hauteur, et leurs arêtes latérales parallèles à S'A'. Les prismes correspondants des deux pyramides, à commencer par les plus voisins des sommets, seront équivalents comme ayant bases équivalentes et même hauteur.

Comme il y a en plus, dans la première pyramide, le prisme construit sur la base, qui n'a pas de correspondant dans la seconde, la différence entre la somme des prismes de gauche et celle des prismes de droite, est représentée par ce prisme inférieur, lequel a pour mesure $ABC \times \dfrac{h}{n}$.

Or, la somme des prismes de gauche est plus grande que la première pyramide, puisqu'ils l'occupent toute entière, et même font saillie au dehors. La première pyramide est par hypothèse plus grande que la seconde; la seconde pyramide est plus grande que la seconde somme de prismes, puisqu'ils y sont contenus entièrement. Donc la différence entre les deux pyramides est moindre que la différence entre les deux sommes de prismes, c'est-à-dire que $ABC \times \dfrac{h}{n}$.

Cette conclusion subsiste, quel que soit n. Or, si n est suffisamment grand, $\dfrac{h}{n}$ est aussi petit qu'on veut, et par suite aussi le produit $ABC \times \dfrac{h}{n}$. Donc la différence des deux pyramides, quantité fixe, devant être moindre qu'une quantité aussi petite qu'on veut, ne peut être que nulle, et les deux pyramides sont équivalentes.

THÉORÈME XVII.

Toute pyramide triangulaire est équivalente au tiers du prisme de même base et de même hauteur.

316　GÉOMÉTRIE.

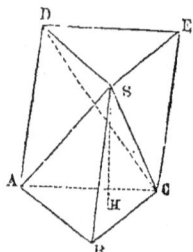

Soit SABC la pyramide triangulaire proposée. Pour construire un prisme de même base et de même hauteur, il suffit de mener des sommets A et C, les droites AD et CE égales et parallèles à BS, et de tirer DE, DS et ES.

Cela posé, par les trois points D, S et C, faisons passer un plan; le prisme se trouvera décomposé en trois pyramides triangulaires SABC, SADC, SDEC. Or, de ces trois pyramides, la troisième SDEC et la première SABC, sont équivalentes en vertu du théorème précédent, car elles ont respectivement pour bases les bases ABC, DSE du prisme, c'est-à-dire des triangles égaux, et d'ailleurs elles ont toutes deux pour hauteur la hauteur du prisme. La troisième SEDC et la seconde SADC sont pareillement équivalentes, car on peut les considérer comme ayant pour bases respectives les triangles ADC, DEC égaux comme moitiés d'un même parallélogramme, et elles ont alors toutes deux pour hauteur, la perpendiculaire menée du point S sur le plan commun des deux bases. Ces trois pyramides sont donc équivalentes, et par conséquent la pyramide SABC est le tiers du prisme.

THÉORÈME XVIII.

Toute pyramide a pour mesure le tiers du produit de sa base par sa hauteur.

1° Considérons d'abord une pyramide triangulaire SABC (fig. précéd.), et soit ABCDSE le prisme qui a même base ABC que la pyramide, et même hauteur SH. Ce prisme a pour mesure :

$$ABC \times SH.$$

Donc, la pyramide qui en est le tiers, a pour mesure :

$$\frac{ABC \times SH}{3}.$$

LIVRE VI.   317

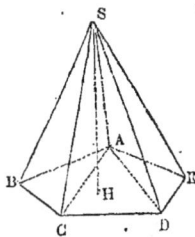

2° Soit SABCDE une pyramide polygonale quelconque. En faisant passer des plans par son arête SA et toutes les arêtes non adjacentes, on décompose cette pyramide en une suite de pyramides triangulaires qui ont toutes même hauteur SH que la pyramide proposée, et dont les mesures respectives sont :

$$\text{BAC} \times \frac{\text{SH}}{3}, \ \text{CAD} \times \frac{\text{SH}}{3} ; \ \text{DAE} \times \frac{\text{SH}}{3}.$$

La pyramide totale a par suite pour mesure :

$$(\text{BAC}+\text{CAD}+\text{DAE}) \times \frac{\text{SH}}{3}, \ \text{ou ABCDE} \times \frac{\text{SH}}{3},$$

et cela achève de justifier l'énoncé.

COROLLAIRE I. — Si l'on désigne par V et V' les volumes de 2 pyramides, et par B et B', h et h' leurs bases et leurs hauteurs respectives, on a :

$$V = \frac{Bh}{3}, \ V' = \frac{B'h'}{3}.$$

On tire de là :

$$\frac{V}{V'} = \frac{Bh}{B'h'}.$$

Or selon que l'on a B=B', ou $h=h'$, il reste :

$$\frac{V}{V'} = \frac{h}{h'} \ \text{ou} \ \frac{V}{V'} = \frac{B}{B'}.$$

Donc *deux pyramides de même base sont entre elles comme leurs hauteurs, ou de même hauteur sont entre elles comme leurs bases.*

COROLLAIRE II. — La mesure de la pyramide conduit immédiatement à la mesure d'un solide quelconque. En effet, quel que soit ce solide, en joignant un point pris dans son intérieur à tous ses sommets on le décompose en pyramides ayant toutes pour sommet ce point, et pour bases les différentes faces du solide. En mesurant ces différentes pyramides, et ajoutant leurs mesures, on a évidemment la mesure du solide lui-même.

Du Tronc de Pyramide.

THÉORÈME XIX.

Tout tronc de pyramide est équivalent à la somme de trois pyramides ayant pour hauteur commune la hauteur du tronc, et pour bases respectives sa base inférieure, sa base supérieure, et une moyenne proportionnelle entre ses deux bases.

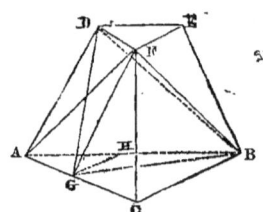

1° Considérons d'abord un tronc de pyramide triangulaire ABCDEF, dont nous désignerons pour plus de commodité la base inférieure par B, la base supérieure par b, et la hauteur par h.

En faisant passer des plans par les trois points A, F et B, et par les trois points, D, F et B, nous le décomposerons en trois pyramides triangulaires

FACB, BDEF et FADB.

Les deux premières peuvent être considérées comme ayant respectivement pour bases, les 2 bases ABC, DEF du tronc. Elles ont d'ailleurs toutes deux pour hauteur, la distance des deux bases du tronc, c'est-à-dire sa hauteur h.

Quant à la pyramide FDAB, si nous menons FG parallèle à AD, nous pouvons d'abord lui substituer la pyramide GDAB, puisque FG parallèle à AD et par suite au plan ADB, a tous ses points à la même distance de ce plan. Mais la pyramide GDAB peut être considérée comme ayant son sommet en D. Elle a alors pour hauteur la hauteur du tronc. Reste à faire voir que sa base ABG est moyenne proportionnelle entre B et b.

A cet effet, nous menons GH parallèle à CB et par suite à FE. Les deux triangles AGH, DEF ont alors les côtés AG, DF égaux comme parallèles comprises entre parallèles. Les angles adjacents à ces côtés sont d'ailleurs égaux comme ayant leurs côtés parallèles chacun à chacun et dirigés dans le même sens. Ces deux triangles sont donc égaux, en sorte que AGH est égal à b.

Cela posé, les deux triangles AGH, AGB ont même hauteur et sont entre eux comme leurs bases AH et AB :

$$\frac{AGH}{AGB}=\frac{AH}{AB}.$$

Les deux triangles AGB, ACB, sont de même entre eux comme leurs bases AG, AC :

$$\frac{AGB}{ACB}=\frac{AG}{AC}.$$

Mais à cause du parallélisme de GH et CB, on a la proportion :

$$\frac{AH}{AB}=\frac{AG}{AC}.$$

Donc aussi :

$$\frac{AGH}{AGB}=\frac{AGB}{ACB}.$$

On en tire :

$$(AGB)^2=ABC\times AGH=B\times b.$$

et
$$AGB=\sqrt{B\times b}.$$

Cela achève de démontrer l'énoncé dans le premier cas.

REMARQUE. — L'énoncé précédent revient à dire que la pyramide FADB est moyenne proportionnelle entre les pyramides FABC, FDEB. Or, sous cette forme, la démonstration du théorème est immédiate. En effet, les pyramides FADB, FDEB considérées comme ayant pour sommet le point F, ont même hauteur et sont entre elles comme leurs bases, ce qui donne la proportion :

$$\frac{FADB}{FDEB}=\frac{ADB}{DEB}=\frac{AB}{DE}.$$

Les pyramides FADB et FABC, considérées comme ayant pour sommet commun le point B, sont elles-mêmes dans le rapport de leurs bases, ce qui donne :

$$\frac{FABC}{FADB}=\frac{FAC}{FAD}=\frac{AC}{DF}.$$

Or les rapports $\frac{AB}{DE}$ et $\frac{AC}{DF}$ sont égaux à cause de la similitude des triangles FDE, ABC ;

Donc :

$$\frac{FABC}{FADB}=\frac{FADB}{FDEB},$$

et
$$FADB=\sqrt{FABC\times FDEB}.$$

— Considérons en second lieu le tronc de pyramide polygonal ABCDEA'B'C'D'E', et soit SABCDE la pyramide dont il

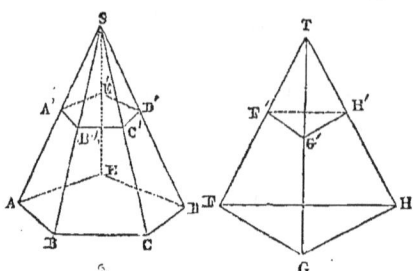

fait partie. Si sur le plan de la base ABCDE, nous construisons un triangle FGH équivalent à cette base, et que nous le prenions pour base d'une pyramide TFGH de même hauteur que la pyramide SABCDE, cette seconde pyramide aura même mesure qu'elle, ou en d'autres termes lui sera équivalente.

Si maintenant nous prolongeons le plan de la base supérieure A'B'C'D'E', il déterminera dans la pyramide TFGH une section F'G'H' équivalente au polygone A'B'C'D'E', et les deux pyramides partielles SA'B'C'D', TF'G'H' seront elles-mêmes équivalentes. Donc le tronc ABCDEA'B'C'D'E' différence des deux pyramides polygonales, sera équivalent au tronc FGHF'G'H' différence des deux pyramides triangulaires. Comme ce dernier est équivalent à la somme de trois pyramides ayant pour hauteur sa hauteur, et pour bases sa base inférieure, sa base supérieure et une moyenne proportionnelle entre ses deux bases, il en est de même du tronc de pyramide polygonal, et cela démontre l'énoncé dans le cas général.

COROLLAIRE I. — Si l'on continue à désigner par B et b les bases d'un tronc de pyramide quelconque, et par h sa hauteur, les trois pyramides à la somme desquelles il est équivalent, ont respectivement pour mesures

$$\frac{Bh}{3},\ \frac{bh}{3},\ \sqrt{Bb}\ \frac{h}{3}.$$

Le tronc de pyramide a donc lui-même pour mesure :

$$V = \frac{h}{3}(B + b + \sqrt{Bb}).$$

COROLLAIRE II. — Cette formule prend une forme plus com-

LIVRE VI.   321

mode quand on y introduit le rapport $\dfrac{a}{A}$ de deux côtés homologues des bases du tronc.

On a en effet :
$$\frac{b}{B} = \frac{a^2}{A^2},$$

d'où :
$$b = \frac{Ba^2}{A^2}, \quad \text{et} \quad \sqrt{Bb} = \frac{Ba}{A},$$

et la formule devient :
$$V = \frac{Bh}{3}\left(1 + \frac{a^2}{A^2} + \frac{a}{A}\right).$$

Démonstration algébrique. — On arrive plus vite par l'algèbre à l'établissement de la formule qui donne la mesure du tronc de pyramide.

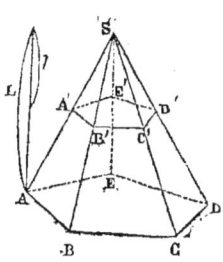

Soit en effet ABCDEA'B'C'D'E' un tronc de pyramide dont nous désignerons encore le volume par V, les deux bases par B et b, et la hauteur par h. Représentons pour un instant par L et l, les hauteurs des deux pyramides dont il est la différence. Les volumes de ces deux pyramides étant exprimés respectivement par $\dfrac{BL}{3}$ et $\dfrac{bl}{3}$, nous aurons :

$$V = \frac{1}{3}(BL - bl).$$

Or on a en vertu d'un théorème précédent :
$$\frac{B}{L^2} = \frac{b}{l^2}.$$

Si nous repésentons par m la valeur commune de ces deux rapports, il viendra :
$$B = mL^2, \quad b = ml^2,$$

et par suite successivement :

$$V = \frac{1}{3}(mL^3 - ml^3)$$

$$= \frac{m}{3}(L^3 - l^3)$$

$$= \frac{m}{3}(L-l)(L^2 + l^2 + Ll)$$

$$= \frac{L-l}{3}(mL^2 + ml^2 + mLl).$$

Or des deux égalités $B = mL^2$, et $b = ml^2$, on tire $Bb = m^2L^2l^2$, et $\sqrt{Bb} = mLl$. D'ailleurs $L-l$ n'est autre chose que la hauteur h du tronc. On a donc finalement :

$$V = \frac{h}{3}(B + b + \sqrt{Bb}).$$

REMARQUE. — Dans ce qui précède nous avons toujours supposé le tronc de pyramide égal à la différence de deux pyra-

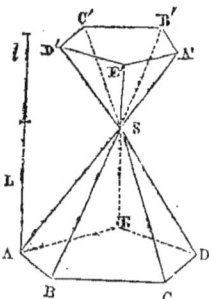

mides ; mais on peut avoir aussi à considérer le solide obtenu en coupant les arêtes d'une pyramide, prolongées au-delà du sommet, par un plan parallèle à la base, et formé par suite de la somme de deux pyramides. La formule qui donne la mesure d'un pareil solide peut aisément être établie à l'aide de la méthode qui précède. Si en effet nous désignons par B et b ses deux bases, par h sa hauteur, et par L et l, les hauteurs des deux pyramides dont il est la somme, ces deux pyramides ont respectivement pour mesures $\frac{BL}{3}$ et $\frac{bl}{3}$, et il vient :

$$V = \frac{1}{3}(BL + bl),$$

Or on a encore :

$$\frac{B}{L^2} = \frac{b}{l^2}.$$

LIVRE VI.

On en tire en désignant par m la valeur commune de ces deux rapports :

$$B = mL^2, \quad b = ml^2,$$

et par suite successivement :

$$V = \frac{1}{3}(mL^3 + ml^3),$$

$$= \frac{m}{3}(L^3 + l^3),$$

$$= \frac{m}{3}(L+l)(L^2 + l^2 - Ll),$$

$$= \frac{L+l}{3}(mL^2 + ml^2 - mLl)$$

$$= \frac{h}{3}(B + b - \sqrt{Bb}).$$

Telle est la formule qui mesure le tronc de pyramide de seconde espèce. On voit qu'on la déduit de la formule qui donne la mesure du tronc de pyramide ordinaire, en y remplaçant $\sqrt{Bb}$ par $-\sqrt{Bb}$.

Du Tronc de Prisme.

THÉORÈME XX.

Tout tronc de prisme triangulaire est équivalent à la somme de trois pyramides ayant pour base commune la base inférieure du tronc, et pour sommets respectifs, les sommets de sa base supérieure.

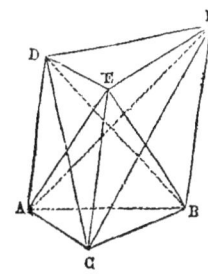

Soit ABCDFE le tronc de prisme proposé : en y faisant passer des plans par les trois points A, E, B, et les trois points D, E et B, on le décompose en trois pyramides triangulaires EABC, EADB, EDFB, que nous allons évaluer successivement.

La première EABC a déjà pour base, la base ABC du tronc et pour sommet le point E.

La seconde EADB peut être considérée comme ayant pour base ADB et pour sommet le point E ; nous n'altérerons pas son volume si, lui laissant la base ADB, nous transportons son sommet du point E au point C, puisque EC étant parallèle au plan de la base ADB, les points E et C en sont à la même distance. La seconde pyramide est ainsi remplacée par la pyramide CADB. Or on peut regarder celle-ci comme ayant pour base la base ABC du tronc, et pour sommet le point D.

La troisième pyramide EDFB peut être considérée comme ayant pour base EFB et pour sommet le point D. Or la droite DA étant parallèle au plan de sa base, nous n'altérerons pas son volume si, sans toucher à sa base EFB, nous transportons son sommet du point D au point A. Elle est alors remplacée par la pyramide AEFB. Celle-ci peut être considérée comme ayant pour base AFB et pour sommet le point E, et nous n'altérerons pas son volume en transportant son sommet du point E au point C, sans toucher à sa base. Elle est alors remplacée par la pyramide CAFB, qui peut être considérée comme ayant pour base ABC et pour sommet le point F.

Ainsi les trois pyramides qui composent le tronc de pyramide proposé, sont bien équivalentes à trois pyramides ayant pour base commune ABC, et pour sommets respectifs les points D, E et F.

COROLLAIRE. — Si l'on désigne par B la base du tronc, et par h_1, h_2, h_3, les trois perpendiculaires menées des sommets de la base supérieure sur la base inférieure, ces trois pyramides ont respectivement pour mesures :

$$\frac{Bh_1}{3}, \frac{Bh_2}{3}, \frac{Bh_3}{3}.$$

Donc le tronc lui-même a pour mesure :

$$B \times \frac{h_1 + h_2 + h_3}{3}$$

THÉORÈME XXI.

Le tronc de prisme triangulaire a pour mesure le produit de sa base inférieure par la perpendiculaire abaissée sur le plan de cette base, du centre de gravité de sa base supérieure.

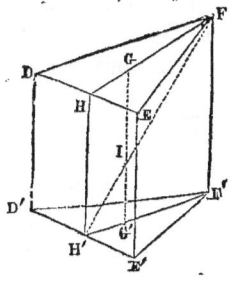

Soient DEF la base supérieure du prisme, DD', EE', FF' et GG' les perpendiculaires abaissées des sommets de cette base et de son centre de gravité, sur le plan de la base inférieure. En vertu du théorème précédent, l'énoncé sera démontré si l'on fait voir que GG' est égale au tiers de la somme des perp. DD', EE' et FF'.

D'abord le centre de gravité G est au tiers de la médiane HF à partir du point H. Or le plan mené par FF' et GG' coupe le plan DD'EE', suivant une droite HH' perpendiculaire elle-même au plan de la base ; et le point H étant le milieu de DE, le point H' est le milieu de D'E'. De même G étant au tiers de HF, G' est au tiers de H'F'. D'après cela, si nous tirons FH' qui coupe GG' en I, nous aurons :

$$\frac{GI}{HH'} = \frac{FG}{FH} = \frac{2}{3} \quad \text{d'où} \quad GI = \frac{2HH'}{3},$$

et
$$\frac{IG'}{FF'} = \frac{H'G'}{H'F'} = \frac{1}{3} \quad \text{d'où} \quad IG' = \frac{FF'}{3}.$$

Par suite :
$$GG' = \frac{2HH' + FF'}{3}.$$

Mais HH' joignant les milieux des côtés non parallèles du trapèze DD'EE', on a :

$$HH' = \frac{DD' + EE'}{2}, \quad \text{d'où} \quad 2HH' = DD' + EE'.$$

Donc enfin :
$$GG' = \frac{DD' + EE' + FF'}{3}.$$

REMARQUE. — Dans un tronc de prisme droit, les perp. DD', EE', FF', représentent les arêtes latérales elles-mêmes.

THÉORÈME XXII.

Le tronc de prisme triangulaire a encore pour mesure le produit de sa section droite par le tiers de la somme de ses arêtes latérales.

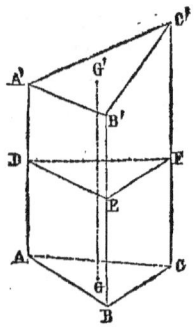

Soit ABCA'B'C' un tronc de prisme triangulaire quelconque, DEF sa section droite. En vertu du théorème précédent nous avons :

$$\text{Vol. ABCDEF} = \text{DEF} \times \frac{AD+BE+CF}{3}$$

$$\text{Vol. A'B'C'DEF} = \text{DEF} \times \frac{A'D+B'E+C'F}{3}$$

Or, si nous ajoutons ces deux égalités membre à membre, il vient :

$$\text{Vol. ABCA'B'C'} = \text{DEF} \times \frac{AA'+BB'+CC'}{3}.$$

Corollaire. — On démontre aisément, à l'aide de considérations analogues à celles du théorème XX, que $\frac{AA'+BB'+CC'}{3}$ est égal à la ligne GG' qui joint les centres de gravité des deux bases ABC, A'B'C'. Donc encore : *Le tronc de prisme triangulaire a pour mesure le produit de sa section droite par la ligne qui joint les centres de gravité de ses deux bases.*

THÉORÈME XXII bis.

Le tronc de parallélipipède a pour mesure : 1° *le produit de sa base inférieure par la perpendiculaire abaissée sur le plan de cette base, du centre de gravité de sa base supérieure ;* 2° *le produit de sa base inférieure par le quart de la somme des perpendiculaires abaissées sur le plan de cette base, des quatre sommets de sa base supérieure.*

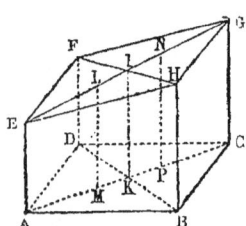

1° Soit ABCDEHGF un tronc de parallélipipède dont nous supposerons d'abord les arêtes latérales perpendiculaires sur la base. Soient L, N et I les centres de gravité des triangles EFH, FGH et du parallélogramme EFGH, et LM, NP, IK les perpendiculaires abaissées de ces points sur la base.

Les troncs de prisme EFHADB, FGHDCB ont pour mesures respectives :

$$\text{ADB} \times \text{LM, et DCB} \times \text{NP}.$$

Le tronc de parallélipipède a donc pour mesure :

$$ADB \times LM + DCB \times NP,$$

c'est-à-dire :

$$ADB \times (LM+NP), \text{ ou } ADCB \times \frac{LM+NP}{2}.$$

Mais LI et IN valant respectivement le tiers des lignes égales EI et IG, le point I est le milieu de LN, et l'on a :

$$IK = \frac{LM+NP}{2}.$$

Le tronc de parallélipipède a donc finalement pour mesure ADCB×IK, ce qui démontre la première partie de l'énoncé.

2° Dans les trapèzes FDHB et AEGC, on a :

$$IK = \frac{FD+HB}{2}, \text{ et } IK = \frac{EA+GC}{2}.$$

Donc :

$$2IK = \frac{EA+GC+FD+HB}{2},$$

et

$$IK = \frac{EA+GC+FD+HB}{4}.$$

Donc le tronc de parallélipipède a encore pour mesure :

$$ABCD \times \frac{EA+GC+FD+HB}{4}.$$

— Si les arêtes EA, GC, FD, HB n'étaient pas perpendiculaires sur la base, on pourrait répéter textuellement les démonstrations précédentes, et l'on obtiendrait des résultats analogues, en remplaçant ces arêtes par les perpendiculaires abaissées des sommets E, F, G, H, sur la base inférieure.

Similitude des Polyèdres.

On dit que deux polyèdres sont *semblables* quand ils ont toutes leurs faces semblables chacune à chacune, également inclinées entre elles deux à deux, et disposées de même.

Il en résulte immédiatement que dans deux polyèdres semblables, les angles solides homologues sont égaux. Ils ont en effet leurs dièdres égaux par hypothèse, et leurs angles plans égaux comme angles homologues de polygones semblables. La disposition est d'ailleurs supposée la même.

Il en résulte aussi que dans deux polyèdres semblables, les arêtes homologues sont proportionnelles. Car pour deux faces semblables quelconques, le rapport de deux arêtes homologues est le même : comme ces faces sont liées deux à deux par des arêtes communes, il s'en suit que le rapport de deux arêtes homologues quelconques est constant.

THÉORÈME XXIII.

Quand on coupe une pyramide quelconque SABCDE par un plan parallèle à sa base et situé du même côté du sommet, on détermine une seconde pyramide SA'B'C'D'E' semblable à la première.

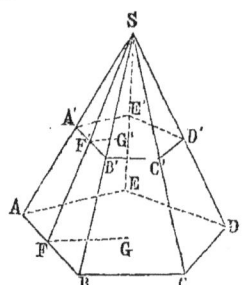

En effet, les bases ABCDE, A'B'C'D'E' sont semblables en vertu d'un théorème précédent ; et quant aux faces latérales, A'B' et AB étant parallèles comme intersection de deux plans parallèles par un troisième, A'SB' est semblable à ASB et de même pour les autres.

D'autre part, d'abord les dièdres latéraux sont égaux comme compris entre les mêmes plans; quant aux dièdres adjacents aux bases, menons du point S un plan perpendiculaire à AB par exemple, et par suite à A'B'. Il coupera les plans des deux bases suivant des droites parallèles FG, F'G', et les angles SFG, SF'G' seront égaux comme correspondants. Mais ils représentent les angles rectilignes des dièdres AB, A'B' : ces dièdres sont donc égaux. Même démonstration pour les autres dièdres adjacents aux bases.

Ainsi les deux pyramides SABCDE, SA'B'C'D'E', ont leurs faces semblables chacune à chacune et leurs dièdres égaux. La disposition y est d'ailleurs nécessairement la même, si le plan sécant est, par rapport au sommet, du même côté que la base. Elles sont donc semblables.

THÉORÈME XXIV.

Deux tétraèdres sont semblables quand ils ont un dièdre égal compris entre deux faces semblables chacune à chacune et disposées de même.

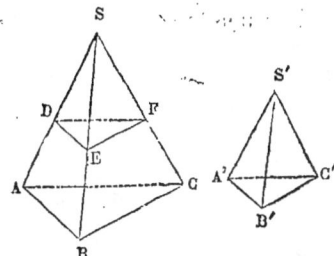

Soient SABC, S'A'B'C', les tétraèdres considérés, dans lesquels nous supposons que les dièdres SB, S'B' soient égaux, et que les faces ASB, BSC qui comprennent le premier, soient respectivement semblables aux faces A'S'B', B'S'C' qui comprennent le second.

Pour démontrer que ces deux tétraèdres sont semblables, si en même temps la disposition y est la même, portons le second dans le premier : comme les angles solides S et S' ont un dièdre égal compris entre des angles plans égaux et disposés de même, nous pourrons toujours les faire coïncider, en sorte que S'A', S'B', S'C' suivront respectivement les directions de SA, SB, SC, et le second tétraèdre prendra la position SDEF. Mais à cause de la similitude des faces BSC, B'S'C', l'angle S'B'C' de l'une est égal à l'angle SBC de l'autre; donc aussi l'angle SEF est égal à l'angle SBC, et comme ces angles sont dans la position de correspondants, EF est parallèle à BC. Pour une raison analogue ED est parallèle à BA. Donc le plan DEF est parallèle au plan ABC. La pyramide SDEF peut donc être considérée comme obtenue en coupant la pyramide SABC par un plan parallèle à sa base, et par suite lui est semblable. Donc aussi S'A'B'C' est semblable à SABC.

COROLLAIRE. — On démontre aisément que *deux tétraèdres sont semblables quand ils ont trois faces semblables chacune à chacune et disposées de même;* ou *quand ils ont leurs six arêtes proportionnelles,* etc.

330 GÉOMÉTRIE.

THÉORÈME XXV.

Deux polyèdres semblables peuvent être décomposés en un même nombre de tétraèdres semblables et semblablement placés.

En effet, d'abord, en menant les diagonales homologues des faces semblables des deux polyèdres, nous décomposerons leurs surfaces en un même nombre de triangles semblables chacun à chacun et semblablement placés. Cela fait, prenons dans l'intérieur du premier polyèdre un point O quelconque, et joignons-le à tous les sommets. Le premier polyèdre se trouvera ainsi décomposé en tétraèdres ayant tous leurs sommets en O. Pour trouver dans le second polyèdre, le point O' homologue de O, concevons le triangle A'B'C' homologue de ABC, et par son

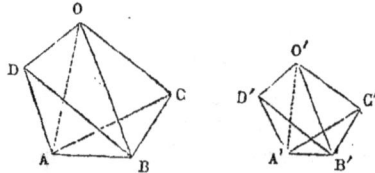

côté A'B' menons un plan qui fasse avec A'B'C' un dièdre égal à celui que OAB fait avec ABC; enfin dans ce plan, construisons un triangle A'O'B' semblable à AOB. En joignant le point O' à tous les sommets du second polyèdre, nous le décomposerons en tétraèdres. Or je dis qu'ils sont semblables respectivement à ceux du premier.

En effet, d'abord les deux tétraèdres OABC, O'A'B'C' ont par construction, un dièdre égal compris entre faces semblables et disposées de même; ils sont donc semblables.

Considérons ensuite deux tétraèdres OABD, O'A'B'D', dont les bases ABD, A'B'D', situées ou non dans le plan des deux premières, aient avec elles les côtés communs AB, A'B'. Ces deux tétraèdres auront les dièdres AB, A'B' égaux comme différence des dièdres de même nom des solides proposés et des premiers tétraèdres, (ou comme suppléments des dièdres de même nom de ceux-ci, si les bases ABD, A'B'D' sont dans le même plan que les bases ABC, A'B'C'). Ils ont les faces AOB, A'O'B' semblables comme faces homologues des deux premiers tétraèdres et les faces ADB, A'D'B' semblables comme parties homologues de faces semblables des polyèdres proposés. Les deux tétraèdres OABD, O'A'B'D' ayant donc eux-mêmes un dièdre égal compris entre faces semblables chacune à chacune et disposées de même, sont semblables.

A l'aide du même raisonnement, on fera voir de proche en proche que chaque tétraèdre du premier polyèdre, est semblable à son homologue dans le second.

THÉORÈME XXVI.

Réciproquement, deux polyèdres sont semblables s'ils sont composés d'un même nombre de tétraèdres semblables chacun à chacun et semblablement placés.

En effet, leurs faces sont composées, en vertu de l'hypothèse, d'un même nombre de triangles semblablement placés, et semblables comme faces homologues de tétraèdres semblables. Quant à leurs dièdres, ils sont égaux comme sommes de dièdres homologues de ces mêmes tétraèdres.

THÉORÈME XXVII.

Les volumes de deux polyèdres semblables sont entre eux comme les cubes de leurs arêtes homologues.

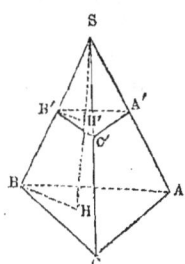

Considérons d'abord deux tétraèdres semblables SABC, S'A'B'C', et supposons qu'on les ait placés l'un dans l'autre de manière à leur donner un angle solide S commun. Nous savons que les plans des bases ABC, A'B'C' seront parallèles. Or, soit SH la hauteur du premier de ces tétraèdres, et par suite SH' celle du second; nous aurons :

$$SABC = ABC \times \frac{SH}{3},$$

$$SA'B'C' = A'B'C' \times \frac{SH'}{3}$$

on en tire :

$$\frac{SABC}{SA'B'C'} = \frac{ABC}{A'B'C'} \times \frac{SH}{SH'}.$$

Mais en vertu d'un théorème précédent nous avons :

$$\frac{ABC}{A'B'C'} = \frac{\overline{SH}^2}{\overline{SH'}^2}.$$

Donc déjà :
$$\frac{SABC}{SA'B'C'} = \frac{\overline{SH}^2}{\overline{SH'}^2} \times \frac{SH}{SH'} = \frac{\overline{SH}^3}{\overline{SH'}^3}.$$

Tirons maintenant BH, B'H' ; ces deux lignes seront parallèles comme intersections de deux plans parallèles par un troisième. Donc :
$$\frac{SH}{SH'} = \frac{SB}{SB'} = \frac{BC}{B'C'},$$

Et
$$\frac{\overline{SH}^3}{\overline{SH'}^3} = \frac{\overline{SB}^3}{\overline{SB'}^3} = \frac{\overline{BC}^3}{\overline{B'C'}^3}.$$

Donc enfin :
$$\frac{SABC}{SA'B'C'} = \frac{\overline{SB}^3}{\overline{SB'}^3} = \frac{\overline{BC}^3}{\overline{B'C'}^3},$$

Et cela justifie l'énoncé dans le premier cas.

— En second lieu, considérons deux polyèdres semblables P et P'. En vertu d'un théorème précédent, ils sont décomposables en un même nombre de tétraèdres semblables, que nous désignerons par t_1, t'_1 ; t_2, t'_2 ; t_3, t'_3...; soient d'ailleurs a et a' deux arêtes homologues quelconques des deux polyèdres. En vertu de ce que nous venons d'établir pour deux tétraèdres semblables, nous aurons :
$$\frac{t_1}{t'_1} = \frac{a^3}{a'^3} \, ; \, \frac{t_2}{t'_2} = \frac{a^3}{a'^3} \, ; \, \frac{t_3}{t'_3} = \frac{a^3}{a'^3}.$$

Donc :
$$\frac{t_1}{t'_1} = \frac{t_2}{t'_2} = \frac{t_3}{t'_3} = \frac{a^3}{a'^3}.$$

Par suite :
$$\frac{t_1 + t_2 + t_3}{t'_1 + t'_2 + t'_3} = \frac{a^3}{a'^3},$$

ou :
$$\frac{P}{P'} = \frac{a^3}{a'^3},$$

et cela démontre l'énoncé dans le cas général.

LIVRE VI.   333

De la Symétrie.

On dit que deux points A et A' sont *symétriques* par rapport à un point O, quand ils sont sur une même droite passant par ce point, et qu'ils en sont à égale distance. Ils sont symétriques par rapport à une droite *mn*, quand ils sont sur une même perpendiculaire à cette droite, de part et d'autre, et à la même distance. Enfin ils sont symétriques par rapport à un plan *mn*, quand la droite qui les joint est perpendiculaire à ce plan, et y est partagée en deux parties égales.

Deux figures sont symétriques par rapport à un point, une droite ou un plan, quand tous leurs points sont deux à deux, symétriques par rapport à ce point, cette droite ou ce plan, qui prennent alors le nom de *centre*, *d'axe* ou de *plan de symétrie*.

THÉORÈME XXVII.

Deux figures symétriques par rapport à un axe mn, sont égales.

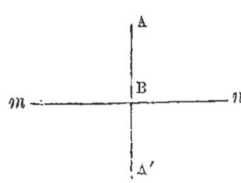

Car si l'on fait tourner la première figure de 180° autour de l'axe, tout point A de cette figure vient coïncider avec le point homologue A' de la seconde, et les deux figures coïncident elles-mêmes.

THÉORÈME XXVIII.

Deux figures symétriques d'une même figure par rapport à deux centres différents O et O', sont égales.

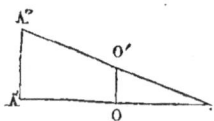

Car si A est un point quelconque de la première figure, et A' et A'' les points des deux autres, symétriques de A par rapport aux deux centres O et O', A''A' est parallèle à O'O et double de O'O. Par suite, si l'on déplace la troisième figure de telle sorte que ses points décrivent tous des droites parallèles à O'O et doubles de O'O, chacun de ses points viendra coïncider avec le point homologue de la seconde et ces deux figures coïncideront elles-mêmes.

THÉORÈME XXIX.

Quand deux figures sont symétriques par rapport à un plan mn, on peut toujours déplacer l'une d'elles de manière à la rendre symétrique de l'autre par rapport à un point O pris arbitrairement dans ce plan, et réciproquement.

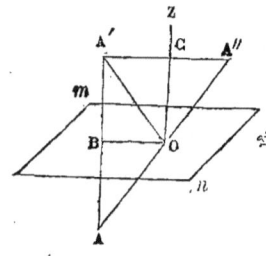

Soient en effet A un point quelconque d'une figure, A' son symétrique par rapport au plan mn, A" son symétrique par rapport au point O de ce plan. Si nous tirons A'A", cette ligne est parallèle à BO et double de BO. D'ailleurs la perpendiculaire OZ menée par le point O au plan mn, est dans le plan AA'A", et perpendiculaire à BO. Elle est, par suite, perpendiculaire à A'A", et partage A'A" en deux parties égales, puisque O étant le milieu de AA", C doit être celui de A'A". Il en résulte que les points de la deuxième et de la troisième figure, sont symétriques deux à deux par rapport à l'axe OZ, et que par conséquent, la deuxième peut être amenée à coïncider avec la troisième, ou la troisième avec la deuxième, par une rotation de 180° autour de OZ. Cela démontre à la fois le théorème et sa réciproque.

Corollaire. — Il résulte des théorèmes précédents que, si on laisse de côté la symétrie par rapport à un axe qui ne donne pas des figures différentes d'une figure donnée, mais seulement des figures différemment orientées, la symétrie par rapport à un plan ou par rapport à un centre ne donne, abstraction faite de l'orientation, qu'une seule figure symétrique d'une figure donnée.

Dès lors, quand on veut étudier deux figures symétriques, on peut les supposer rapportées soit au centre, soit au plan de symétrie, le plus commode eu égard à la nature de la question proposée.

THÉORÈME XXX.

La figure symétrique d'une droite est une droite égale à la première. La figure symétrique d'un angle est un angle égal. La figure symétrique d'un polygone est un polygone égal au premier.

1° La figure symétrique d'une droite est une droite égale à la première, car si l'on prend pour centre de symétrie le milieu de la droite, chacune de ses moitiés a pour symétrique l'autre moitié.

2° La figure symétrique d'un angle est un angle égal; car si l'on prend pour centre de symétrie le sommet de l'angle, on trouve l'angle opposé par le sommet.

3° La figure symétrique d'un polygone est un polygone égal; car si l'on prend pour centre de symétrie un point quelconque du plan de ce polygone, les symétriques de tous ses sommets sont situés dans le même plan, en sorte que la figure symétrique du polygone proposé est elle-même un polygone plan. Ce second polygone a d'ailleurs ses côtés et ses angles égaux à ceux du premier, en vertu des deux premières parties de la proposition. Enfin la disposition des angles et des côtés est la même de part et d'autre. Les deux polygones sont donc égaux entre eux.

THÉORÈME XXXI.

La figure symétrique d'un plan est un plan; l'angle de deux plans est égal à celui de leurs symétriques; la figure symétrique d'un polyèdre est un polyèdre dont les faces et les dièdres sont égaux à ceux du premier, mais qui ne lui est pas superposable.

1° La figure symétrique d'un plan est un plan; car si l'on prend pour centre de symétrie un point quelconque du plan, on retrouve ce plan lui-même.

2° L'angle dièdre de deux plans est égal à celui de leurs symétriques; car si l'on prend pour plan de symétrie le plan bissecteur du dièdre, chaque face a pour symétrique l'autre face, en sorte qu'on retrouve l'angle dièdre proposé lui-même.

3° En vertu des faits précédemment démontrés, deux polyèdres symétriques ont leurs faces égales chacune à chacune, ainsi que leurs dièdres. Mais il a été établi à propos des trièdres, et il est facile d'établir pour deux angles solides

336   GÉOMÉTRIE.

quelconques, que deux angles solides symétriques ont leurs éléments disposés en ordre inverse, et par suite ne sont pas superposables. Si donc dans deux polyèdres symétriques, les angles solides pris isolément ne peuvent être superposés, il en est de même à fortiori des deux polyèdres pris dans leur ensemble.

THÉORÈME XXXII.

Deux polyèdres symétriques sont équivalents.

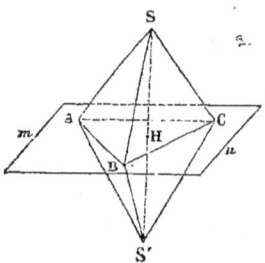

Considérons d'abord deux tétraèdres symétriques, et supposons qu'on prenne pour plan de symétrie la base ABC de l'un d'eux. Cette base sera elle-même sa symétrique, et les deux tétraèdres auront même base. D'ailleurs en vertu de la définition même de la symétrie par rapport à un plan, S' étant le symétrique de S, les hauteurs SH, S'H des deux tétraèdres sont égales. Ces deux tétraèdres sont donc équivalents.

Si en second lieu nous considérons deux polyèdres symétriques quelconques, nous pourrons les décomposer en un même nombre de tétraèdres symétriques deux à deux et par suite équivalents. Les deux polyèdres étant donc formés de parties équivalentes chacune à chacune, sont équivalents eux-mêmes.

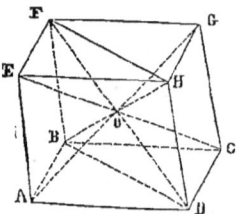

REMARQUE. — Nous avons antérieurement démontré que les diagonales d'un parallélipipède ABCDEFGH se coupent en un même point O, qui est le milieu de chacune d'elles. Si donc on prend ce point O pour centre de symétrie, les arêtes AB, AD, AE ont pour symétriques les arêtes, GH, GF, GC, qui aboutissent au sommet opposé. Il en résulte que les angles solides opposés A et G sont symétriques, ce que nous avons établi antérieurement d'une autre manière.

D'autre part, si l'on fait passer un plan par les deux arêtes opposées FB, HD, les deux prismes triangulaires ABDEFH, DBCFGH, dans lesquels le parallélipipède est décomposé, ont leurs sommets symétriques deux à deux par rapport au point O, et par suite sont symétriques eux-mêmes. Si donc ces deux prismes sont équivalents, ainsi que cela a été démontré liv. VI, th. XII, ils ne sont pas égaux comme le pensait Euclide, mais seulement symétriques, à moins que le parallélipipède proposé ne soit droit.

Applications.

PROBLÈME I.

Le volume d'un parallélipipède rectangle est de 3000 *décimètres cubes. Calculer les trois dimensions de ce parallélipipède, sachant qu'elles sont proportionnelles aux nombres* 2, 3 *et* 4.

Si l'on désigne par x, y, z les dimensions inconnues exprimées en décimètres, on a en vertu de l'énoncé :

$$\frac{x}{2} = \frac{y}{3} = \frac{z}{4}.$$

Ces trois rapports étant égaux, leur produit $\frac{xyz}{2\times 3\times 4}$ est égal au cube de chacun d'eux. On a donc, en observant que xyz représente le volume du parallélipipède, c'est-à-dire 3000, et que le produit $2\times 3\times 4$ est égal à 24 :

$$\frac{x^3}{8} = \frac{y^3}{27} = \frac{z^3}{64} = \frac{3000}{24}.$$

On tire de là :

$$x^3 = \frac{3000 \times 8}{24} = 1000,$$

et par suite

$$x = \sqrt[3]{1000} = 10.$$

De même :

$$y^3 = \frac{3000 \times 27}{24} = 3325,$$

338   GÉOMÉTRIE.

d'où :
$$y = \sqrt[3]{3325} = 15$$

et
$$z^3 = \frac{3000 \times 64}{24} = 8000,$$

d'où :
$$z = \sqrt[3]{8000} = 20.$$

PROBLÈME II.

Étant données les deux bases B *et* b *d'un tronc de pyramide, trouver la surface* b' *de la section parallèle aux bases, qui partage le tronc en deux parties équivalentes.*

Concevons les arêtes du tronc de pyramide prolongées jusqu'à leur point de rencontre, et soient désignés pour un instant par V, v et v' les volumes des pyramides qui ont pour bases respectives B, b et b', et par H, h et h' les hauteurs des mêmes pyramides. Si nous appelons α et β les deux parties du tronc, nous aurons :

$$V = v' + \alpha$$
$$v = v' - \beta.$$

Par suite :
$$V + v = 2v'$$

et
$$v' = \frac{V + v}{2}.$$

Cela posé, les pyramides semblables étant proportionnelles aux cubes de leurs hauteurs, on a :

$$\frac{V}{H^3} = \frac{v}{h^3} = \frac{v'}{h'^3}.$$

Or, on a par hypothèse :
$$v' = \frac{V + v}{2}.$$

Donc aussi :
$$h'^3 = \frac{H^3 + h^3}{2}.$$

D'ailleurs, les sections faites dans un même angle solide sont proportionnelles aux carrés de leurs distances au sommet.

On a donc :
$$\frac{B}{H^2} = \frac{b}{h^2} = \frac{b'}{h'^2},$$

et par suite :
$$\frac{\sqrt{B}}{H} = \frac{\sqrt{b}}{h} = \frac{\sqrt{b'}}{h'},$$

ou
$$\frac{\sqrt{B^3}}{H^3} = \frac{\sqrt{b^3}}{h^3} = \frac{\sqrt{b'^3}}{h'^3}.$$

On n'altérera donc pas l'égalité précédente, en y remplaçant H^3, h^3 et h'^3, par $\sqrt{B^3}$, $\sqrt{b^3}$ et $\sqrt{b'^3}$, ce qui donne :

$$\sqrt{b'^3} = \frac{\sqrt{B^3} + \sqrt{b^3}}{2},$$

et l'on a enfin :
$$b'^3 = \frac{(\sqrt{B^3} + \sqrt{b^3})^2}{4} = \frac{B^3 + b^3 + 2\sqrt{B^3 b^3}}{4},$$

d'où :
$$b' = \sqrt[3]{\frac{B^3 + b^3 + 2\sqrt{B^3 b^3}}{4}}.$$

PROBLÈME III.

Le volume d'un tronc de pyramide est de $23^{mc},4$, sa base inférieure vaut $7^{mq},5$ et sa hauteur 6^m. Calculer sa base supérieure.

Remplaçant V, B et h, par leurs valeurs 23,4; 7,5 et 6 dans la formule.

$$V = \frac{h}{3} \times (B + b + \sqrt{Bb}),$$

on a l'équation du problème :

$$23,4 = 2(7,5 + b + \sqrt{7,5b}) \quad ....(1).$$

ou $\quad\quad 11,7 = 7,5 + b + \sqrt{7,5b} \quad ....(2).$

Pour la résoudre, on isole d'abord le radical dans un membre, puis on élève les deux membres au carré. Il vient alors successivement :

$$\sqrt{7,5b} = 4,2 - b \quad ....(2),$$
$$7,5b = 17,64 + b^2 - 8,4b.$$
$$b^2 - 15,9b + 17,64 = 0,$$
$$b = \frac{15,9 \pm \sqrt{252,81 - 70,56}}{2}$$
$$= \frac{15,9 \pm \sqrt{182,25}}{2} = \frac{15,9 \pm 13,5}{2},$$

$$b' = \frac{15{,}9 + 13{,}5}{2} = 14{,}7,$$

$$b'' = \frac{15{,}9 - 13{,}5}{2} = 1{,}2.$$

L'algèbre donne ainsi pour la base supérieure b du tronc, deux valeurs réelles et positives. Pour expliquer ce fait, il suffit d'observer qu'en élevant au carré les deux membres de l'équation (2), on a fait disparaître toute trace du signe du radical : les solutions trouvées conviennent donc, non-seulement à l'équation (2), mais à l'équation

$$23{,}4 = 2(7{,}5 + b - \sqrt{7{,}5b})\ldots(3),$$

qui n'en diffère que par le signe du radical ; en d'autres termes, les valeurs

$$b' = 14{,}7, \text{ et } b'' = 1{,}2,$$

résolvent le problème proposé, l'une dans le cas où le tronc de pyramide considéré est un tronc de pyramide ordinaire, et l'autre un tronc de pyramide de seconde espèce (Voir page 322).

Par substitution directe, on reconnaît que la racine $b'' = 1{,}2$ convient seule à l'équation (1), et par conséquent donne la solution du problème dans le sens restreint de la mise en équation.

PROBLÈME IV.

La hauteur d'un tronc de pyramide est de 3^m, *ses bases sont respectivement de* 12^{mq} *et* 8^{mq} : *trouver les hauteurs des pyramides formées en prolongeant ses arêtes jusqu'à leur point de rencontre.*

En désignant par x et y les deux hauteurs inconnues, exprimées en mètres, on a les deux équations :

$$x - y = 3$$
$$\frac{x^2}{12} = \frac{y^2}{8}, \text{ ou } \frac{x^2}{3} = \frac{y^2}{2}.$$

La première donne :

$$x = y + 3.$$

En transportant cette valeur dans l'autre, on trouve successivement :

$$2(y+3)^2 = 3y^2$$
$$2(y^2 + 6y + 9) = 3y^2$$
$$y^2 - 12y - 18 = 0$$
$$y = 6 \pm \sqrt{36 + 18} = 6 \pm \sqrt{54} = 6 \pm 7{,}34\ldots$$
$$= \begin{cases} 13{,}34\ldots \\ -1{,}34\ldots \end{cases}$$

Par suite :
$$x = \begin{cases} 16,34\ldots \\ 1,66\ldots \end{cases}$$

Les valeurs $y=13,34\ldots$, $x=16,34\ldots$, résolvent le problème proposé, si l'on admet que le tronc de pyramide soit de première espèce; les autres valeurs $y=-1,34\ldots$, $x=1,66\ldots$ le résolvent en supposant le tronc de seconde espèce.

PROBLÈME V.

Trouver le volume du tétraèdre régulier, en fonction de son côté.

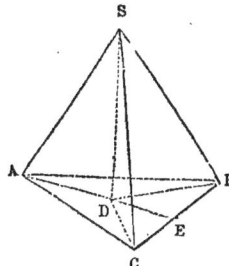

Soit SABC le tétraèdre proposé, dont nous désignerons le volume par V et le côté par a. Si SD représente sa hauteur, nous aurons d'abord :

$$V = ABC \times \frac{SD}{3}.$$

Or, le pied D de la hauteur étant à égale distance des pieds des obliques égales SA, SB, SC, on a DC=DB, ce qui montre que le point D est sur la perpendiculaire que l'on élèverait au milieu de CB. Le point A lui appartient aussi. La droite AD est donc elle-même cette perpendiculaire, et AE est la hauteur du triangle équilatéral ABC.

On a d'après cela :

$$ABC = CB \times \frac{AE}{2} = a \times \frac{AE}{2}.$$

Or, le triangle rectangle CAE donne :

$$\overline{AE}^2 = \overline{AC}^2 - \overline{CE}^2$$
$$= a^2 - \frac{a^2}{4} = \frac{3a^2}{4},$$

d'où :

$$AE = \frac{a\sqrt{3}}{2}.$$

On a par suite :

$$ABC = a \times \frac{a\sqrt{3}}{4} = \frac{a^2\sqrt{3}}{4}.$$

D'autre part, les trois triangles ADC, CDB, ADB sont égaux comme ayant les trois côtés égaux chacun à chacun. Il en résulte que BDC est

342   GÉOMÉTRIE.

le tiers de ABC, et par suite que DE est le tiers de AE, et que AD en est les deux tiers. Le triangle rectangle SAD donne alors successivement :

$$\overline{SD}^2 = \overline{SA}^2 - \overline{AD}^2$$
$$= \overline{SA}^2 - \frac{4}{9}\overline{AE}^2$$
$$= a^2 - \frac{4}{9}\frac{3a^2}{4} = a^2 - \frac{a^2}{3} = \frac{2a^2}{3}.$$

On tire de là :

$$SD = \frac{a\sqrt{2}}{\sqrt{3}}.$$

On a donc enfin :

$$V = \frac{a^2\sqrt{3}}{4} \times \frac{a\sqrt{2}}{3\sqrt{3}}$$
$$= \frac{a^3\sqrt{2}}{12}.$$

PROBLEME VI.

Trouver le volume du ponton.

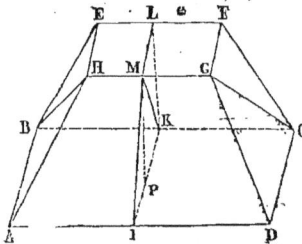

On appelle ponton un solide terminé par deux rectangles ABCD, EFGH non semblables, mais dont les côtés sont parallèles, et par quatre trapèzes isocèles, égaux deux à deux. C'est la forme de l'auge du maçon. C'est aussi la forme qu'on donne aux tas de pierre sur les routes.

Si par deux arêtes parallèles et non adjacentes HG et BC, nous faisons passer un plan, nous décomposons le solide en deux troncs de prisme triangulaires BAHDGC et BEHCFG. En menant un plan perpendiculaire aux arêtes latérales de ces troncs de prisme, plan qui détermine leurs sections droites MIK, MLK, et abaissant du point M sur KI, la perpendiculaire MP qui représente la hauteur du solide, nous avons :

$$BAHDCG = MIK \times \frac{AD+BC+HG}{3}$$

$$BEHCFG = MLK \times \frac{BC+EF+HG}{3},$$

d'où :
$$V = MIK \times \frac{AD+BC+HG}{3} + MLK \times \frac{BC+EF+HG}{3}.$$

Or, si nous posons :
$$AD = BC = a$$
$$HG = EF = b$$
$$AB = CD = c$$
$$EH = GF = d,$$
$$MP = h,$$

Cette expression devient :
$$V = \frac{ch}{2} \cdot \frac{2a+b}{3} + \frac{dh}{2} \cdot \frac{a+2b}{3},$$
$$= \frac{h}{6} \left\{ c(2a+b) + d(a+2b) \right\}.$$

Telle est la formule qu'il s'agissait d'établir.

EXERCICES SUR LE LIVRE VI.

406. — Dans tout tétraèdre les droites qui joignent les milieux des arêtes opposées se coupent en un même point, qui est le milieu de chacune d'elles.

407. — Dans tout tétraèdre les droites qui joignent chaque sommet au point de rencontre des médianes de la face opposée, se coupent en un même point, qui est situé sur chacune de ces quatre lignes, en son quart à partir de la face correspondante.

408. — Tout plan mené parallèlement à 2 arêtes opposées d'un tétraèdre quelconque, coupe ce solide suivant un parallélogramme.
— Comment faut-il mener le plan sécant pour que ce parallélogramme soit maximum?

409. — Tout plan mené parallèlement à deux arêtes opposées d'un tétraèdre régulier, le coupe suivant un rectangle.

410. — Quand dans un tétraèdre deux arêtes sont à angle droit avec les arêtes opposées, il en est de même du troisième groupe d'arêtes, et alors: 1° les hauteurs se coupent en un même point; 2° les plus courtes distances des arêtes opposées passent au même point que les hauteurs. — Réciproquement, quand dans un tétraèdre les quatre hauteurs se coupent en un même point, les arêtes opposées sont à angle droit.

411. — Dans un parallélipipède quelconque ABCDEFGH, on fait passer un plan par les extrémités A, F et H des arêtes qui aboutissent à un même sommet E. Dans quel rapport le plan AFH coupe-t-il la diagonale issue de ce sommet E?

412. — Comment faut-il couper un cube pour que la section soit un hexagone régulier? Exprimer la surface de la section au moyen du côté a du cube.
Même question pour un octaèdre régulier.

413. — Quand deux tétraèdres ont leurs sommets deux à deux sur des droites concourantes, les faces opposées à ces sommets se coupent deux à deux suivant quatre droites situées dans un même plan.

414. — Touver le lieu des points de l'espace, tels que la somme des carrés de leur distance à trois des sommets d'un tétraèdre, soit égale à 3 fois le carré de leur distance au 4°.

415. — Trouver le lieu des points tels que la somme des carrés de leurs distances à deux des sommets d'un tétraèdre, soit égale à la somme des carrés de leurs distances aux deux autres.

EXERCICES SUR LE LIVRE VI. 345

416. — Dans tout tétraèdre le plan bissecteur d'un dièdre partage l'arête opposée en parties proportionnelles aux faces adjacentes.

417. — Deux tétraèdres qui ont un angle solide commun, sont entre eux comme les produits des arêtes qui comprennent cet angle solide.

418. — D'un point quelconque de l'espace on abaisse des perpendiculaires sur les 4 faces d'un tétraèdre; trouver la relation qui existe entre ces perpendiculaires et les hauteurs du tétraèdre.

419. — Tout prisme triangulaire a pour mesure le produit d'une de ses faces latérales par la moitié de la perpendiculaire abaissée sur cette face d'un point de l'arête opposée.

420. — Tout prisme a pour mesure le produit de son arête par sa section droite.

421. — Dans un tétraèdre, tout plan qui passe par les milieux de deux arêtes opposées, coupe le solide suivant un quadrilatère dont une des diagonales est partagée par l'autre en deux parties égales.

422. — Dans un tétraèdre, tout plan mené par les milieux de deux arêtes opposées, partage le solide en deux parties équivalentes.

423. — Calculer la hauteur et le volume de la pyramide triangulaire dont l'angle au sommet est un trièdre tri-rectangle et la base un triangle équilatéral, connaissant le côté a de cette base.

424. — Quand on abat les 8 sommets d'un cube par des plans conduits par les milieux des arêtes qui aboutissent à chacun d'eux, le solide résultant dont les faces sont 8 triangles équilatéraux et 6 carrés, et dont toutes les arêtes sont égales, s'appelle un cubo-octaèdre. Calculer le volume de ce solide : 1° en fonction de son arête; 2° en fonction de l'arête du cube primitif.

425. — Calculer en fonction des dimensions a, b, c d'un parallélipipède rectangle, le volume de l'octaèdre qui a pour sommets les centres de gravité de ses 6 faces.

426. — Étant données trois droites parallèles et non situées dans un même plan, on prend sur l'une une longueur arbitraire AB, et sur les autres des points arbitraires C et D. Démontrer que le volume du tétraèdre ABCD est constant quels que soient les points C et D, et la parallèle sur laquelle on a porté AB.

427. — Étant donné un tronc de pyramide triangulaire, par chaque sommet de la base supérieure et l'arête opposée de la base inférieure, on fait passer des plans. Ces plans se coupent en un point que l'on prend pour sommet d'une pyramide ayant pour base la base inférieure. Trouver le rapport du volume de cette pyramide au volume du tronc de pyramide proposé, en fonction du rapport de similitude des bases.

428. — Étant donné un tétraèdre ABCD, on construit sur les faces ABC, ACD, ABD qui aboutissent à un même sommet, trois prismes triangulaires de hauteurs arbitraires, dont les bases supérieures se rencontrent en un point O, et sur la base BCD du tétraèdre on construit un quatrième prisme dont les arêtes latérales soient égales et parallèles à OA. Démontrer que le volume de ce quatrième prisme, est équivalent à la somme des trois premiers.

429. — Dans un tronc de pyramide triangulaire à bases non parallèles, les points d'intersection des diagonales des trois faces latérales, et les points d'intersection des côtés des bases prolongés, deux à deux, sont dans un même plan.

430. — La hauteur d'un tétraèdre régulier est égale à la somme des perpendiculaires abaissées d'un point intérieur sur les quatre faces du tétraèdre. — Modifications que subit l'énoncé quand le point est extérieur.

431. — Par chacun des quatre sommets d'un tétraèdre on mène des plans parallèles aux faces opposées. Quel est le rapport du tétraèdre ainsi formé, au tétraèdre donné?

432. — Le tétraèdre qui a pour sommets les centres de gravité des 4 faces d'un tétraèdre quelconque est-il semblable au premier? Quel est le rapport des volumes des deux tétraèdres?

433. — Deux tétraèdres sont semblables quand ils ont une face semblable adjacente à 3 dièdres égaux chacun à chacun et disposés de même.

434. — Deux tétraèdres sont semblables quand leurs quatre faces sont semblables chacune à chacune et disposées de même.

435. — Démontrer que deux plans symétriques par rapport à un même point sont parallèles et équidistants de ce point.

436. — Démontrer que deux plans symétriques par rapport à un même plan font des angles dièdres égaux avec ce plan et le coupent suivant une même droite.

437. — Tout polyèdre ayant pour bases deux polygones quelconques situés dans des plans parallèles, et pour faces latérales, des trapèzes ou des triangles, a pour mesure l'expression $\frac{h}{6}(b+b'+4b'')$ dans laquelle h représente la distance des deux bases, b et b' ces deux bases elles-mêmes, et b'' la section faite à égale distance de ces 2 bases.

APPLICATION. Exprimer le volume du ponton au moyen des dimensions de ses deux bases, et de sa hauteur.

438. — Couper un prisme triangulaire droit par un plan de telle sorte que la section soit un triangle équilatéral.

439. — Trouver le maximum du volume du prisme inscrit dans un tétraèdre donné.

440. — Un prisme oblique a pour base un triangle équilatéral dont le côté est a. Les arêtes dont la longueur est b, font avec la base un angle de 60°. Calculer le volume de ce prisme. Application: $a=2^m,25$, $b=3^m,45$.

EXERCICES SUR LE LIVRE VI.   347

441. — Dans une pyramide triangulaire, les trois côtés de la base valent respectivement $2^m,5$, $3^m,6$ et $4^m,2$. La hauteur est de $5^m,40$. A $3^m,25$ du sommet on mène un plan parallèle à la base et l'on demande de calculer le volume du tronc de pyramide ainsi déterminé.

442. — Une auge de maçon a une profondeur de $0^m,20$; les dimensions de la petite base sont respectivement de $0^m,30$ et de $0^m,15$, et les faces latérales sont inclinées de 45° sur la base. Trouver la capacité de l'auge.

443. — Une cuve en forme de parallélipipède rectangle est disposée obliquement sur un plan incliné, et contient de l'eau qui affleure à l'un des sommets de la base inférieure, et baigne l'arête opposée à une hauteur de $0^m,60$. Calculer en hectolitres, le volume de l'eau contenue dans cette cuve, sachant que les dimensions de la base sont de $0^m,90$ et de $0^m,75$. Combien faudrait-il ajouter d'eau pour que toutes les arêtes latérales fussent baignées à 15 centimètres plus haut.

444. — Un bloc de marbre a la forme d'un tronc de pyramide dont les bases sont des hexagones réguliers. La hauteur du tronc est de $0^m,45$; le rayon du cercle circonscrit à la base inférieure est de $0^m,25$; enfin les côtés des deux bases sont entre eux dans le rapport de 3 à 5. Quel est le volume de ce bloc?

445. — Dans un tronc de pyramide la base inférieure est de 5^{mq}, la hauteur de 6^m, et le volume de 20 m. cubes. Calculer la base supérieure.

Dans la même hypothèse, trouver les hauteurs des deux pyramides dont le tronc est la différence.

446. — Une pyramide régulière a pour base un carré de $4^m,25$ de côté, et pour faces latérales des triangles équilatéraux. Quel est son volume?

447. — Un obélisque a la forme d'un tronc de pyramide à base carrée; la base inférieure a $1^m,25$ de côté, et la base supérieure $0^m,75$. La hauteur est de 14 mètres. Enfin ce tronc de pyramide est surmonté d'une pyramide régulière dont les faces latérales sont des triangles équilatéraux. Quel est le volume de cet obélisque?

448. — Une tranchée de chemin de fer pratiquée en terrain horizontal, a 554^m de longueur au fond. Sa section est un trapèze isocèle dont les bases valent respectivement 14^m et 12^m, et la hauteur 5^m. Enfin elle se termine de chaque côté par des plans inclinés à 45°. Calculer le volume des déblais qu'on a dû enlever pour la pratiquer.

449. — Une digue en granit repose sur une base rectangulaire de 46^m de long et de 4^m de large. D'un côté, elle s'élève verticalement à une hauteur de 5^m, tandis que de l'autre elle a la forme d'un plan incliné, et le rectangle qui la termine supérieurement, a même longueur que le rectangle de base, et 2 mètres de largeur. Quel est le volume des pierres employées à la construction?

450. — Un prisme triang. droit a une hauteur de $3^m,84$; sur ses

arêtes latérales, à partir de la base, on prend des longueurs respectivement égales à x, $x+0^m,5$ et $x+1^m,70$. Par les points obtenus on fait passer un plan, et l'on demande quelle doit être la valeur de x, pour que le prisme soit ainsi partagé en 2 parties équivalentes.

451. — Calculer les dimensions d'un parallélipipède rectangle, sachant que son volume est de 216^{mc}, sa surface de 228^{mc} et que l'une de ses dimensions est moyenne proportionnelle entre les deux autres.

452. — Calculer les dimensions d'un parallélipipède rectangle, connaissant sa surface totale, sa diagonale et le périmètre de sa base.

452 bis. — La base d'une pyramide régulière est un triangle équilatéral dont le côté est a; la hauteur de la pyramide est $2a$. A quelle distance de la base ABC faut-il mener un plan parallèle à cette base, pour que la surface de la section DEF, soit équivalente à la surface latérale du tronc de pyramide ABCDEF?

LIVRE VII.

DE LA SPHÈRE.

On appelle *sphère*, un solide dont la surface a tous ses points à la même distance d'un point intérieur appelé *centre*.

Toute droite OB qui va du centre à la surface de la sphère,

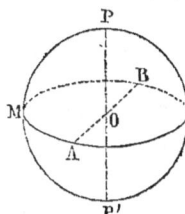

s'appelle un *rayon*. Tous les rayons sont égaux comme mesurant des distances égales. — Toute droite AB qui, passant par le centre, aboutit de part et d'autre à la surface de la sphère, s'appelle un *diamètre*. — Tous les diamètres sont égaux comme valant chacun deux rayons.

Une sphère peut être considérée comme engendrée par un demi-cercle PMP', tournant autour de son diamètre PP' supposé fixe. Tous les points de la demi-circonférence PMP' restant en effet, pendant ce mouvement, à la même distance du centre O, la surface engendrée a elle-même tous ses points à la même distance de O, et par suite est la surface d'une sphère.

THÉORÈME I.

Toute section faite dans une sphère par un plan est un cercle.

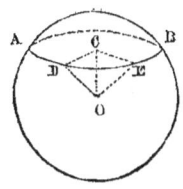

Soient en effet AB une section plane de la sphère, et OC la perpendiculaire menée du centre sur le plan sécant; si nous joignons le point O et le point C à deux points quelconques D et E du contour de la section, les deux triangles OCD, OCE rectangles en C, ont les hypoténuses OD, OE, égales comme rayons d'une même sphère, et le côté OC commun. Ils sont donc égaux, et l'on en conclut CD=CE. Le contour de la section AB a donc tous ses points équidistants du point C, et par conséquent, cette section est un cercle dont le point C est le centre.

REMARQUE. — Cette démonstration ne s'applique pas au cas où le plan sécant passe par le centre de la sphère. Mais alors le fait est évident : car tous les points du contour de la section sont, dans ce cas, à une distance du centre de la sphère, égale au rayon même de celle-ci.

THÉORÈME II.

Quand deux cercles tracés à la surface d'une sphère sont à la même distance du centre, ils sont égaux, et de deux cercles inégalement éloignés du centre, le plus éloigné est le plus petit et réciproquement.

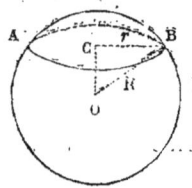

En effet, si l'on désigne par R le rayon de la sphère, par r le rayon d'un cercle tracé à sa surface, et par d la distance OC de son plan au centre, le triangle rectangle BOC donne :

$$\overline{BC}^2 = \overline{BO}^2 - \overline{OC}^2,$$

ou : $\qquad r^2 = R^2 - d^2.$

Or cette égalité montre que tous les cercles pour lesquels d a la même valeur, ont aussi même rayon r, et que plus d est grand, plus r est petit, et réciproquement.

REMARQUE. — La même égalité $r^2 = R^2 - d^2$, montre que le maximum de r a lieu quand d est nul, c'est-à-dire quand le plan sécant passe par le centre de la sphère. C'est pour cela que la section obtenue en coupant une sphère par un plan mené par son centre, a reçu le nom de *grand cercle*. Tout autre cercle de la sphère prend par opposition, le nom de *petit cercle*.

Tous les grands cercles sont égaux ; car ils ont même rayon, le rayon de la sphère.

Deux grands cercles quelconques se coupent suivant un diamètre de la sphère ; car leurs plans passant tous deux par le centre, leur droite d'intersection doit elle-même y passer.

THÉORÈME III.

Tout grand cercle divise la surface de la sphère et son volume, chacun en deux parties égales.

Car si l'on prend la partie AMB de la sphère, supérieure au grand cercle AB, et qu'on la retourne pour la placer dans la partie AM'B, de manière à faire coïncider le cercle AB avec lui-même, tous les points de la surface AMB devront coïncider avec des points de la surface AM'B, sans quoi la sphère n'aurait pas tous ses points également distants du point O. Les deux portions de la surface de la sphère sont donc égales.

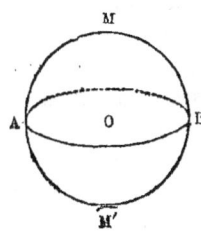

D'ailleurs, les surfaces coïncidant, les portions de volume qu'elles comprennent entre elles et le plan AB, coïncident elles-mêmes, et par conséquent sont égales.

THÉORÈME IV.

Quand deux sphères se coupent, leur intersection est une circonférence dont le plan est perpendiculaire à la ligne qui joint leurs centres.

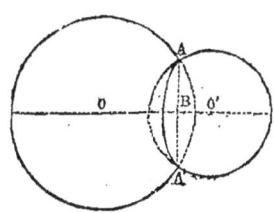

Menons en effet par OO' un plan quelconque qui coupera les deux sphères suivant des circonférences de grand cercle. Si nous faisons tourner la partie supérieure de la figure autour de OO', les deux demi-circonférences supérieures à OO', engendreront les deux sphères, en même temps que le point A engendrera leur ligne d'intersection. Mais la perpendiculaire AB tombant toujours au même point de OO', décrit dans ce mouvement un plan perpendiculaire à OO'. De plus AB restant de longueur constante, le point A décrit dans ce plan une circonférence dont le point B est le centre. L'intersection des deux sphères est donc bien une circonférence perpendiculaire à OO'.

COROLLAIRE I. — Si les centres O et O' s'éloignent de plus en plus, jusqu'à ce que les circonférences des deux grands cercles deviennent tangentes, les points A et A' viennent tous les deux se confondre avec le point B, et la circonférence d'intersection des deux sphères se réduit au seul point B.

Ainsi quand deux sphères n'ont qu'un seul point commun, c'est-à-dire sont tangentes, ce point est situé sur la ligne qui joint leurs centres.

Corollaire II. — Deux sphères peuvent occuper l'une par rapport à l'autre, cinq positions analogues aux positions relatives de deux circonférences, et chacune de ces positions est caractérisée par la même relation entre la distance de leurs centres et leurs rayons, que la position correspondante de deux circonférences. Ces relations s'établissent d'ailleurs de la même manière que pour les circonférences.

THÉORÈME V.

Chacun des pôles d'un cercle tracé à la surface d'une sphère, est également distant de tous les points de la circonférence de ce cercle.

On appelle *pôles* d'un cercle AB, les extrémités P et P' du diamètre de la sphère perpendiculaire au plan de ce cercle.

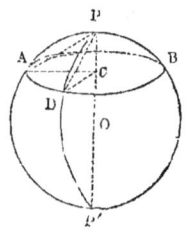

Or, soient A et D deux points quelconques de la circonférence du cercle AB et P l'un de ses pôles. Les deux triangles PCA, PCD ont les angles en C égaux comme droits, le côté CP commun, et les côtés CA, CD égaux comme rayons d'un même cercle. Ils sont donc égaux, et l'on en conclut PA=PD.

— On démontre de même que l'on a P'A=P'D.

Corollaire I. — Si par le diamètre PP' on mène des plans qui passent respectivement par les points A et D, et coupent la sphère suivant deux circonférences de grand cercle PAP', PDP', les arcs de grand cercle PA, PD, qui joignent le pôle P à deux points quelconques de la circonférence du cercle AB, sont égaux, car ils appartiennent à des circonférences égales, et répondent à des cordes égales PA, PD.

Corollaire II. —. Les théorèmes qui précèdent permettent de tracer sur une sphère, la circonférence AB dont on connaît le pôle P et la distance polaire PA. On prend pour cela un compas sphérique (compas à pointes repliées), que l'on ouvre d'une quantité égale à PA ; puis, plaçant une pointe de ce compas en P, on promène l'autre pointe tout autour sur la sphère. Dans ce mouvement, elle décrit le cercle AB. La ligne décrite peut être en effet regardée comme l'intersection de la sphère donnée, et d'une seconde sphère dont le centre serait le point P et le rayon PA ; or, en vertu du théorème IV, cette intersection est une circonférence.

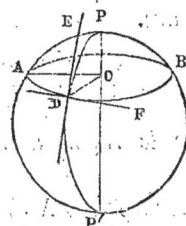

COROLLAIRE III. — Les plans des cercles PDP', ADB, sont perpendiculaires entre eux et se coupent suivant DC. Or, si nous concevons les tangentes DE, DF aux circonférences de ces cercles en D, DF perpendiculaire à DC, puisque la tangente est perpendiculaire à l'extrémité du rayon, est perpendiculaire au plan PDP' et par suite à la ligne DE qui passe par son pied dans ce plan.

Les tangentes DE, DF sont donc à angle droit, ce qu'on exprime en disant que les circonférences elles-mêmes sont à angle droit. De là cet énoncé : *Quand le plan d'un grand cercle est perpendiculaire à celui d'un grand ou d'un petit cercle, les circonférences de ces cercles, en leur point de rencontre, sont elles-mêmes à angle droit.*

THÉORÈME VI.

Le lieu des points également distants de deux points donnés, à la surface d'une sphère, est la circonférence du grand cercle dont le plan est perpendiculaire au milieu de la corde qui joint ces deux points.

La démonstration de ce théorème résulte immédiatement de ce que le plan perpendiculaire au milieu de la corde AB, est le lieu des points également distants de A et B, et par suite passe par le centre, qui est à égale distance de A et B. Ce plan passant par le centre, coupe la sphère suivant un gr. cercle MN. De plus, tous les points de ce plan étant à égale distance de A et B, en particulier les points de la circonférence du grand cercle MN en sont également distants.

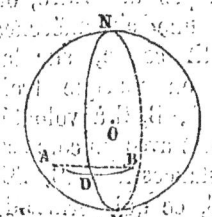

COROLLAIRE. — Si nous concevons par les points A et B, un arc de grand ou de petit cercle qui coupe le cercle MN en D, d'abord le point D est le milieu de cet arc, puisque, en vertu du théorème précédent, il est à égale distance de A et B ; d'ailleurs, en vertu du corollaire III, théorème V, la circonférence du cercle MN coupe l'arc ADB à angle droit. D'après cela, le théorème précédent peut s'énoncer comme il suit : *Le lieu des points également distants des extrémités d'un arc de grand ou de petit cercle, à la surface d'une sphère, est la circonférence de grand cercle perpendiculaire au milieu de cet arc.*

PROBLÈME I.

Trouver à l'aide d'une construction plane le rayon d'une sphère donnée.

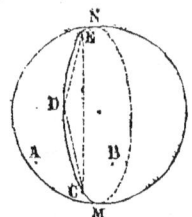

1re MÉTHODE. — De deux points A et B pris arbitrairement à la surface de la sphère, comme pôles, avec une ouverture de compas suffisante, on décrit deux arcs de cercle qui se coupent en un point C. Ce point, en vertu du théorème précédent, appartient à la circonférence du grand cercle dont le plan est perpendiculaire au milieu de AB. Par une construction analogue, on déterminera deux autres points D et E de la même circonférence. Or, les points C, D et E étant à la surface de la sphère, on peut toujours, à l'aide d'un compas sphérique, mesurer leurs distances rectilignes CD, DE, CE ; on connaîtra ainsi les trois côtés du triangle CDE, ce qui permettra de construire sur le papier, un triangle qui lui soit égal. La circonférence circonscrite à ce dernier, sera égale à la circonférence MN, c'est-à-dire à la circonférence d'un grand cercle, et son rayon sera égal au rayon même de la sphère.

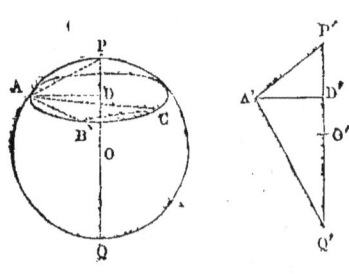

2e MÉTHODE. — D'un point quelconque P pris sur la sphère, avec une ouverture de compas arbitraire, on décrit une circonférence de petit cercle, sur laquelle on marque trois points A, B, C à volonté. Mesurant avec un compas, les distances AB, AC, BC, on connaît les trois côtés du triangle ABC, ce qui permet de construire sur le papier un triangle qui lui soit égal. En circonscrivant une circonférence à ce dernier, on connaît le rayon AD du petit cercle considéré. La connaissance de ce rayon et de l'ouverture de compas PA avec laquelle le petit cercle a été décrit, c'est-à-dire d'un côté et de l'hypoténuse du triangle rectangle PAD, permet de construire sur le papier, un triangle P'A'D' égal à PAD. Si alors on mène A'Q' perpendiculaire à A'P', jusqu'à la rencontre de P'D' prolongée, le triangle rectangle P'A'Q' est égal au triangle PAQ, et son hypoténuse P'Q' fait connaître le diamètre PQ de la sphère.

REMARQUE. — La seconde méthode peut être appliquée lors même qu'on ne connaît qu'une petite portion de la sphère, tandis que la première exige que l'on en connaisse la totalité, ou au moins une partie considérable.

THÉORÈME VII.

La distance polaire d'un grand cercle est égale à la corde d'un de ses quadrants.

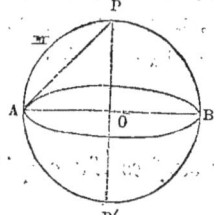

Menons en effet PP' perpendiculaire au plan du grand cercle AB, par son centre, puis par PP' faisons passer un plan qui coupera le plan du cercle considéré suivant son diamètre AB, et la sphère suivant un second grand cercle APBP'. L'angle POA sera droit; par suite l'arc PMA sera un quadrant de grand cercle. Dès lors, la distance polaire PA n'est autre que la corde d'un quadrant de grand cercle.

REMARQUE. — Le rayon d'une sphère pouvant toujours être déterminé à l'aide d'une construction plane, il est toujours possible par suite, d'obtenir à l'aide d'une construction plane, la distance polaire d'un grand cercle de cette sphère.

PROBLÈME II.

Par deux points donnés sur une sphère, faire passer une circonférence de grand cercle.

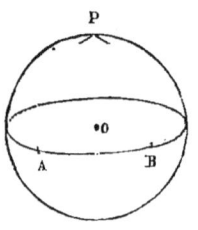

Des points donnés A et B avec une ouverture de compas sphérique égale à la corde d'un quadrant de grand cercle, on décrit à la surface de la sphère, deux arcs de cercle dont l'intersection P est le pôle du cercle cherché. On n'a plus alors qu'à décrire de ce point P comme pôle, avec la même ouverture de compas, une circonférence qui est la circonférence demandée.

PROBLÈME. III.

Tracer une circonférence de grand cercle perpendiculaire au milieu d'un arc donné à la surface d'une sphère.

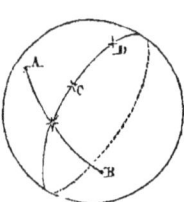

Des extrémités A et B de l'arc donné comme pôles, avec une ouverture de compas arbitraire, on décrit à la surface de la sphère, deux arcs de cercle qui se coupent en un point C de la circonférence demandée. En changeant l'ouverture de compas, on détermine de même un second point D de cette circonférence. On n'a plus alors qu'à faire passer par les deux points C et D, une circonférence de grand cercle, ce qui est l'objet du problème précédent.

PROBLÈME IV.

Par trois points A, B, C, donnés à la surface d'une sphère, faire passer une circonférence.

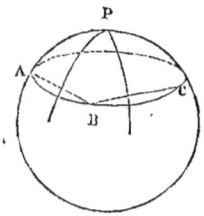

Le pôle P du cercle cherché, est à égale distance de tous les points de la circonférence de ce cercle, et entre autres, des points donnés A, B et C. Si donc à l'aide des procédés du problème précédent, on trace les circonférences des grands cercles perpendiculaires à AB et à BC en leurs milieux, ces deux circonférences, par leur intersection, déterminent le point P. On n'a plus alors qu'à décrire de ce point comme pôle, avec une distance polaire égale à PA, une circonférence qui est la circonférence demandée.

LIVRE VII.   357

Remarque. — Pour résoudre le même problème, on peut encore commencer par déterminer la distance polaire PA de la circonférence demandée : pour cela on mesure, à l'aide d'un compas sphérique, les distances rectilignes AB, BC, AC, ce qui permet de tracer sur le papier, un triangle égal au triangle ABC. Le rayon de la circonférence circonscrite à ce triangle, n'est autre chose que le rayon de la circonférence demandée.

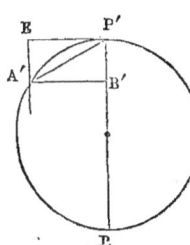

Si alors à l'extrémité du diamètre d'une circonférence égale à celle d'un grand cercle, tracée sur le papier, on mène à ce diamètre, une perpendiculaire P'E, égale au rayon précédemment déterminé, puis la parallèle EA' a ce même diamètre, P'A' représente la distance polaire cherchée PA.

Cela fait, des points A et B comme pôles avec cette distance polaire, on décrit sur la sphère des arcs de cercle dont l'intersection fait connaître le point P, et la construction s'achève comme par la première méthode.

Toutefois, il est à remarquer que les deux circonférences dont l'intersection donne le point P, se rencontrent en deux points, dont un seul convient à la question. On reconnaît ce point, à ce que la circonférence décrite du troisième point C, avec la même ouverture de compas, y va passer elle-même, tandis qu'elle ne va pas passer à l'autre, à moins qu'exceptionnellement, les trois points A, B, C n'appartiennent à une même circonférence de grand cercle.

Plan tangent.

On appelle *plan tangent* à une sphère, un plan qui n'a qu'un seul point commun avec la surface de cette sphère. Ce point prend le nom de *point de contact*.

THÉORÈME VIII.

Le rayon OA mené au point de contact d'un plan tangent mn, est perpendiculaire à ce plan.

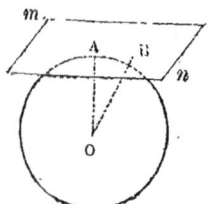

En effet, le plan *mn* ayant par définition, tous ses points hors de la sphère à l'exception du point A, la ligne OB menée du centre à un point quelconque de ce plan, est plus grande qu'un rayon, et par conséquent que OA. La plus courte des lignes qu'on peut mener du point O au plan *mn* est donc OA, en sorte que OA est perpendiculaire à *mn*.

THÉORÈME IX.

Réciproquement, si par l'extrémité A d'un rayon OA, on mène un plan mn perpendiculaire à ce rayon, ce plan mn est tangent à la sphère.

Soit en effet B un point quelconque de *mn*; puisque OA est perpendiculaire à *mn*, OB lui est oblique; OB est donc plus grand que OA, et par suite que le rayon de la sphère, et le point B est hors de cette sphère. Dès lors le plan *mn* ayant tous ses points hors de la sphère à l'exception du point A, est un plan tangent.

THÉORÈME X.

Les tangentes menées en un point de la sphère, à toutes les courbes tracées par ce point sur sa surface, sont dans le plan tangent à la sphère en ce point.

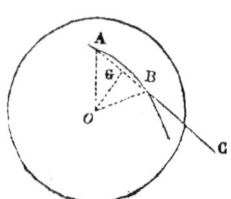

Soit en effet AC une sécante à une courbe quelconque tracée par le point A sur la sphère : le triangle AOB est isocèle, puisqu'il a pour côtés deux rayons, et la perpendiculaire OG menée de O sur AC, tombe au milieu de AB. Or si l'on fait tourner la sécante autour du point A, jusqu'à l'amener à être tangente à la courbe, à l'instant où le point B arrive à se confondre avec le point A, le point G qui est toujours à égale distance de ces deux points, vient à plus forte raison se confondre avec le point A. En d'autres termes, lorsque la sécante devient tangente, la perpendiculaire OG se confond avec OA. La tangente en A à la courbe, est donc perpendiculaire à l'extrémité du rayon OA, et par conséquent est située dans le plan tangent en ce point.

COROLLAIRE.— Il résulte de là que le plan tangent à une sphère en un point, est le lieu des tangentes à toutes les courbes menées par ce point sur la sphère, ou comme on dit, de toutes les tangentes à la sphère en ce point. — C'est par cette propriété qu'on définit le plan tangent à une surface quelconque.

THÉORÈME X bis.

Toutes les tangentes menées d'un point extérieur à une même sphère, sont égales, et le lieu de leurs points de contact est la circonférence d'un petit cercle de cette sphère, perpendiculaire à la droite qui va de ce point au centre.

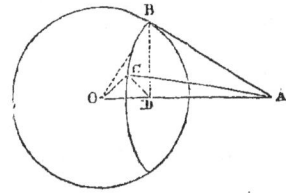

Soient en effet AB, AC deux tangentes menées du point A à la sphère. En vertu du théorème précédent, les rayons OB, OC sont perpendiculaires sur ces tangentes ; les triangles OBA, OCA sont donc rectangles ; ils ont l'hypoténuse OA commune, et les côtés OB, OC égaux comme rayons d'une même sphère. Donc ils sont égaux, et l'on en conclut AB=AC.

D'autre part, les perpendiculaires menées des points B et C sur OA, y tombent au même point D, car si l'on fait tourner le triangle OBA autour de OA, de manière à l'amener à coïncider avec son égal OCA, la hauteur BD du premier, doit venir coïncider avec la hauteur du second. Il en résulte que si du point A on mène à la sphère une infinité de tangentes, leurs points de contact B, C... sont tous dans le plan perpendiculaire à OA en D. De plus comme les distances BD, CD sont toutes égales, le lieu de ces points de contact est une circonférence dont le point D est le centre.

Des triangles sphériques.

On appelle *triangle sphérique* la portion de la surface de la sphère comprise entre trois arcs de grand cercle moindres

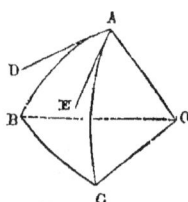

chacun qu'une demi-circonférence. Ces arcs de grand cercle s'appellent les *côtés du triangle*. Les angles d'un triangle sphérique sont les angles compris entre les tangentes à ses côtés, en leurs extrémités. Ainsi l'angle A par exemple, est l'angle des tangentes AD, AE.

Un triangle sphérique est équilatéral, isocèle ou scalène, suivant qu'il a ses trois côtés égaux, ou seulement deux, ou ses trois côtés inégaux. Il est équiangle, quand il a ses trois angles égaux. Il est rectangle, bi-rectangle, tri-rectangle, suivant qu'il a un angle droit, ou deux, ou trois angles droits.

Lorsque par le centre d'une sphère, on mène trois plans perpendiculaires deux à deux, on partage sa surface en huit triangles tri-rectangles, lesquels, en vertu d'un théorème qui sera démontré plus loin, sont tous égaux entre eux. Le triangle tri-rectangle est donc le huitième de la surface de la sphère.

Plus généralement, on appelle *polygone sphérique*, la portion de la surface de la sphère, moindre qu'une demi-sphère, et comprise entre plusieurs arcs de grands cercles moindres chacun qu'une demi-circonférence. Un polygone sphérique est, ou non, convexe, suivant qu'un quelconque de ses côtés prolongé, le laisse ou non, tout entier d'un même côté.

Etant donné un triangle sphérique ABC, si l'on en joint les sommets au centre O de la sphère, on forme un trièdre OABC, dont les faces AOB, AOC, BOC sont mesurées respectivement par les côtés AB, AC, BC du triangle. D'autre part, les tangentes AD, AE aux deux côtés qui aboutissent en A, sont respectivement perpendiculaires à l'arête OA, et comprennent l'angle rectiligne du dièdre OA. L'angle A du triangle, mesure donc le dièdre OA du trièdre. De même les angles B et C du triangle mesurent les dièdres OB, OC du trièdre. Il résulte de là que les propriétés démontrées pour le trièdre, correspondent à autant de propriétés du triangle sphérique, que nous allons énumérer.

THÉORÈME XI.

Dans tout triangle sphérique ABC, un côté quelconque est moindre que la somme des deux autres.

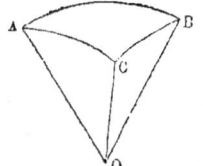

En effet, dans le trièdre OABC, une face quelconque est moindre que la somme des deux autres. Il en est donc de même des arcs qui les mesurent, c'est-à-dire des côtés du triangle.

Corollaire. — Il en résulte immédiatement que dans un triangle sphérique, un côté quelconque est plus grand que la différence des deux autres.

THÉORÈME XII.

Dans tout triangle sphérique ABC, *la somme des trois côtés est toujours moindre qu'une circonférence de grand cercle.*

En effet, dans le trièdre OABC, la somme des faces est moindre que quatre droits. La somme de leurs mesures doit donc valoir moins d'une circonférence.

Remarque. — La même démonstration prouve que plus généralement, dans tout polygone sphérique convexe, la somme des côtés est moindre qu'une circonférence de grand cercle.

THÉORÈME XIII.

Quand dans un triangle sphérique, il y a deux angles égaux, les côtés opposés à ces angles sont égaux, et réciproquement.

Si dans un triangle ABC, les angles A et B sont égaux, dans le trièdre OABC les dièdres OA, OB sont égaux; par suite les faces BOC, AOC opposées à ces dièdres sont égales; par suite enfin, les arcs BC, AC qui mesurent ces faces, sont égaux eux-mêmes.

La réciproque se démontre d'une manière analogue.

THÉORÈME XIV.

Dans tout triangle sphérique ABC, *à un plus grand angle est opposé un plus grand côté, et réciproquement.*

Si dans un triangle ABC on a angle A $>$ angle B, dans le trièdre OABC on a : dièdre OA $>$ dièdre OB. On en conclut face BOC $>$ face AOC, et par conséquent arc BC $>$ arc AC.

Démonstration analogue pour la réciproque.

THÉORÈME XV.

Quand on prolonge jusqu'à leur seconde rencontre avec la sphère, les droites menées du centre aux trois sommets d'un triangle sphérique ABC, *les trois points de rencontre sont les sommets d'un second triangle* A'B'C', *qui a ses angles et ses côtés égaux à ceux du premier, mais disposés en ordre inverse.*

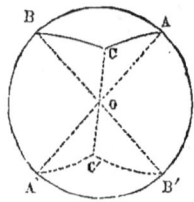

En effet, les deux trièdres OABC, OA'B'C', dont l'un est formé en prolongeant les arêtes de l'autre au-delà du sommet, ont leurs faces et leurs dièdres égaux chacun à chacun. Donc aussi les triangles ABC, A'B'C' ont leurs côtés et leurs angles égaux chacun à chacun.

D'ailleurs, la disposition des éléments des deux trièdres étant inverse, il en est de même dans les deux triangles.

REMARQUE I. — Deux pareils triangles portent le nom de *triangles symétriques*.

REMARQUE II. — Quand un triangle sphérique ABC est isocèle, c'est-à-dire a ses deux côtés BC, AC, et par suite ses deux angles A et B égaux entre eux, les angles C, B, A et les côtés CB, BA, AC que l'on rencontre successivement, en parcourant ce triangle dans un sens, sont respectivement égaux aux angles C, A, B, et aux côtés CA, AB, BC que l'on rencontre successivement, en parcourant le triangle en sens inverse. Dès lors on peut dire que dans un triangle sphérique isocèle, l'ordre des éléments est le même que celui des éléments égaux du triangle symétrique. Un pareil triangle est donc superposable à son symétrique.

THÉORÈME XVI.

Quand un triangle sphérique A'B'C' *est le triangle polaire d'un triangle donné* ABC, *réciproquement celui-ci est le triangle polaire du premier.*

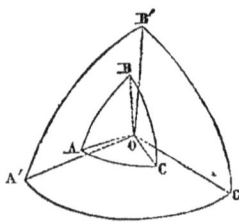

D'abord, étant donné un triangle sphérique ABC, on appelle *triangle polaire* de ABC, un second triangle A'B'C', dont les sommets sont les pôles respectifs des côtés du premier, mais avec cette restriction que A' est celui des deux pôles de BC qui est situé du même côté que A par rapport à la circonférence de grand cercle dont BC fait partie ; et de même pour B' et C'.

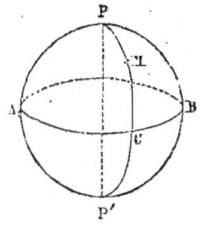

Pour démontrer que réciproquement ABC est le triangle polaire de A'B'C', nous commencerons par observer que si AB est un grand cercle de la sphère, P son pôle, et M un point de la sphère, lorsque le pôle P et le point M sont situés d'un même côté du cercle AB, le plus petit PM des arcs de grand cercle qui les joint, est moindre qu'un quadrant PC, tandis qu'il serait plus grand qu'un quadrant, si P et M étaient de part et d'autre du cercle AB, et réciproquement.

Cela posé, (fig. de la page préc.) B' étant le pôle de AC, le plus petit des arcs de grand cercle qui vont de B' en A est égal à un quadrant ; de même C' étant le pôle de AB, le plus petit des arcs de grand cercle allant de C' en A, est égal à un quadrant. Donc les arcs de grand cercle menés de A aux points B' et C' étant tous deux égaux à un quadrant, A est le pôle de B'C'. De plus, A et A' sont du même côté de B'C', car par hypothèse, le plus petit des arcs de grand cercle menés de A en A' est moindre qu'un quadrant. — De même on fera voir que B est celui des deux pôles de A'C' qui est situé du même côté que B', et C le pôle de A'B' situé du même côté que C'.

Le triangle ABC est donc bien lui-même le triangle polaire de A'B'C'.

Corollaire. — Si l'on joint au centre O les sommets des deux triangles polaires ABC, A'B'C', les deux trièdres résultants OABC, OA'B'C' sont supplémentaires ; car A' étant le pôle de BC, A'O est perpendiculaire sur le plan BOC ; et de plus A'O est du même côté que AO par rapport à ce plan, puisque par hypothèse A et A' sont du même côté de BC. De même OB' est perpendiculaire au plan AOC du même côté que OB, et OC' perpendiculaire à AOB du même côté que OC. Les deux trièdres OABC, OA'B'C' satisfont donc à la définition des trièdres supplémentaires.

THÉORÈME XVII.

ABC, A'B'C' étant deux triangles polaires, chaque angle de l'un a pour mesure une demi-circonférence de grand cercle moins le côté opposé de l'autre.

D'abord, cela résulte immédiatement de ce que OABC et

OA'B'C' étant les trièdres supplémentaires qui correspondent à ces deux triangles, chaque dièdre de l'un de ces trièdres, a pour supplément la face opposée de l'autre. Mais on peut aussi le démontrer directement.

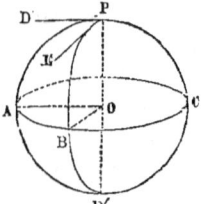

Pour y arriver, nous commencerons par faire voir que l'angle P de deux circonférences de grand cercle PAP', PBP', est mesuré par l'arc AB de grand cercle dont le point P est le pôle, et compris entre ces circonférences. Effectivement, l'angle de ces deux circonférences n'est autre chose que l'angle DPE de leurs tangentes. Or, PD et PE sont respectivement parallèles à OA et OB, comme perpendiculaires à OP dans les mêmes plans. L'angle DPE est donc égal à l'angle AOB, lequel a pour mesure l'arc AB.

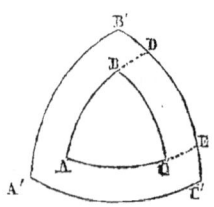

Cela posé, prolongeons les côtés AB, AC jusqu'à la rencontre du côté B'C'. L'angle A aura pour mesure l'arc DE, en vertu du lemme qui précède. Or on a :

$$DE + B'C' = DE + C'E + B'E$$
$$= C'D + B'E.$$

Mais les arcs C'D et B'E valent chacun un quadrant, puisque C' est le pôle de AD et B' le pôle de AE. Donc enfin DE+B'C' vaut 2 quadrants ou une demi-circonférence de grand cercle, et l'angle A a bien pour mesure une demi-circonférence de grand cercle moins le côté B'C'.

Même démonstration pour les autres angles de chacun des deux triangles et les côtés opposés de l'autre.

THÉORÈME XVIII.

La somme des angles d'un triangle sphérique ABC *est toujours comprise entre deux droits et six droits.*

En effet les angles rectilignes des dièdres du trièdre OABC formé en joignant ses sommets au centre de la sphère, donnent eux-mêmes une somme comprise entre deux droits et six droits.

THÉORÈME IX

Deux triangles sphériques qui ont : 1° un angle égal compris entre côtés égaux chacun à chacun ; ou 2° un côté égal adjacent à des angles égaux chacun à chacun ; ou 3° les trois côtés égaux chacun à chacun ; ou 4° enfin, leurs trois angles égaux sont égaux, si la disposition des éléments égaux y est la même ; symétriques si la disposition y est inverse.

Effectivement, les trièdres formés en joignant au centre de la sphère, les sommets des triangles proposés, ont alors ou 1° un dièdre égal compris entre faces égales chacune à chacune ; ou 2° une face égale adjacente à deux dièdres égaux ; ou 3° les trois faces égales ; ou enfin 4° les trois dièdres égaux ; et par suite sont égaux si la disposition est la même ou symétriques si elle est inverse ; les triangles eux-mêmes sont donc égaux ou symétriques.

THÉORÈME XX.

Dans une même sphère ou dans des sphères égales, quand deux fuseaux ont même angle ils sont égaux.

On appelle *fuseau* la portion de la surface de la sphère comprise entre deux circonférences de grand cercle. Le dièdre compris entre les plans de ces deux circonférences s'appelle l'angle du fuseau.

Soient donc PAQB, P'A'Q'B', deux fuseaux pris sur deux

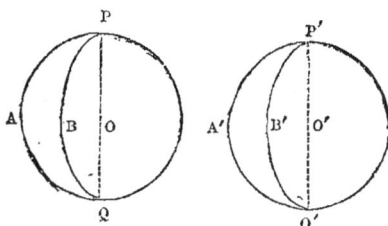

sphères égales, et tels que le dièdre PQ soit égal au dièdre P'Q'. Pour démontrer qu'ils sont égaux, transportons la première sphère dans la seconde, de manière à appliquer le grand cercle PAQ sur le grand cercle P'A'Q'. Comme le dièdre PQ est égal au dièdre P'Q', le plan du cercle PBQ s'appliquera sur le plan du cercle P'B'Q' ; et comme ces deux cercles ont même centre et même rayon, ils coïncideront. Mais les deux sphères coïncident elles-mêmes, puisqu'elles ont aussi même centre et même rayon. Donc la partie de la surface de l'une, comprise entre les deux demi-circonférences PAQ, PBQ, coïncide avec la partie de

366 GÉOMÉTRIE.

l'autre comprise entre P'A'Q' et P'B'Q'; en d'autres termes les deux fuseaux coïncident, et par suite sont égaux.

THÉORÈME XXI.

Dans une même sphère ou dans des sphères égales, deux fuseaux quelconques sont entre eux comme leurs angles.

Ainsi je dis qu'on a :

$$\frac{\text{fuseau PAQB}}{\text{fuseau P'A'Q'B'}} = \frac{\text{dièdre PQ}}{\text{dièdre P'Q'}}.$$

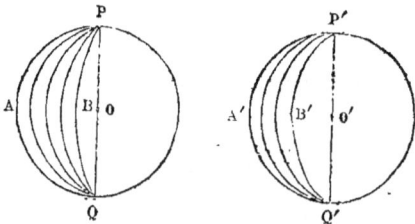

Supposons en effet que le dièdre PQ et le dièdre P'Q' aient une commune mesure, contenue par exemple quatre fois dans le premier, et trois fois dans le second, de telle sorte que le rapport de ces deux dièdres soit $\frac{4}{3}$, et partageons le premier en quatre parties égales, et le second en trois; les sept dièdres partiels ainsi obtenus seront égaux. Or les plans de division des dièdres partagent le premier fuseau en quatre fuseaux partiels et le second en trois, et ces sept fuseaux partiels sont égaux entre eux, comme ayant pour angles les parties égales des dièdres PQ, P'Q'. Dès lors, comme le premier des fuseaux proposés contient quatre de ces fuseaux partiels, et le second trois, leur rapport est égal lui-même à $\frac{4}{3}$. Ce rapport est donc le même que celui des dièdres PQ, P'Q'.

— Si les dièdres PQ, P'Q' n'avaient pas de commune mesure, on ferait voir que le théorème subsiste, à l'aide des procédés déjà employés plusieurs fois en pareil cas, notamment pour démontrer que deux angles au centre sont entre eux comme leurs arcs.

COROLLAIRE. — Il résulte du théorème précédent que *si l'on prend pour unité de surface, la surface du fuseau dont l'angle est droit, et pour unité d'angle, l'angle droit, le fuseau a pour mesure le nombre qui mesure son angle*: car si l'on désigne par f un fuseau quelconque, par a son angle, et par F le fuseau rectangulaire, le théorème précédent donne :

$$\frac{f}{F} = \frac{a}{1}.$$

Si l'on prenait pour unité de surface, celle du triangle trirectangle, qui est la moitié du fuseau rectangulaire, le fuseau f aurait pour mesure le double du nombre que mesure son angle.

THÉORÈME XXII.

Deux triangles sphériques symétriques ABC, A'B'C' *sont équivalents en surface.*

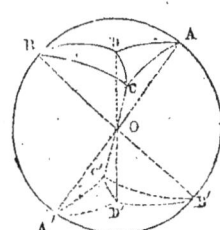

D'abord si les triangles ABC, A'B'C' sont isocèles, ils sont superposables, et par suite égaux.

Si ces triangles ne sont pas isocèles, concevons le pôle D du petit cercle qui passe par les points A, B et C. Son symétrique D' sera le pôle du cercle qui passe par les trois points A', B' et C'. Si alors nous joignons les points D et D' respectivement aux sommets des triangles ABC, A'B'C', par des arcs de grand cercle, nous décomposerons ces triangles chacun en trois triangles isocèles, et ces triangles isocèles étant symétriques deux à deux, seront deux à deux égaux entre eux. Donc les deux triangles ABC, A'B'C' sont formés de parties égales deux à deux, et par conséquent sont équivalents eux-mêmes.

THÉORÈME XXIII.

Quand trois grands cercles se coupent, la somme des triangles sphériques opposés par le sommet CAB, DAE, *qu'ils comprennent entre eux, est équivalente au fuseau dont l'angle est* A.

368   GÉOMÉTRIE.

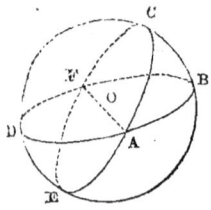

En effet le triangle DAE est équivalent au triangle CBF son symétrique ; la somme DAE+CAB, est donc égale à la somme CBF+CAB, laquelle représente le fuseau CFAB, c'est-à-dire le fuseau A.

THÉORÈME XXIV.

Si l'on prend pour unité de surface le triangle tri-rectangle, et pour unité d'angle l'angle droit, le triangle sphérique a pour mesure la somme des nombres qui mesurent ses angles, diminuée de 2.

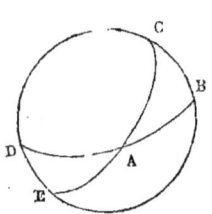

Soit ABC le triangle proposé. Achevons la circonférence de grand cercle dont le côté CB fait partie, et prolongeons les côtés CA, BA au-delà du sommet A, jusqu'à la rencontre de cette circonférence. Nous aurons :

ABC+CAD=Fuseau B,
ABC+BAE=Fuseau C,
CAB+DAE=Fuseau A.

Ajoutons ces trois égalités membre à membre, en observant que la somme des trois premiers membres se compose de la demi-sphère et de 2 fois le triangle ABC, il viendra :

$$\frac{1}{2} \text{ sphère} + 2\text{ABC} = \text{Fuseau A} + \text{Fuseau B} + \text{Fuseau C}.$$

On en tire :

$$\text{ABC} = \frac{1}{2}(\text{Fuseau A} + \text{Fuseau B} + \text{Fuseau C} - \frac{1}{2}\text{ sphère}),$$

et par suite :

$$\frac{\text{ABC}}{\text{tr. tri-rect.}} = \frac{\text{Fuseau A} + \text{Fuseau B} + \text{Fuseau C} - \frac{1}{2}\text{ sphère}}{2 \text{ tr. tri-rect.}}$$

Mais $\dfrac{\text{ABC}}{\text{tr. tri-rect.}}$ est la mesure de ABC ; les rapports

$\dfrac{\text{Fuseau A}}{\text{2tr. tri-rect.}}$, $\dfrac{\text{Fuseau B}}{\text{2tr. tri-rect.}}$, $\dfrac{\text{Fuseau C}}{\text{2tr. tri-rect.}}$ sont égaux aux rapports des angles A, B, C à 1^{dr}, c'est-à-dire aux nombres qui mesurent ces angles, l'angle droit étant pris comme unité.

Enfin $\dfrac{\frac{1}{2}\text{ sphère}}{\text{2tr. tri-rect.}} = 2$. Donc on a :

Mesure de ABC = mes. de A + mes. de B + mes. de C — 2, ce qui justifie l'énoncé.

THÉORÈME XXV.

Si l'on prend pour unité de surface le triangle tri-rectangle, et pour unité d'angle l'angle droit, la surface d'un polygone sphérique de n côtés a pour mesure la somme des nombres qui mesurent ses angles diminuée de 2 (n—2).

On arrive immédiatement à la démonstration de ce théorème, en partageant le polygone proposé en triangles à l'aide d'arcs diagonaux de grand cercle, et appliquant le théorème précédent à chacun des (n—2) triangles résultant de cette décomposition.

Définitions. — On appelle *onglet sphérique* la portion du volume de la sphère comprise entre deux demi-grands cercles.

— On appelle *pyramide sphérique* la portion du volume de la sphère comprise entre un polygone sphérique et les faces de l'angle solide formé en joignant ses sommets au centre de la sphère.

Des considérations tout-à-fait pareilles à celles qui précèdent, servent à établir les théorèmes suivants :

THÉORÈME XXVI.

Dans une même sphère ou dans des sphères égales, deux onglets sphériques de même angle sont égaux; et deux onglets d'angles différents sont entre eux comme leurs angles.

THÉORÈME XXVII.

Si l'on prend pour unité de volume l'onglet rectangulaire ou quart de sphère, et pour unité d'angle l'angle droit, tout onglet sphérique a pour mesure le nombre qui mesure son angle.

THÉORÈME XXVIII.

Si l'on prend pour unité de volume la pyramide sphérique tri-rectangle (ou 8ᵉ de sphère) et pour unité d'angle l'angle droit, la pyramide sphérique triangulaire a pour mesure la somme des nombres qui mesurent les angles de sa base, diminuée de 2; et la pyramide de n côtés, la somme des nombres qui mesurent les angles de sa base, diminuée de 2 (n—2).

THÉORÈME XXIX.

Le plus court chemin entre deux points donnés à la surface d'une sphère est l'arc de grand cercle moindre qu'une demi-circonférence, qui joint ces deux points.

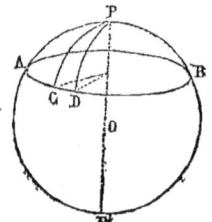

Pour le démontrer, nous remarquerons d'abord que le plus court chemin, quel qu'il soit, du pôle P d'un cercle AB, à deux points quelconques C et D de la circonférence de ce cercle, est nécessairement le même. Si en effet on fait tourner la sphère autour de l'axe PP', elle ne cesse pas de coïncider avec elle-même, en même temps que le point C décrit la circonférence du cercle AB. Lors donc que le point C vient en D, le plus court chemin de P en C doit s'appliquer sur le plus court chemin de P en D, sans quoi il y aurait de P en D deux plus courts chemins différents, ce qui ne peut être.

Cela posé, soient A et B deux points quelconques donnés à la surface de la sphère, et AB l'arc de grand cercle moindre qu'une demi-circonférence qui joint ces deux points. Je dis que

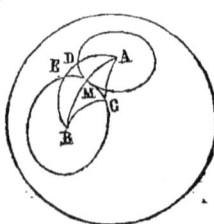

M étant un point quelconque de l'arc AB, le plus court chemin de A en B doit passer en M. En effet, des points A et B comme pôles, avec des ouvertures de compas égales aux cordes qui sous-tendent les arcs AM, BM, décrivons à la surface de la sphère, des circonférences qui passeront toutes deux par le point M. D'abord ces deux circonférences n'auront que le point M commun; car si elles avaient un second point commun C, les arcs de grand cercle AM, BM seraient respectivement égaux aux arcs AC, BC, et dans le triangle sphérique ABC, un côté AB serait égal à la somme des deux autres, ce qui ne peut être. Les deux circonférences décrites des points A et B comme pôles, sont donc situées tout entières à l'extérieur l'une de l'autre. Dès lors un chemin quelconque de A en B qui ne passe pas en M, rencontre forcément les deux circonférences en des points D et E, et se compose de trois parties : le chemin de A en D, celui de D en E et celui de E en B. Or, le plus court chemin de A en D, en vertu de la remarque faite en commençant, est le même que celui de A en M ; le plus court chemin de E en B est le même que celui de M en B. Il en résulte que la somme des plus courts chemins de A en M et de M en B est moindre que le chemin ADEB, en sorte que celui-ci ne peut être le plus court chemin de A en B.

On fera voir de même, que le plus court chemin de A en B doit passer par chacun des points de l'arc AB, et se confond par suite avec l'arc AB lui-même.

EXERCICES SUR LE LIVRE VII.

453. — Trouver le lieu des points de l'espace tels que la somme des carrés de leurs distances à deux points donnés soit constante et égale à un carré donné k^2.

454. — Trouver le lieu des points de l'espace également éclairés par deux foyers lumineux donnés d'intensité et de position.

455. — Trouver le lieu des sommets des pyramides ayant pour base un quadrilatère déterminé de grandeur et de position, et où les sections parallèles aux intersections des faces opposées sont des rectangles.

456. — Trouver le lieu des points tels que la somme des carrés de leurs distances aux huit sommets d'un parallélipipède rectangle soit constante et égale à un carré donné k^2.

457. — Quand trois sphères se coupent deux à deux, les plans des trois cercles d'intersection se coupent suivant une même droite perpendiculaire aux plans des trois centres.

458. — Quand par un point donné dans l'intérieur d'une sphère, on mène trois cordes rectangulaires : 1° La somme des carrés de ces trois cordes est constante. 2° La somme des carrés de leurs six segments est constante.

459. — Lorsque d'un point de la surface d'une sphère comme pôle, avec une distance polaire égale à la corde qui sous-tend le tiers d'un quadrant, on décrit un cercle, le rayon de ce cercle est la moitié du rayon de la sphère.

Si la distance polaire est égale à la corde qui sous-tend le cinquième du quadrant, le rayon du cercle décrit est égal au plus grand segment du rayon de la sphère partagé en moyenne et extrême raison.

460. — Par une droite donnée, mener un plan tangent à une sphère donnée.

461. — Par une droite donnée, mener un plan qui coupe une sphère donnée suivant un cercle de rayon donné.

462. — Trouver la plus courte distance d'un point donné, à la surface d'une sphère donnée.

463. — Trouver la plus courte distance d'une droite ou d'un plan donné, à la surface d'une sphère donnée.

464. — Par un point d'une sphère, mener un arc de grand cercle tangent à un petit cercle donné.

465. — Mener sur une sphère un arc de grand cercle tangent à deux petits cercles donnés.

466. — Construire un triangle sphérique dont on connaît les trois côtés. Conditions de possibilité.

467. — Construire un triangle sphérique dont on connaît deux côtés et l'angle opposé à l'un d'eux. Discussion.

468. — Lorsque deux petits cercles se coupent, l'arc de grand cercle qui joint leurs pôles est perpendiculaire au milieu de l'arc de grand cercle qui joint leurs points d'intersection.

469. — Lorsque deux petits cercles sont tangents, la circonférence de grand cercle menée par leurs pôles passe par leur point de contact.

470. — Quand un arc de grand cercle est tangent à un petit cercle, l'arc de grand cercle mené du pôle du petit cercle au point de contact, est perpendiculaire sur chacun d'eux.

471. — Dans tout triangle sphérique rectangle, s'il y a un côté supérieur à un quadrant, il y en a nécessairement deux.

472. — Dans tout triangle sphérique rectangle, à un angle aigu ou obtus est opposé un côté moindre ou plus grand qu'un quadrant.

473. — Deux triangles sphériques rectangles sont égaux : 1° Quand ils ont l'hypoténuse égale ainsi qu'un autre angle. 2° Quand ils ont l'hypoténuse égale ainsi qu'un autre côté.

474. — La bissectrice de l'angle de deux arcs de grand cercle est le lieu des points situés dans cet angle et équidistants de ses côtés.

475. — Quand du point A pris sur une sphère, on mène sur une circonférence de grand cercle quelconque un arc de grand cercle AB perpendiculaire et moindre qu'un quadrant, et les arcs de grand cercle AC, AD.... : 1° L'arc de grand cercle AB est moindre que tous les autres ; 2° deux arcs de grand cercle équidistants du point B sont égaux ; 3° de deux arcs inégalement distants du point B, celui qui s'en écarte le plus est le plus long.

LIVRE VIII.

MESURE DES CORPS RONDS.

On désigne sous le nom de *corps ronds*, la *sphère*, le *cylindre* et le *cône*.

1º La *sphère* que nous avons déjà étudiée précédemment, peut être considérée comme produite par un demi-cercle tournant autour de son diamètre supposé fixe.

Elle appartient à la classe des solides dits de *révolution* qui sont engendrés par la rotation d'une figure déterminée, autour d'une droite fixe qu'on appelle leur axe.

2º Le *cylindre* est engendré par la révolution d'un rectangle ABCD autour d'un de ses côtés CD supposé fixe. Dans ce mouvement, les côtés DA, CB, restant constamment perpendiculaires à l'axe CD, engendrent des plans perpendiculaires à CD, et comme DA et CB gardent une longueur constante, ces droites décrivent des cercles ayant leurs centres respectifs en D et C, et qu'on appelle les *bases* du cylindre.

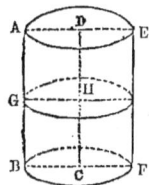

La surface courbe décrite par le côté AB, s'appelle la surface *convexe* ou *latérale* du cylindre; la droite AB dans une quelconque de ses positions, en est la *génératrice*; la droite CD qui représente l'axe quand on la considère au point de vue de sa position, prend le nom de *hauteur* du cylindre quand on la considère au point de vue de sa longueur.

— *Toute section faite dans un cylindre par un plan perpendiculaire à l'axe, est un cercle égal au cercle de base.* Car dans la révolution du rectangle ABCD, la perpendiculaire HG à l'axe, décrit un plan perpendiculaire à cet axe en H, c'est-à-dire le plan sécant, tandis que le point G commun à la génératrice du plan et à celle du cylindre, décrit leur ligne d'intersection.

Mais le point G décrit une circonférence, puisque GH reste de longueur constante. Donc la section est un cercle égal au cercle de base.

Le cylindre par sa définition même, rentre dans la classe des solides de révolution. Mais sa surface convexe rentre aussi dans une classe plus générale de surfaces, appelées *surfaces cylindriques*.

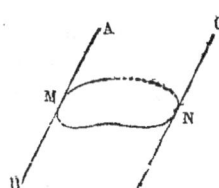

Une surface cylindrique est engendrée par une droite AB appelée *génératrice*, qui se déplace dans l'espace, en restant constamment parallèle à elle-même, et en rencontrant constamment une courbe fixe MN appelée *directrice*.

On obtient le cylindre précédemment défini, en supposant dans la définition générale, que la directrice soit une circonférence, et que la génératrice soit perpendiculaire au plan de la directrice. On ne considère d'ailleurs, que la portion de ce cylindre comprise entre deux plans perpendiculaires à la génératrice. On lui donne plus particulièrement le nom de *cylindre droit à base circulaire* ou *de révolution*.

3° — Le *Cône* est le solide engendré par la révolution d'un triangle rectangle ABC autour d'un de ses côtés AC de

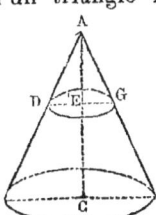

l'angle droit, supposé fixe. Dans ce mouvement, le côté BC restant constamment perpendiculaire à AC, engendre un plan perpendiculaire à cette droite ; d'ailleurs BC restant toujours de même longueur, décrit un cercle dont le point C est le centre. Ce cercle prend le nom de *base* du cône. Le point A est le *sommet* du cône. La droite AC considérée soit au point de vue de sa longueur, soit au point de vue de sa position, s'appelle la *hauteur* ou l'*axe* du cône. De même l'hypoténuse AB, suivant le point de vue où on la considère, est l'*apothème* ou la *génératrice* du cône.

Quant à la surface courbe décrite par AB, elle porte le nom de *surface convexe* ou *latérale* du cône.

— *Toute section DG faite dans un cône par un plan perpendiculaire à son axe AC, est un cercle ;* car dans le mouvement de rotation du triangle ABC, DE reste constamment perpendicu-

376   GÉOMÉTRIE.

laire à AC et engendre un plan perpendiculaire à cette droite, c'est-à-dire le plan sécant; d'ailleurs la longueur de DE restant constante, le point D décrit dans ce plan, une circonférence dont le point E est le centre.

Le cône par sa définition même, rentre dans la classe des solides de révolution. Mais sa surface convexe appartient aussi à une autre classe de surfaces appelées les *surfaces coniques*.

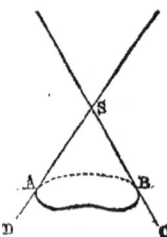

Une surface conique est engendrée par une droite SC appelée *génératrice*, qui tourne autour d'un point fixe S appelé *sommet*, en rencontrant constamment une courbe fixe AB appelée *directrice*. Elle se compose de deux nappes toutes deux indéfinies, et symétriques l'une de l'autre par rapport au point S.

Le cône défini en commençant, a pour directrice une circonférence, et son sommet sur la perpendiculaire au plan de cette circonférence menée par son centre. On n'y considère d'ailleurs que la portion comprise entre le sommet et un plan parallèle à celui de la directrice. On lui donne plus spécialement le nom de *cône droit à base circulaire*, ou *cône de révolution*.

Mesure du Cylindre.

THÉORÈME I.

La surface convexe d'un prisme droit ABCDEA'B'C'D'E' a pour mesure le produit du périmètre P de sa base, par sa hauteur h.

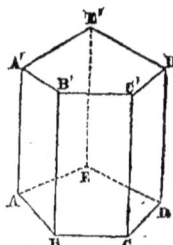

En effet, les différentes faces ABA'B', BCB'C', CDC'D'... qui composent cette surface latérale, sont des rectangles ayant tous pour hauteur la hauteur h du prisme, et pour bases les côtés successifs AB, BC, CD... de la base. Ils ont pour mesures respectives les produits :

$$AB \times h, \ BC \times h, \ CD \times h...$$

Donc la surface convexe du prisme, qui est leur somme, a pour mesure :

$$(AB+BC+CD+\ldots) \times h$$
ou
$$P \times h,$$
ce qui justifie l'énoncé.

THÉORÈME II.

La surface latérale du cylindre est la limite des surfaces latérales des prismes droits ayant pour hauteur sa hauteur h, et pour bases des polygones réguliers d'un même nombre n de côtés, l'un inscrit, l'autre circonscrit au cercle de sa base, lorsque le nombre n devient de plus en plus grand.

Pour démontrer ce théorème, nous poserons d'abord deux principes :

1° *Toute surface plane est moindre qu'une surface courbe qui s'appuie au même contour.*

On regarde ce fait comme évident.

2° *Toute surface convexe* AMC *est moindre qu'une surface* AM'C *convexe ou non qui l'enveloppe de toutes parts en s'appuyant au même contour* AC.

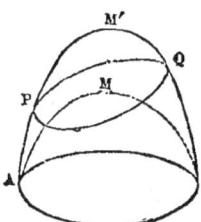

En effet, parmi les surfaces qui s'appuient au contour AC et enveloppent la surface AMC, il y en a une plus petite que toutes les autres. Or cette propriété ne peut appartenir à la surface AM'C, car la surface AMC étant convexe, un plan tangent à cette surface, la laisse tout entière d'un même côté, et coupe la surface AM'C suivant une courbe PQ. Mais la surface plane PQ est moindre que PM'Q, en sorte que la surface APMQC, qui enveloppe aussi AMC, est moindre que la surface considérée AM'C.

Si donc parmi les surfaces qui s'appuient au contour AC, et enveloppent la surface AMC, aucune ne peut être minimum, c'est que le minimum est la surface AMC elle-même.

On démontrerait de même que toute surface convexe enveloppée est moindre qu'une surface qui l'enveloppe de toutes parts, que ces deux surfaces aient ou non des points ou des parties communes.

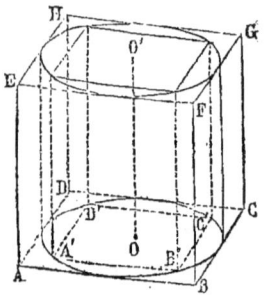

Cela posé, soient ABCD, A'B'C'D', les bases du prisme droit circonscrit et du prisme droit inscrit au cylindre proposé ; la surface totale du cylindre est comprise entre les surfaces de ces deux prismes, puisqu'elle est enveloppée par l'une et qu'elle enveloppe l'autre de toutes parts. D'ailleurs, si l'on désigne par P et P' les périmètres des bases de ces deux prismes, par a et a' les apothèmes de ces mêmes bases, et par h la hauteur commune, les surfaces totales des deux prismes ont respectivement pour mesures :

$$Ph+Pa, \text{ et } P'h+P'a'.$$

Leur différence est égale à :

$$(P-P')h+(Pa-P'a').$$

Or si l'on suppose que le nombre n des côtés des polygones réguliers circonscrit et inscrit au cercle de base, double indéfiniment, $P-P'$, et $Pa-P'a'$ tendent vers 0. La différence des surfaces totales des deux prismes tend donc vers 0. Donc à fortiori, la différence entre chacune de ces deux surfaces totales et la surface totale du cylindre qui est comprise entre elles deux, tend vers 0. La surface totale du cylindre, est donc la *limite* des surfaces totales des deux prismes. Mais d'autre part, les polygones de base des prismes ont pour limite le cercle de base du cylindre. Donc aussi les surfaces latérales des prismes ont pour limite commune la surface latérale du cylindre.

THÉORÈME III.

La surface latérale d'un cylindre a pour mesure le produit du périmètre P de sa base par sa hauteur h.

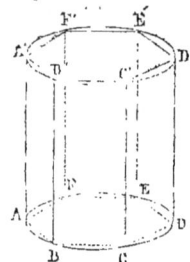

En effet, si dans la base du cylindre, on inscrit un polygone régulier d'un nombre arbitraire n de côtés, et qu'on prenne ce polygone pour base d'un prisme droit ayant pour hauteur la hauteur h du cylind., on a :

surf. latér. prisme $= P \times h$.

Cette égalité est vraie quel que soit

le nombre n; elle est donc vraie à la limite, quand n devient de plus en plus grand; mais la surface latérale du prisme a pour limite la surface latérale du cylindre; le périmètre P de la base du prisme a de même pour limite la circonférence de la base du cylindre.

Donc on a :

$$\text{Surf. lat. Cyl.} = \text{circ. de base} \times h.$$

Corollaire I. — Si l'on désigne par R le rayon de la base du cylindre, la circonférence de cette base est représentée par $2\pi R$; on a donc :

$$\text{Surf. lat. Cyl.} = 2\pi R h.$$

Corollaire II. — La surface totale du cylindre se compose de sa surface latérale qui a pour mesure $2\pi R h$, et des surfaces des deux bases, qui ont chacune pour mesure πR^2.

On a donc :

$$\text{Surf. totale Cyl.} = 2\pi R h + 2\pi R^2$$
$$= 2\pi R (R + h).$$

THÉORÈME IV.

Le volume du cylindre est la limite des volumes des prismes droits ayant pour hauteur la hauteur h du cylindre, et dont les bases sont des polygones réguliers du même nombre de côtés, l'un inscrit, l'autre circonscrit à la base, lorsque l'on double indéfiniment le nombre de côtés de ces polygones.

En effet, le volume du cylindre est compris entre les volumes de ces prismes, puisqu'il est contenu tout entier dans l'un et contient l'autre tout entier. Or, si l'on désigne par B et B' les bases des deux prismes, et par h la hauteur commune, ils ont pour mesures respectives les produits :

$$Bh \text{ et } B'h.$$

La différence de ces mesures est :

$$(B - B') \times h.$$

Mais, si le nombre des côtés des bases devient de plus en plus grand, $B - B'$ tend vers 0. Donc aussi la différence $(B - B')h$ des deux prismes, tend vers 0; chacun d'eux peut donc à fortiori différer du cylindre, qui est compris entre eux, de moins que toute quantité donnée, et par conséquent le volume de ce cylind. est leur limite commune.

THÉORÈME V.

Le volume du cylindre a pour mesure le produit du cercle C de sa base par sa hauteur.

Inscrivons en effet dans la base du cylindre un polygone régulier d'un nombre arbitraire n de côtés, et prenons ce polygone pour base d'un prisme ayant pour hauteur la hauteur h du cylindre. Nous aurons, en désignant sa base par B :

$$\text{Vol. Prisme} = B \times h.$$

Cette égalité est vraie quel que soit le nombre n des côtés de la base; elle est donc vraie à la limite. Or, quand n devient de plus en plus grand, le volume du prisme tend vers le volume du cylindre; B tend vers le cercle C, base du cylindre.

Donc on a :

$$\text{Vol. Cylindre} = C \times h.$$

COROLLAIRE. — Si l'on désigne par R le rayon de la base du cylindre, la surface de cette base est représentée par πR^2.

On peut donc écrire :

$$\text{Vol. Cyl.} = \pi R^2 h.$$

COROLLAIRE. — On démontre aisément, en regardant le solide obtenu en coupant un cylindre quelconque par deux plans parallèles entre eux, et perpendiculaires ou non à ses génératrices, comme la limite de prismes inscrits ou circonscrits : 1° *Que la surface latérale d'un pareil solide a pour mesure le contour de sa section droite multiplié par la longueur de sa génératrice.* 2° *Que le volume du même solide a pour mesure la surface de sa base multipliée par sa hauteur, ou encore la surface de sa section droite multipliée par la longueur de sa génératrice.*

Mesure du Cône.

THÉORÈME VI.

La surface latérale d'une pyramide régulière SABCDEF, a pour mesure le produit du périmètre P de sa base par la moitié de son apothème SI, c'est-à-dire par la moitié de la hauteur d'un des triangles qui composent cette surface latérale.

LIVRE VIII.   381

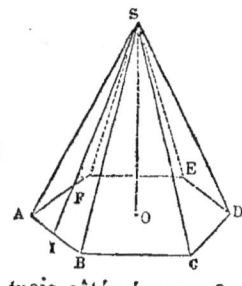

En effet, la hauteur SO tombant, en vertu de la définition de la pyramide régulière, au centre O de la base, les arêtes latérales SA, SB, SC... sont égales comme obliques s'écartant également du pied de la perpendiculaire SO. Les triangles ASB, BSC, CSD... qui composent la surface latérale de la pyramide, sont donc égaux comme ayant les trois côtés égaux. Or l'un d'eux ASB, a pour mesure :

$$AB \times \frac{SI}{2}.$$

Donc n représentant le nombre des côtés de la base, la surface latérale de la pyramide a pour mesure :

$$n AB \times \frac{SI}{2},$$

ou
$$P \times \frac{SI}{2},$$

ce qui démontre l'énoncé.

THÉORÈME VII.

Lorsqu'au cercle de base d'un cône, on inscrit et circonscrit des polygones réguliers semblables d'un nombre arbitraire n de côtés, la surface latérale du cône est la limite des surfaces latérales des pyramides régulières qui ont pour sommet commun le sommet du cône, et pour bases ces deux polygones, lorsque l'on double indéfiniment le nombre de leurs côtés.

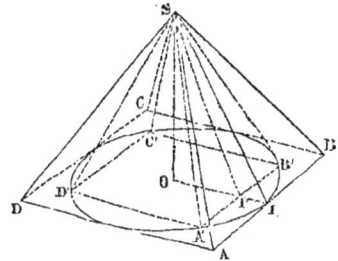

En effet, la surface totale du cône est comprise entre les

surfaces totales des deux pyramides, puisqu'elle enveloppe l'une de toutes parts, et est enveloppée par l'autre. D'autre part, si l'on désigne par P et P' les périmètres des polygones de base des deux pyramides, leurs surfaces totales ont pour mesures respectives :

$$P \times \frac{OI}{2} + P \times \frac{SI}{2}, \text{ et } P' \times \frac{OI'}{2} + P' \times \frac{SI'}{2}.$$

Leur différence est égale à :

$$\frac{1}{2}\left(P \times OI - P' \times OI'\right) + \frac{1}{2}\left(P \times SI - P' \times SI'\right).$$

Or le premier terme tend vers 0 quand n devient de plus en plus grand, parce que $P \times OI$ et $P' \times OI'$ tendent tous deux vers *circ.* $OI \times OI$. Le second terme tend aussi vers 0, parce que $P \times SI$ et $P' \times SI'$ tendent tous deux vers *circ.* $OI \times SI$. Donc la différence entre les surfaces totales des deux pyramides peut devenir aussi petite qu'on veut, et par suite à plus forte raison chacune d'elles peut différer d'aussi peu qu'on veut de la surface totale du cône. La surface totale du cône est donc la limite des surfaces totales des deux pyramides. Mais le cercle de base du cône est la limite des surfaces de leurs bases. Donc aussi la surface convexe du cône est la limite des surfaces convexes des deux pyramides.

THÉORÈME VIII.

La surface latérale du cône a pour mesure la circonférence de sa base multipliée par la moitié de son apothème.

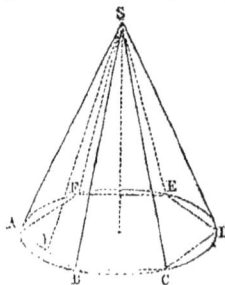

Inscrivons en effet dans la circonférence de base, un polygone régulier d'un nombre arbitraire n de côtés, dont nous désignerons le périmètre par P, et construisons une pyramide régulière ayant pour base ce polygone, et pour sommet celui du cône; SI étant l'apothème de cette pyramide, nous aurons :

$$\text{Surf. latér. pyr.} = P \times \frac{SI}{2},$$

et cette égalité ayant lieu quel que soit n, aura lieu également à la limite. Or, quand n devient de plus en plus grand, la surface latérale de la pyramide a pour limite celle du cône; P a pour limite la circonférence C de sa base; enfin SI a pour limite SA, car leur différence est moindre que AI qui tend vers 0 quand n tend vers l'infini.

On a donc :

$$\text{Surf. latér. cône} = C \times \frac{SA}{2}.$$

Corollaire I. — Si nous désignons par R le rayon de la base, et par a l'apothème SA, l'égalité précédente donne la formule :

$$\text{Surf. lat. cône} = 2\pi R \times \frac{a}{2}$$
$$= \pi R a.$$

Corollaire II. — La surface totale du cône se compose de sa surface latérale, et du cercle de base qui a pour mesure πR^2.

On a donc :

$$\text{Surf. tot. cône} = \pi R a + \pi R^2 = \pi R (a + R).$$

THÉORÈME IX.

Le volume d'un cône est la limite commune des volumes des pyramides SABCD, SA'B'C'D', *qui ont pour sommet commun celui du cône, et pour bases les polygones réguliers semblables* ABCD, A'B'C'D', *l'un circonscrit, l'autre inscrit à sa base*, **quand on double indéfiniment le nombre de leurs côtés.**

En effet, d'abord (fig. de la page 381) le volume du cône est évidemment compris entre les volumes des deux pyramides, puisqu'il contient l'une et est contenu entièrement dans l'autre.

Or si l'on désigne par S et S' les surfaces de leurs bases, et par h leur hauteur, leurs mesures respectives sont :

$$S \times \frac{h}{3} \text{ et } S' \times \frac{h}{3}.$$

Leur rapport est donc $\dfrac{S}{S'}$, et tend vers l'unité quand le nombre des côtés de ces bases devient de plus en plus grand. Leur différence tend par suite vers 0, en sorte qu'à fortiori, la différence entre chacune des deux pyramides et le cône qui est compris entre les deux, tend elle-même vers 0.

Le cône est donc la limite commune de ces pyramides.

THÉORÈME X.

Le volume du cône a pour mesure le produit de son cercle de base par le tiers de sa hauteur h.

En effet, inscrivons dans la base du cône un polygone régulier ABCDEF (page 382) d'un nombre arbitraire n de côtés, et désignons la surface de ce polygone par S. Nous aurons :

$$\text{Vol. Pyr. SABCDEF} = S \times \frac{h}{3},$$

et cette égalité ayant lieu quel que soit le nombre n, aura lieu par suite à la limite. Mais le volume de la pyramide a pour limite celui du cône, lorsque n devient de plus en plus grand; S a pour limite le cercle de base du cône; on a donc :

$$\text{Vol. cône} = \text{cercle de base} \times \frac{h}{3}.$$

COROLLAIRE. — Si l'on désigne le rayon de base par R, l'égalité précédente se traduit par la formule :

$$\text{Vol. cône} = \frac{\pi R^2 h}{3}.$$

Du Tronc de Cône.

THÉORÈME XI.

La surface latérale d'un tronc de cône a pour mesure le produit de son côté par la demi-somme des circonférences de ses bases.

DÉFINITION. — On appelle *tronc de cône* le solide ABA'B' obtenu en coupant un cône SAB (page 385) par un plan parallèle à sa base, et enlevant le cône partiel SA'B' déterminé par la section. — Le tronc de cône peut être considéré comme engendré par un trapèze rectangle BCB'C' tournant autour du côté CC' adjacent aux angles droits; car dans ce mouvement CB et C'B' décrivent deux plans perpendiculaires à l'axe du cône ASB, en sorte que CC'BB' engendre la partie de ce cône comprise entre ces deux plans. — Les cercles AB, A'B', s'appellent les *bases* du tronc de cône ; la ligne CC', qui représente la distance de ses bases, en est la *hauteur ;* enfin BB' en est le *côté* ou l'*apothème.*

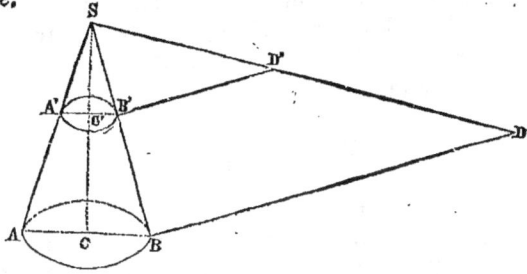

— Cela posé, pour trouver la mesure de la surface latérale du tronc de cône AA'BB', élevons au point B sur son côté SB, une perpendiculaire BD égale à la longueur de la circonférence de la base AB, puis joignant l'extrémité D de cette perpendiculaire au sommet S du cône, élevons sur SB la perpendiculaire B'D' jusqu'à la rencontre de SD. Les triangles semblables BSD et B'SD', BSC et B'SC' donneront :

$$\frac{BD}{B'D'} = \frac{SB}{SB'},$$

et

$$\frac{SB}{SB'} = \frac{BC}{B'C'}.$$

On tire de là, à cause du rapport commun

$$\frac{BD}{B'D'} = \frac{BC}{B'C'},$$

et par suite :

$$\frac{BD}{B'D'} = \frac{2\pi BC}{2\pi B'C'},$$

Mais par construction $BD = 2\pi BC$; donc aussi $B'D' = 2\pi B'C'$.

Il résulte de là que le triangle SBD et la surface latérale du cône SAB, qui ont pour mesures respectives.

$$BD \times \frac{SB}{2}, \text{ et } 2\pi BC \times \frac{SB}{2}$$

sont équivalents, de même que le triangle SB'D' et la surface latérale du cône SA'B', qui ont pour mesures respectives

$$B'D' \times \frac{SB'}{2}, \text{ et } 2\pi B'C' \times \frac{SB'}{2}.$$

Donc la surface latérale du tronc de cône AA'BB', différence des surfaces latérales des deux cônes, est équivalente à la surface du trapèze BDB'D', différence des deux triangles. Or, le trapèze a pour mesure :

$$BB' \times \frac{BD + B'D'}{2};$$

c'est donc aussi la mesure de la surface latérale du tronc du cône. On peut donc dire enfin, en remplaçant BD et B'D' par $2\pi CB$ et $2\pi C'B'$, que cette surface latérale a pour mesure :

$$BB' \times \frac{2\pi CB + 2\pi C'B'}{2},$$

ce qui justifie l'énoncé.

COROLLAIRE I. — Si l'on désigne par R et r les rayons CB et C'B', par a l'apothème BB' et par S la surface latérale du tronc de cône, on a la formule :

$$S = a \times \frac{2\pi R + 2\pi r}{2}$$
$$= \pi a(R + r).$$

COROLLAIRE II. — IF étant le rayon de la section faite dans le tronc de cône ABCD parallèlement à ses bases, et à égale distance des mêmes bases, on a :

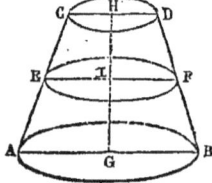

$$IF = \frac{GB + HD}{2}$$
$$= \frac{R + r}{2}$$

Donc on a aussi :

$$S = a \times 2\pi IF.$$

De là ce second énoncé : *La surface latérale d'un tronc de cône a pour mesure son côté multiplié par la circonférence de la section faite à égale distance de ses deux bases.*

LIVRE VIII.   387

THÉORÈME XII.

Le volume du tronc de cône est équivalent à la somme des volumes de trois cônes ayant tous pour hauteur la hauteur du tronc, et pour bases respectives sa base inférieure, sa base supérieure, et une moyenne proportionnelle entre ses deux bases.

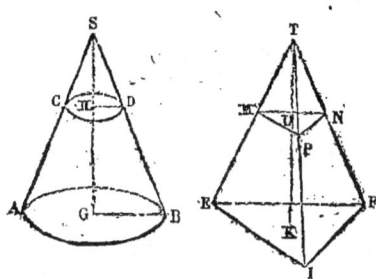

Soit ABCD le tronc de cône considéré, dont nous désignerons pour un instant les bases par B et b. Concevons le cône SAB dont il fait partie, et sur le plan de sa base, construisons un triangle EIF équivalent au cercle AB ou à B, puis prenons ce triangle pour base d'une pyramide TEIF de hauteur égale à la hauteur SG du cône. Cette pyramide et le cône SAB ayant des bases équivalentes et même hauteur, auront même mesure, ou en d'autres termes seront équivalents.

Si maintenant nous prolongeons la base supérieure CD du tronc de cône, ce qui donnera dans la pyramide la section MNP, je dis que cette section sera équivalente au cercle CD.

En effet, on a d'abord :

$$\frac{MNP}{EIF} = \frac{TL^2}{TK^2}.$$

D'autre part, les triangles semblables SHD, SGB, donnent :

$$\frac{SH}{SG} = \frac{HD}{GB},$$

et par suite :

$$\frac{\overline{SH}^2}{\overline{SG}^2} = \frac{\overline{HD}^2}{\overline{GB}^2} = \frac{\pi \overline{HD}^2}{\pi \overline{GB}^2} = \frac{b}{B}.$$

Or les rapports $\dfrac{\overline{TL^2}}{\overline{TK^2}}$ et $\dfrac{\overline{SH^2}}{\overline{SG^2}}$, ont en vertu de la construction même, leurs numérateurs et leurs dénominateurs égaux; ils sont donc égaux.

Donc on a aussi :

$$\frac{MNP}{EIF} = \frac{b}{B}.$$

Mais $\quad\quad\quad\quad$ EIF$=$B; donc MNP$=b$.

Il en résulte que la pyramide partielle TMNP et le cône SCD ont eux-mêmes bases équivalentes et même hauteur, et par conséquent sont équivalents. Donc le tronc de pyramide, différence des deux pyramides, est équivalent au tronc de cône, différence des deux cônes; et comme le tronc de pyramide équivaut à la somme de trois pyramides ayant pour hauteur h, et pour bases respectives B, b et $\sqrt{Bb}$, le tronc de cône équivaut à la somme de trois cônes ayant aussi pour hauteur h, et pour bases B, b et $\sqrt{Bb}$.

COROLLAIRE. — Si l'on désigne par R et r les rayons de base du cône, on a :

$$B=\pi R^2, \quad b=\pi r^2, \quad \sqrt{Bb}=\pi Rr.$$

Les trois cônes à la somme desquels le tronc du cône est équivalent, ont alors pour mesures respectives :

$$\pi R^2\frac{h}{3}, \quad \pi r^2\frac{h}{3}, \quad \pi Rr\frac{h}{3}.$$

et le tronc de cône lui-même est mesuré par la formule :

$$V=\pi\frac{h}{3}(R^2+r^2+Rr).$$

REMARQUE I. — On peut établir la même formule d'une manière plus rapide à l'aide de l'algèbre.

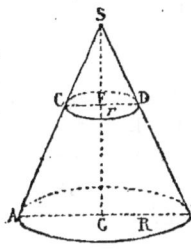

Désignons en effet par L et l les hauteurs des deux cônes SAB, SCD, dont le tronc du cône est la différence; ces deux cônes auront pour mesures respectives :

$$\frac{\pi R^2 L}{3}, \text{ et } \frac{\pi r^2 l}{3}.$$

Par suite on aura, en désignant par V le volume du tronc du cône :

$$V = \frac{\pi R^2 L}{3} - \frac{\pi r^2 l}{3} = \frac{\pi}{3}(R^2 L - r^2 l).$$

Or les triangles semblables SGB, SFD donnent :

$$\frac{R}{L} = \frac{r}{l}, \text{ ou } \frac{R^2}{L^2} = \frac{r^2}{l^2}.$$

Si nous désignons la valeur commune de ces deux derniers rapports par m, il viendra :

$$R^2 = mL^2, \quad r^2 = ml^2,$$

et par suite successivement :

$$V = \frac{\pi}{3}(mL^3 - ml^3),$$

$$= \frac{\pi m}{3}(L^3 - l^3),$$

$$= \frac{\pi m}{3}(L-l)(L^2 + l^2 + Ll),$$

$$= \frac{\pi(L-l)}{3}(mL^2 + ml^2 + mLl).$$

Or $L - l = h$, $mL^2 = R^2$, $ml^2 = r^2$, et $mLl = Rr$.

Donc enfin :

$$V = \frac{\pi h}{3}(R^2 + r^2 + Rr).$$

REMARQUE II. — On peut avoir à considérer au lieu du tronc de cône formé de la différence de deux cônes, le solide

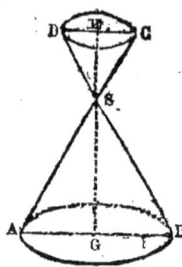

obtenu en coupant un cône par un plan parallèle à sa base, mené au-dessus de son sommet S, et égal par suite à la somme de deux cônes ASB, CSD. Or en désignant encore les rayons GB, DH par R et r, et la hauteur GH par h, on trouverait par un procédé analogue, que le volume de ce cône de 2ᵉ espèce, est donné par la formule :

$$V = \frac{\pi h}{3}(R^2 + r^2 - Rr).$$

Elle ne diffère de la première, qu'en ce que le terme Rr y est remplacé par $-Rr$.

Mesures approchées du tronc de cône. — 1° Dans les forêts, pour cuber un tronc d'arbre, on l'assimile à un tronc de cône ; mais au lieu d'employer la formule générale, on mesure approximativement ce tronc de cône, en multipliant sa hauteur par la surface de la section faite à égale distance de ses bases. La surface de la section se déduit elle-même, de la longueur de sa circonférence mesurée à l'aide d'une tresse métrique.

La mesure ainsi obtenue est trop faible, et il est facile de calculer la quantité dont elle est en erreur. Soient en effet h la hauteur du tronc, R et r ses ray. de bases. Sa mesure exacte est :

$$\frac{\pi h}{3}(R^2 + r^2 + Rr).$$

D'autre part, la section faite à égale distance des deux bases a pour rayon $\frac{R+r}{2}$; la mesure approchée du tronc de cône est donc :

$$\pi h \left(\frac{R+r}{2}\right)^2 \quad \text{ou} \quad \frac{\pi h}{4}(R^2 + r^2 + 2Rr).$$

On a par suite, en désignant par e l'erreur cherchée :

$$e = \frac{\pi h}{3}(R^2 + r^2 + Rr) - \frac{\pi h}{4}(R^2 + r^2 + 2Rr),$$

$$= \frac{\pi h}{12}(4R^2 + 4r^2 + 4Rr) - \frac{\pi h}{12}(3R^2 + 3r^2 + 6Rr),$$

$$= \frac{\pi h}{12}(R^2 + r^2 - 2Rr),$$
$$= \frac{\pi h}{12}(R-r)^2.$$

Or dans le tronc de cône représenté par un tronc d'arbre, il y a peu de différence entre R et r; R—r et à plus forte raison (R—$r)^2$, sont donc des quantités très-faibles, et l'erreur e est négligeable.

2° Dans le jaugeage des tonneaux, on les considère comme formés de deux troncs de cône opposés par leur grande base; cette grande base est représentée par la section faite au niveau de la bonde; les petites bases sont les deux fonds. On emploie d'ailleurs, dans l'évaluation de chacun de ces troncs de cône, la même formule approchée que pour le cubage des troncs d'arbres dans les forêts. D'après cela, si l'on désigne par R le rayon de la section faite au niveau de la bonde, par r le rayon des fonds, et par h la longueur du tonneau (somme des hauteurs des deux troncs de cône), la mesure du tonneau est représentée par

$$\pi h \left(\frac{R+r}{2}\right)^2.$$

Cette formule est doublement en erreur : d'abord parce qu'en assimilant les deux moitiés du tonneau à des troncs de cône, on néglige la courbure des douves; et ensuite, parce qu'elle ne donne qu'approximativement la capacité de ces deux troncs de cône. On corrige en partie son inexactitude à l'aide de l'observation suivante :

On a identiquement
$$\frac{R+r}{2} = R - \frac{R-r}{2} = R - \frac{4(R-r)}{8}$$

La formule précédente peut donc s'écrire :
$$\pi h \left\{ R - \frac{4(R-r)}{8} \right\}^2.$$

Or, Dèz, ancien professeur à l'École Militaire, a proposé d'y remplacer le terme soustractif $\frac{4(R-r)}{8}$, par $\frac{3(R-r)}{8}$, ce qui lui donne la forme :

$$\pi h \left\{ R - \frac{3(R-r)}{8} \right\}^2, \text{ ou } \pi h \left(\frac{5R+3r}{8}\right)^2.$$

Cette nouvelle formule, que l'usage a vérifiée, est celle que l'on emploie en France dans le jaugeage des tonneaux.

En Angleterre, pour le même usage, on se sert de la formule d'Ougthred. On l'obtient en remplaçant dans la formule

$$\frac{\pi h}{3}(R^2+r^2+Rr),$$

dont l'emploi assimile le tonneau à la somme de deux troncs de cône, le terme Rr par le terme un peu plus fort R^2. Le volume du tonneau est d'après cela, mesuré par la formule :

$$V=\frac{\pi h}{3}(2R^2+r^2).$$

— On emploie aussi quelquefois pour le même usage, la formule empirique :

$$V=0{,}605\ d^3,$$

dans laquelle d désigne la distance de la bonde au point le plus bas de l'un des fonds, et qui donne une approximation suffisante dans la plupart des cas. — En calculant à l'avance les valeurs de V correspondant à une suite de valeurs de d, et les inscrivant sur une tige de fer destinée à être introduite par la bonde, on obtient ce qu'on appelle la *jauge diagonale*, qui est principalement employée dans les octrois, et qui fait connaître la capacité des fûts par une simple lecture.

Mesure de la Sphère.

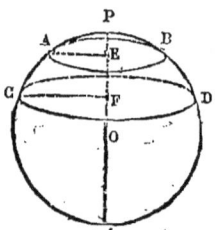

Définitions. — On appelle *zône* la portion de la surface de la sphère comprise entre deux plans parallèles AB, CD. Les cercles suivant lesquels ces plans coupent la sphère, sont les *bases* de la zône. Leur distance EF en est la *hauteur*.

La zône peut être considérée comme engendrée par un arc AC tournant autour du diamètre PP' de la circonférence dont il fait partie. En effet, pendant que la demi-circonférence PCP' engendre la surface de la sphère, les droites AE, CF, perpendiculaires à PP', engendrent des plans perpendiculaires eux-mêmes à PP'; par suite, AC engendre la portion de la surface de la sphère comprise entre ces deux plans, c'est-à-dire la surface de la zône ACBD.

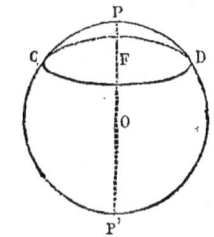

On appelle *zône à une base,* ou *calotte sphérique,* la portion CPD de la surface de la sphère, détachée par un plan quelconque CD. On peut considérer une calotte sphérique, comme une zône à deux bases, dont la base supérieure se serait éloignée progressivement de la base inférieure, tout en lui restant parallèle, jusqu'à ce que son plan devînt tangent à la sphère.

—La portion du volume de la sphère comprise entre une zône et les plans de ses bases, a reçu le nom de *segment sphérique.* Les bases de la zône et sa hauteur prennent le nom de *bases* et de *hauteur* du segment.

La zône et le segment sphérique deviennent, l'une la surface de la sphère, et l'autre son volume, lorsque leur hauteur devient égale au diamètre même de la sphère.

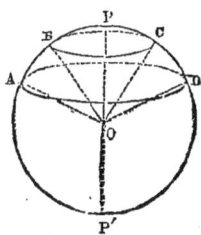

—On appelle *secteur sphérique* le solide engendré par la révolution d'un secteur AOB tournant autour d'un diamètre PP' du cercle dont il fait partie, et situé tout entier d'un même côté de ce diamètre. Dans cette révolution, l'arc AB décrit une zône, et les rayons AO, BO, les surfaces latérales de deux cônes ayant pour sommet le point O, et pour axe commun le diamètre PP'. On peut donc définir le secteur sphérique, le solide compris entre une zône, et deux cônes ayant pour sommet le centre de la sphère, et pour bases les bases de la zône.

THÉORÈME XIII.

Lorsqu'une droite AB *tourne autour d'un axe* mn *situé dans son plan et qui ne la rencontre pas, la surface qu'elle engendre dans sa révolution, a pour mesure la projection* A'B' *de* AB *sur l'axe, multipliée par la circonférence qui a pour rayon la perpendiculaire* OI *élevée au milieu de* AB, *et prolongée jusqu'à l'axe.*

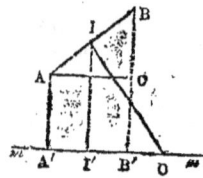

En effet, dans sa révolution, le trapèze rectangle $ABA'B'$ engendre un tronc de cône dont AB décrit la surface latérale. Donc, II' décrivant dans cette même révolution, la section faite à égale distance des deux bases, on a :

$$\text{Surface } AB = AB \times 2\pi II'.$$

Or, si l'on mène AC parallèle à mn, les deux triangles ABC, $II'O$ sont semblables comme ayant les côtés perpendiculaires chacun à chacun, et donnent la proportion :

$$\frac{AB}{IO} = \frac{AC}{II'}.$$

On en tire :

$$AB \times II' = AC \times IO$$

ou

$$AB \times II' = A'B' \times IO,$$

et par suite

$$AB \times 2\pi II' = A'B' \times 2\pi IO.$$

Donc on a aussi :

$$\text{Surf. } AB = A'B' \times 2\pi IO,$$

ce qui justifie l'énoncé.

THÉORÈME XIV.

La surface engendrée par une brisée régulière $ABCD$ tournant autour d'un axe mn situé dans son plan, qui passe par son centre, et la laisse tout entière d'un même côté, a pour mesure le produit de la projection $A'D'$ de cette brisée sur l'axe, par la circonférence inscrite.

DÉFINITION. — Une *brisée régulière* est une ligne brisée qui a tous ses angles et tous ses côtés égaux. Les raisonnements employés pour les polygones réguliers, permettent de démontrer qu'*une pareille ligne est à la fois inscriptible et circonscriptible*. Elle diffère d'une portion de polygone régulier en ce que son angle au centre n'est généralement pas une partie aliquote exacte de 4 droits.

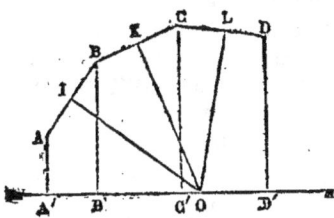

Cela posé, des sommets de la brisée, abaissons sur l'axe des perpendiculaires, et désignons par r le rayon OI ou OK..., de la circonférence inscrite; nous aurons :

Surf. AB$=$A$'$B$'\times 2\pi$OI$=$A$'$B$'\times 2\pi r$.
Surf. BC$=$B$'$C$'\times 2\pi$OK$=$B$'$C$'\times 2\pi r$.
Surf. CD$=$C$'$D$'\times 2\pi r$.

Par suite :

Surf. ABCD$=$(A$'$B$'+$B$'$C$+$C$'$D$')\times 2\pi r$
$=$A$'$D$'\times 2\pi r$,

ce qui justifie l'énoncé.

THÉORÈME XV.

La zone engendrée par un arc AD *tournant autour d'un axe* mn, *qui passe par son centre et le laisse tout entier d'un même côté, est la limite commune des surfaces engendrées par les brisées régulières* ABCD, A$'$B$'$C$'$D$'$, *d'un même nombre de côtés, l'une inscrite, l'autre circonscrite à cet arc, lorsque le nombre de leurs côtés devient de plus en plus grand.*

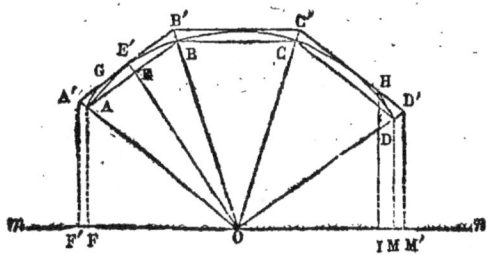

Pour obtenir une brisée inscrite à l'arc AD, il suffit de le partager en un nombre arbitraire n de parties égales, et de joindre les points de division deux à deux. On obtient la brisée circonscrite du même nombre de côtés, en menant des tangentes à la circonférence, par les milieux des arcs AB, BC, CD, que sous-tendent les côtés de la première, et l'on ferait voir comme pour les polygones réguliers circonscrits, que les sommets de cette seconde brisée sont respectivement sur les prolongements des rayons menés par les sommets homologues de la première.

Or, d'abord la surface de la zône engendrée par l'arc AD est plus grande que la surface engendrée par la brisée ABCD, puisqu'elle l'enveloppe de toutes parts. Pour démontrer que cette même zône est moindre que la surface engendrée par la brisée A'B'C'D', menons à l'arc AD les tangentes AG et DH ; nous aurons :

$$\text{Zône AD} < \text{surf. AGB'C'HD}.$$

Or, surf. AGB'C'HD a avec surf. A'B'C'D' une partie commune, savoir la surface engendrée par GB'C'H, Quant aux parties non communes, on a :

$$\text{Surf. HD} = HD \times \pi(HI + DM).$$
$$\text{Surf. HD}' = HD' \times \pi(HI + D'M').$$

Or HD est moindre que H D', puisque la perpendiculaire est moindre que l'oblique. On a d'ailleurs $DM < D'M'$. Pour cette double raison on a :

$$\text{Surf. HD} < \text{Surf. HD}'.$$

De même :

$$\text{Surf. AG} < \text{Surf. A'G}.$$

Donc :

$$\text{Surf. AGB'C'HD} < \text{Surf. A'B'C'D'}.$$

et à fortiori :

$$\text{Zône AD} < \text{Surf. A'B'C'D'}.$$

Ainsi déjà la surface de la zône est comprise entre les surfaces engendrées par les deux brisées.

D'autre part, ces deux surfaces ont pour mesures respectives, en vertu du théorème précédent :

$$FM \times 2\pi OE, \text{ et } F'M' \times 2\pi OE',$$

et leur rapport est :

$$\frac{FM}{F'M'} \times \frac{OE}{OE'}.$$

Or à cause de la similitude des deux polygones F'A'B'C'D'M' et FABCDM, ce rapport est égal à $\frac{\overline{OE^2}}{\overline{OE'^2}}$, et tend par suite vers l'unité, quand le nombre n devient de plus en plus grand. Donc les surfaces engendrées par les lignes brisées ABCD, A'B'C'D', finissent par différer d'aussi peu qu'on veut. Chacune d'elles finit donc à fortiori, par différer de la surface de la zône d'aussi peu qu'on veut, et par conséquent la zône en est la limite commune.

THÉORÈME XVI.

La zône a pour mesure le produit de sa hauteur par la circonférence d'un grand cercle de la sphère dont elle fait partie.

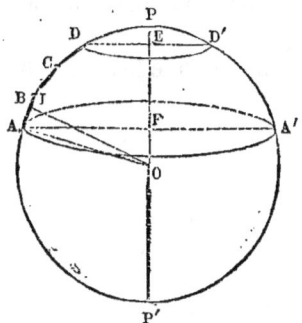

Soit en effet AD l'arc qui engendre la zône dans sa révolution autour du diamètre PP'. Inscrivons dans cet arc une ligne brisée régulière ABCD d'un nombre arbitraire n de côtés. Nous aurons, en vertu d'un théorème précédent :

Surf. ABCD$=$EF$\times 2\pi$OI.

Cette égalité ayant lieu quel que soit le nombre n des côtés de la ligne brisée, a lieu aussi à la limite. Or la limite de surf. ABCD est la zône AD; la limite de OI est le rayon OA de la sphère, car on a :

$$OA-OI<AI, \text{ ou } <\frac{AB}{2},$$

en sorte que AB tendant vers 0 quand n devient de plus en plus grand, il en est de même à fortiori de OA$-$OI. Donc

Zône AD$=$EF$\times 2\pi$OA,

ce qui justifie l'énoncé.

Corollaire I. — Si l'on désigne par h la hauteur EF de la zône, et par R le rayon de la sphère, l'énoncé précédent se traduit par la formule :

Zône AD$=2\pi$Rh.

Corollaire II. — Si l'on désigne par S et S' les surfaces de deux zônes d'une même sphère, et par h et h' leurs hauteurs, on a en vertu de ce qui précède :

S$=2\pi$Rh, S'$=2\pi$Rh',

d'où
$$\frac{S}{S'}=\frac{h}{h'}.$$

Donc *deux zônes quelconques d'une même sphère sont entre elles dans le rapport de leurs hauteurs.*

THÉORÈME XVII.

La surface de la sphère a pour mesure le produit de son diamètre, par la circonférence d'un grand cercle.

La surface de la sphère n'est autre chose en effet, qu'une zône dont l'arc générateur AD est devenu une demi-circonférence, et dont par suite la hauteur EF est devenue le diamètre PP', ou 2R; on a donc d'après cela :

$$\text{Surf. sph.} = 2\pi R \times 2R.$$

ce qui justifie l'énoncé.

COROLLAIRE. — L'égalité précédente peut s'écrire :

$$\text{Surf. Sph.} = 4\pi R^2.$$

De là ce second énoncé : *La surface de la sphère est équivalente à 4 fois la surface d'un de ses grands cercles.*

THÉORÈME XVIII.

Quand un triangle ABC tourne autour d'un axe mn passant par un de ses sommets, et le laissant tout entier d'un même côté, le volume qu'il engendre dans une révolution complète, a pour mesure la surface engendrée par le côté BC opposé au sommet A qui est sur l'axe, multipliée par le tiers de la perpendiculaire AH menée du sommet A sur ce côté.

Supposons d'abord que l'axe mn coïncide avec l'un des côtés AC du triangle, et abaissons du point B sur mn, la perpendiculaire BD. Nous décomposerons ainsi le triangle ABC en deux triangles ABD, DBC, dont chacun, dans la révolution de la figure, engendre un cône. On a d'après cela :

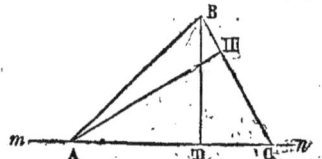

$$\text{Vol. ABD} = \pi \overline{BD}^2 \times \frac{AD}{3}$$

$$\text{Vol. DBC} = \pi \overline{BD}^2 \times \frac{DC}{3},$$

Et par suite, successivement :

$$\text{Vol. ABC} = \pi \overline{BD}^2 \times \frac{AD}{3} + \pi \overline{BD}^2 \times \frac{DC}{3}$$

$$= \pi \overline{BD}^2 \times \frac{AC}{3}$$

$$= \frac{\pi BD \times BD \times AC}{3}.$$

Or, BD×AC représente le double de la surface du triangle générateur ABC, puisque c'est le produit de sa hauteur par sa base. On peut donc remplacer BD×AC par le produit BC×AH, qui représente aussi le double de cette surface, et l'on a :

$$\text{Vol. ABC} = \frac{\pi \text{BD} \times \text{BC} \times \text{AH}}{3}.$$

Mais πBD×BC mesure la surface latérale du cône engendré par le triangle rectangle DBC, c'est-à-dire surf. BC. On a donc enfin :

$$\text{Vol. ABC} = \text{Surf. BC} \times \frac{\text{AH}}{3},$$

ce qui démontre l'énoncé dans le premier cas.

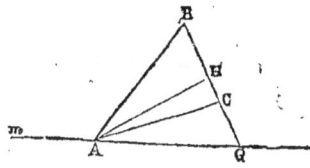

— Supposons en second lieu que le côté AC soit distinct de l'axe mn, et prolongeons le côté BC jusqu'à la rencontre de cet axe en G. Nous aurons :
Vol. ABC = Vol. ABG — Vol. ACG.

Or, en vertu de la première partie de la proposition :

$$\text{Vol. ABG} = \text{Surf. BG} \times \frac{\text{AH}}{3}$$

$$\text{Vol. ACG} = \text{Surf. CG} \times \frac{\text{AH}}{3}.$$

Donc :

$$\text{Vol. ABC} = (\text{Surf. BG} - \text{Surf. CG}) \times \frac{\text{AH}}{3}$$

$$= \text{Surf. BC} \times \frac{\text{AH}}{3},$$

et cela démontre l'énoncé dans le cas général.

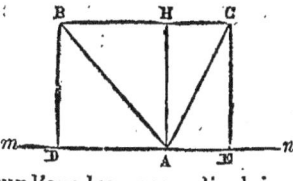

REMARQUE. — La démonstration qui précède suppose que le côté BC prolongé aille rencontrer l'axe mn. Le théorème subsiste quand BC est parallèle à l'axe. Si en effet on abaisse sur l'axe les perpendiculaires BD et CE, le triangle rectangle BAD, dans la révolution de la figure autour de *mn*, engendre un cône; le rectangle BDAH engendre un cylindre, et comme ce cône et ce cylindre ont même base et même hauteur, on a :

$$\text{Vol. BAD} = \frac{1}{3} \text{Vol. BDAH}.$$

Par suite :

$$\text{Vol. BAH} = \frac{2}{3} \text{Vol. BDAH}.$$

De même on fera voir qu'on a :

$$\text{Vol. CAH} = \frac{2}{3} \text{Vol. CEAH}.$$

En ajoutant ces égalités membre à membre, on trouve :

$$\text{Vol. BAC} = \frac{2}{3} \text{Vol. BDEC},$$

et ensuite successivement :

$$\text{Vol. BAC} = \frac{2}{3} \pi \overline{\text{BD}}^2 \times \text{BC}$$

$$= 2\pi \text{BD} \times \text{BC} \times \frac{\text{AH}}{3}$$

$$= \text{Surf. BC} \times \frac{\text{AH}}{3}.$$

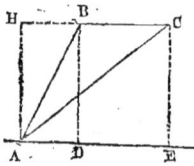 — Si les perpendiculaires BD, CE, au lieu de tomber de part et d'autre du point A, tombaient du même côté, comme dans la figure ci-contre, on ferait voir encore comme précédemment que l'on a :

$$\text{Vol. BAH} = \frac{2}{3} \text{Vol. BDAH}.$$

$$\text{Vol. CAH} = \frac{2}{3} \text{Vol. CEAH}.$$

Et c'est en retranchant ces deux égalités membre à membre, qu'on trouverait la relation :

$$\text{Vol. BAC} = \frac{2}{3} \text{ BDCE.}$$

La démonstration s'achèverait du reste comme dans le premier cas.

THÉORÈME XIX.

Le volume engendré par un secteur polygonal OABCD, *dans sa révolution autour d'un axe mn qui passe par son centre* O, *et qui le laisse tout entier d'un même côté, a pour mesure le produit de la surface engendrée par la brisée régulière* ABCD *qui le limite par le tiers du rayon* OH *de la circonférence inscrite.*

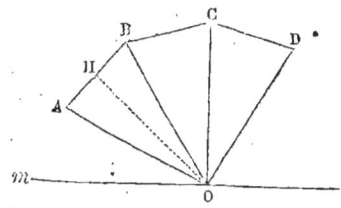

On appelle *secteur polygonal* la figure OABCD obtenue en joignant les extrémités A et D d'une brisée régulière, au centre O de cette brisée.

Cela posé, si nous menons BO, CO, nous avons en vertu du théorème précédent, et en désignant le rayon OH par r :

$$\text{Vol. AOB} = \text{surf. AB} \times \frac{\text{OH}}{3} = \text{surf. AB} \times \frac{r}{3},$$

$$\text{Vol. BOC} = \text{surf. BC} \times \frac{r}{3},$$

$$\text{Vol. COD} = \text{surf. CD} \times \frac{r}{3}.$$

En ajoutant ces égalités membre à membre, on trouve :

$$\text{Vol. OABCD} = (\text{surf. AB} + \text{surf. BC} + \text{surf. CD}) \times \frac{r}{3},$$

$$= \text{surf. ABCD} \times \frac{r}{3},$$

ce qui justifie l'énoncé.

THÉORÈME XX.

Le secteur sphérique engendré par un secteur circulaire AOD, *dans sa révolution autour d'un axe mn, qui passe par son centre et le laisse tout entier d'un même côté, est la limite des volumes engendrés par les secteurs polygonaux* OABCD, OA′B′C′D′ *terminés à des brisées régulières* ABCD, A′B′C′D′ *du même nombre de côtés, l'une inscrite, l'autre circonscrite à l'arc* AD, *lorsque le nombre n de leurs côtés devient de plus en plus grand.*

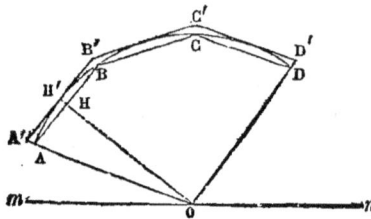

En effet, d'abord le volume du secteur sphérique AOD, est compris entre les volumes engendrés par les secteurs polygonaux OABCD et OA′B′C′D′, puisqu'il contient l'un tout entier, et est contenu tout entier dans l'autre. D'ailleurs ces deux derniers volumes ayant respectivement pour mesures :

$$\text{Surf. ABCD} \times \frac{OH}{3}, \text{ et surf. A}'\text{B}'\text{C}'\text{D}' \times \frac{OH'}{3},$$

leur rapport est égal à :

$$\frac{\text{Surf. ABCD}}{\text{Surf. A}'\text{B}'\text{C}'\text{D}'} \times \frac{OH}{OH'}.$$

Or les deux rapports $\frac{\text{surf. ABCD}}{\text{surf. A}'\text{B}'\text{C}'\text{D}'}$, et $\frac{OH}{OH'}$ tendent tous deux vers l'unité, quand le nombre n des côtés des deux brisées devient de plus en plus grand.

Le rapport

$$\frac{\text{Vol. OABCD}}{\text{Vol. OA}'\text{B}'\text{C}'\text{D}'}$$

tend donc lui-même vers l'unité, en sorte que la différence de vol. OABCD et de vol. OA′B′C′D′, peut être rendue aussi petite qu'on veut. Par suite, chacun de ces volumes finit par différer du vol. AOD qui est compris entre eux, d'aussi peu qu'on veut, et Vol. AOD en est la limite commune.

LIVRE VIII. 403

THÉORÈME XXI.

Le volume du secteur sphérique a pour mesure la zône qui lui sert de base, multipliée par le tiers du rayon de la sphère.

Soit en effet AOD le secteur circulaire qui dans sa révolution autour du diamètre PP', engendre le secteur sphérique con-

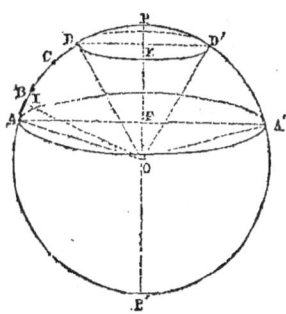

sidéré. Partageons l'arc AD en un nombre arbitraire n de parties égales, et joignant deux à deux les points de division, abaissons sur AB, la perpendiculaire OI.

En vertu d'un théorème précédent, nous aurons :

$$\text{Vol. OABCD} = \text{surf. ABCD} \times \frac{\text{OI}}{3}.$$

Cette égalité ayant lieu quel que soit n, a encore lieu à la limite. Or à la limite, Vol. OABCD devient Vol. sect. AOD; surf. ABCD devient zône AD; enfin OI a pour limite OA; on a donc :

$$\text{Vol. Sect. AOD} = \text{zône AD} \times \frac{\text{OA}}{3}.$$

COROLLAIRE. — Si nous désignons par R le rayon de la sphère, et par h la hauteur EF de la zône AD, l'égalité précédente s'écrit :

$$\text{Vol. Sect. AOD} = 2\pi R h \times \frac{R}{3},$$

$$= \frac{2}{3} \pi R^2 h.$$

THÉORÈME XXII.

Le volume de la sphère a pour mesure sa surface multipliée par le tiers de son rayon.

Effectivement, si nous supposons que dans le théorème précédent, le secteur circulaire AOD devienne le demi-cercle PAP', le volume du secteur sphérique engendré, devient le volume de la sphère. Mais en même temps la surface de la zône AD devient la surface de la sphère. On a donc bien :

$$\text{Vol. sphère} = \text{Surf. sphère} \times \frac{R}{3}.$$

Remarque. — On peut démontrer ce dernier énoncé d'une manière moins rigoureuse il est vrai, mais beaucoup plus rapide.

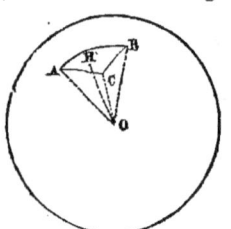

— Marquons en effet sur la surface de la sphère, un très-grand nombre de points, et joignons-les deux à deux par des arcs de grand cercle. Nous décomposerons la surface de la sphère en triangles tels que ABC, que nous pourrons considérer comme rectilignes, si leurs côtés sont suffisamment petits. En joignant les sommets de ces triangles au centre de la sphère, nous décomposerons son volume en pyramides telles que OABC. Or toutes ces pyramides ont pour hauteur le rayon même de la sphère, car le triangle ABC pouvant être considéré comme tracé dans un plan tangent, la perpendiculaire OH doit être considérée comme aboutissant au point de contact, et est par suite égale au rayon. Chacune d'elles a donc pour mesure sa base multipliée par le tiers du rayon. Donc le volume de la sphère qui est leur somme, a pour mesure la somme de leurs bases, ou la surface même de la sphère, multipliée par le tiers du rayon.

Corollaire I. — Si l'on désigne par R le rayon de la sphère, on a :

$$\text{Surf. sph.} = 4\pi R^2.$$

On en conclut :

$$\text{Vol. sph.} = 4\pi R^2 \times \frac{R}{3} = \frac{4}{3}\pi R^3.$$

Corollaire II. — Si l'on désigne par d le diamètre de la sphère, on a :

$$R = \frac{d}{2} \text{ et } R^3 = \frac{d^3}{8}.$$

La formule précédente devient alors :

$$\text{Vol. sph.} = \frac{4}{3}\pi \frac{d^3}{8},$$
$$= \frac{1}{6}\pi d^3.$$

COROLLAIRE III. — Il résulte immédiatement des formules qui viennent d'être démontrées, que *les volumes de deux sphères sont entre eux comme les cubes de leurs rayons ou de leurs diamètres.*

THÉORÈME XXIII.

Le volume engendré par un segment circulaire AMB *tournant autour d'un diamètre* PP', *qui le laisse tout entier d'un même côté, a pour mesure le produit du cercle qui aurait pour rayon la corde du segment, par le sixième de la projection* EF *de cette corde sur l'axe.*

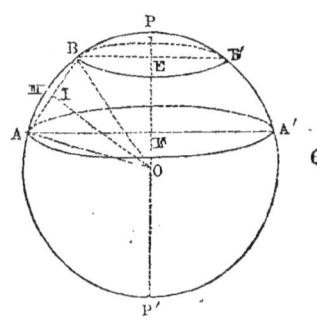

En effet, on a :
Vol. AMB = Vol. OAMB — Vol. OAB.
Or :

$$\text{Vol. OAMB} = \text{zône AB} \times \frac{OA}{3}$$

$$= \frac{2}{3} \pi \overline{OA}^2 \times EF,$$

et

$$\text{Vol. OAB} = \text{Surf. AB} \times \frac{OI}{3}$$

$$= EF \times 2\pi OI \times \frac{OI}{3}$$

$$= \frac{2}{3} \pi \overline{OI}^2 \times EF.$$

Donc :

$$\text{Vol. AMB} = \frac{2}{3} \pi \overline{OA}^2 \times EF - \frac{2}{3} \pi \overline{OI}^2 \times EF$$

$$= \frac{2}{3} \pi EF \times (\overline{OA}^2 - \overline{OI}^2)$$

$$= \frac{2}{3} \pi EF \times \overline{AI}^2.$$

Mais on a :

$$AI = \frac{AB}{2}, \quad \text{et} \quad \overline{AI}^2 = \frac{\overline{AB}^2}{4}.$$

Donc enfin :

$$\text{Vol. AMB} = \frac{2}{3}\pi\,\text{EF} \times \frac{\overline{AB}^2}{4}$$

$$= \pi\overline{AB}^2 \times \frac{\text{EF}}{6}.$$

REMARQUE. — Le volume engendré par le segment AMB est quelquefois désigné du nom d'*anneau sphérique*.

THÉORÈME XXIV.

Le volume du segment sphérique a pour mesure le produit de la demi-somme de ses bases par sa hauteur, plus la mesure de la sphère qui a pour diamètre cette même hauteur.

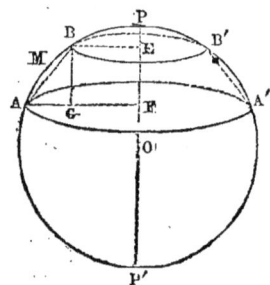

Soit en effet AA'BB' un segment sphérique, qui peut être considéré comme engendré par la révolution du trapèze circulaire AMBEF autour de PP'. Le volume de ce segment sphérique est la somme des volumes engendrés par le segment circulaire AMB, et par le trapèze rectangle ABEF. Or, en vertu du théorème précédent :

$$\text{Vol. AMB} = \pi\overline{AB}^2 \times \frac{\text{EF}}{6}.$$

D'autre part, le volume engendré par le trapèze rectangle ABEF est un tronc de cône, et l'on a :

$$\text{Vol. ABEF} = \frac{\pi\,\text{EF}}{3} \times (\overline{AF}^2 + \overline{BE}^2 + \text{AF} \times \text{BE}).$$

On a donc en ajoutant :

$$\text{Vol. Segm. AA'BB'} = \pi\overline{AB}^2 \times \frac{\text{EF}}{6} + \frac{\pi\,\text{EF}}{3} \times (\overline{AF}^2 + \overline{BE}^2 + \text{AF} \times \text{BE})$$

$$= \frac{\pi\,\text{EF}}{6} \times (\overline{AB}^2 + 2\overline{AF}^2 + 2\overline{BE}^2 + 2\text{AF} \times \text{BE}).$$

Or, si l'on abaisse du point B la perpendiculaire BG sur AF, on a :

$$\text{GA} = \text{AF} - \text{BE},$$

et par suite :

$$\overline{GA}^2 = \overline{AF}^2 + \overline{BE}^2 - 2AF \times BE.$$

On en tire :

$$2AF \times BE = \overline{AF}^2 + \overline{BE}^2 - \overline{GA}^2.$$

Mettant cette valeur dans l'expression du segment AA'BB', on trouve :

$$\text{Segm. AA'BB'} = \frac{\pi EF}{6} \times (\overline{AB}^2 + 2\overline{AF}^2 + 2\overline{BE}^2 + \overline{AF}^2 + \overline{BE}^2 - \overline{GA}^2)$$

$$= \frac{\pi EF}{6} \times (3\overline{AF}^2 + 3\overline{BE}^2 + \overline{AB}^2 - \overline{GA}^2),$$

Ou en observant que $\overline{AB}^2 - \overline{GA}^2 = \overline{BG}^2 = \overline{EF}^2$:

$$\text{Segm. AA'BB'} = \frac{\pi EF}{6} \times (3\overline{AF}^2 + 3\overline{BE}^2 + \overline{EF}^2),$$

$$= \pi EF \times \frac{(\overline{AF}^2 + \overline{BE}^2)}{2} + \frac{\pi \overline{EF}^3}{6}.$$

Cela démontre l'énoncé.

THÉORÈME XXV.

Tout solide circonscrit à une sphère a pour mesure le produit de sa surface par le tiers du rayon de la sphère.

En effet, si l'on joint tous les sommets du solide au centre de la sphère, on le décompose en pyramides ayant pour bases les différentes faces de ce solide. Toutes ces pyramides ont d'ailleurs pour hauteur, le rayon de la sphère, car les faces qui leur servent de bases étant tangentes à la sphère, les perpendiculaires abaissées du sommet commun, le centre de la sphère, sur ces faces, aboutissent à leurs points de contact, et sont par conséquent égales au rayon.

Ces différentes pyramides ont donc pour mesures respectives le produit de leurs bases par le tiers du rayon ; par suite, le solide lui-même qui est leur somme, a pour mesure la somme de leurs bases, c'est-à-dire la surface du solide, multipliée par le tiers du rayon.

COROLLAIRE. — Si V et V' désignent les volumes de deux

solides circonscrits à la sphère, S et S′ leurs surfaces, et R le rayon de la sphère, on a :

$$V = S \times \frac{R}{3}, \quad V' = S' \times \frac{R}{3}; \quad \text{donc} : \frac{V}{V'} = \frac{S}{S'}.$$

Ainsi *les volumes de deux solides circonscrits quelconques, sont entre eux dans le même rapport que leurs surfaces.*

THÉORÈME XXVI.

La surface totale et le volume du cylindre circonscrit à la sphère, sont à la surface et au volume de la sphère dans le rapport de 3 à 2.

Définition. — PAQ étant une demi-circonférence, et PBCQ un rectangle ayant pour base le diamètre PQ, et dont les côtés PB, BC, CQ sont tangents à cette demi-circonférence, lorsque la figure tourne autour de l'axe PQ, la demi-circonférence engendre une sphère, et le rectangle, un cylindre BCB′C′ qu'on appelle le *cylindre circonscrit.* Les bases BB′ et CC′ de ce cylindre, sont tangentes à la sphère; sa hauteur PQ est égale au diamètre de la sphère; enfin le point A décrivant à la fois une section droite du cylindre et la circonférence d'un grand cercle, la surface latérale du cylindre touche la sphère suivant une circonférence de grand cercle, et son rayon de base est égal à celui de la sphère.

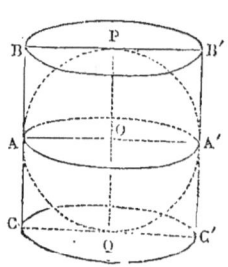

— Cela posé, la surface latérale du cylindre a pour mesure :

$$2\pi CQ \times BC, \text{ ou } 2\pi R \times 2R, \text{ ou enfin } 4\pi R^2;$$

Ses deux bases valent ensemble :

$$2\pi \overline{CQ}^2, \text{ ou } 2\pi R^2.$$

La surface totale du cylindre vaut donc :

$$4\pi R^2 + 2\pi R^2, \text{ ou } 6\pi R^2.$$

LIVRE VIII.

Comme la surface de la sphère a pour mesure $4\pi R^2$, le rapport de la surface du cylindre à celle de la sphère est égal à

$$\frac{6\pi R^2}{4\pi R^2}, \text{ ou } \frac{3}{2}.$$

D'autre part, le volume du cylindre est représenté par

$$\pi \overline{CQ}^2 \times CB = \pi R^2 \times 2R = 2\pi R^3.$$

Le rapport du volume du cylindre à celui de la sphère est donc

$$\frac{2\pi R^3}{\frac{4}{3}\pi R^3} = \frac{6}{4} = \frac{3}{2}.$$

Le théorème est ainsi démontré.

REMARQUE. — Ce théorème est connu sous le nom de *Théorème d'Archimède*.

THÉORÈME XXVII.

Quand un triangle tourne autour d'un axe situé dans son plan et qui le laisse tout entier d'un même côté, le volume qu'il engendre a pour mesure l'aire même de ce triangle, multipliée par la circonférence que décrit le point de rencontre de ses médianes.

Soit ABC le triangle considéré, A'D' l'axe autour duquel il tourne. Menons AD parallèle à l'axe jusqu'à la rencontre de BC prolongée, abaissons des points A, B, C et D des perpendiculaires sur l'axe, et posons :

$$AA' = DD' = a,$$
$$BB' = b,$$
$$CC' = c.$$

Nous aurons évidemment :

Vol. ABC = vol. A'ABDD' — vol. A'ACDD',

Or :

Vol. A'ABDD' = vol. A'ABB' + vol. B'BDD',

$$= \frac{\pi A'B'}{3}(a^2+b^2+ab) + \frac{\pi B'D'}{3}(a^2+b^2+ab),$$

$$= \frac{\pi A'D'}{3}(a^2+b^2+ab).$$

Vol. A′ACDD′ = vol. A′ACC′ + vol. D′DCC′,

$$= \frac{\pi A'C'}{3}(a^2+c^2+ac) + \frac{\pi C'D'}{3}(a^2+c^2+ac),$$

$$= \frac{\pi A'D'}{3}(a^2+c^2+ac).$$

Donc :

$$\text{Vol. ABC} = \frac{\pi A'D'}{3}(a^2+b^2+ab) - \frac{\pi A'D'}{3}(a^2+c^2+ac),$$

$$= \frac{\pi A'D'}{3}(b^2-c^2+ab-ac),$$

$$= \frac{\pi A'D'}{3}\left\{(b+c)(b-c)+a(b-c)\right\},$$

$$= \frac{\pi A'D'}{3}(b-c)(a+b+c).$$

Mais si du point G, centre de gravité du triangle ABC, on mène GG′ perpendiculaire sur A′D′, on a :

$$\frac{a+b+c}{3} = GG'.$$

D'ailleurs :

$$AD \times BH = 2ABD$$
$$AD \times CI = 2ACD.$$

On tire de là :

$$AD \times (BH - CI) = 2ABC$$

ou $\quad AD \times (BB' - CC') = 2ABC,$

ou enfin :

$$A'D'(b-c) = 2ABC.$$

On a donc finalement :

$$\text{Vol. ABC} = ABC \times 2\pi GG'.$$

THÉORÈME XXVIII.

Le volume engendré par un rectangle ou un parallélogramme quelconque, dans sa révolution autour d'un axe situé dans son plan et qui le laisse tout entier d'un même côté, a pour mesure la surface même de ce rectangle ou de ce parallélogramme, multipliée par la circonférence que décrit le point de rencontre de ses diagonales.

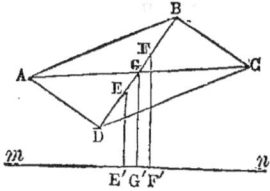

En effet, E et F étant les centres de gravité des triangles ABC, ADC, et EE′, FF′ les perpendiculaires abaissées de ces points sur l'axe mn, on a, en vertu du théorème précédent :

$$\text{Vol. ABC} = \text{ABC} \times 2\pi \text{FF}',$$
$$\text{Vol. ADC} = \text{ADC} \times 2\pi \text{EE}' = \text{ABC} \times 2\pi \text{EE}'.$$

On tire de là :

$$\text{Vol. ABCD} = \text{ABC} \times 2\pi(\text{EE}' + \text{FF}')$$
$$= 2\text{ABC} \times 2\pi \frac{\text{EE}' + \text{FF}'}{2}.$$

Mais

$$2\text{ABC} = \text{ABCD}$$
$$\frac{\text{EE}' + \text{FF}'}{2} = \text{GG}'.$$

Donc enfin :

$$\text{Vol. ABCD} = \text{ABCD} \times 2\pi \text{GG}'.$$

REMARQUE. — Les théorèmes précédents sont des cas particuliers d'un théorème général connu sous le nom de *Théorème de Guldin*, et qui consiste en ce que *le volume engendré par une figure plane quelconque tournant autour d'un axe situé dans son plan, et qui la laisse tout entière d'un même côté, a pour mesure l'aire de cette figure elle-même, multipliée par la circonférence que décrit son centre de gravité.* Ils mettent en évidence ce fait important, que le volume engendré par une figure dans sa révolution autour d'un axe, ne dépend pas seulement de l'aire de cette figure, mais encore de la position de son centre de gravité par rapport à l'axe.

EXERCICES SUR LE LIVRE VIII.

476. — Un réservoir cylindrique a 2^m40 de profondeur, et doit contenir 1200 litres d'eau. Calculer le diamètre de sa base.

477. — Le litre employé pour mesurer les liquides est un cylindre dont la hauteur est double du diamètre de base. Calculer son rayon de base et sa hauteur.

478. — Quel serait le prix de 2000 m. de fil de fer ayant 0^m0018 de diamètre, à raison de $4^f,90$ la botte de 5 kilogrammes? On suppose que le poids spécifique du fer soit de 7,80.

479. — Un cylindre en bois de hauteur H et de rayon R, est terminé inférieurement par un tronc de cône en fer de hauteur h, et dont les rayons de base sont R et r. Trouver, en représentant par D et d les densités du fer et du bois, la profondeur où le système s'enfonce dans l'eau. — Appl. numér. $R=0^m,50$; $H=4^m$; $r=0^m,20$; $h=0^m,30$; $d=0,6$; $D=7,80$.

480. — Exprimer en hectol. et fraction décimale d'hectol. la capacité d'un bassin circulaire ayant 12^m de diamètre à la partie supérieure, 10^m à la partie inférieure, et 2^m de profondeur.

481. — Le rayon de base d'un cône est de 5^m, sa hauteur est de 8^m ; calculer le rayon de la sphère inscrite ; calculer le rayon de la section faite dans le cône par un plan tangent à la sphère et parallèle à la base ; calculer le volume du tronc de cône ainsi déterminé.

482. — Calculer le nombre de stères contenus dans une bille de chêne ayant la forme d'un tronc de cône. La circonférence de la base inférieure est de $1^m,75$, celle de la base supér. $1^m,20$, et la longueur $5^m,40$ (On emploiera les formules approximatives).

483. — Un verre à pied en forme de cône dont l'axe est vertical, a $0^m,18$ de diamètre à la base, et $0^m,15$ de hauteur. On le remplit exactement de poids égaux de mercure et d'eau. Trouver la hauteur à laquelle s'élèvera chacun des deux liquides. — Densité du mercure$=13,6$.

484. — Un verre à pied a la forme d'un cône renversé dont l'axe est vertical. Sa hauteur est de $0^m,15$ et son diamètre de base de $0^m,18$. On y verse 100 grammes de mercure et 50 gr. d'eau ; calculer la hauteur à laquelle s'élèvera chacun des deux liquides.

485. — Un vase en forme de tronc de cône est disposé de telle sorte que son axe soit vertical, et contient de l'eau. Le rayon de la base inférieure est de $0^m,5$; la surface supérieure de l'eau a $0^m,8$

de rayon; enfin la profondeur de l'eau est de $1^m,50$. On laisse tomber dans le vase un bloc cubique de marbre ayant $0^m,4$ de côté. A quelle hauteur l'eau montera-t-elle dans le vase?

486. — Le volume d'un tronc de cône est équivalent à celui d'un cône de même hauteur 1^m et dont le rayon de base est de $2^m,34$. Les rayons de base sont entre eux dans le rapport de 3 à 4. Trouver ces deux rayons et la surface latérale du tronc de cône.

487. — Le volume d'un tronc de cône est de 1200^{mc}; sa hauteur est de 5^m, et le rayon de sa base inférieure de 8^m. Quel est le rayon de la base supérieure?

488. — Circonscrire à une sphère un cône droit dont la surface convexe ait avec celle de sa base un rapport donné m.

489. — Inscrire dans une sphère un cylindre dont la surface latérale ait avec la somme de ses bases un rapport déterminé m.

490. — La hauteur d'un tronc de cône est de 4^m; son volume de 12 mètres cubes, et la différence de ses rayons de base de 1^m. Que valent ces rayons? Que vaut la surface latérale du tronc de cône?

491. — La surface de base d'un cône est de 12^{mq}; son apothème est de 4^m. Calculer la surface de la section faite à 1^m de la base, parallèlement à cette base.

492. — Le rayon de base d'un cône est de $4^m,32$; sa hauteur est de 6^m; à quatre mètres du sommet on fait une section parallèle à la base; trouver le volume et la surface latérale du tronc de cône ainsi déterminé.

493. — La hauteur d'un cône est de 10^m; le rayon de base de $5^m,14$. A quelle distance de la base faut-il lui mener un plan parallèle, pour que le volume du tronc de cône ainsi déterminé soit de 20^m cubes.

494. — La différence des rayons de base d'un tronc de cône est de 4^m, la hauteur de 3^m et la surface latérale de 150^{mq}. Calculer les rayons de base et le volume du tronc.

495. — La surface totale d'un cylindre droit à base circulaire est égale à celle d'un cercle de 3^m de rayon; sa hauteur est de 2 mètres. Calculer son volume à un centième près.

496. — Partager une droite a en deux parties telles que si l'on prend l'une pour hauteur et l'autre pour rayon de base d'un cylindre, la surface latérale de ce cylindre soit équiv. à celle d'un cercle de rayon m.

497. — On fait recouvrir en ardoises le toit conique d'un bâtiment de forme circulaire. Le toit a $4^m,20$ de hauteur, et $5^m,70$ de diamètre à la base. L'ardoise employée vaut 20 fr. le mille, et il en faut 48 pour couvrir un mètre carré de surface. Trouver le prix des ardoises employées, sachant que le fournisseur donne selon l'usage 40 ardoises en sus de chaque mille.

498. — Dans la pratique on mesure souvent la capacité d'un tonneau à l'aide de la formule $V=0,605d^3$, dans laquelle d représente la distance de la bonde au point le plus bas de l'un des fonds. Comparer le volume donné par cette formule, à celui que donne la formule de Dèz, dans un tonneau où les diamètres des fonds et de la section au niveau de la bonde seraient égaux à $0^m,55$ et $0^m,65$ et la longueur à $0^m 90$.

499. — Les rayons des bases d'un tronc de cône sont respectivement de 1^m et 2^m. La hauteur est de $1^m,50$. Calculer le rayon et la hauteur de la calotte sphérique qui se raccorderait avec la petite base du tronc de cône, de telle sorte que la surface de ce dernier et la surface de la sphère dont la calotte fait partie, aient même plan tangent en tous leurs points communs.

500. — Étant donnée une feuille de carton circulaire, quel est l'angle du secteur qu'il faut en retrancher pour qu'avec la partie restante on puisse former un cône de 90° d'ouverture.

501. — Lorsque le côté d'un tronc de cône est égal à la somme des rayons des bases : 1° La moyenne géométrique entre ces deux rayons est égale à la moitié de la hauteur ; 2° Le volume s'obtient en multipliant la surface totale par le sixième de cette même hauteur.

502. — Étant donné un triangle ABC, mener par son sommet A une droite AD de telle sorte que les volumes engendrés par les triangles ABD, ACD, dans la révolution de la figure autour d'un axe mn, situé dans son plan, soient équivalents.

503. — Trouver le rapport des volumes engendrés par un parallélogramme tournant successivement autour de deux de ses côtés.

504. — Étant donné un rectangle ABCD, par le milieu I de sa base supérieure CD, on mène une droite qui coupe les deux autres côtés en des points E et F, et l'on suppose que la figure fasse une révolution autour de la base inférieure AB. Calculer le rapport des volumes engendrés par les triangles CIE, DIF.

505. — Le volume du cylindre circonscrit à une sphère est la moyenne proportionnelle entre le volume de la sphère et celui du cône équilatéral circonscrit.

506. — Quel est le maximum du volume du cône de révolution dont le côté est donné ?

507. — Un rectangle ABCD tourne autour d'un axe perpendiculaire à sa diagonale BD et passant par son sommet D. Trouver le volume engendré par chacun des triangles ABC, ADC, ABD, CBD.

508. — Un carré ABCD tourne autour d'un axe mn mené par son sommet A, et faisant avec son côté AD un angle de 30°. Calculer la hauteur du triangle isocèle CSD qu'il faut construire sur le côté CD, pour que le volume engendré par ce triangle dans la révolution de la figure autour de mn, soit double du volume engendré par le carré.

EXERCICES SUR LE LIVRE VII.   415

509. — Dans un cercle dont le rayon est égal à 1^m, on prend le milieu M du quadrant AB, et par ce point on mène MC parallèle à OA, jusqu'à la rencontre du rayon OB. Enfin on tire CA. Calculer à 0,001 près le volume engendré par le triangle curviligne AMC dans la révolution de la figure autour de OA.

510. — Une brisée régulière ABCDEF est inscrite dans une demi-circonférence. Calculer l'expression de la surface qu'elle engendre en tournant autour d'une parallèle mn au diamètre de cette demi-circonférence.

Trouver l'expression de la surface qu'engendre la demi-circonférence elle-même.

511. — Calculer le volume du tétraèdre régulier inscrit dans une sphère, en fonction du rayon R de la sphère.

Calculer le volume du cube inscrit.

Calculer le volume du tétraèdre régulier circonscrit.

512. — La différence des rayons de deux sphères est de 2^m, la différence de leurs volumes est de 395 mètres cubes. Calculer les deux rayons à 0^m001 près.

513. — Un aéronaute s'élève à une hauteur AB=h au-dessus de la surface de la terre. Calculer le rapport de la zône CAD qu'il découvre, à la surface d'un hémisphère. Appl. numér. : $h=6000^m$, R=6366 kil.

514. — On partage le diamètre d'une sphère en trois parties égales, et l'on mène par les points de division des plans perpendiculaires à ce diamètre. Trouver l'expression des trois segments sphériques ainsi déterminés.

515. — Une sphère a un rayon R. D'un point A situé à une distance 2R de son centre, on mène un cône tangent à la sphère et l'on demande de calculer le rapport du volume compris entre la surface du cône et celle de la sphère : 1° Au volume de la sphère ; 2° Au volume du segment sphérique qui a pour base le cercle de contact.

516. — Par un point S pris sur le prolongement du diamètre d'un cercle, à une distance d de son centre, on lui mène une tangente SA, et l'on fait tourner la figure autour du diamètre. La demi-circonférence décrit une sphère, et la tangente SA décrit un cône tangent à la sphère, dont la base est le cercle décrit par la perpendiculaire AP au diamètre. Calculer la surface et le volume de ce cône.

517. — Par le milieu d'un rayon d'une sphère on lui mène un plan perpendiculaire qui partage la sphère en deux segments. On enlève le plus petit et on le remplace par un cône de même base. On demande à quelle distance du centre de la sphère doit être placé le sommet du cône, pour que le solide ainsi formé d'un cône et d'une partie sphérique, ait même surface que la sphère.

518. — La surface d'une sphère est S, calculer son volume. Application numérique : S=154^{mq}.

519. — Le segment sphérique à une base a pour mesure le tiers du cercle qui aurait pour rayon la hauteur h du segment multiplié par la différence $3R-h$.

520. — Un creuset ayant la forme d'un tronc de cône, a 0^{m}04 de diamètre au fond, 0^{m}07 au bord supérieur et 0^{m}10 de hauteur. Il contient du métal en fusion dont la surface supérieure a 0^{m}06 de diamètre. On veut couler ce métal dans un moule sphérique; quel doit être le rayon de ce moule pour que le métal le remplisse exactement.

521. — Un cône est circonscrit à une sphère donnée; sa hauteur est double du diamètre de la sphère. Démontrer que sa surface totale est double de celle de la sphère.

522. — Dans un cercle de rayon R, on mène une corde DE égale au côté du pentagone régulier inscrit, et l'on fait tourner la figure autour du diamètre ACB, perpendiculaire à la corde. Calculer le volume du segment de sphère engendré par le demi-segment circulaire DAC.

523. — Étant donné un point C sur le diamètre AB d'un demi-cercle, on demande de mener CD de telle sorte que les parties ACD, BCD de la figure engendrent les volumes égaux en tournant autour du diamètre AB.

524. — D'un point A pris hors d'un cercle, on lui mène deux tangentes AB, AC, et du point de contact C de l'une de ces tangentes on abaisse la perpendiculaire CD sur le diamètre BO qui passe par le point de contact de l'autre, puis l'on suppose que la figure tourne autour de ce diamètre BO. Démontrer que le volume engendré par l'espace compris entre les deux tangentes et l'arc BC qui réunit les deux points de contact, est équivalent au cône engendré par le triangle rectangle ABD.

525. — Étant donnée une circonférence de rayon R, on demande de déterminer la distance $OS=z$, de telle sorte que si l'on mène SA tangente à cette circonférence ainsi que le rayon OA, le volume du double cône engendré par le triangle rectangle SAO, dans la révolution de la figure autour de OS, soit équivalent à une sphère de rayon a.

526. — Calculer la longueur des côtés d'un triangle rectangle, sachant que le volume engendré par la révolution de ce triangle autour de son hypoténuse, est équivalent à une sphère de rayon $\sqrt[3]{\frac{36}{5}}$, et que le même triangle, tournant successivement autour des deux autres côtés, engendre des volumes dont la somme est équivalente à une sphère de rayon $\sqrt[3]{21}$.

EXERCICES SUR LE LIVRE VIII.   417

527. — Calculer les trois côtés d'un triangle, connaissant les volumes qu'il engendre en tournant successivement autour de chacun d'eux.

528. — Calculer les deux côtés de l'angle droit d'un triangle rectangle, sachant que son hypoténuse est a, et que le solide engendré par ce triangle dans sa révolution autour de cette hypoténuse est équivalent à une sphère de rayon b.

529. — Dans un trapèze rectangle ABCD, le côté AB adjacent aux angles droits est égal à a, la somme des trois autres côtés est $3a$. Calculer ces trois côtés, sachant que le volume engendré par la figure dans sa révolution autour de AB, est équivalent à celui d'une sphère de rayon m.

530. — Couper une sphère par un plan de telle sorte que le cône qui a pour base la section et pour sommet l'un de ses pôles, soit équivalent au segment qui a pour base la même section.

531. — Circonscrire à un hémisphère donné un cône ayant sa base sur le plan du grand cercle qui limite cet hémisphère, et dont la surface totale soit équivalente à un cercle donné. (Prendre pour inconnue la hauteur du cône, ou son rayon de base).

532. — Étant données une circonférence O et deux tangentes aux extrémités d'un même diamètre AB, on propose de mener une troisième tangente CD, telle que le volume engendré par le trapèze ABCD, soit équivalent à celui d'une sphère donnée.

533. — Étant donnés un cercle et un diamètre AB, à quelle dist. OC du centre faut-il mener une perpendiculaire DCE à ce diamètre, pour que le volume engendré par le demi-segment DAC, dans la révolution autour de AB, soit équivalent au cône engendré par le triangle DOC?

534. — Élever sur le diamètre AB d'un demi-cercle, une perpendiculaire CD telle que, dans la révolution de la figure autour de AB, les segments ayant pour cordes AD et BD engendrent des volumes dont la somme soit équivalente aux 5 huitièmes de la sphère engendrée par le demi-cercle.

535. — On donne le rayon R d'une sphère et le rapport m des surfaces totales de cette sphère et d'un tronc de cône circonscrit. Calculer les rayons de bases du tronc de cône.

536. — Étant donné un hémisphère, trouver le rayon CD d'un cercle DE parallèle au grand cercle qui limite l'hémisphère, et tel que le rapport du tronc de cône ADEB, au vol. de la sphère qui a pour diamètre la distance OC des deux plans parallèles, soit égal à un nombre donné m.

537. — A quelle distance du centre O d'une sphère faut-il faire une section perpendiculaire à son diamètre AB, pour que le cône inscrit ayant pour base la section et pour sommet le point A, ait même surface latérale que le cône tangent qui a pour base la même section.

538. — Quelle doit être la hauteur SA d'un cône circonscrit à une sphère de rayon donné, pour que le rapport de la surface totale du cône à celle de la sphère soit égal à un nombre donné m ?

539. — Inscrire à une sphère donnée un cône dont la surface totale soit à la surface de la sphère dans un rapport donné. Discuter.

Même question pour un cylindre.

540. — Inscrire dans une sphère un tronc de cône de hauteur et de volume donnés.

LIVRE IX.

COURBES USUELLES.

I. De l'Ellipse.

On appelle *Ellipse* une courbe telle que la somme des distances de tous ses points à deux points fixes est constante.

Ces deux points fixes ont reçu le nom de *foyers*; la ligne qui joint un point quelconque à l'un des foyers, s'appelle un *rayon vecteur* de ce point. On peut dire d'après cela que l'ellipse est une courbe telle que les deux rayons vecteurs de chacun de ses points donnent la même somme.

Construction de l'ellipse par points. — Soient F et F' les deux foyers, $2a$ la longueur qui représente la somme constante des rayons vecteurs. D'abord si à partir du milieu O de FF', on prend $OA = a$, le point A est un point de l'ellipse. On a en effet :

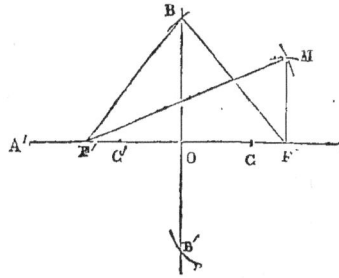

$$FA = OA - OF,$$
$$F'A = OA + OF',$$

et par suite :

$$FA + F'A = 2OA = 2a.$$

Pour une raison analogue, si l'on prend $OA' = a$, le point A' est un point de l'ellipse.

D'autre part, si l'on élève au point O une perpendiculaire sur AA', et que du point F comme centre, avec un rayon égal à OA, on décrive une circonférence qui coupe cette perpendiculaire en B et B', les deux obliques BF, BF' sont égales toutes deux à a. Leur somme vaut donc $2a$, et le point B appartient à l'ellipse. Le point B' y appartient pour la même raison. Les quatre points A et A', B et B' sont ce qu'on appelle les quatre *sommets* de l'ellipse.

Pour obtenir un point quelconque de la courbe, on marque entre F et F' un point arbitraire C, puis des points F et F' comme centres, avec les distances CA, CA' comme rayons, on décrit deux circonférences qui se coupent en M. Le point M est un point de l'ellipse, car les rayons vecteurs MF, MF' sont par construction égaux à CA et CA', et leur somme est égale à AA' ou à $2a$.

En faisant varier la position du point C, on obtient par une construction analogue, autant de points qu'on veut de l'ellipse, et l'on n'a plus qu'à les réunir par un trait continu pour avoir l'ellipse elle-même.

Remarque. — Nous avons dit que le point C devait être pris entre F et F'. Pour justifier cette assertion nous allons faire voir que c'est là la condition nécessaire et suffisante pour que les circonférences décrites de F et F' comme centres se rencontrent.

D'abord si le point C est pris entre F et F', on a :

$$FF' < AA',$$
$$< CA + CA'.$$

D'autre part, si l'on prend à partir de O, OC'=OC, on a :

$$FF' > CC',$$
$$> CA' - C'A',$$
$$> CA' - CA.$$

La distance des centres est donc moindre que la somme des rayons et plus grande que leur différence, et les circonférences se coupent.

Si au contraire le point C était en dehors de FF', la distance des centres FF' serait moindre que CC' ou que la différence des rayons, et les circonférences ne se couperaient pas.

Construction de l'ellipse d'un mouvement continu.

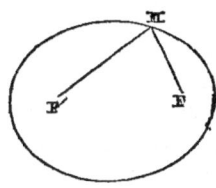

Aux deux foyers F et F' on attache les extrémités d'un cordon de longueur égale à 2a, puis, maintenant le cordon tendu à l'aide d'une pointe traçante, on promène cette pointe tout autour sur le papier. Dans ce mouvement elle décrit l'ellipse, puisque la somme des rayons vecteurs MF, MF' reste dans tout le mouvement, égale à la longueur du cordon, c'est-à-dire à 2a.

— Ce second mode de construction montre que l'ellipse est une courbe finie et fermée.

Centre, axes, sommets de l'Ellipse.

— 1° *Le point O milieu de FF' est un centre de l'ellipse ;* en d'autres termes toutes les droites menées par le point O et prolongées de part et d'autre jusqu'à la courbe, sont partagées en ce point en deux parties égales.

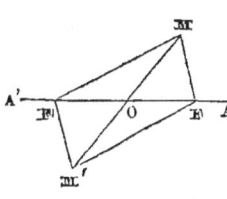

Si en effet, M étant un point quelconque de l'ellipse, on prolonge MO d'une quantité OM' égale à MO, le quadrilatère MFM'F' est un parallélogramme, puisque par construction ses diagonales se coupent en leurs milieux. Il en résulte que les rayons vecteurs M'F, M'F' sont respectivement égaux aux rayons vecteurs MF, MF', et comme la somme de ceux-ci est égale à 2a, la somme des deux autres est aussi égale à 2a, et le point M' est lui-même sur l'ellipse. La corde MM' de l'ellipse est donc bien partagée en O ou deux parties égales.

2° *AA' est un axe de symétrie de l'ellipse.* Car si M' est le symétrique de M par rapport à AA',

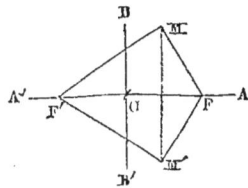

les deux rayons vecteurs M'F, M'F' du point M', sont symétriques des rayons vecteurs MF, MF' du point M, et par conséquent leur sont respectivement égaux ; et comme la somme de ceux-ci est égale à 2a, la somme des deux autres est aussi égale à 2a, et le point M' appartient à l'ellipse.

3° *La perpendiculaire BB' menée du point O sur AA', est aussi un axe de symétrie.* On le démontre d'une manière analogue.

REMARQUE. — La droite AA' s'appelle le *grand axe* de l'ellipse : sa longueur est égale à $2a$. La droite BB' est le *petit axe;* on représente ordinairement sa longueur par $2b$.

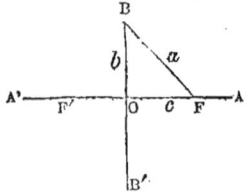

On désigne d'ailleurs par $2c$ la distance FF' des foyers. Comme le triangle rectangle BOF donne :

$$\overline{BF}^2 = \overline{BO}^2 + \overline{OF}^2,$$

ou $\qquad a^2 = b^2 + c^2,$

on voit que la connaissance de deux des quantités a, b et c, entraîne la connaissance de la troisième.

Condition pour qu'un point donné soit à l'intérieur ou à l'extérieur de l'ellipse.

1° *Quand un point M est à l'extérieur de l'ellipse, la somme de ses rayons vecteurs est plus grande que $2a$.*

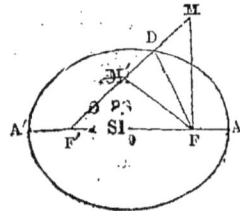

En effet D étant le point où le rayon vecteur MF' coupe l'ellipse, on a :

$$MF + MD > DF.$$

Si l'on ajoute de part et d'autre DF', il vient :

$$MF + MD + DF' > DF + DF',$$
$$MF + MF' > DF + DF',$$
$$> 2a.$$

2° *Quand un point M' est intérieur à l'ellipse, la somme de ses rayons vecteurs est moindre que $2a$.*

En effet D étant encore le point où le rayon vecteur M'F' prolongé rencontre la courbe, on a :

$$M'F < M'D + DF.$$

Si l'on ajoute de part et d'autre M'F', il vient :

$$M'F + M'F' < M'D + DF + M'F',$$
$$M'F + M'F' < DF + DF',$$
$$< 2a.$$

LIVRE IX. 423

Réciproques. — Il résulte de ces deux propositions que, réciproquement, *un point est à l'extérieur ou à l'intérieur de l'ellipse, suivant que la somme de ses rayons vecteurs est plus grande ou plus petite que 2a.*

Par exemple si l'on a MF+MF′>2a, le point M est à l'extérieur de l'ellipse; car s'il était à l'intérieur ou sur la courbe, on aurait MF+MF′<2a, ou MF+MF′=2a, deux choses également contre l'hypothèse. Même démonstration pour l'autre réciproque.

Tangente à l'Ellipse.

THÉORÈME I.

La tangente à l'ellipse fait des angles égaux avec l'un des rayons vecteurs du point de contact et le prolongement de l'autre.

On appelle *tangente* à une courbe quelconque, la position limite d'une sécante, lorsque cette sécante tournant autour d'un des points où elle rencontre la courbe, un second point d'intersection vient se confondre avec le premier.

Soient donc M et M′ deux points voisins de l'ellipse, et par conséquent MM′ une sécante à cette courbe. Des foyers F et F′ comme centres, avec des rayons égaux aux rayons vecteurs FM′, F′M′ du point M′, décrivons des arcs de cercle qui rencontreront les rayons vecteurs FM, F′M du point M, en des points C et D : Les distances MC, MD seront égales entre elles, car la somme des rayons vecteur de tous les points de l'ellipse étant constante, ce que le rayon vecteur FM contient de plus que FM′, le rayon vecteur F′M doit le contenir de moins que F′M′.

Si maintenant, du point G pris arbitrairement sur le prolongement de MM′, nous menons GE, GH respectivement parallèles aux cordes M′C, M′D, les deux quadrilatères EMHG, CMDM′ formés de triangles semblables et semblablement placés seront semblables, et donneront la proportion :

$$\frac{ME}{MC} = \frac{MH}{MD}$$

Mais par construction on a MC=MD. Donc on a aussi ME=MH.

Cela posé, supposons que la sécante MM' tourne autour du point M, jusqu'à ce que le point M' vienne se confondre avec M. Les rayons vecteurs du point M' tendront vers ceux de M, en sorte que MC et MD qui représentent la différence des rayons vecteurs de ces deux points, tendront vers 0. Les points D et C viendront donc se confondre avec le point M en même temps que le point M', et les deux arcs de cercle M'C, M'D tendront eux-mêmes vers 0. Comme en même temps les rayons de ces arcs restent finis, les cordes M'C, M'D tendent vers les tangentes à ces arcs, et à la limite les angles C et D deviennent droits, ainsi que les angles H et E qui leur sont respectivement égaux.

Il suit de là que quand la sécante MM' devient tangente en M à l'ellipse, les triangles MHG, MEG sont rectangles, l'un en H l'autre en E. Ils ont l'hypoténuse MG commune, et les côtés ME, MH égaux comme cela a été démontré précédemment. Ces deux triangles sont donc égaux, et l'on en conclut angl. HMG=angl. GMF.

Ainsi quand la sécante MM' devient tangente à l'ellipse, elle devient en même temps bissectrice de l'angle HMF, ce qui justifie l'énoncé.

COROLLAIRE. — *La normale en un point quelconque de l'ellipse partage en deux parties égales l'angle des rayons vecteurs de ce point.*

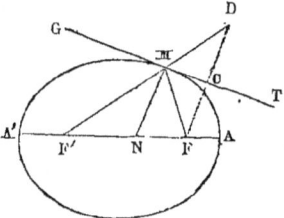

On appelle *normale* à une courbe la perpendiculaire à la tangente à cette courbe, menée par le point de contact.

Or, soient GT la tangente en M à l'ellipse, MN la normale. En vertu du théorème précédent, les angles DMT, TMF, sont égaux. Mais les angles DMT, GMF' sont égaux comme opposés par leur sommet. Donc les angles GMF', TMF sont égaux eux-mêmes, et par suite aussi leurs compléments F'MN, FMN. La normale MN est donc bissectrice de l'angle F'MF.

THÉORÈME II.

La tangente à l'ellipse a tous ses points hors de la courbe à l'exception du point de contact.

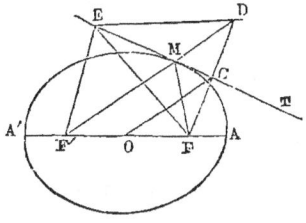

Soient en effet MT la tangente en un point M de l'ellipse, E un point quelconque de cette tangente. Abaissons du point F, la perpendiculaire FC sur MT, jusqu'à la rencontre du rayon vecteur MF' en D, puis tirons ED, EF, EF' et MF. Les triangles FMC, CMD, ont le côté MC commun, les angles en C égaux comme droits, les angles en M égaux en vertu du théorème précédent. Ils sont donc égaux. On en conclut MF = MD, et par suite :

$$F'D = F'M + MF = 2a.$$

Il en résulte aussi FC = CD; les obliques ED, EF sont donc égales comme s'écartant également du pied C de la perpendiculaire EC, en sorte que la somme EF+EF' des rayons vecteurs du point E est égale à ED+EF'.

Mais dans le triangle F'ED on a :
$$ED + EF' > F'D,$$
ou $$> 2a.$$

Donc aussi :
$$EF + EF' > 2a,$$
et le point E est hors de l'ellipse.

THÉORÈME III.

Le lieu des projections d'un quelconque des foyers de l'ellipse sur toutes ses tangentes, est la circonférence décrite sur le grand axe AA' comme diamètre.

Soient MT une tangente quelconque (fig. préc.), FC la perpendiculaire abaissée du foyer F sur cette tangente, et par suite C le point dont on cherche le lieu. Il résulte de la démonstration du théorème précédent, que si l'on prolonge FC jusqu'à la rencontre du rayon F'M en D, le point C est le milieu de FD, en même temps que F'D est égal à 2a. Dès lors, si l'on joint le point C au centre O milieu de FF', CO est parallèle à F'D et égale à sa moitié, c'est-à-dire à a. Le point C est donc à une distance constante a du point O, et le lieu de ce point est la circonférence décrite du point O comme centre avec a comme rayon.

Construction de la tangente.

PROBLÈME I.

Mener la tangente à l'ellipse en un point donné de la courbe.

Il résulte immédiatement des propriétés de la tangente, que pour résoudre ce problème, il suffit de tirer les deux rayons vecteurs du point donné, et de mener la bissectrice de l'angle compris entre l'un d'eux et le prolongement de l'autre.

PROBLÈME II.

Mener une tangente à l'ellipse par un point donné hors de la courbe.

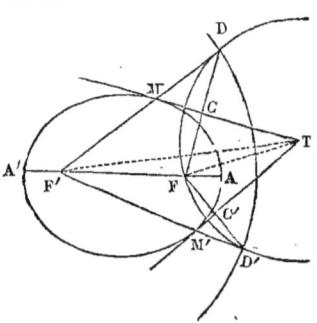

Soient T le point donné, et TM la tangente demandée. Nous savons que si l'on mène FC perpendiculaire à TM jusqu'à la rencontre de F'M, F'D est égal à $2a$, et le point C est le milieu de FD.

Il suit de là d'abord que si du point F' comme centre, avec le rayon $2a$, on décrit une circonférence, elle donne un premier lieu du point D.

D'autre part, MT étant perpendiculaire au milieu de FD, le point T est également distant de F et de D, et si du point T comme centre avec TF comme rayon, on décrit une circonférence, on a un second lieu du point D.

Le point D est donc donné par la rencontre de ces deux circonférences, et pour achever la résolution du problème, il n'y a plus qu'à tirer DF, et à abaisser du point donné T une perpendiculaire sur DF.

— Le problème admet généralement deux solutions, car les deux circonférences se coupent en un second point D', et l'on a une seconde tangente, en tirant D'F et abaissant la perpendiculaire TC' sur D'F.

Les points de contact sont d'ailleurs donnés par l'intersection des droites F'D, F'D' avec les tangentes ou avec la courbe.

DISCUSSION. — Pour que les tangentes TM, TM' existent, il faut et il suffit que les points D et D' existent, c'est-à-dire que les circonférences dont ils sont les intersections se rencontrent, c'est-à-dire enfin que la distance des centres de ces circonférences, soit moindre que la somme de leurs rayons et plus grande que leur différence.

Or d'abord, quelle que soit la position du point T, on a toujours :

$$F'T \leq TF + FF',$$

et à fortiori :

$$F'T < TF + 2a.$$

La première condition est donc toujours satisfaite.

Quant à la seconde, il convient de distinguer les cas où le rayon vecteur TF est plus grand ou plus petit que $2a$.

1° Si l'on a $TF > 2a$, ce qui suppose nécessairement le point T hors de l'ellipse, le triangle TFF' donne

$$TF' \geq TF - FF',$$

et à fortiori

$$TF' > TF - 2a.$$

2° Si l'on a $TF < 2a$, mais que le point T soit hors de l'ellipse, on a :

$$TF' + TF > 2a,$$

et par suite

$$TF' > 2a - TF.$$

Donc de toute façon, toutes les fois que le point T est hors de l'ellipse, les deux circonférences se coupent, et les deux tangentes TM, TM' existent.

— Si le point T est sur l'ellipse, on a

$$TF + TF' = 2a,$$

d'où :

$$TF' = 2a - TF.$$

La distance des centres devient égale à la différence des rayons, et les deux circonférences n'ont qu'un seul point commun ; les deux tangentes se réduisent donc à une seule, ce que nous savions d'ailleurs.

Enfin si le point T était à l'intérieur de l'ellipse, on aurait :
$$TF+TF' < 2a,$$
d'où $$TF' < 2a - TF.$$

Les deux circonférences seraient intérieures l'une à l'autre, et les deux points D et D' disparaissant à la fois, il n'y aurait plus aucune tangente.

PROBLÈME III.

Mener à l'ellipse une tangente parallèle à une droite donnée.

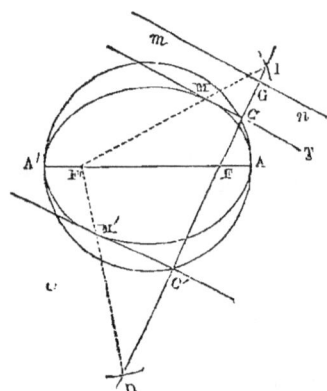

Soient MT la tangente demandée, et mn la droite à laquelle elle doit être parallèle.

— Si du point F nous menons FG perpendiculaire sur mn, et par suite sur MT, nous aurons un premier lieu du pied G de cette perpendiculaire. Mais d'ailleurs la circonférence décrite sur AA' comme diamètre est un autre lieu du point C. Ce point C est donc connu.

Le point C une fois déterminé, pour achever la résolution du problème, il suffit de mener de ce point une parallèle à mn.

D'ailleurs si l'on prend CI = CF et qu'on tire IF', la rencontre de IF' et de MC donne le point de contact M.

REMARQUE I. — La perpendiculaire FG rencontre la circonférence décrite sur AA' comme diamètre en un second point C', et en menant de C' une parallèle à mn, on a une seconde solution du problème.

REMARQUE II. — Au lieu de déterminer le point C, on aurait pu déterminer le point I. Il se trouve en effet à la rencontre de la perpendiculaire FG à mn, et de la circonférence décrite du point F' comme centre avec $2a$ comme rayon. Le point I une fois connu, on obtient la tangente demandée en menant CM perpendiculaire au milieu de FI.

PROBLÈME IV.

Trouver l'intersection d'une droite donnée, avec une ellipse non tracée, mais déterminée par ses foyers et son grand axe.

La résolution de ce problème repose sur le problème auxiliaire suivant:

Par deux points donnés A et B, faire passer une circonférence tangente à une circonférence donnée O.

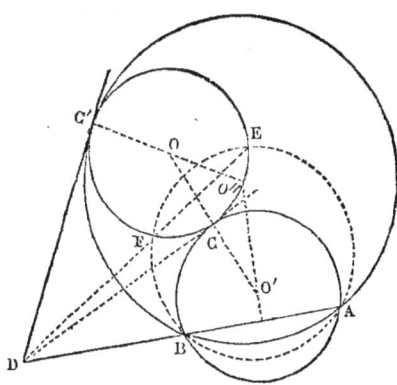

Soient O' la circonférence demandée, et C son point de contact avec la circonférence donnée.

D'abord la résolution du problème revient à la détermination du point C, car si ce point était connu, on pourrait tirer OC, et la rencontre de cette droite avec la perpendiculaire élevée au milieu de AB, donnerait le point O'. Mais si l'on mène par le point C une tangente commune aux deux circonférences, qui coupe en D la droite AB prolongée, le point C sera déterminé dès que le point D le sera, puisque pour l'obtenir, on n'aura qu'à mener DC tangente à la circonférence donnée.

Or tirons par le point D une sécante quelconque DFE à cette circonférence : les produits DE×DF et DA×DB, seront tous deux égaux à $\overline{DC}^2$, et par suite égaux entre eux. Il en résulte que les quatre points A, B, F et E sont sur une même circonférence. Mais les points A et B sont donnés, le point F est arbitraire; on peut donc toujours construire cette circonférence, dont l'intersection avec la circonférence O donnera le point E. On pourra alors tirer EF dont l'intersection avec AB prolongée donnera le point D. La connaissance du point D entraine, comme nous l'avons déjà dit, celle du point C, et par suite la résolution du problème auxiliaire.

— Comme on peut mener du point D deux tangentes DC, DC' à la circonférence O, le problème auxiliaire admet généralement deux solutions.

Ces deux solutions se réduisent à une seule, quand l'un des points A et B est sur la circonférence O. Elles disparaissent toutes deux quand ces deux points sont l'un à l'intérieur, l'autre à l'extérieur de cette circonférence.

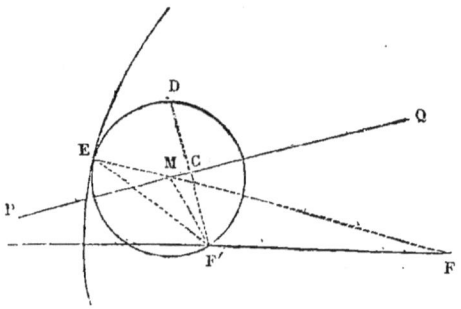

— Revenons maintenant au problème proposé : soient F et F' les foyers de l'ellipse, PQ la droite dont on veut trouver les points d'intersection avec la courbe, M un de ces points. On aura d'abord :

$$MF + MF' = 2a.$$

Si donc on prolonge FM de ME=MF', la ligne FE sera égale à $2a$. De plus les circonférences décrites de M et de F comme centres, avec MF' et $2a$ comme rayons, seront tangentes entre elles au point E, car la distance MF de leurs centres est égale à la différence FE—MF' de leurs rayons. Enfin si de F' on abaisse sur PQ la perpendiculaire F'D, jusqu'à la rencontre de la circonférence M, elle sera partagée par PQ en deux parties égales, puisque PQ passe par le centre de cette circonférence. Ainsi cette circonférence M passe non seulement par le point F', mais encore par le symétrique D de F' par rapport à PQ.

D'après cela, pour résoudre le problème proposé, on décrira une circonférence du foyer F comme centre avec $2a$ comme rayon ; on déterminera le symétrique D de F' par rapport à

PQ ; enfin on fera passer par F' et D, une circonférence tangente à la première. Le centre de cette seconde circonférence sera le point M demandé.

Comme le problème auquel la construction est ramenée, ne comporte jamais plus de deux solutions, la droite PQ ne peut rencontrer l'ellipse en plus de deux points, ce qui prouve que l'ellipse est une courbe convexe dans toute son étendue.

Pour que ces deux points se réduisent à un seul, c'est-à-dire pour que la droite PQ devienne tangente à l'ellipse, il suffit que le point D vienne sur la circonférence de rayon $2a$, c'est-à-dire se confonde avec le point E. Mais alors la perpendiculaire F'D à PQ, devient F'E, et PQ est bissectrice de l'angle EMF'. Nous retrouvons ainsi cette propriété déjà établie autrement : *La tangente à l'ellipse est bissectrice de l'angle formé par l'un des rayons vecteurs du point de contact, et le prolongement de l'autre.*

Enfin si le point D était en dehors de la circonférence de rayon $2a$, la droite PQ ne rencontrerait pas l'ellipse.

THÉORÈME IV.

Les deux tangentes menées d'un même point à une ellipse, font des angles égaux respectivement avec les deux rayons vecteurs de ce point.

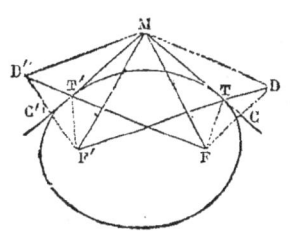

Soient MT, MT' les deux tangentes issues du point M. Il s'agit de démontrer que les angles FMT, F'MT' sont égaux.

Pour le faire voir, menons FC perpendiculaire sur MT jusqu'à la rencontre de F'T prolongée, et tirons MD. Nous savons que F'D est égale à $2a$. Nous savons de plus que le point C est le milieu de FD, en sorte que les obliques MF, MD sont égales et également inclinées sur MT.

De même, si nous abaissons F'C' perpendiculaire sur MT' jusqu'à la rencontre de FT' prolongée, FD' est égale à $2a$, et les deux obliques MD', MF' sont égales et également inclinées sur MT'.

432 GÉOMÉTRIE.

Dès lors, les deux triangles F'MD, FMD' ont les trois côtés égaux, savoir : MD=MF, MD'=MF', comme cela vient d'être démontré, et F'D=FD', puisque ces lignes sont toutes deux égales à 2a. Ces deux triangles sont donc égaux. On en conclut :

Ang. F'MD = ang. FMD'.

Si l'on retranche de part et d'autre la partie commune F'MF, on trouve :

Ang. FMD = ang. F'MD',

Enfin si l'on divise par 2 les deux membres de cette égalité, il reste

Ang. FMT = ang. F'MT'.

THÉORÈME V.

Le produit des perpendiculaires abaissées des foyers d'une ellipse sur une tangente quelconque, est constant et égal au carré du demi-petit axe.

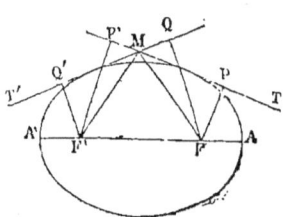

Soient MT, MT' deux tangentes qui se coupent en M; FP, F'P', FQ, F'Q' les perpendiculaires abaissées des foyers sur ces tangentes. Je dis d'abord qu'on a :

$$FP \times F'P' = FQ \times F'Q'.$$

En effet, les triangles FMP, F'MQ' sont rectangles; ils ont les angles en M égaux, en vertu du théorème précédent. Ils sont donc semblables, et donnent la proportion :

$$\frac{FP}{F'Q'} = \frac{FM}{F'M}.$$

Pour une raison analogue, les triangles FMQ, F'MP' sont semblables, et donnent :

$$\frac{FQ}{F'P'} = \frac{FM}{F'M}.$$

On tire de là à cause du rapport commun :

$$\frac{FP}{F'Q'} = \frac{FQ}{F'P'},$$

et par suite :
$$FP \times F'P' = FQ \times F'Q'.$$
Cela démontre la première partie de l'énoncé.

Le produit constant est d'ailleurs égal à b^2, car si l'on choisit la tangente parallèle au grand axe, les perpendiculaires abaissées des foyers sur cette tangente sont toutes deux égales à b.

THÉORÈME VI.

La projection d'une circonférence sur un plan quelconque est une ellipse.

D'abord, les projections d'une même figure sur des plans parallèles étant égales, nous pouvons toujours supposer le plan de projection conduit par le centre O de la circonférence considérée.

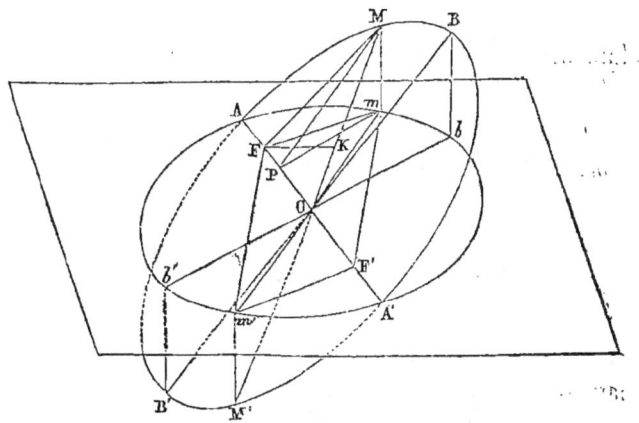

Soient donc AMBA'B' cette circonférence, AmbA'b' sa projection. Menons OB perpendiculaire sur AA', et Bb perpendiculaire au plan de projection, puis prenons OF=OF'=Bb. Il s'agit de démontrer non-seulement que la projection est une ellipse, mais que cette ellipse a pour foyers F et F'.

A cet effet, considérons un point M quelconque de la circonférence, qui se projette en un point m ; menons mP perpendiculaire sur AA', et tirons MP. Les triangles MmP, BbO auront les côtés parallèles chacun à chacun, et par conséquent seront semblables. Si donc nous désignons par **R le rayon de la circonférence**, ils donneront la proportion :

$$\frac{Mm}{Bb} = \frac{MP}{BO} = \frac{MP}{R}.$$

D'autre part, si nous menons FK perpendiculaire sur OM, les triangles semblables POM, FOK donnent :

$$\frac{FK}{OF} = \frac{MP}{OM} = \frac{MP}{R}.$$

On en conclut :

$$\frac{FK}{OF} = \frac{Mm}{Bb}.$$

Comme on a par construction OF=Bb, on a aussi FK=Mm. Les triangles MKF, MmF ont donc l'hypoténuse égale et un côté égal, et sont égaux. Il en résulte :

$$mF = MK.$$

Absolument de même on ferait voir qu'on a :

$$m'F = M'K.$$

Mais la figure $mFm'F'$ est un parallélogramme, et donne $m'F = mF'$. Donc aussi :

$$mF' = M'K,$$

et par suite :

$$mF + mF' = MK + M'K = MM' = 2R.$$

Cela démontre l'énoncé.

REMARQUE. — Le grand axe de l'ellipse de projection est égal au diamètre AA' ou 2R du cercle projeté. Son demi petit axe est Ob : Or si l'on désigne par α l'angle BOb du plan du cercle et du plan de projection, le triangle rectangle BOb donne $Ob = OB\cos\alpha = R\cos\alpha$. (Voir note II).

Réciproquement, *toute ellipse peut être considérée comme la projection d'une circonférence*. En effet, d'après la remarque précédente, pour qu'une circonférence se projette suivant l'ellipse donnée, il suffit que son diamètre soit égal au grand axe $2a$ de l'ellipse, et que l'angle de son plan avec le plan de l'ellipse, soit déterminé par la relation $\cos\alpha = \dfrac{Ob}{OB} = \dfrac{b}{a}$.

De l'Ellipse considérée comme la projection

d'une circonférence.

THÉORÈME VII.

Le rapport de l'ordonnée d'une ellipse à l'ordonnée correspondante de la circonférence construite sur un de ses axes, est un rapport constant, égal à celui des deux demi-axes de l'ellipse.

On appelle *ordonnée* d'une courbe par rapport à une droite située dans son plan, la perpendiculaire à cette droite prolongée jusqu'à la courbe. Plus spécialement, quand on parle de l'ordonnée de l'ellipse ou de la circonférence, sans autre indication, il est sous-entendu que cette ordonnée est relative à l'un des axes de l'ellipse, ou à un diamètre de la circonférence.

Cela posé (fig. précédente), supposons que $AbA'b'$ soit une ellipse quelconque, $ABA'B'$ la circonférence décrite sur son grand axe comme diamètre, et que nous supposerons placée sous un angle α tel qu'elle ait l'ellipse pour projection. Soit OB le rayon de la circonférence, perpendiculaire à AA', lequel a pour projection le demi-petit axe Ob de l'ellipse. Soient enfin mP une ordonnée quelconque de l'ellipse, relative à son axe, et MP l'ordonnée correspondante de la circonférence. Les deux triangles MmP, BbO, sont semblables comme ayant les côtés parallèles chacun à chacun, et donnent la proportion :

$$\frac{mP}{MP} = \frac{bO}{BO} = \frac{b}{a}.$$

Cela démontre le théorème pour les ordonnées correspondantes de l'ellipse et de la circonférence décrite sur son grand axe comme diamètre.

La réciproque est évidente.

— Avant d'étendre le théorème aux ordonnées de l'ellipse et du cercle construit sur son petit axe, nous pouvons déduire de ce qui précède, une seconde construction de l'ellipse par points.

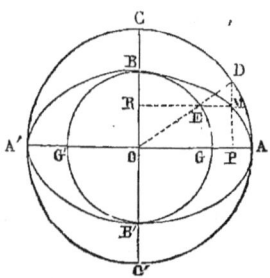

Soient ACA'C', GBG'B' les deux cercles décrits d'un même point O avec les demi-axes a et b de l'ellipse demandée comme rayons, AA', BB' deux diamètres rectangulaires de ces cercles.

On mène un rayon quelconque OD du cercle OA, et l'on abaisse DP perpendiculaire sur AA'; puis du point E où OD rencontre la circonférence OB, on trace EM parallèle à OA, jusqu'à la rencontre de DP; le point M ainsi obtenu, est un point de l'ellipse.

On a en effet, à cause du parallélisme de EM et de OP :

$$\frac{MP}{DP} = \frac{OE}{OD} = \frac{b}{a}.$$

En déterminant par la même construction, une suite de points de l'ellipse, et les réunissant par un trait continu, on a l'ellipse elle-même.

— Maintenant il est facile de généraliser le théorème précédent : MR représentant en effet une ordonnée quelconque de l'ellipse, relative à son petit axe, et ER l'ordonnée correspondante du cercle décrit sur ce petit axe, on a à cause du parallélisme de DM et de OR :

$$\frac{MR}{ER} = \frac{DO}{EO} = \frac{a}{b}.$$

THÉORÈME VIII.

Quand sur l'un des axes d'une ellipse on décrit une circonférence, les sécantes MN, M'N' menées par des points correspondants des deux courbes, c'est-à-dire par des points situés sur la même ordonnée, concourent en un même point de l'axe.

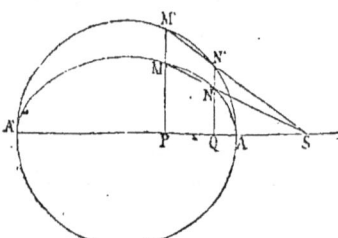

En effet, en vertu du théorème précédent, on a :

$$\frac{MP}{M'P} = \frac{NQ}{N'Q} = \frac{b}{a}.$$

Les deux bases du trapèze M'PN'Q étant donc partagées aux points M et N dans le même rapport, les droites M'N', MN et PQ concourent en un même point.

Corollaire I. — Le théorème subsiste quelque voisins que soient les points M et N, et par suite les points M' et N'. Il subsiste donc quand les sécantes MN, M'N' deviennent des tangentes. On peut dire dès lors que *les tangentes en des points correspondants de l'ellipse et de la circonférence décrite sur un de ses axes, concourent en un même point de cet axe.*

Corollaire II. — Le théorème précédent permet de mener la tangente en un point M donné sur une ellipse. — A cet effet

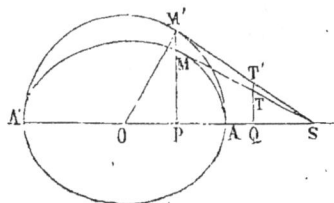

on abaisse du point M une perpendiculaire MP sur l'axe AA', et on la prolonge jusqu'à la rencontre de la circonférence décrite sur cet axe comme diamètre, en M'. Au point M' on mène à la circonférence, une tangente qui rencontre l'axe en S. Enfin on tire SM qui représente la tangente à l'ellipse en M.

— On peut aussi, en se fondant sur le même théorème, mener une tangente à l'ellipse par un point extérieur T. Pour cela, on mène sur l'axe AA' la perpendiculaire TQ, et l'on détermine le point T', satisfaisant à la relation

$$\frac{T'Q}{TQ} = \frac{a}{b}.$$

Du point T' on mène à la circonférence la tangente T'M' que l'on prolonge jusqu'en S. Enfin tirant TS, on a la tangente à l'ellipse.

THÉORÈME IX.

Quand une droite AB de longueur constante, se meut dans un angle droit, de telle sorte que ses extrémités restent constamment sur les côtés de cet angle, un point quelconque M de cette droite décrit une ellipse ayant pour demi-axes les deux parties de la droite.

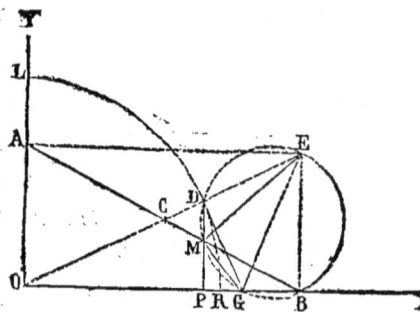

Posons en effet AM$=a$, MB$=b$, puis achevant le rectangle AOBE, abaissons sur OB la perpendiculaire MP, et prolongeons-la jusqu'en D, à la rencontre de la diagonale OE. Le triangle ACO est isocèle, car ses côtés AC, OC sont les moitiés, de diagonales égales AB, OE. Le triangle semblable DCM, est donc isocèle aussi, et l'on a DO$=$MA$=a$. On en conclut que le point D appartient à la circonférence décrite de O comme centre avec a comme rayon. Or les triangles semblables MPB, DPO donnent:

$$\frac{MP}{DP} = \frac{MB}{DO} = \frac{MB}{MA} = \frac{b}{a}.$$

Le point M appartient donc à une ellipse dont les axes dirigés respectivement suivant OX et OY, sont entre eux comme a et b.

D'ailleurs le point M donnant les deux sommets de l'ellipse lorsque AB se confond soit avec OX, soit avec OY, les demi-axes de l'ellipse sont précisément égaux à AM et MB, c'est-à-dire à a et b.

Corollaire. — Si l'on joint le quatrième sommet E du rectangle AOBE, au point M, la ligne EM représente la normale à l'ellipse en ce point.

En effet, si l'on mène au point D la tangente DG à la circonférence OD, MG en vertu du théorème précédent, est la tangente à l'ellipse en M, et l'on est ramené à faire voir que l'angle EMG est droit.

Or décrivons sur EG comme diamètre une circonférence : elle passe par les sommets des angles droits D et B. Mais le trapèze isocèle EDMB est inscriptible. Donc la circonférence qui passe par ses trois sommets D, E et B, passe par le quatrième sommet M. Ainsi l'angle EMG est inscrit dans une demi-circonférence et par suite est droit, ce qui démontre l'énoncé.

THÉORÈME X.

Plus généralement, quand une droite de longueur constante AB se meut dans un angle fixe YOX, de manière à avoir constamment ses extrémités sur les côtés de cet angle, un point quelconque M du plan, invariablement lié à cette droite, décrit une ellipse.

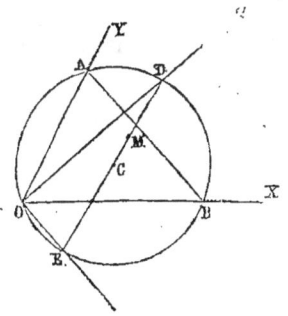

Construisons sur AB un segment capable de l'angle YOX, segment que nous supposerons invariablement lié à AB : dans le mouvement de AB, l'arc de ce segment ne cessera pas de passer par le point O. Joignons maintenant le point M au centre C de la circonférence, et le point O aux points D et E où la droite ainsi menée rencontre la circonférence. La droite AB et la droite DE étant invariablement liées à cette circonférence, les arcs DB, BE interceptés par ces droites sont constants. Les angles DOB, BOE mesurés par les moitiés de ces arcs, sont donc constants eux-mêmes, en sorte que les droites DO, OE, font avec une droite fixe des angles constants, et par conséquent sont fixes de position. D'ailleurs la droite DE, diamètre d'une circonférence constante de grandeur, est constante aussi.

Le lieu du point M peut donc être considéré comme décrit par un point d'une droite de longueur constante DE, qui se meut dans un angle droit DOE de position fixe, et ce lieu est une ellipse en vertu du théorème précédent.

THÉORÈME XI.

Les deux axes d'une ellipse étant représentés par 2a et 2b, la surface de l'ellipse est mesurée par le produit πab.

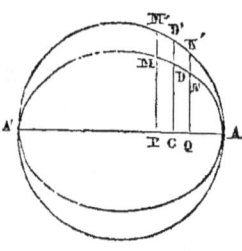

Partageons en effet l'un des axes AA' de l'ellipse, en un très-grand nombre de parties égales, et par les points de division élevons des perpendiculaires à cet axe. Nous partagerons ainsi la surface de l'ellipse et celle du cercle décrit sur l'axe AA' comme diamètre, en trapèzes élémentaires MNPQ, M'N'PQ, que nous pourrons regarder comme rectilignes à cause de la petitesse des arcs MN, M'N'.

Or si par le milieu C de PQ, nous menons une perpendiculaire à AA', nous pouvons écrire :

$$\text{MNPQ} = \text{PQ} \times \text{CD},$$
$$\text{M'N'PQ} = \text{PQ} \times \text{CD'},$$

et par suite :

$$\frac{\text{MNPQ}}{\text{M'N'PQ}} = \frac{\text{PQ} \times \text{CD}}{\text{PQ} \times \text{CD'}} = \frac{\text{CD}}{\text{CD'}} = \frac{b}{a}.$$

Ainsi chaque élément de la surface de l'ellipse est à l'élément correspondant de la surface du cercle, dans le rapport de b à a. Toute la surface de l'ellipse est donc à celle du cercle dans le même rapport.

Mais le cercle a pour mesure πa^2. L'ellipse a par suite pour mesure $\pi a^2 \times \dfrac{b}{a}$, ou πab.

REMARQUE. — Les cercles décrits sur les deux axes de l'ellipse comme diamètres ayant respectivement pour mesures πa^2 et πb^2, leur moyenne géométrique est

$$\sqrt{\pi a^2 \times \pi b^2}, \text{ ou } \pi ab.$$

Ainsi *la surface de l'ellipse est moyenne proportionnelle entre celles des cercles décrits sur ses deux axes comme diamètres.*

Diamètres de l'Ellipse.

THÉORÈME XII.

Dans toute ellipse, le lieu des milieux des cordes parallèles est une droite passant par le centre.

LIVRE IX.   441

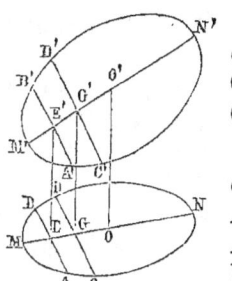

Soient O le centre de l'ellipse, AB, CD, deux cordes parallèles de cette ellipse, E, G, leurs milieux. Il faut démontrer que E, G et O sont en ligne droite.

Pour cela, nous concevons le cercle O', dont l'ellipse est la projection ; les cordes AB, CD sont les projections de deux cordes A'B', C'D' du cercle, lesquelles sont parallèles comme intersections du plan O' par les plans parallèles AA'BB', CC'DD'. Les milieux des cordes AB, CD sont d'ailleurs les projections des milieux des cordes A'B', C'D'. Or les milieux des cordes A'B', C'D' et le point O', sont en ligne droite, car dans toute circonférence la droite qui joint le centre au milieu d'une corde est perpendiculaire sur cette corde, et partage toutes les cordes parallèles en deux parties égales. Donc les milieux des cordes AB, CD et le point O, qui sont leurs projections, sont eux-mêmes en ligne droite.

REMARQUE I. — La droite MN, lieu des milieux des cordes parallèles d'une ellipse, s'appelle un *diamètre* de cette ellipse.

REMARQUE II. — Le théorème précédent permet de déterminer le centre d'une ellipse préalablement tracée. A cet effet, on y mène deux cordes parallèles quelconques, et l'on joint les milieux de ces cordes. La droite ainsi menée va passer par le centre. En joignant de même les milieux de deux autres cordes parallèles, on obtient un second lieu du centre, qui se trouve par suite à la rencontre de ces droites.

THÉORÈME XIII.

La tangente MN à l'extrémité d'un diamètre quelconque PQ d'une ellipse est parallèle aux cordes que ce diamètre partage en deux parties égales.

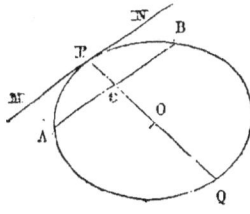

En effet, AB étant une de ces cordes, et C son milieu, si on la déplace parallèlement à elle-même, ses extrémités A et B se rapprochent progressivement, en restant à la même distance du point C. Dès lors quand ces points se confondent, c'est-à-dire quand la corde AB devient la tangente MN, chacun de ces points se confond avec le point C, qui devient ainsi le point de contact. Le point de contact de la tangente MN est donc sur PQ.

COROLLAIRE. — Ce théorème fournit un moyen commode de *construire une tangente parallèle à une droite donnée*. Il suffit de mener une corde AB parallèle à cette droite et de joindre son milieu C au centre O de l'ellipse. La droite de jonction prolongée, coupe l'ellipse au point de contact P, et l'on n'a plus qu'à mener par ce point une parallèle MN à la droite donnée.

THÉORÈME XIV.

Les diamètres de l'ellipse sont conjugués deux à deux, de telle sorte que chacun est parallèle aux cordes que l'autre partage en deux parties égales.

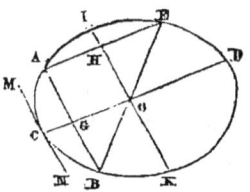

Soient CD un diamètre quelconque, AB l'une des cordes qu'il partage en deux parties égales. Tirons BO et prolongeons cette droite jusqu'en E, puis menant AE, joignons le point O au milieu H de AE. — Le point G étant le milieu de AB et O le milieu de BE, AE est parallèle à GO c'est-à-dire à CD. D'autre part, H étant le milieu de AE et O le milieu de BE, HO ou IK est parallèle à AB. On voit donc que les deux diamètres CD, IK sont parallèles chacun aux cordes que l'autre partage en deux parties égales.

COROLLAIRE I. — Les axes d'une ellipse sont deux diamètres conjugués rectangulaires.

COROLLAIRE II. — Le théorème précédent permet de tracer la tangente en un point C d'une ellipse, sans en connaître ni les axes, ni les foyers : On tire CO ; on mène une corde quelconque AE parallèle à CO ; on joint le point O au milieu H de AE, et il ne reste plus, pour avoir la tangente demandée, qu'à mener par le point C, une parallèle MN à HO ou IK.

THÉORÈME XV.

Deux cordes supplémentaires sont toujours parallèles à deux diamètres conjugués.

On appelle *cordes supplémentaires*, deux cordes qui, issues d'un même point de l'ellipse, aboutissent aux extrémités d'un même diamètre.

Soient AB et AE (fig. préc.) les cordes supplémentaires qui aboutissent aux extrémités du diamètre BE ; si l'on joint le point O au milieu de AE et au milieu de AB, on obtient deux diamètres respectivement parallèles à AB et AE et évidemment conjugués, et cette observation justifie l'énoncé.

COROLLAIRE I. — Ce théorème permet de *construire deux diamètres conjugués faisant entre eux un angle donné.*

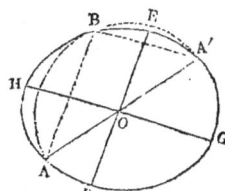

Pour cela, on mène un diamètre quelconque AA', sur lequel on décrit un segment capable de l'angle donné, dont l'arc rencontre l'ellipse en un point B. Les deux cordes supplémentaires BA, BA', font entre elles l'angle donné, et en menant du point O des parallèles DE, HG à ces cordes, on a les diamètres conjugués demandés.

COROLLAIRE II. — La construction précédente n'est possible qu'autant que l'arc du segment décrit sur AB rencontre l'ellipse. Or le diamètre AA' étant quelconque, on peut toujours supposer que ce diamètre soit le grand axe. On voit alors que l'arc du segment ne rencontre l'ellipse, qu'autant que l'angle donné est

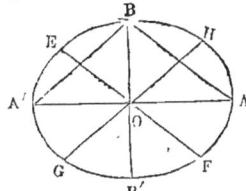

moindre que l'angle ABA' obtenu en joignant l'un des sommets du petit axe aux extrémités du grand. Mais alors le triangle ABA' étant isocèle, les diamètres conjugués HG, EF parallèles à ses côtés, sont également inclinés sur AA'. Ils sont donc symétriques par rapport à BB', et par suite égaux. Ainsi les diamètres conjugués qui font entre eux l'angle maximum, sont les diamètres conjugués égaux. — On démontre aisément qu'ils coïncident avec les diagonales du rectangle construit sur les axes.

COROLLAIRE III. — La même construction permet de déterminer la direction des axes d'une ellipse préalablement tracée. Il suffit pour cela de construire deux diamètres conjugués à angle droit.

THÉORÈME XVII.

Dans toute ellipse, la somme des carrés de deux demi-diamètres conjugués est égale à la somme des carrés des deux demi-axes.

Pour le démontrer, observons d'abord que dans un cercle, deux diamètres rectangulaires sont nécessairement conjugués, car la parallèle à l'un est perpendiculaire à l'autre et partagée par lui en deux parties égales. Il en résulte que si l'on considère l'ellipse comme la projection d'un cercle, les projections de deux diamètres rectangulaires du cercle, sont deux diamètres conjugués de l'ellipse, et réciproquement.

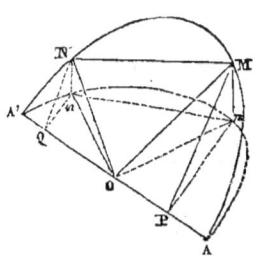

Cela posé, soient AmA' une ellipse quelconque, AMA' le cercle situé dans un plan mené par son centre, et dont l'ellipse est la projection. Soient Om, On deux demi-diamètres conjugués de l'ellipse, OM, ON les rayons rectangulaires du cercle dont ils sont les projections. Il faut démontrer que si l'on désigne par a et b les deux demi-axes de l'ellipse, on a :

$$\overline{Om}^2 + \overline{On}^2 = a^2 + b^2.$$

Pour y arriver, menons MP, NQ perpendiculaires sur AA', et tirons mP, nQ qui sont aussi perpendiculaires sur AA', en vertu du théorème des trois perpendiculaires. Les triangles mOP, nOQ, donnent alors :

$$\overline{Om}^2 = \overline{OP}^2 + \overline{mP}^2$$

$$\overline{On}^2 = \overline{OQ}^2 + \overline{nQ}^2,$$

d'où : $$\overline{Om}^2 + \overline{On}^2 = \overline{OP}^2 + \overline{OQ}^2 + \overline{mP}^2 + \overline{nQ}^2.$$

Mais les triangles MOP, NOQ ont les hypoténuses OM, ON égales comme rayons d'un même cercle, et les angles OMP, NOQ égaux comme ayant les côtés perpendiculaires chacun à chacun. Ces triangles sont donc égaux, et donnent NQ=OP, OQ=MP. On a dès lors :

$$\overline{OP}^2 + \overline{OQ}^2 = \overline{OP}^2 + \overline{MP}^2 = \overline{OM}^2 = a^2.$$

D'autre part, on a :

$$nQ = \frac{b}{a} NQ,$$

$$mP = \frac{b}{a} MP = \frac{b}{a} OQ.$$

Donc :

$$\overline{mP^2} + \overline{nQ^2} = \frac{b^2}{a^2} \overline{NQ^2} + \frac{b^2}{a^2} \overline{OQ^2},$$

$$= \frac{b^2}{a^2} (\overline{NQ^2} + \overline{OQ^2}),$$

$$= \frac{b^2}{a^2} \overline{ON^2} = \frac{b^2}{a^2} \cdot a^2 = b^2.$$

Donc enfin :

$$\overline{Om^2} + \overline{On^2} = a^2 + b^2,$$

Ce qui justifie l'énoncé.

THÉORÈME XVIII.

Le parallélogramme construit sur deux demi-diamètres conjugués d'une ellipse, est équivalent au rectangle construit sur ses deux demi-axes.

Pour démontrer ce théorème, nous nous appuierons sur ce fait qu'on établit en trigonométrie, savoir : que *la projection d'un triangle ou plus généralement d'une surface plane quelconque sur un plan, a pour mesure cette surface elle-même, multipliée par le cosinus de l'angle que fait son plan avec le plan de projection.* (Voir note III)

D'après cela (même fig.), soient Om, On deux demi-diamètres conjugués d'une ellipse. Le triangle mOn est la moitié du parallélogramme construit sur ces deux demi-diamètres. Or si AMA' est le cercle dont l'ellipse est la projection, OM, ON les diamètres rectangulaires de ce cercle qui ont pour projections Om, On, et α l'angle des deux plans, on a en vertu du principe précédemment rappelé :

$$mOn = MON \cos\alpha,$$

et par suite successivement :

$$mOn = \frac{1}{2} OM \times ON \cos\alpha,$$

$$= \frac{1}{2} a . a \cos\alpha = \frac{1}{2} ab.$$

Donc enfin :

$$2mOn = ab,$$

Et cela justifie l'énoncé.

THÉORÈME XIX.

Le produit des segments interceptés sur une tangente quelconque à l'ellipse, entre le point de contact et les deux axes, est égal au carré du demi-diamètre parallèle à la tangente.

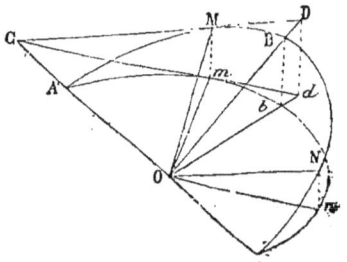

Soit Cd la tangente considérée, On le demi-diamètre parallèle à Cd. Il faut démontrer que l'on a :

$$Cm \times md = \overline{On}^2.$$

Pour y arriver, considérons l'ellipse comme la projection d'un cercle ABA'; le demi-petit axe Ob est la projection du rayon OB perpendiculaire à l'axe AA'; Om et On sont les projections des deux rayons rectangulaires OM, ON, enfin Cd est la projection de la tangente CD à la circonférence. Cela posé, OM étant perpendiculaire sur l'hypoténuse CD du triangle rectangle COD, on a :

$$CM \times MD = \overline{OM}^2 = \overline{ON}^2.$$

Or à cause de la similitude des triangles CDd, CMm, ONn, les droites CM, MD et ON sont proportionnelles aux droites Cm, md et On. On n'altérera donc pas l'égalité précédente, en y remplaçant les premières de ces droites par les secondes, et l'on a finalement :

$$Cm \times md = \overline{On}^2.$$

REMARQUE I. — Le théorème subsiste quand aux deux axes de l'ellipse, on substitue deux diamètres conjugués quelconques, et se démontre d'une manière analogue.

REMARQUE II. — Les trois théorèmes qui précèdent et dont les deux premiers sont connus sous le nom de *théorèmes d'Apollonius*, permettent de déterminer la grandeur et la position des axes d'une ellipse, dès qu'on y connaît celles de deux diamètres conjugués, et par suite de construire cette ellipse.

Effectivement, en vertu des deux théorèmes d'Apollonius, dès qu'on connaît deux demi-diamètres conjugués a' et b' et leur angle, on connaît la somme des carrés et le produit des deux demi-axes a et b, et la géométrie permet de construire deux lignes égales à ces demi-axes.

Reste à déterminer leur direction.

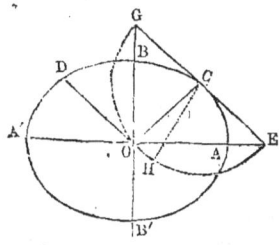

Pour cela, OD et OC étant en grandeur et en position les deux demi-diamètres conjugués donnés, on mènera par le point C, à OD, la parallèle GE qui sera tangente à l'ellipse, puis on élèvera sur GE la perpendiculaire CH égale à OD. Enfin, par les deux points O et H, on fera passer une circonférence ayant son centre sur GE. Cette circonférence coupera GE en deux points G et E appartenant respectivement aux deux axes.

On a en effet :

$$CG \times CE = \overline{CH}^2 = \overline{OD}^2.$$

Pour obtenir la direction des axes, on n'aura plus qu'à tirer GO et EO.

Les axes étant ainsi connus en grandeur et en direction, on construira l'ellipse, soit par points, soit d'un mouvement continu, à l'aide des procédés précédemment exposés.

II. — DE LA PARABOLE.

DÉFINITION. — La *parabole* est une courbe dont tous les points sont également distants d'un point fixe appelé *foyer*, et d'une droite fixe appelée *directrice*.

La distance du foyer à la directrice porte le nom de *paramètre* de la parabole.

Construction de la Parabole par points. — Soient F le foyer, CD la directrice. D'abord, si l'on abaisse sur CD la perpendiculaire FC, le milieu A de FC appartient à la parabole, car il est à égale distance de F et de CD. Ce point porte le nom de *sommet* de la parabole.

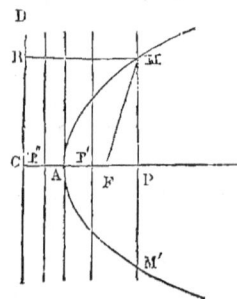

Pour obtenir un point quelconque de la courbe, en un point P de FC, pris à droite du point A, on élève sur cette droite une perpendiculaire, puis du point F comme centre, avec un rayon égal à CP, on décrit un arc de cercle qui coupe la perpendiculaire en deux points M et M', et ces deux points appartiennent à la parabole. On a en effet par construction :

$$MF = CP = MR,$$

et de même pour le point M'.

On obtient de la sorte autant de points qu'on veut de la courbe, et les réunissant par un trait continu, on a une portion plus ou moins étendue de cette courbe.

Axe. — La construction qui précède montre que les points de la parabole sont symétriques deux à deux par rapport à CF; CF est donc un axe de symétrie de la courbe. C'est *l'axe de la parabole*.

REMARQUE. — Nous avons dit plus haut que la perpendiculaire PM doit être menée à droite du point A. En effet, d'abord si elle est à droite de F, la circonférence décrite de F comme centre, a un rayon CP plus grand que FP, et rencontre forcément la perpendiculaire élevée en P. Si la perpendiculaire est élevée en un point P' situé entre A et F, le rayon CP' de la circonférence décrite du point F, est plus grand que CA, moitié de CF, et par suite plus grand que FP' qui est moindre que cette moitié. La circonférence rencontre donc encore la perpendiculaire.

Mais si la perpendiculaire est élevée en un point P'' situé à gauche de A, alors le rayon CP'' de la circonférence, est moindre que la moitié de CF, et par suite à fortiori que FP'', et la circonférence ne rencontre pas la perpendiculaire.

Cela montre que la parabole n'a pas de points à gauche de

la perpendiculaire élevée par le sommet sur l'axe AF; mais ses deux branches symétriques, qui partent toutes deux du point A, s'étendent à l'infini dans le sens parallèle à l'axe, car rien ne limite AP du côté de droite.

Ces mêmes branches s'étendent aussi à l'infini dans le sens perpendiculaire à l'axe. En effet, le triangle rectangle MFP donne :

$$\overline{MP}^2 = \overline{MF}^2 - \overline{FP}^2,$$
$$= \overline{CP}^2 - \overline{FP}^2,$$
$$= (CF + FP)^2 - \overline{FP}^2,$$
$$= \overline{CF}^2 + 2CF \times FP.$$

Or dans le second membre, $\overline{CF}^2$ est constant quel que soit le point P; mais FP pouvant devenir aussi grand qu'on veut, il en est de même du terme $2CF \times FP$, et par suite de $\overline{MP}^2$, ou de MP.

Construction de la parabole d'un mouvement continu. — On

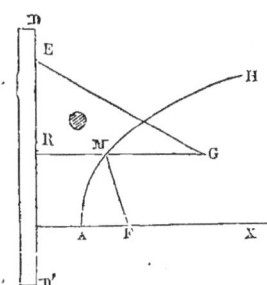

ne peut pas construire la parabole tout entière, puisqu'elle s'étend à l'infini, mais on en obtient une portion plus ou moins grande à l'aide de la construction suivante :

Le long de la directrice on fixe invariablement une règle DD', et contre cette règle, on applique par son petit côté, une équerre ERG, au sommet G de laquelle on attache l'une des extrémités d'un fil de longueur égale à RG, tandis que l'autre extrémité de ce fil est attachée au foyer F. Si l'on fait glisser l'équerre le long de la règle, en maintenant à l'aide d'une pointe traçante, le fil appliqué contre le bord GR de l'équerre, dans la série de ses positions, la pointe traçante décrit une portion de parabole.

En effet, pour une position quelconque M de cette pointe, on a :

$$GM + MF = GR,$$
$$= GM + MR,$$

et par suite

$$MF = MR.$$

450   GÉOMÉTRIE.

Condition pour qu'un point soit à l'intérieur ou à l'extérieur de la parabole.

1° Quand un point est à l'intérieur de la parabole, sa distance au foyer est moindre que sa distance à la directrice.

La parabole n'étant pas une courbe fermée, n'a ni intérieur ni extérieur. Cependant on est convenu d'appeler *intérieur* de la courbe, la portion de son plan qui est du même côté que le foyer.

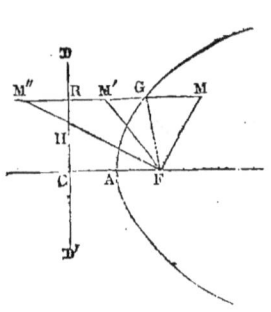

Soient donc M un point situé à l'intérieur de la parabole, et MR la perpendiculaire abaissée de ce point sur la directrice : MR rencontre la courbe en un point G, et si l'on tire GF, on a :

$$MF < MG + GF.$$

Mais GF = GR. Donc aussi :

$$MF < MG + GR,$$

ou $\quad MF < MR.$

2° Tout point pris hors de la parabole est plus voisin de la directrice que du foyer.

D'abord si le point considéré est à gauche de la directrice, en M″ par exemple, le fait est évident, car on a :

$$M''R < M''H,$$

puisque la perpendiculaire est moindre que l'oblique, et à fortiori :

$$M''R < M''H + HF,$$
ou $\quad M''R < M''F.$

Si au contraire le point est situé entre la directrice et la courbe, en M′, la perpendiculaire M′R prolongée rencontre la courbe en un point G, puisque celle-ci s'étend à l'infini dans le sens perpendiculaire à l'axe. En tirant FG, on a :

$$M'F > GF - M'G.$$

Mais GF est égal à GR. Donc :

$$M'F > GR - M'G.$$
ou $\quad > M'R.$

— Réciproquement un point est à l'intérieur ou à l'extérieur de la parabole, suivant que sa distance au foyer est plus petite ou plus grande que sa distance à la directrice.

Ainsi un point M est à l'intérieur de la courbe si l'on a MF<MR. — En effet si le point M était sur la courbe ou à l'extérieur, on aurait MF=MR ou MF>MR, deux choses également contre l'hypothèse. — Même démonstration pour l'autre réciproque.

Tangente à la Parabole.
THÉORÈME I.

La tangente à la parabole partage en deux parties égales l'angle FMR compris entre le rayon vecteur du point de contact et la perpendiculaire à la directrice menée de ce point.

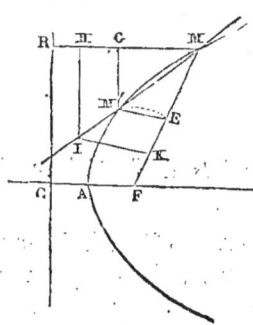

Soient M et M' deux points voisins de la parabole, et par conséquent MM' une sécante à cette courbe. — Du point F avec un rayon égal au rayon vecteur FM' du point M', décrivons une circonférence qui coupera le rayon vecteur FM du point M, en E, et du même point M' menons M'G parallèle à la directrice jusqu'à la rencontre de la perpendiculaire MR, en G. Les distances ME, MG seront égales entre elles, car elles représentent les excès respectifs des lignes égales MF, MR, sur les éléments correspondants du point M'.

Menons maintenant d'un point I pris arbitrairement sur le prolongement de MM', IH parallèle à la direction et IK parallèle à la corde de l'arc M'E: les quadrilatères MGM'E MHIK, seront semblables comme formés de triangles semblables et semblablement placés, et donneront la proportion:

$$\frac{MK}{ME} = \frac{MH}{MG}$$

Or, par construction, on a:

$$ME = MG$$

Donc on a aussi:

$$MK = MH$$

Cela posé, supposons que la sécante MM′ tourne autour du point M jusqu'à ce que le point M′ vienne se confondre avec M. Le point E y viendra en même temps, puisque ME, différence des rayons vecteurs du point M et du point M′, devient nulle. Donc l'arc M′E tendra vers 0, en sorte que sa corde tendra vers la tangente à cet arc en E ; par suite l'angle E tendra vers un angle droit, ainsi que l'angle K qui lui est égal par construction.

Il suit de là qu'à la limite, c'est-à-dire quand la sécante MM′ devient la tangente en M à la parabole, les deux triangles IMH, IMK sont tous deux rectangles ; ils ont l'hypoténuse MI commune, et un côté égal, car on a toujours MK=MH. Ces deux triangles sont donc égaux à la limite, et leurs angles en M sont égaux ; en d'autres termes, quand la sécante MI devient la tangente en M, elle est bissectrice de l'angle FMR.

THÉORÈME II.

La tangente à la parabole a tous ses points à l'extérieur de la courbe, à l'exception du point de contact.

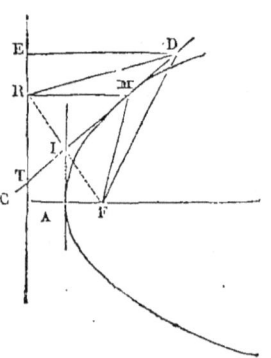

Soient en effet MT la tangente en M, MF le rayon vecteur du point de contact, MR la perpendiculaire abaissée de ce point sur la directrice. Si nous tirons FR, les deux triangles MIR, MIF ont les angles en M égaux en vertu du théorème précédent, le côté MI commun, les côtés MR, MF égaux, parce que le point M est sur la parabole. Ces deux triangles sont donc égaux. On en conclut FI=IR. On en conclut de plus que les angles du point I sont égaux, en sorte que MT est perpendiculaire sur RF en son milieu.

Soient maintenant D un point quelconque de la tangente, différent du point de contact, DF son rayon vecteur, DE sa distance à la directrice. On a d'abord DE<DR, puisque la perpendiculaire est moindre que l'oblique. Mais DR=DF,

puisque le point D appartient à la perpendiculaire élevée au milieu de RF. Donc on a aussi DE<DF, ce qui montre que le point D est à l'extérieur de la parabole.

THÉORÈME III.

Le lieu des projections du foyer d'une parabole sur toutes ses tangentes, est la perpendiculaire élevée par le sommet sur l'axe.

En effet, dans la figure précédente, le point I est un des points du lieu considéré. Or, la droite IA, joignant les milieux de deux côtés du triangle CRF, est parallèle au troisième côté RC, et par suite perpendiculaire sur AF. La perpendiculaire élevée du point A sur AF est donc le lieu des points tels que I.

PROBLÈME I.

Mener la tangente à la parabole par un point M donné sur la courbe.

On tire MF et l'on mène MR perpendiculaire sur la directrice. La bissectrice de l'angle RMF ainsi formé, est la tangente demandée.

PROBLÈME II.

Mener une tangente à la parabole par un point T donné hors de la courbe.

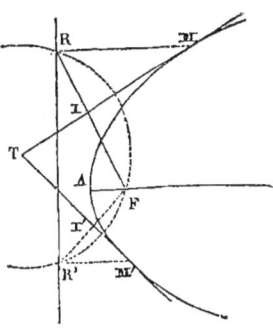

Soient MT la tangente demandée, et FR la perpendiculaire menée du foyer F sur cette tangente et prolongée jusqu'à la directrice.

Ainsi que nous l'avons vu précédemment, le point I est le milieu de FR, en sorte que les obliques TF, TR s'écartent également du pied de la perpendiculaire TI et sont égales. Si donc du point T comme centre avec la droite TF comme rayon, on décrit une circonférence, cette circonférence rencontre la directrice précisément au point R.

Le point R une fois connu, pour obtenir la tangente, il n'y a plus qu'à tirer RF, et à mener du point T la perpendiculaire

TM sur RF. Le point de contact M est d'ailleurs à la rencontre de TM et de la perpendiculaire à la directrice menée par le point R.

REMARQUE. — Le problème comporte généralement deux solutions, car la circonférence décrite du point T comme centre, coupe la directrice en deux points R et R'. Si donc on tire R'F et qu'on abaisse TM' perpendiculaire sur R'F, on obtient une seconde tangente, dont le point de contact M' est à l'intersection de TM' et de la perpendiculaire à la directrice menée par le point R'.

DISCUSSION. — La condition nécessaire et suffisante pour que les deux tangentes TM, TM' existent, c'est que les points R et R' existent eux-mêmes, c'est-à-dire que la circonférence décrite du point T comme centre, coupe la directrice. Or pour cela, il faut et il suffit que la distance du point T à la directrice soit moindre que le rayon TF de la circonférence, c'est-à-dire que le point T soit à l'extérieur de la parabole, ce que du reste il était facile de prévoir.

PROBLÈME III.

Mener à la parabole une tangente parallèle à une droite donnée.

La tangente demandée devant être parallèle à la droite *mn*, il suffit pour la déterminer, d'en obtenir un point. Or, d'abord la perpendiculaire abaissée du foyer F sur *mn*, et par suite sur MT, est un premier lieu du pied I de cette perpendiculaire. La perpendiculaire à l'axe menée par le sommet A, est un autre lieu du même point. Le point I est donc déterminé par la rencontre de ces droites.

Le point I une fois connu, il n'y a plus, pour obtenir la tangente demandée, qu'à mener de ce point IM parallèle à *mn*.

Quant au point de contact, on l'obtient en prolongeant FI jusqu'à la rencontre de la directrice en R, et menant RM parallèle à l'axe jusqu'à la rencontre de la tangente.

LIVRE IX.   455

REMARQUE. — Comme le point I est déterminé par la rencontre de deux droites, le problème ne comporte jamais qu'une seule solution. Cette solution d'ailleurs existe toujours, tant que FI n'est pas parallèle à AI, c'est-à-dire tant que *mn* n'est pas parallèle à l'axe.

PROBLÈME IV.

Trouver l'intersection d'une droite, et d'une parabole non tracée, mais donnée par sa directrice et son foyer.

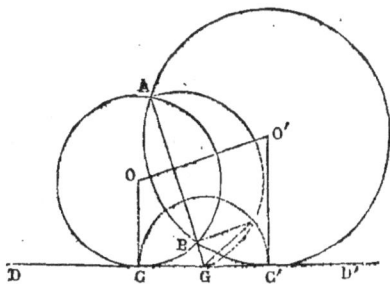

Avant d'aborder la question, nous résoudrons ce problème auxiliaire :

Par deux points donnés A et B faire passer une circonférence tangente à une droite donnée DD'.

Le problème revient à la détermination du point de contact C de la circonférence demandée. Or, si l'on prolonge AB jusqu'à la rencontre de DD' en G, la tangente GC est moyenne proportionnelle entre les deux lignes connues GA, GB. On l'obtiendra par les méthodes ordinaires, et en la portant à partir du point G sur DD', on aura le point C.

Le point O se trouvera alors à la rencontre de la perpendiculaire menée en C sur DD', et de la perpendiculaire élevée au milieu de AB. — La connaissance du point O entraîne celle de la circonférence demandée.

— Le problème comporte deux solutions, car on peut porter la moyenne proportionnelle soit en GC, soit en GC', et les deux points C et C' déterminent deux points O et O' répondant à la question.

L'un des deux centres O et O' passe à l'infini quand AB devient parallèle à DD'; ils se confondent quand un des points

A ou B, est situé sur DD'. Enfin ils disparaissent tous les deux quand A et B sont de part et d'autre de DD'.

— Revenons maintenant au problème proposé. Soient F le foyer de la parabole, DD' sa directrice, *mn* la droite dont on veut trouver l'intersection avec la courbe.

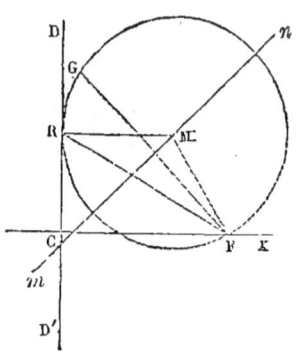

Si M est un des points demandés, on a d'abord MF=MR, et la circonférence décrite de M comme centre avec MF comme rayon est tangente en R à la directrice. Mais d'autre part, si l'on abaisse de F une perpendiculaire sur *mn*, et qu'on la prolonge jusqu'à la rencontre de la circonférence en G, le point G est le symétrique de F par rapport à *mn*, puisque *mn* passe par le centre.

D'après cela, pour résoudre le problème, il suffit de déterminer le symétrique G de F par rapport à *mn*, et de faire passer par les points F et G une circonférence tangente à DD'. Le centre de cette circonférence est le point M demandé.

REMARQUE. — Comme le problème auxiliaire auquel se ramène la résolution du problème proposé, ne comporte jamais plus de deux solutions, une droite ne peut couper une parabole en plus de deux points.

Pour que ces deux points se confondent, c'est-à-dire pour que *mn* devienne tangente à la parabole, il faut que G vienne sur DD', c'est-à-dire se confonde avec le point R. Mais alors *mn* perpendiculaire au milieu de GF, devient perpendiculaire au milieu de RF, et par suite est bissectrice de l'angle RMF. Nous retrouvons ainsi cet énoncé déjà démontré d'une autre manière : *La tangente à la parabole partage en deux parties égales, l'angle du rayon vecteur du point de contact et de la perpendiculaire à la directrice menée du même point.*

Enfin pour que l'un des points d'intersection passe à l'infini, il faut que GF soit parallèle à DD', c'est-à-dire que *mn* soit parallèle à l'axe. On voit par là que les parallèles à l'axe de la parabole, ne rencontrent la courbe qu'en un seul point.

THÉORÈME IV.

Le lieu des sommets des angles droits circonscrits à une parabole est la directrice de cette parabole.

Soit en effet MTM' un angle quelconque circonscrit à la parabole. Si nous reprenons la construction qui a donné les tangentes TM, TM', nous voyons que le quadrilatère TIFI'

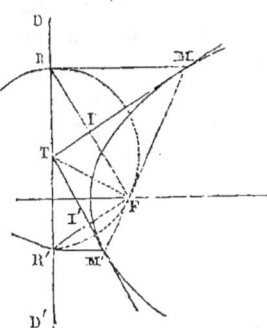

a deux angles droits I et I', et par suite est inscriptible. Pour que l'angle ITI' ou MTM' soit droit, il faut donc et il suffit que son supplément RFR' soit droit, c'est-à-dire soit inscrit dans une demi-circonférence, c'est-à-dire enfin que le point T soit sur DD'. La directrice DD' est donc le lieu du point T, lorsque l'angle MTM' est droit.

COROLLAIRE. — TM, TM' étant les tangentes à angle droit issues d'un même point de la directrice, si l'on joint les points de contact M et M' au point F, les triangles TMR, TMF ont les angles en M égaux à cause des propriétés de la tangente, les côtés MR, MF égaux en vertu de la définition de la parabole, et le côté TM commun. Ces deux triangles sont donc égaux. Mais l'angle MRT est droit. Donc l'angle MFT son égal, est droit pareillement. On démontre de même que l'angle M'FT est droit, en sorte que les rayons vecteurs MF et M'F sont dans le prolongement l'un de l'autre. Ainsi quand un angle droit est circonscrit à une parabole, la corde de contact passe par le foyer, et est perpendiculaire sur le rayon vecteur du sommet de l'angle.

THÉORÈME V.

Dans toute parabole, la sous-normale est constante et égale au paramètre.

DÉFINITIONS. — On appelle *sous-normale* la projection NP sur l'axe, de la portion MN de la normale comprise entre la courbe et l'axe.

La *sous-tangente* est la projection TP sur l'axe, de la portion MT de la tangente comprise entre la courbe et l'axe.

La perpendiculaire MP, abaissée d'un point quelconque de la courbe sur l'axe, est l'*ordonnée* de ce point. La distance AP du sommet de la courbe au pied de l'ordonnée, est l'*abscisse* du même point.

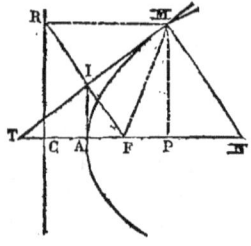

— Ces définitions posées, je dis que la sous-normale NP est égale au paramètre FC de la parabole.

Effectivement, d'abord les droites RF, MN sont parallèles comme perpendiculaires toutes deux à MT. Les triangles rectangles MNP, RFC ont donc les hypoténuses MN, RF égales comme parallèles comprises entre parallèles, et les côtés MP, RC égaux pour une raison analogue. Ces deux triangles sont donc égaux, et l'on en conclut NP=FC.

THÉORÈME VI.

Dans toute parabole, la sous-tangente est double de l'abscisse.
Ainsi, je dis qu'on a (même figure) :
$$TP = 2AP.$$

En effet, nous savons que la perpendiculaire AI à l'axe, passe par le milieu I de FR. Il s'ensuit que AI joignant les milieux de deux côtés du triangle RCF, est égale à la moitié de CR. Elle est donc aussi égale à la moitié de MP. Le rapport de similitude des deux triangles semblables MTP, ITA est par suite égal à $\frac{1}{2}$, et l'on a :

$$TA = \frac{TP}{2}, \text{ d'où } TP = 2AP.$$

THÉORÈME VII.

Dans toute parabole, l'abscisse varie proportionnellement au carré de l'ordonnée.

En effet, dans le triangle TMN, rectangle en M, on a :
$$\overline{MP}^2 = TP \times NP,$$
ou
$$\overline{MP}^2 = 2AP \times NP.$$

On tire de là :
$$\frac{\overline{MP}^2}{AP} = 2NP.$$

Mais NP est une quantité constante. Donc aussi le rapport $\dfrac{\overline{MP}^2}{AP}$ est constant, pour tous les points de la parabole, et cela justifie l'énoncé.

REMARQUE. — On aurait pu déduire le même fait de la définition même de la parabole. Posons en effet, pour plus de commodité :
$$MP = y,\ AP = x,\ FC = p.$$

Il viendra :
$$\overline{MF}^2 = \overline{MP}^2 + \overline{FP}^2 = y^2 + \left(x - \dfrac{p}{2}\right)^2$$

d'où :
$$MF = \sqrt{y^2 + \left(x - \dfrac{p}{2}\right)^2}.$$

On a d'ailleurs :
$$MR = CP = AP + CA = x + \dfrac{p}{2}.$$

Si l'on met ces valeurs dans l'égalité MF=MR qui résulte de la définition de la parabole, il vient :
$$\sqrt{y^2 + \left(x - \dfrac{p}{2}\right)^2} = x + \dfrac{p}{2},$$

et par suite successivement :
$$y^2 + \left(x - \dfrac{p}{2}\right)^2 = \left(x + \dfrac{p}{2}\right)^2,$$
$$y^2 + x^2 - px + \dfrac{p^2}{4} = x^2 + px + \dfrac{p^2}{4},$$
$$y^2 = 2px,$$

et enfin :
$$\dfrac{y^2}{x} = 2p.$$

Cela démontre l'énoncé.

THÉORÈME VIII.

La parabole peut être considérée comme la forme limite d'une ellipse dont un foyer et le sommet voisin restent fixes, tandis que son grand axe croît de plus en plus.

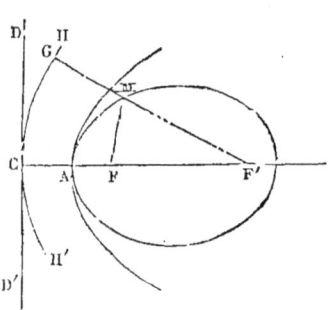

Décrivons en effet du foyer F' d'une ellipse comme centre, avec le rayon $F'C = 2a$, une circonférence HCH'. Pour un point quelconque de l'ellipse, nous aurons :

$$F'M + MF = 2a.$$

Mais nous avons aussi :

$$F'G = F'M + MG = 2a.$$

Il en résulte :

$$MF = MG,$$

en sorte que l'ellipse *jouit de la propriété d'avoir tous ses points à égale distance du foyer F de la circonférence HCH'.*

Or, supposons que les points F et A, et par suite le point C restant fixes, le centre et par suite le point F' s'éloignent de plus en plus. A la limite, la circonférence HCH' dégénèrera en une droite DCD'. Mais l'ellipse ne cesse pas d'avoir tous ses points à égale distance du point F et de la circonférence. Donc à la limite elle a tous ses points à égale distance du point F et de la droite DCD', et par conséquent devient une parabole.

COROLLAIRE. — Ce théorème permet de déduire une série de propriétés de la parabole des propriétés correspondantes de l'ellipse. Nous nous bornerons à citer cette conséquence importante : *Dans toute parabole, le lieu des milieux d'un système quelconque de cordes parallèles, est une droite parallèle à l'axe.* En effet, dans l'ellipse, tous ces milieux sont sur une même droite passant par le centre ; or, lorsque le centre s'éloigne de plus en plus, cette droite tend vers une parallèle à l'axe.

THÉORÈME IX.

L'aire comprise entre l'axe d'une parabole, la courbe elle-même et l'ordonnée d'un point quelconque, est équivalente aux deux tiers du rectangle construit sur l'abscisse et l'ordonnée du même point.

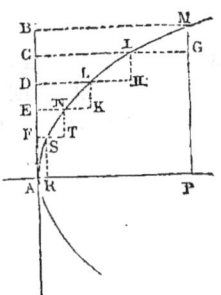

Soit posé
$$MP = y, \quad AP = x.$$
Il faut démontrer qu'on a :
$$\text{surf. AMP} = \frac{2}{3} xy.$$

Évaluons d'abord la surface AMB, et pour cela partageons AB en un nombre arbitraire n de parties égales, puis par les points de division, menons des parallèles à l'axe, et des parallèles à AB par les points où les premières rencontrent la courbe. Nous formerons ainsi une suite de rectangles FARS, EFTN, DEKL, etc., dont la somme a pour limite la surface AMB, car les triangles curvilignes excédants ARS, STN, NKL..., valent à eux tous moins que le rectangle BCMG, qui tend vers zéro quand n tend vers l'∞.

Tous ces rectangles ont pour hauteur $\dfrac{y}{n}$; quant à leurs bases elles représentent les abscisses des points S, N, L, I.... et valent, à cause de la proportionnalité des abscisses aux carrés des ordonnées :
$$\frac{x}{n^2}, \quad \frac{4x}{n^2}, \quad \frac{9x}{n^2}, \ldots$$

On a donc en désignant par S la somme des rectangles :
$$S = \frac{y}{n} \cdot \frac{x}{n^2} + \frac{y}{n} \cdot \frac{4x}{n^2} + \frac{y}{n} \cdot \frac{9x}{n^2} + \ldots$$
$$= \frac{y}{n} \cdot \frac{x}{n^2} (1 + 4 + 9 + \ldots + n^2),$$
$$= \frac{y}{n} \cdot \frac{x}{n^2} \times \frac{n(n+1)(2n+1)}{6}$$
$$= \frac{xy}{6} \left(1 + \frac{1}{n}\right)\left(2 + \frac{1}{n}\right).$$

Or si l'on fait dans cette expression $n = \infty$, il reste :
$$\text{Lim } S = \frac{xy}{6} \times 2 = \frac{xy}{3}.$$

Si donc la surface AMB est le tiers du rectangle ABMP, la surface AMP en est les deux **tiers**.

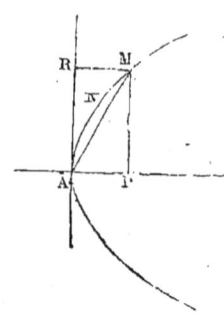

Corollaire. — Il résulte immédiatement de là que la surface comprise entre l'arc ANM de parabole et sa corde AM, qui représente la différence des surfaces ANMP et AMP, est égale à

$$\frac{2xy}{3} - \frac{xy}{2},$$

ou à $\dfrac{xy}{6}$.

III. — HYPERBOLE.

L'*hyperbole* est une courbe telle que la différence des distances de tous ses points à deux points fixes appelés *foyers* est constante.

Ainsi, si F et F' sont les deux foyers, et M un point quelconque de la courbe, en désignant par $2a$ une longueur constante, on a :

$$MF - MF' = 2a, \text{ ou } MF' - MF = 2a,$$

suivant que le point M est plus éloigné du foyer F que du foyer F', ou réciproquement.

La distance FF' des deux foyers est désignée d'ordinaire par $2c$; elle est plus grande que $2a$, car dans le triangle F'MF, le côté FF' est plus grand que la différence des deux autres.

Comme dans l'ellipse, les droites MF, MF' s'appellent les rayons vecteurs du point M. La définition précédente revient donc à dire que l'hyberpole est une courbe dans laquelle la différence des rayons vecteurs d'un point quelconque est constante.

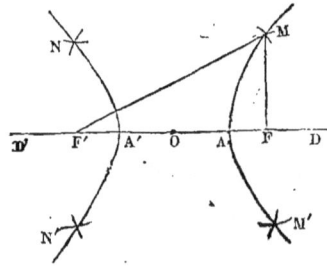

Construction de l'hyperbole par points. — D'abord, F et F' étant les foyers, si à partir du milieu O de FF', on prend $OA = OA' = a$, les points A et A' ainsi obtenus appartiennent à la courbe. On a en effet immédiatement :

$$F'A - FA = F'A - F'A' = AA' = 2a ;$$

et de même pour le point A'. — Les points A et A' s'appellent les *sommets* de l'hyperbole.

Pour obtenir un point quelconque de la courbe, on marque sur AA', en dehors de l'intervalle FF', un point quelconque D, puis des points F et F' comme centres avec les rayons DA, DA' on décrit deux arcs de cercle qui se coupent en M. Le point M appartient à l'hyperbole, car on a par construction

$$MF'-MF=DA'-DA=AA'=2a.$$

Les circonférences dont l'intersection donne le point M, se coupent en un autre point M', symétrique du premier par rapport à FF', et qui pour la même raison, appartient à la courbe. D'ailleurs, en intervertissant les centres sans changer les rayons, on obtient de même deux autres points N et N' de l'hyperbole, en sorte que le même point D fournit quatre points de la courbe.

En faisant varier la position du point D, on obtient par une construction analogue autant de points que l'on veut, et pour obtenir la courbe elle-même, on n'a plus qu'à réunir ces points par un trait continu.

REMARQUE. — La seule condition à laquelle doive satisfaire le point D, c'est d'être en dehors de FF'. Car d'abord, à cause de la relation FF'>AA', la distance des centres des deux circonférences dont l'intersection doit donner le point M, est plus grande que la différence de leurs rayons. Il faut donc et il suffit pour qu'elles se coupent, que la somme de leurs rayons soit plus grande que la distance de leurs centres, c'est-à-dire qu'on ait DA+DA'>FF'. Or, si l'on prend D'O=DO, on a par suite D'A'=DA, et la condition devient :

$$D'A'+DA'>FF', \text{ ou } DD'>FF',$$

ce qui montre que D et D' doivent être en dehors de FF'.

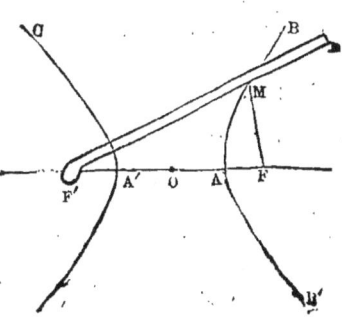

Construction de l'hyperbole d'un mouvement continu. — On se sert pour cela d'une règle F'D, mobile par une de ses extrémités, autour du foyer F'. L'autre extrémité porte un fil attaché d'autre part en F, et dont la longueur est inférieure à la longueur F'D de la règle, de la quantité $2a$. Si l'on fait tourner la règle autour de F', en maintenant constamment, à l'aide d'un crayon, le fil tendu contre son bord, dans ce mouvement le crayon décrit une portion de l'hyperbole demandée. On a en effet, pour chaque position M de la pointe du crayon :

$$MF'-MF=DF'-(DM+MF)=2a.$$

Il est clair qu'en faisant tourner la règle autour de F', alternativement au-dessus et au-dessous de FF', on obtient deux branches AB, AB' parfaitement égales et qui se raccordent en A. Ces deux branches d'ailleurs sont indéfinies, car rien ne limite l'éloignement du point M, si ce n'est la longueur du fil et celle de la règle. Il est clair aussi que si, au lieu de faire tourner la règle autour du foyer F', on la fait tourner autour du foyer F, on obtient deux branches A'C, A'C' toutes pareilles aux premières, et qui se raccordent en A'.

On voit ainsi que l'hyperbole se compose de deux portions BAB', CA'C', s'étendant à l'infini dans les deux sens. De plus, ces deux portions de la courbe n'ont aucun point commun, car pour tous les points de l'une, le rayon vecteur de gauche est plus grand que celui de droite, tandis que l'inverse a lieu pour l'autre.

THÉORÈME I.

1° *L'hyperbole a pour axes de symétrie la droite* FF' *qui joint les deux foyers, et la droite perpendiculaire à* FF' *en son milieu.* 2° *Le point* O, *milieu de* FF', *est un centre de la courbe.*

On démontre ces faits identiquement comme pour l'ellipse, en substituant partout la différence des rayons vecteurs à leur somme.

L'axe AA' qui rencontre la courbe s'appelle *axe transverse*; l'axe qui ne la rencontre pas, porte le nom d'axe *non transverse*.

THÉORÈME II.

Quand un point est à l'intérieur de l'hyperbole, la différence de ses rayons vecteurs est plus grande que $2a$. *Elle est moindre quand le point est à l'extérieur.*

L'hyperbole étant une courbe ouverte, n'a en réalité ni intérieur ni extérieur. On est convenu d'appeler intérieur de la courbe la portion du plan située du même côté que l'un ou l'autre des foyers, et extérieur, le reste du plan, c'est-à-dire la portion comprise entre les deux branches et où se trouve le centre.

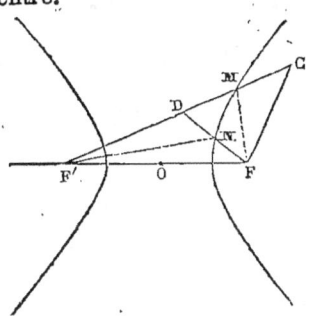

Soit donc C un point situé à l'intérieur de l'hyperbole : comme la courbe s'étend à l'infini dans les deux sens, le rayon vecteur CF' la rencontre en un point M, et le triangle CMF donne :

$$CF - CM < MF.$$

Si l'on retranche les deux membres de cette inégalité de MF', il vient successivement :

$$MF' - CF + CM > MF' - MF$$
ou $$CF' - CF > MF' - MF, \text{ ou } > 2a.$$

— Soit au contraire D un point situé entre les deux branches; le rayon vecteur DF coupe la courbe en un point N, et le triangle DF'N donne :

$$DF' - DN < NF'.$$

On a par suite, en retranchant NF de part et d'autre :

$$DF' - DN - NF < NF' - NF$$
ou $$DF' - DF < 2a.$$

COROLLAIRE. — Il résulte immédiatement de ce théorème que réciproquement, un point est à l'intérieur ou à l'extérieur de l'hyperbole, suivant que la différence de ses rayons vecteurs est plus grande ou plus petite que $2a$.

THÉORÈME III.

La tangente en chaque point de l'hyperbole est bissectrice de l'angle compris entre les deux rayons vecteurs de ce point.

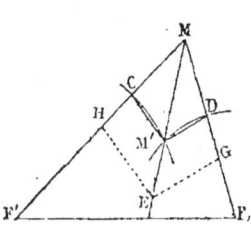

Soit M un point quelconque de la courbe. Si nous diminuons ses rayons vecteurs MF', MF de quantités égales MC, MD, les restes F'C, FD auront encore la même différence $2a$, et les arcs de cercle décrits des points F' et F comme centres, avec les rayons F'C, FD, se couperont en un second point M' de l'hyperbole : MM' en sera par suite une sécante.

Menons maintenant d'un point arbitraire E de MM', des parallèles EG, EH aux cordes M'D, MC : les polygones MGEH, MDM'C seront semblables comme formés de triangles semblables et semblablement placés ; le rapport $\dfrac{GM}{MH}$ est donc égal au rapport $\dfrac{DM}{MC}$. Comme par construction on a DM=MC, on a aussi GM=MH.

Cela posé, faisons tourner la sécante MM' autour du point M, de telle sorte que M' devienne de plus en plus voisin de M; MM' tendra vers la tangente en M. Mais en même temps les rayons vecteurs du point M' tendront vers ceux du point M, en sorte que les différences MD, MC tendront vers 0. Les arcs de cercle M'D, M'C devenant donc de plus en plus petits, leurs cordes tendront vers les tangentes à ces arcs en D et en C. Il s'ensuit qu'à la limite, c'est-à-dire quand la sécante MM' devient la tangente en M, les angles D et C deviennent droits, et par suite aussi, les angles G et H qui leur sont respectivement égaux.

Donc à la limite, les triangles GME, EMH, sont tous deux rectangles ; ils ont l'hypoténuse ME commune, et les côtés MG, MH égaux, comme nous l'avons montré en commençant. Ces deux triangles, à la limite, sont donc égaux, et par suite quand ME devient la tangente en M, les angles GME, EMH sont égaux entre eux.

THÉORÈME IV.

La tangente à l'hyperbole a tous ses points hors de la courbe, à l'exception du point de contact.

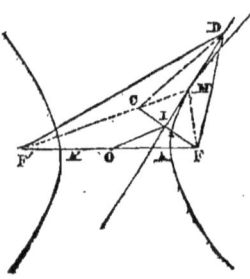

Soit MD la tangente en M. Si nous abaissons du point F sur MD la perpendiculaire FI, et que nous la prolongions jusqu'à la rencontre du rayon vecteur MF', les deux triangles MIC, MIF ont le côté MI commun, les angles en I égaux comme droits, et les angles en M égaux à cause des propriétés de la

LIVRE IX.

tangente. Ils sont donc égaux. On conclut d'abord CI=IF, en sorte que le point I est le milieu de FC. On en conclut aussi MC=MF, en sorte que CF' est égale à MF'—MF, c'est-à-dire à $2a$.

Cela posé, si D est un point quelconque de la tangente MD, on a :
$$DF'-DC < CF' \text{ ou } DF'-DC < 2a.$$

Mais DC et DF sont des obliques égales comme s'écartant également du pied I de la perpendiculaire DI. On a donc aussi :
$$DF'-DF < 2a,$$
ce qui montre que le point D est à l'extérieur de la courbe.

THÉORÈME V.

Le lieu des projections de chacun des foyers de l'hyperbole sur toutes ses tangentes, est la circonférence décrite sur AA' comme diamètre.

Soit en effet I le pied de la perpendiculaire abaissée du foyer F sur la tangente MD. Le point I comme nous l'avons fait voir dans la démonstration du théorème précédent, est le milieu de FC ; le point O est d'ailleurs le milieu de FF' ; donc OI, joignant les milieux de deux côtés du triangle FCF' est égale à la moitié de CF', c'est-à-dire à a. Le point I est donc sur la circonférence décrite du point O comme centre avec a comme rayon.

PROBLÈME I.

Mener la tangente à l'hyperbole en un point donné de la courbe.

Il suffit de mener les deux rayons vecteurs de ce point, et de tracer la bissectrice de leur angle.

PROBLÈME II.

Mener à l'hyperbole une tangente parallèle à une droite donnée.

Soit mn la droite à laquelle la tangente doit être parallèle. Si nous menons de F une perpendiculaire à mn, elle sera aussi perpendiculaire à la tangente demandée, et sera par suite un

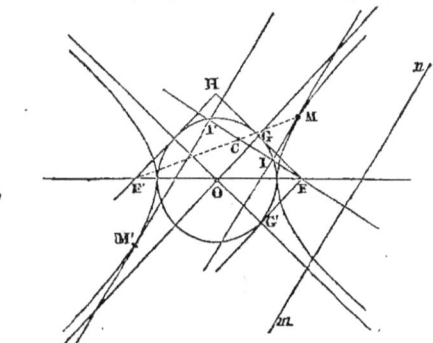

premier lieu de la projection du foyer F sur cette tangente. Mais la circonférence décrite sur l'axe transverse est aussi un lieu de cette projection. Cette projection est donc en I à la rencontre de la circonférence et de la perpendiculaire.

Nous connaissons ainsi un point I de la tangente demandée, et en menant IM parallèle à *mn*, nous aurons cette tangente elle-même.

D'ailleurs si l'on prend IC=IF, et que l'on tire F'C, cette droite prolongée coupe la tangente en son point de contact M.

DISCUSSION. — La perpendiculaire FI coupe la circonférence décrite sur le diamètre AA', en deux points I et I'; il existe donc deux tangentes IM, I'M' à l'hyperbole, toutes deux parallèles à *mn*. On démontre aisément que leurs points de contact M et M' sont symétriques par rapport au centre O.

Pour que le problème soit possible, il faut que la perpendiculaire FI rencontre la circonférence, et par suite soit comprise entre les tangentes FG, FG' menées du point F à la circonférence. Il faut par conséquent que la tangente demandée fasse avec l'axe FF', un angle plus grand que GOF, ou plus petit que le supplément de GOF.

Si cet angle était précisément égal à GOF, les points I et I' se confondraient avec le point G, et la tangente, unique cette fois, serait représentée par la droite OG elle-même. Pour obtenir son point de contact, il faut prendre GH=GF, et tirer F'H jusqu'à la rencontre de OG. Mais F'H est parallèle à OG, et la rencontre a lieu à l'infini.

LIVRE IX.

On est conduit de la sorte à cette conclusion : *Si l'angle que fait une tangente à l'hyperbole avec l'axe* FF', *décroît depuis* 1 *droit jusqu'à* GOF, *le point de contact* M *de cette tangente s'éloigne de plus en plus, et finit par passer au-delà de toute limite.* La ligne OG qui représente ainsi la limite des tangentes à l'hyperbole, s'appelle une *asymptote*. La symétrie de la courbe par rapport au point O, exige d'ailleurs que cette même droite soit aussi asymptote à la branche opposée.

Des considérations analogues montrent que la droite OG', symétrique de OG par rapport à FF', est asymptote à la fois aux deux autres branches de la courbe.

REMARQUE. — Il résulte de cette discussion que le lieu des projections du foyer de l'hyperbole sur toutes ses tangentes, ne se compose pas de toute la circonférence décrite sur AA' comme diamètre, mais seulement des portions de cette circonférence comprises dans les angles des deux asymptotes où se trouvent les branches de la courbe.

PROBLÈME III.

Mener une tangente à l'hyperbole par un point extérieur.

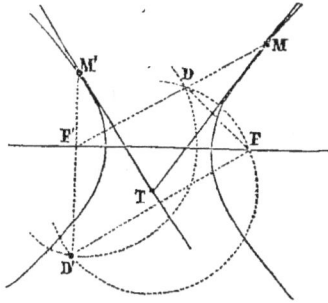

Soit T le point donné, et TM la tangente demandée. Si nous menons de F une perpendiculaire sur MT, jusqu'à la rencontre de MF' en D, nous savons que F'D est égale à $2a$, et que DF est partagée par MT en deux parties égales. Il suit de là d'abord que si de F' comme centre avec $2a$ comme rayon, on décrit une circonférence, elle donne un premier lieu du point D.

D'autre part, les obliques TF, TD s'écartant également du pied de la perpendiculaire TM sont égales, et si du point T comme centre avec TF comme rayon, on décrit une circonférence, on a un second lieu du point D.

Le point D est donc donné par la rencontre de ces deux circonférences, et pour achever la résolution du problème, il n'y a plus qu'à tirer DF, et à abaisser du point donné T une perpendiculaire sur DF.

Le problème admet généralement deux solutions, car les deux circonférences se coupent en un second point D', et l'on a par suite une seconde tangente en tirant D'F, et abaissant la perpendiculaire TM' sur D'F.

On obtient d'ailleurs les points de contact, en menant les droites F'D, F'D', et les prolongeant jusqu'à leurs rencontres respectives avec les tangentes.

Discussion. — Pour que le problème soit possible, il faut que les deux circonférences se coupent. Or il en est ainsi toutes les fois que le point T est donné hors de la courbe.

Supposons en effet pour fixer les idées, que le rayon vecteur TF soit le plus grand des deux; on aura d'abord $TF' < TF$, et à fortiori $TF' < TF + 2a$.

D'autre part, le point T étant à l'extérieur de la courbe, on a :

$TF - TF' < 2a$, et par suite $TF < 2a + TF'$.

Enfin on a

$2a < FF'$ et à fortiori $< TF + TF'$.

Ainsi chacune des longueurs TF', TF et $2a$ étant moindre que la somme des deux autres, avec ces trois longueurs on peut construire un triangle, et les circonférences qui ont pour distance des centres TF', et pour rayons $2a$ et TF, se coupent nécessairement. — Même démonstration si l'on avait $TF < TF'$.

Si au contraire le point T est à l'intérieur de la courbe, on a $TF - TF' > 2a$, d'où $TF > 2a + TF'$; ou $TF' - TF > 2a$, d'où $TF' > 2a + TF$. On ne peut donc pas construire un triangle avec les trois longueurs TF, TF' et $2a$, et les deux circonférences ne se coupent pas.

IV. — SECTIONS PLANES DU CYLINDRE ET DU CÔNE.

THÉORÈME I.

Toute section faite dans un cylindre droit à base circulaire par un plan oblique à son axe, est une ellipse ayant pour petit axe le diamètre de base du cylindre.

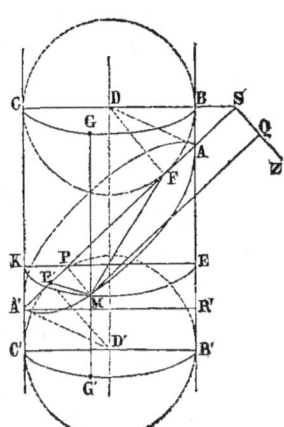

Soit CBC'B' le cylindre proposé, AMA' la section faite dans ce cylindre par un plan oblique à son axe DD'. — Par l'axe DD' faisons passer un plan perpendiculaire au plan sécant, qui coupe ce plan suivant la droite AA', et le cylindre suivant deux génératrices opposées BB', CC'. Cela fait menons la bissectrice de l'angle BAA', laquelle coupe l'axe DD' en un point D équidistant des droites AA', BB', CC', et du point D comme centre avec la perpendiculaire DF comme rayon, décrivons une circonférence qui touchera ces trois droites aux points F, B et C.

De même si nous menons la bissectrice de l'angle C'A'A, qui coupe l'axe en un point D', la circonférence décrite du point D' comme centre avec la perpendiculaire D'F' comme rayon, est tangente aux droites AA', BB', CC'.

Or nous allons démontrer non-seulement que la section AMA' est une ellipse, mais que cette ellipse a pour foyers les points F et F'.

Faisons en effet tourner autour de l'axe DD', toute la partie de la figure située à droite de cet axe : Dans ce mouvement la droite BB' engendrera la surface même du cylindre, en même temps que les deux demi-circonférences engendrent deux sphères ayant pour centres les points D et D', qui toucheront le cylindre suivant les circonférences BC, B'C'.

De plus ces sphères seront tangentes au plan AMA', car les rayons DF et D'F' de ces sphères étant perpendiculaires à la droite AA' du plan AMA', sont perpendiculaires à ce plan lui-même.

Cela posé, soit M un point quelconque du contour de la section AMA'; MF, MF' les rayons vecteurs de ce point par rapport aux points F et F', et enfin GG' la génératrice du point M, qui rencontre les circonférences BC, B'C' aux points G et G'. Les droites MF, MG sont tangentes à la sphère D, la première comme menée dans un plan tangent à cette sphère par le point de contact, la seconde comme génératrice d'un cylindre circonscrit. Elles sont donc égales. Pour une raison analogue on a MF'=MG'. Donc :

$$MF+MF'=MG+MG'=GG'=BB'.$$

La somme des rayons vecteurs MF, MF' est donc constante pour tous les points de la section AMA', et par conséquent, cette section est une ellipse ayant F et F' pour foyers.

— Comme l'axe DD' rencontre évidemment AA' en son milieu, le centre de l'ellipse est sur l'axe du cylindre.

Enfin la perpendiculaire menée par ce milieu sur AA', dans le plan AMA', est perpendiculaire au plan BB'CC' et par suite à l'axe DD' du cylindre. Elle représente donc son rayon de base. Ainsi le petit axe de l'ellipse est égal au diamètre de la base du cylindre.

COROLLAIRE. — La figure précédente met en évidence une nouvelle propriété de l'ellipse, savoir que *les distances de chacun de ses points à un foyer et à une droite fixe appelée directrice, sont dans un rapport constant.*

Prolongeons en effet les plans AMA' et CGB, qui se couperont suivant une droite SZ perpendiculaire au plan BCB'C'. Menons d'autre part, par le point M, un plan perpendiculaire à l'axe DD', lequel coupera le plan AMA' suivant une droite MP perpendiculaire au plan BCB'C', et le cylindre suivant une section droite KME.

En abaissant MQ perpendiculaire sur SZ, nous aurons successivement :

$$\frac{MF}{MQ} = \frac{MG}{PS} = \frac{EB}{PS}.$$

Mais à cause du parallélisme de KE et de BS, le rapport $\frac{EB}{PS}$ est égal au rapport $\frac{AB}{AS}$, c'est-à-dire à un rapport indépendant de la position du point M. Le rapport $\frac{MF}{MQ}$ est donc constant lui-même.

Pour évaluer ce rapport, menons A'R' perpendiculaire sur BB'. D'abord nous pourrons remplacer $\frac{AB}{AS}$ par le rapport égal $\dfrac{AR'}{AA'}$. Or AA' est le grand axe $2a$ de l'ellipse. D'autre part, les droites AB', AF' sont égales comme tangentes menées d'un même point à une même sphère. On a d'ailleurs successivement :

$$R'B' = A'C' = A'F' = AF.$$

Il en résulte que AR' différence des lignes AB' et R'B', est égale à AF'—AF, ou à FF', c'est-à-dire à $2c$.

Le rapport constatant $\dfrac{MF}{MQ}$ est donc égal à $\dfrac{2c}{2a}$, ou à $\dfrac{c}{a}$.

C'est ce qu'on appelle l'excentricité de l'ellipse.

On démontrerait de même que le plan AMA' et le plan B'G'C' se coupent suivant une seconde directrice de l'ellipse. Cette seconde directrice est symétrique de la première par rapport au petit axe.

THÉORÈME II.

Quand on coupe un cône droit à base circulaire par un plan qui en rencontre toutes les génératrices d'un même côté du sommet, la section est une ellipse.

Soit AMA' la section. Par l'axe SO' du cône, faisons passer un plan perpendiculaire au plan de cette section, lequel coupe le premier suivant une droite AA', et le cône suivant deux génératrices opposées SB', SC' ; puis au triangle ASA' inscrivons et ex-inscrivons deux circonférences dont la première touchera AA' en F et la seconde en F'. Il s'agit de démontrer, non-seulement que la section est une ellipse, mais que les foyers de cette ellipse sont précisément les points de contact F et F'.

A cet effet, imaginons que la partie de la figure située à droite de SO', tourne autour de cette droite : Dans ce mouvement SB' décrira la surface latérale du cône considéré, en même temps que les demi-circonférences engendreront deux sphères tangentes au cône suivant les circonférences BC, B'C'. De plus, ces sphères seront tangentes au plan AMA', car leurs rayons respectifs OF, O'F', étant perpendiculaires à AA' dans

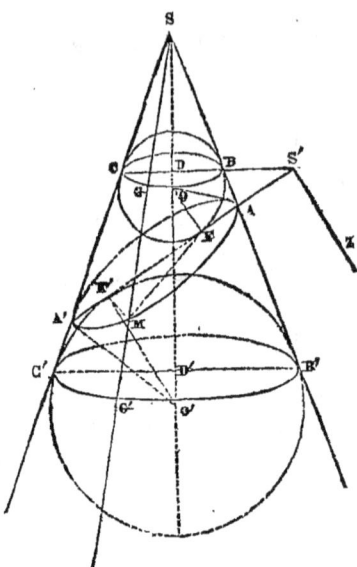

le plan ASA', sont par suite perpendiculaires au plan AMA'.

Soit maintenant M un point quelconque du contour de la section : tirons MF, MF', et menons la génératrice SM, qui coupe les circonférences BC, B'C' aux points G et G'. Les droites MF, MG seront toutes deux tangentes à la sphère O, la première comme étant menée dans un plan tangent à cette sphère par le point de contact, la seconde comme génératrice d'un cône circonscrit. Donc MF=MG. Pour la même raison MF'=MG'. Il en résulte :

$$MF + MF' = MG + MG'$$
$$= GG'$$
$$= CC'.$$

La somme des rayons vecteurs d'un point quelconque de la section par rapport aux points F et F', étant constante, cette section est une ellipse dont les foyers sont F et F'. On voit de plus que le grand axe AA' de l'ellipse est égal à CC'.

COROLLAIRE. — On démontre identiquement comme pour le cylindre, que si l'on prolonge les plans BGC, AMA', leur intersection S'Z est la directrice de l'ellipse.

LIVRE IX.   475

THÉORÈME III.

Quand on coupe un cône droit à base circulaire, par un plan parallèle à l'une de ses génératrices, la section est une parabole.

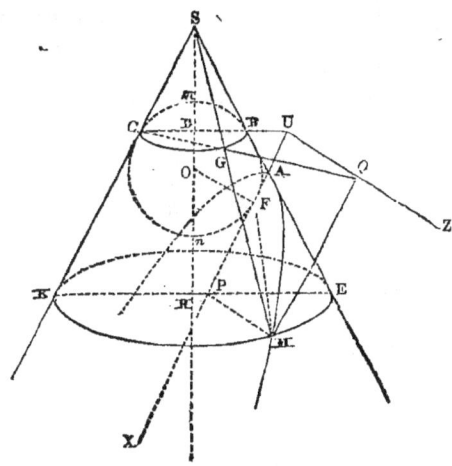

Soient KSE le cône considéré et AM la section de ce cône par un plan parallèle à la génératrice SK. Par cette génératrice faisons passer un plan perpendiculaire au plan sécant, lequel coupera ce plan suivant une droite AX parallèle à SK ; puis construisons une circonférence tangente aux trois droites SK, SE et AX, qui touchera cette dernière en un point F, et supposons que la partie de la figure située à gauche de l'axe SH fasse une révolution autour de cet axe. Dans ce mouvement, la génératrice SE décrira la surface latérale du cône considéré ; tandis que la demi-circonférence *m*B*n* engendrera une sphère tangente au cône suivant la circonférence BC, et au plan sécant au point F. Enfin prolongeons le plan de la circonférence BC et celui de la section AM, qui se couperont suivant une droite UZ perpendiculaire au plan KSE. — Il s'agit de démontrer, non-seulement que la section est une parabole, mais que cette parabole a pour foyer le point F, et pour directrice UZ.

Soient donc M un point quelconque du contour de la section, MF son rayon vecteur par rapport au point F; abaissons du point M sur UZ, la perpendiculaire MQ qui sera parallèle à

UP et par suite à SK, et tirons la génératrice du point M, qui coupera en G la circonférence CB.

Nous aurons d'abord MF=MG, puisque ces deux droites sont les tangentes menées d'un même point M à une même sphère. D'autre part, les points C, G, Q sont en ligne droite, comme appartenant à la fois au plan CGB et à celui des deux parallèles SK et MQ. Donc les deux triangles CSG, MGQ sont semblables, et comme le premier est isocèle puisque SC, SG sont les génératrices d'un même cône, le second l'est aussi et l'on a MG=MQ.

Donc aussi l'on a MF=MQ, et cela justifie l'énoncé.

Remarque. — On démontrerait par des procédés analogues que quand un plan coupe toutes les génératrices d'un même cône, les unes d'un côté du sommet, les autres de l'autre, la section est une hyperbole.

V. — DE L'HÉLICE.

Définitions. — On appelle *surface développable* toute surface qui peut être exactement appliquée sur un plan, partie par partie, sans déchirure ni duplicature.

La surface latérale d'un prisme droit est une surface développable. — Soit en effet ABCDEA'B'C'D'E' un prisme droit

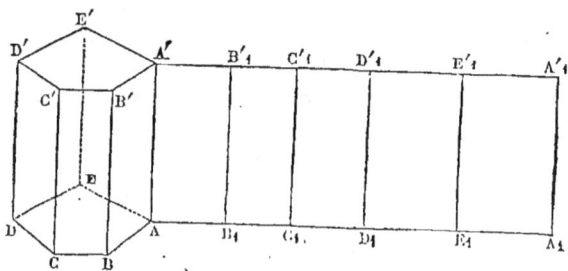

quelconque. Si par son arête AA' nous concevons un plan

quelconque, nous pourrons faire tourner le prisme autour de AA' de telle sorte que la face AA'BB' s'applique sur ce plan, dans la position AA'B,B,'. Si alors nous faisons tourner le prisme autour de B,B,', nous pourrons amener la face BB'CC' dans le prolongement de la première en B,B,'C,C,'. De même en faisant tourner le prisme autour de C,C,', nous placerons sa troisième face dans le prolongement des deux autres. Si nous continuons de la sorte jusqu'à la dernière face, elles formeront toutes ensemble, un rectangle unique AA'A,A,', ayant pour hauteur la hauteur du prisme, et pour base une droite AA, égale au périmètre de sa base.

La surface latérale du cylindre droit à base circulaire est pareillement *une surface développable* : On peut en effet la regarder comme la limite de la surface latérale d'un prisme régulier inscrit, dont les faces latérales deviendraient de plus en plus nombreuses et de plus en plus étroites.— Le développement de cette surface sur un plan, donne un rectangle ayant une hauteur égale à celle du cylindre, et pour base une droite égale à la circonférence de sa base.

Réciproquement, un pareil rectangle peut toujours être enroulé exactement sur le cylindre, de manière à en recouvrir exactement la surface latérale.

— Ces préliminaires posés, soit ABDC un cylindre, ABFE, le rectangle qui résulte de son développement sur un plan. Si

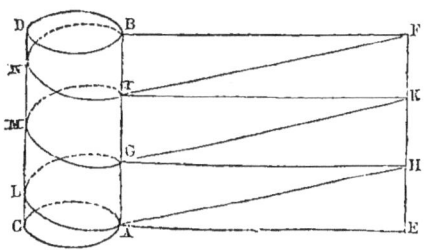

l'on partage AB en un certain nombre de parties égales, que

par les points de division on mène des parallèles à la base AE du rectangle, et qu'enfin l'on enroule le rectangle sur le cylindre, les diagonales AH, GK, IF des rectangles partiels, tracent sur sa surface, des courbes égales ALG, GMI, INB, qu'on appelle des *spires d'hélice*. La courbe totale formée par l'ensemble de ces spires, est l'hélice elle-même. Enfin l'une des parties égales AG de la hauteur AB, s'apppelle le *pas* de l'hélice.

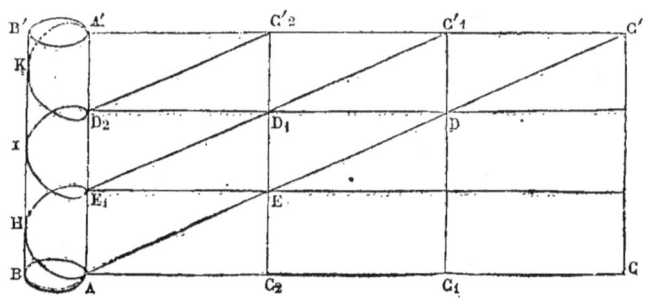

— On définit quelquefois l'hélice d'une autre manière.

Soit encore AA'BB' un cylindre ; supposons qu'on veuille y tracer par exemple trois spires d'hélice. On imaginera dans un plan mené par la génératrice AA', un rectangle AA'CC' de même hauteur, et dont la base AC soit égale à 3 fois la circonférence de la base AB : On pourra enrouler ce rectangle 3 fois sur la surface latérale du cylindre, et dans cette opération, sa diagonale AC' tracera sur cette surface, une courbe partant du point A, aboutissant au point A', et contournant 3 fois le cylindre. Cette courbe n'est autre chose que l'hélice.

En effet, partageons la hauteur et la base du rectangle AA'CC' chacune en trois parties égales, et par les points de division menons des parallèles aux côtés du rectangle. Dans le premier enroulement du rectangle sur le cylindre, la diagonale AE en vertu de la première définition, donnera une première spire d'hélice AHE_1. Mais alors CC' sera venue en $C_1C'_1$; EC' aura pris la position $E_1C'_1$, et si nous enroulons le rectangle une seconde fois sur le cylindre, E_1D_1 donnera une seconde spire d'hélice E_1ID_2. Mais alors $C_1C'_1$ sera venue en $C_2C'_2$; D_1C_1' aura pris la position $D_2C'_2$, et dans le troisième enroulement du rectangle proposé sur le cylindre, $D_2C'_2$ donnera une troisième spire d'hélice D_2KA'. On voit par là que la courbe donnée par la diagonale totale AC', n'est autre chose que celle dont les spires sont données par les diagonales partielles AE, E_1D_1, $D_2C'_2$. Les deux définitions rentrent donc l'une dans l'autre.

THÉORÈME I.

La tangente à l'hélice fait un angle constant avec la génératrice du point de contact, quel que soit ce point.

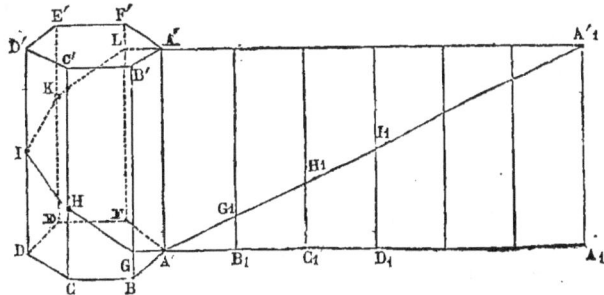

Concevons en effet un prisme régulier $AA'DD'$, et soit $AA'A_1A'_1$ le rectangle qui résulte du développement de sa surface latérale sur un plan. Si l'on enroule ce rectangle sur le prisme, sa diagonale AA'_1 y dessine une ligne polygonale $AGHIKLA'$. Or tous les côtés de cette ligne font le même angle avec l'arête latérale correspondante du prisme, car le rectangle qui a pour base B_1C_1 par exemple s'appliquant sans déformation sur $BCB'C'$, l'angle que fait GH avec HC, est égal à l'angle que fait G_1H_1 avec H_1C_1, c'est-à-dire à l'angle constant $A'AA'_1$; et de même pour tous les autres côtés de la ligne polygonale considérée.

Ce fait subsiste quelque nombreux que soient les pans du prisme. Il subsiste donc quand le prisme devient un cylindre. Mais alors la ligne polygonale $AGHIKLA'$ devient une hélice, et chacun des côtés AG, GH, HI.... prolongé, devient une **tangente à cette hélice. On peut donc dire que toutes les** tangentes de l'hélice font le même angle avec la génératrice du point de contact.

THÉORÈME II.

La sous-tangente en un point quelconque de l'hélice est égale à l'arc correspondant du cercle de base, et la tangente elle-même, à l'arc correspondant de la courbe.

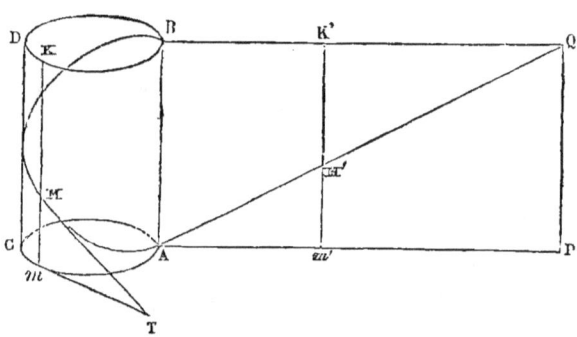

Soient en effet MT la tangente en un point quelconque M de l'hélice, mT sa projection sur le plan du cercle de base du cylindre, c'est-à-dire ce qu'on appelle la *sous-tangente*. Soient d'ailleurs ABPQ le rectangle qui résulte du développement de la surface latérale du cylindre, et m'K' la position que prend la génératrice mK dans ce développement. Les deux triangles mMT, Am'M' ont les côtés mM et M'm' égaux entre eux; les angles m' et m égaux comme droits, et les angles M et M' égaux comme étant tous deux égaux à l'angle QAB. Ils sont donc égaux, et donnent :

$$mT = Am',$$
$$MT = AM'.$$

On a d'ailleurs évidemment :

$$\text{Arc } Am = Am',$$
$$\text{Arc } AM = AM'.$$

Donc aussi :

$$mT = \text{Arc } Am,$$
$$MT = \text{Arc } AM,$$

et cela justifie l'énoncé.

THÉORÈME III.

Dans toute hélice l'ordonnée Mm d'un point quelconque M, croît proportionnellement à l'arc correspondant du cercle de base.

En effet, les triangles AM'm' et AQP (fig. précéd.) donnent :
$$\frac{M'm'}{Am'} = \frac{PQ}{AP}.$$

Mais :
$$M'm' = Mm,$$
$$Am' = \text{arc } Am,$$
$$AP = \text{circonf. AC}.$$

Donc :
$$\frac{Mm}{\text{Arc } Am} = \frac{AB}{\text{Circ. AC}},$$

Ce qui démontre l'énoncé.

PROBLÈME.

Construire la projection de l'hélice sur un plan parallèle à son axe.

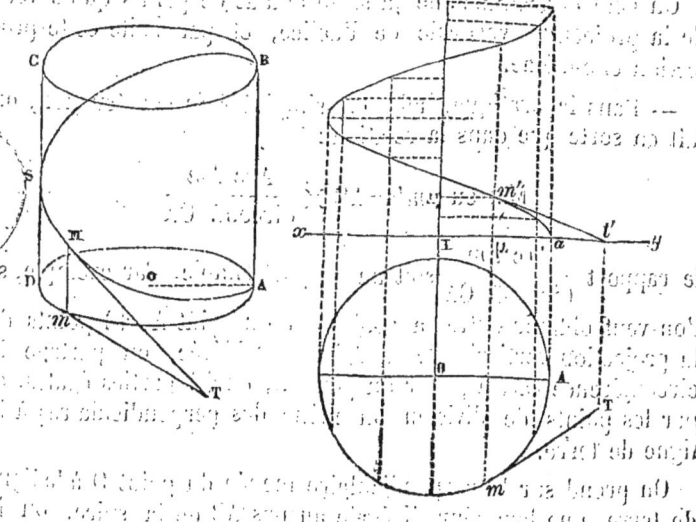

Soit ASB une spire de l'hélice à projeter, Prenons pour plan horizontal de projection le plan de la section droite du cylindre qui passe par le point A, et pour plan vertical un plan quelconque parallèle à l'axe du cylindre et au rayon OA. La projection de la spire ASB sur le plan horizontal sera la circonférence du cercle OA elle-même.

D'autre part, soit m la projection horizontale d'un point M de l'hélice. La projection verticale m' du même point se trouvera sur la perpendiculaire $m\mu$ à la ligne de terre. La hauteur m' de cette projection au-dessus de la ligne de terre, est d'ailleurs égale à Mm. Or on a en vertu du théorème précédent :

$$\frac{Mm}{AB} = \frac{\text{arc } Am}{\text{circonf. OA}}.$$

On tire de là :

$$Mm = AB \times \frac{\text{arc } Am}{\text{circonf. OA}}.$$

Mm est donc connu, et en portant sa longueur en $\mu m'$, on a le point m'.

On peut déterminer de la sorte autant de points qu'on veut de la projection verticale de l'hélice, et par suite cette projection elle-même.

— Dans la pratique, afin de simplifier la construction, on fait en sorte que dans la relation :

$$Mm \text{ ou } \mu m' = AB \times \frac{\text{Arc } Am}{\text{Circonf. OA}}$$

le rapport $\dfrac{\text{Arc } Am}{\text{Circonf. OA}}$ soit un rapport simple. Par exemple, si l'on veut obtenir outre la projection du point A, 12 points de la projection verticale de la spire considérée, on partage la circonférence OA, à partir du point A, en 12 parties égales, et par les points de division on mène des perpendiculaires à la ligne de terre.

On prend sur la perpendiculaire menée du point O à la ligne de terre, une longueur IK égale au pas AB de la spire, on la partage en 12 parties égales, et par les points de division on mène des parallèles à la ligne de terre jusqu'à la rencontre des perpendiculaires de même rang. Les points d'intersection appartiennent tous à la projection cherchée, car pour ces différents points le rapport

$$\frac{\text{Arc } Am}{\text{Circonf. } OA}$$

a les valeurs $\frac{1}{12}$, $\frac{2}{12}$, $\frac{3}{12}$..... de même que le rapport $\frac{Mm}{AB}$.

Tangente à la projection de l'hélice. — Soit m' le point où l'on veut mener la tangente. Cette tangente $m't'$ est la projection verticale de la tangente MT à l'hélice elle-même. Or le point T est facile à obtenir, car mT est tangente en m à la circonférence du cercle de base et l'on a mT=arc mA. Ce point T une fois connu, on peut abaisser Tt' perpendiculaire à xy, et il ne reste plus qu'à tirer $m't'$ pour avoir la tangente demandée.

EXERCICES SUR LE LIVRE IX.

541. — Construire une ellipse connaissant la longueur des axes, un foyer et un point.

542. — Construire une ellipse connaissant un foyer et 3 tangentes.

543. — Construire une ellipse connaissant un foyer et trois points.

544. — Construire une ellipse dont on connaît les 2 foyers et une tangente.

545. — Construire une ellipse dont on connaît un foyer, une tangente et deux points.

546. — Construire une ellipse dans laquelle on connaît un foyer, deux tangentes et le point de contact de l'une d'elles.

547. — Construire une ellipse connaissant le centre, deux tangentes et la longueur du grand axe.

548. — Construire une ellipse connaissant un sommet, un foyer et une tangente.

549. — Tout diamètre d'une ellipse est plus grand que son petit axe.

550. — La différence des carrés des distances du centre d'une ellipse à une tangente et à sa parallèle menée par un foyer est constante.

551. — Le lieu des sommets des angles droits circonscrits à une ellipse est une circonférence ayant même centre que l'ellipse.

552. — Trouver le lieu des points également distants de deux circonférences intérieures l'une à l'autre.

553. — Trouver le lieu des sommets des trapèzes dans lesquels une base est donnée de grandeur et de position, et où l'on connaît la longueur de l'autre base et la somme des côtés non parallèles.

554. — Trouver le lieu des points de rencontre des côtés non parallèles et celui des diagonales des mêmes trapèzes.

555. — Trouver le lieu des centres des circonférences inscrites dans les triangles tels que MFF′, formés par les rayons vecteurs d'un même point et l'axe d'une ellipse.

556. — M étant un point quelconque d'une ellipse, O son centre, F et F′ les deux foyers, la somme $\overline{MO}^2 + MF \times MF'$ est constante.

557. — Dans toute ellipse, le carré d'un diamètre quelconque est égal au carré du petit axe, augmenté du carré de la différence des rayons vecteurs qui aboutissent aux extrémités de ce diamètre.

558. — Par un foyer F d'une ellipse on mène une corde quelconque CD et par les extrémités de cette corde les normales CE, DE, qui se coupent en un point E; enfin par le point E on mène une parallèle à l'axe, qui coupe CD en G. Démontrer que G est le milieu de CD.

559. — Démontrer que la projection de la normale à l'ellipse en un point quelconque, sur l'un des rayons vecteurs de ce point, est constante quelle que soit cette normale.

560. — Quand un angle quelconque est circonscrit à une ellipse, la portion interceptée par les côtés de cet angle sur une 3me tangente dont le point de contact est compris entre les deux autres, est vue de chaque foyer sous un angle constant.

561. — Si l'on désigne par ω, ω' les angles MF'F, MFF', que font les deux rayons vecteurs d'un même point M d'une ellipse, avec son grand axe, le produit $tg\dfrac{\omega}{2} \, tg\dfrac{\omega'}{2}$ est constant.

---

562. — Construire une parabole dont on connaît la directrice et deux points.

563. — Construire une parabole dont on connaît un foyer et deux points.

564. — Construire une parabole dont on connaît la directrice et deux tangentes.

565. — Construire une parabole dont on connaît le foyer et deux tangentes.

566. — Construire une parabole dont on connaît la tangente au sommet et deux autres tangentes.

567. — Construire une parabole dont on connaît quatre tangentes.

568. — Construire une parabole dont on connaît une tangente, le foyer et un point.

569. — Construire une parabole dont on connaît une tangente, la directrice et un point.

570. — Construire une parabole connaissant une tangente, son point de contact et le foyer ou la directrice.

571. — Trouver le lieu des foyer des paraboles ayant même sommet et une tangente commune.

572. — Trouver le lieu des foyers des paraboles qui ont même directrice et un point commun.

573. Trouver le lieu des foyers (ou des sommets) des paraboles qui ont même directrice et une tangente commune.

574. — Trouver le lieu des foyers des paraboles qui ont trois tangentes communes.

575. — Deux tangentes menées d'un même point à une parabole, font des angles égaux l'une avec le rayon vecteur de ce point, l'autre avec la parallèle à l'axe menée de ce point.

576. — La tangente en un point quelconque d'une parabole et la perpendiculaire au rayon vecteur du point de contact menée par le foyer, se rencontrent en un point de la directrice.

577. — Une sécante quelconque MM' d'une parabole et la bissectrice du supplément de l'angle MFM' des rayons vecteurs des points M et M' se coupent sur la directrice.

578. — Trouver le lieu des sommets des paraboles ayant un point commun et la directrice commune.

579. — Trouver le lieu des sommets des angles droits dont les côtés sont normaux à une parabole.

580. — DD' étant la directrice d'une parabole et A son sommet, du point A on abaisse sur une tangente quelconque une perpendiculaire AP, que l'on prolonge jusqu'à la rencontre de la directrice en Q, puis l'on prend AM=PQ. Trouver le lieu du point M.

581. — La distance du foyer d'une parabole au sommet d'un angle circonscrit quelconque, est moyenne proportionnelle entre les rayons vecteurs des points de contact.

582. — Un angle T est circonscrit à une parabole. Démontrer que si une tangente mobile coupe les côtés de cet angle en deux points A et B, le produit AF×FB des distances de ces deux points au foyer, est proportionnel à la distance CF du point de contact de la 3e tangente au foyer.

583. — Quand un triangle a ses trois côtés tangents à une même parabole, la circonférence circonscrite à ce triangle passe par le foyer de la parabole.

NOTES

NOTE I.

SUR LES NOMBRES D'ARÊTES, DE FACES ET DE SOMMETS DES POLYÈDRES.

THÉORÈME I
(Théorème d'Euler).

Dans tout polyèdre convexe le nombre des faces augmenté de celui des sommets, est égal au nombre des arêtes plus 2.

Pour le démontrer, nous allons supposer que l'on associe successivement entre elles les différentes faces qui doivent constituer le polyèdre.

Dans la première, le nombre des arêtes est précisément égal au nombre des sommets.

Si à côté, nous plaçons la seconde face, cette seconde face ayant avec la première un côté commun, et par suite deux sommets, apporte au polyèdre une arête de plus que de sommets.

La 3e face a, avec l'ensemble des précédentes, soit un côté, soit deux côtés communs. Dans le 1er cas, elle a deux sommets communs avec l'ensemble des faces précédentes, dans le second, trois. De toute façon, elle apporte une arête nouvelle de plus que de sommets.

En général, chaque face nouvelle ayant avec l'ensemble des précédentes p côtés communs et par suite $p+1$ sommets, à chacune, l'excès du nombre des arêtes sur celui des sommets s'accroît d'une unité.

Il en est ainsi jusqu'à l'avant-dernière face, en sorte que comme au commencement, le nombre des arêtes était égal à celui des sommets, à l'avant-dernière, l'excès du nombre des arêtes sur celui des sommets est égal au nombre des faces moins une.

Toutefois, quand on met en place la dernière face, celle qui achève de fermer le polyèdre, cette face ayant avec les précédentes toutes ses arêtes et tous ses sommets communs, l'excès du nombre des arêtes sur celui des sommets ne s'accroît plus, et est par conséquent égal au nombre total des faces moins 2.

Si donc on désigne par S, A et F les nombres de sommets, d'arêtes et de faces du polyèdre, on a :

$$A - S = F - 2$$

ou

$$F + S = A + 2$$

ce qui justifie l'énoncé.

THÉORÈME II

La somme des angles plans de toutes les faces d'un polyèdre convexe, est égale à autant de fois 4 angles droits que le polyèdre a de sommets moins 2.

Si en effet, on désigne par $n, n', n''\ldots$ les nombres de côtés des différentes faces, les sommes de leurs angles, l'angle droit étant pris pour unité, sont représentées par

$$2n - 4,\ 2n' - 4,\ 2n'' - 4,\ \ldots$$

La somme totale vaut donc :

$$2n + 2n' + 2n'' \ldots - 4F.$$

Mais chaque arête appartenant à deux faces, on a

$$n + n' + n'' \ldots = 2A \text{ et } 2n + 2n' + 2n'' \ldots = 4A.$$

La somme précédente est donc égale à

$$4A - 4F \text{ ou à } 4(A - F).$$

Comme en vertu du théorème d'Euler, $A - F = S - 2$, cette somme est finalement égale à

$$4(S - 2),$$

ce qui justifie l'énoncé.

NOTE I.

THÉORÈME III

Il n'existe aucun polyèdre convexe dont toutes les faces aient plus de 5 côtés, ni tous les angles solides plus de 5 arêtes.

Désignons en effet par n_3, n_4, n_5,... les nombres respectifs des faces triangulaires, quadrangulaires, pentagonales... et par N_3, N_4, N_5... les nombres d'angles solides ayant 3, 4, 5... arêtes. Nous aurons d'abord par définition

$$F = n_3 + n_4 + n_5 + \ldots \quad (1)$$
$$S = N_3 + N_4 + N_5 + \ldots \quad (2)$$

Nous aurons d'ailleurs, en observant que chaque arête est commune à 2 faces et unit 2 sommets :

$$2A = 3n_3 + 4n_4 + 5n_5 + \ldots \quad (3)$$
$$2A = 3N_3 + 4N_4 + 5N_5 + \ldots \quad (4)$$

La comparaison des égalités (2) et (4) montre qu'on a

$$2A > 3S$$

Mais le théorème d'Euler donne

$$F + S = A + 2 \text{ d'où } S = A + 2 - F$$

Mettant cette valeur dans l'égalité qui précède, on trouve :

$$2A > 3(A + 2 - F)$$

ou après réduction :

$$3F > A + 6$$

Si l'on remplace dans cette inégalité préalablement multipliée par 2, F et 2A par leurs valeurs fournies par les relations (1) et (3) il vient :

$$6(n_3 + n_4 + n_5 + \ldots) > 12 + 3n_3 + 4n_4 + 5n_5 + \ldots$$

ou $\quad 3n_3 + 2n_4 + n_5 > 12 + n_7 + 2n_8 + \ldots$

et l'on voit que n_3, n_4 et n_5 ne peuvent être nuls ensemble.

— En partant de l'inégalité $2A > 3S$ qui résulte de la comparaison des relations (2) et (4) précédemment écrites, on démontrerait de même que N_3, N_4 et N_5 ne peuvent être nuls ensemble.

THÉORÈME IV

Il ne peut exister de polyèdre convexe qui n'ait ni angle trièdre, ni face triangulaire.

En effet, la relation $F+S=A+2$ fournie par le théorème d'Euler, peut s'écrire:

$$4F+4S=4A+8$$

et si l'on y remplace F et S par leurs valeurs (1) et (2), et 4A par la somme des valeurs (3) et (4), il vient:

$$4n_3+4n_4+4n_5+\ldots+4N_3+4N_4+4N_5+\ldots$$
$$=3n_3+4n_4+5n_5+\ldots+3N_3+4N_4+5N_5+\ldots$$

ou après réduction:

$$n_3+N_3=8+(n_5+N_5)+2(n_6+N_6)+\ldots$$

et l'on voit que n_3 et N_3 ne peuvent être nuls ensemble.

THÉORÈME V

Il n'existe que cinq polyèdres convexes dont les faces aient le même nombre de côtés, et les angles solides le même nombre d'arêtes.

Soient en effet n le nombre commun des côtés des différentes faces du polyèdre, p le nombre des arêtes de ses angles solides.

En observant que chaque arête appartient à deux faces et joint deux sommets, on a d'abord:

$$2A=nF, \quad 2A=pS$$

On en tire:

$$A=\frac{nF}{2}, \quad S=\frac{nF}{p}.$$

Si l'on met ces valeurs dans la relation $F+S=A+2$ fournie par le théorème d'Euler, on trouve:

$$F+\frac{nF}{p}=\frac{nF}{2}+2,$$

d'où

$$F=\frac{4p}{2p+2n-np}.$$

NOTE I.   491

Si l'on suppose $n=3$, cette formule donne:

$$F = \frac{4p}{6-p}$$

et l'on voit que F devant être positif, p ne peut recevoir que les valeurs 3, 4 et 5 qui donnent pour F les valeurs 4, 8 et 20. Les seuls polyèdres convexes qui puissent n'avoir pour faces que des triangles, sont donc le tétraèdre, l'octaèdre et l'isocaèdre.

Si dans la même formule on fait $n=4$, il vient

$$F = \frac{2p}{4-p}$$

et p ne peut recevoir que la valeur $p=3$, qui donne $F=6$. Le seul polyèdre convexe qui puisse n'avoir pour faces que des quadrilatères, est donc l'hexaèdre.

Si l'on y fait $n=5$, il vient

$$F = \frac{4p}{p-3}$$

et p ne peut prendre que la valeur 3, qui donne $F=12$. — Le seul polyèdre qui puisse n'avoir pour faces que des pentagones est donc le dodécaèdre.

Enfin, pour toute valeur de n supérieure à 6, p devrait être inférieur à 3, ce qui ne peut convenir à aucun angle solide, ni par suite à aucun polyèdre.

Les seuls polyèdres qui puissent avoir le même nombre de côtés à leurs faces, et le même nombre d'arêtes à leurs angles solides, sont donc : le tétraèdre, l'hexaèdre, l'octaèdre, le dodécaèdre et l'isocaèdre.

On en conclut immédiatement que ce sont les seuls polyèdres qui puissent devenir réguliers.

Note II.

On peut aisément démontrer, à l'aide de la trigonométrie, le théorème VI de la page 433 :

La projection d'une circonférence sur un plan est une ellipse.

D'abord on peut toujours supposer le plan de projection mené par le centre de la circonférence, et considérer seulement la demi-circonférence ACA' qui a son diamètre AA' dans ce plan.

Soit donc ADA' la projection de ACA'; traçons le rayon OC

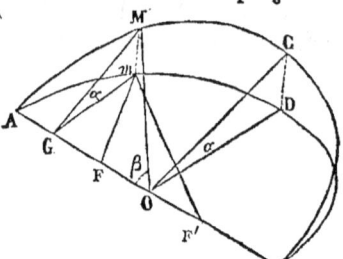

perpendiculaire sur AA', puis projetant le point C en D, prenons de part et d'autre de O, OF=OF'=CD. — Nous allons démontrer non-seulement que ADA' est une demi-ellipse, mais que ses foyers sont les points F et F' ainsi déterminés, en sorte que pour un point m quelconque de ADA', on a :

$$mF + mF' = AA'$$

A cet effet, du point M dont m est la projection, abaissons MG perpendiculaire sur AA', puis tirons mG qui sera aussi perpendiculaire sur AA', en vertu du théorème des trois perpendiculaires: l'angle MGm sera l'angle α du plan ACA' avec le plan de projection. Désignons d'ailleurs par β l'angle MOA qui détermine la position du point M, et par a le rayon AO ou OC de la demi-circonférence ACA'.

Le triangle GmF donnera d'abord :

$$\overline{mF}^2 = \overline{mG}^2 + \overline{GF}^2.$$

Or, dans les triangles MGm et MGO, on a :

$$mG = MG \cos \alpha$$

et $\qquad MG = MO\sin\beta = a\sin\beta,$
d'où $\qquad mG = a\sin\beta\cos\alpha.$

D'autre part on a :
$$GO = MO\cos\beta = a\cos\beta,$$
et $\qquad FO = CD = CO\sin COD = a\sin\alpha,$
d'où : $\qquad GF = GO - FO = a(\cos\beta - \sin\alpha),$

En mettant ces valeurs dans l'expression de $\overline{mF}^2$, on trouve :
$$\overline{mF}^2 = a^2\sin^2\beta\cos^2\alpha + a^2(\cos\beta - \sin\alpha)^2$$
$$= a^2(\sin^2\beta\cos^2\alpha + \cos^2\beta + \sin^2\alpha - 2\cos\beta\sin\alpha).$$

Si l'on observe que :
$$\sin^2\beta\cos^2\alpha = (1 - \cos^2\beta)(1 - \sin^2\alpha),$$
$$= 1 - \cos^2\beta - \sin^2\alpha + \cos^2\beta\sin^2\alpha,$$

il vient finalement après réduction :
$$\overline{mF}^2 = a^2(1 + \cos^2\beta\sin^2\alpha - 2\cos\beta\sin\alpha)$$
$$= a^2(1 - \cos\beta\sin\alpha)^2,$$
et $\qquad mF = a(1 - \cos\beta\sin\alpha).$

Pour déduire la valeur de mF' de celle de mF, il suffit d'y changer β en $180° - \beta$, c'est-à-dire $\cos\beta$ en $-\cos\beta$, ce qui donne :
$$mF' = a(1 + \cos\beta\sin\alpha).$$

On a alors immédiatement, en ajoutant et réduisant :
$$mF + mF' = 2a.$$

REMARQUE. — Le demi grand axe a de l'ellipse de projection est égal au rayon OA de la circonférence projetée. — Quant à son demi petit axe b, il est égal à OD et vaut $OC\cos COD$, c'est-à-dire $a\cos\alpha.$

Un procédé analogue permet de démontrer le premier théorème d'Apollonius, que nous avons démontré géométriquement, page 444, savoir:

La somme des carrés de deux demi-diamètres conjugués a' et b' d'une ellipse est égale à la somme des carrés de ses deux demi-axes.

Soient en effet, AmA' une demi-ellipse, Om, On deux demi-diamètres conjugués de l'ellipse; concevons la demi-circonférence AMA' dont la demi-ellipse est la projection, et soient OM, ON les deux rayons rectangulaires qui se projettent suivant Om, On. — Si nous abaissons sur AA' la perpendiculaire MP et que nous tirions mP, l'angle MPm représente l'angle α compris entre le plan de la demi-circonférence AMA' et celui de l'ellipse AmA'. Désignons d'ailleurs, comme précédemment, le rayon OA par a, et l'angle MOA par β.

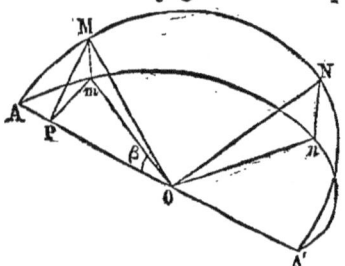

Nous aurons d'abord dans le triangle rectangle OmP :

$$\overline{Om}^2 = \overline{mP}^2 + \overline{OP}^2.$$

Mais les triangles MPm et MOP donnent comme précédemment :

$$mP = MP \cos MPm = MP \cos \alpha$$

et
$$MP = MO \sin MOP = a \sin \beta,$$

d'où
$$mP = a \sin \beta \cos \alpha.$$

D'ailleurs :

$$OP = MO \cos MOP = a \cos \beta.$$

On a donc en substituant :

$$\overline{Om}^2 = a^2 \sin^2\beta \cos^2\alpha + a^2 \cos^2\beta.$$

Pour passer de la valeur de $\overline{Om}^2$ à celle de $\overline{On}^2$, il suffit d'y remplacer l'angle MOA par NOA, ou β par $90° + \beta$, c'est-à-dire $\sin\beta$ par $\cos\beta$, et $\cos\beta$ par $-\sin\beta$. Il vient ainsi :

$$\overline{On}^2 = a^2 \cos^2\beta \cos^2\alpha + a^2 \sin^2\beta.$$

On a alors, en ajoutant :

$$\overline{Om}^2 + \overline{On}^2 = a^2 \cos^2\alpha (\sin^2\beta + \cos^2\beta) + a^2 (\sin^2\beta + \cos^2\beta)$$
$$= a^2 \cos^2\alpha + a^2.$$

D'ailleurs, en vertu de ce qui a été établi plus haut, $a\cos\alpha$ représente le demi petit axe b de l'ellipse. On a donc finalement :

$$\overline{Om}^2+\overline{On}^2=a^2+b^2.$$

Note III.

Nous avons admis page 143, dans la démonstration du second théorème d'Apollonius, que *la projection d'une surface plane quelconque sur un plan, est équivalente à cette surface elle-même, multipliée par le cosinus de l'angle que fait son plan avec le plan de projection.* On peut le démontrer comme il suit :

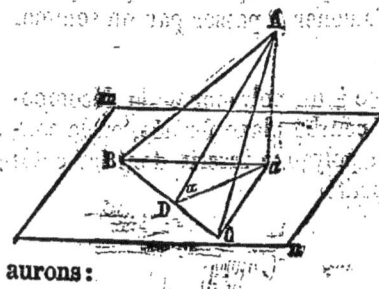

1° Considérons d'abord un triangle BAC ayant un côté BC dans le plan mn de projection, et soit BaC sa projection. — Si nous abaissons AD perpendiculaire sur BC, aD sera aussi perpendiculaire sur BC, et nous aurons :

$$B a C = \tfrac{1}{2} BC \times aD.$$

Mais dans le triangle ADa, l'angle D représente l'angle α que fait le plan du triangle BAC avec le plan de projection. On a donc :

$$aD = AD \cos AD a = AD \cos \alpha.$$

Par suite :

$$B a C = \tfrac{1}{2} BC \times AD \cos \alpha = BAC \cos \alpha.$$

2° Supposons, en second lieu, que le triangle BAC n'ait qu'un sommet A dans le plan mn, et soit Abc sa projection. — Prolongeons BC jusqu'à la rencontre du plan mn en D, puis tirons AD. Le triangle ABC sera la différence de deux triangles ABD, ACD rentrant tous deux dans le cas précédent, et nous aurons :

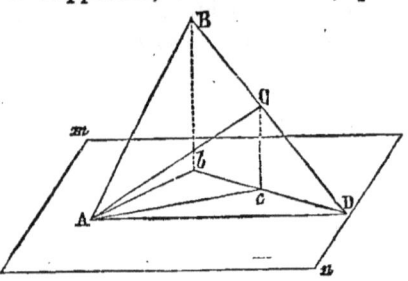

$$A bD = ABD \cos \alpha,$$
$$A cD = ACD \cos \alpha,$$

et par suite :

$$A bD - A cD = (ABD - ACD) \cos \alpha,$$

ou
$$A bc = ABC \cos \alpha.$$

3° On étend immédiatement le théorème au cas du triangle qui n'a aucun point dans le plan de projection, en observant que, sans altérer la projection, on peut déplacer ce plan parallèlement à lui-même, jusqu'à l'amener à passer par un sommet du triangle.

4° Enfin, on étend le théorème à un polygone en le décomposant en triangles; — puis à une courbe plane fermée, en la considérant comme la limite d'un polygone inscrit dont les côtés deviendraient de plus en plus petits.

TABLE DES MATIÈRES.

LIVRE I.

	Pages
Définitions.	1
Des Angles.	4
Des Triangles.	7
Du Triangle isocèle.	12
Des Perpendiculaires et des Obliques.	14
Des Triangles rectangles.	18
Des Parallèles.	21
Des Parallélogrammes.	30
Exercices sur le premier livre.	37

LIVRE II.

Définitions.	43
Des Cordes et des Arcs.	44
Des Tangentes.	50
Positions relatives de deux circonférences.	53
Notions sur les limites.	56
Mesure des Angles.	59
Problèmes graphiques.	68
Exercices sur le livre II.	85

LIVRE III.

PREMIÈRE PARTIE.

Des lignes proportionnelles.	93
Triangles et Polygones semblables.	102
Conséquences numériques de la similitude.	113
Des Sécantes et des Tangentes.	121
Du Quadrilatère inscrit.	125
Problèmes sur les lignes proportionnelles.	129

498   GÉOMÉTRIE.

                                                                Pages
             DEUXIÈME PARTIE.

Des Polygones réguliers....................................... 143
Mesure de la Circonférence.................................... 159
Calcul de π... 165
Méthode des Isopérimètres..................................... 165
Méthode des Polygones inscrits................................ 172
Méthode des polygones réguliers inscrits et circonscrits...... 176

             TROISIÈME PARTIE.

Des Transversales... 179
Faisceaux harmoniques... 182
Polaires dans le Cercle....................................... 188
Hexagones réguliers inscrit et circonscrit.................... 192
Axes radicaux... 193
De l'Homothétie... 196
   Exercices sur le livre III................................. 204

             LIVRE IV

Mesure des surfaces... 217
Relations entre les carrés construits sur les côtés d'un triangle 227
Rapport des Surfaces semblables............................... 230
Mesures du Polygone régulier et du Cercle..................... 233
Problèmes sur les surfaces.................................... 240
   Exercices sur le livre IV.................................. 245

             LIVRE V.

Conditions qui déterminent un Plan............................ 252
Génération du Plan.. 254
Perpendiculaires et obliques aux Plans........................ 256
Des parallèles dans l'espace.................................. 263
Droites parallèles aux Plans.................................. 265
Plans parallèles entre eux.................................... 267
Angles dièdres.. 274
Plans perpendiculaires entre eux.............................. 276

	Pages
Projections..	280
Angles solides...	281
Trièdres supplémentaires..................................	284
Trièdres symétriques..	287
Cas d'égalité des Trièdres................................	290
Problèmes et Exercices sur le livre V..............	295

LIVRE VI.

Des Solides..	298
Propriétés du Parallélipipède et du Prisme.....	300
Mesure du Parallélipipède................................	304
Mesure du Prisme...	310
Mesure de la Pyramide.....................................	312
Du tronc de Pyramide.......................................	318
Du tronc du Prisme..	323
Similitude des Polyèdres..................................	327
De la symétrie..	333
Applications...	337
Exercices sur le livre VI...................................	344

LIVRE VII.

De la Sphère..	349
Plan tangent...	357
Triangles sphériques..	359
Plus court chemin à la surface de la sphère....	370
Exercices sur le livre VII..................................	372

LIVRE VIII.

Des corps ronds. — Définitions........................	374
Mesure du Cylindre..	376
Mesure du Cône...	380
Du tronc de Cône...	384
Mesure de la Sphère et des Solides qui en dépendent....	392
Exercices sur le livre VIII.................................	412

LIVRE IX. — COURBES USUELLES.

	Pages
I. — De l'Ellipse. — Propriétés générales	419
Tangente à l'Ellipse	423
De l'Ellipse considérée comme projection du Cercle	435
Diamètres de l'Ellipse	440
II. — Parabole	447
III. — Hyperbole	462
IV. — Sections planes du Cône	470
V. — De l'Hélice	476
Exercices sur le livre IX	484
Notes	487

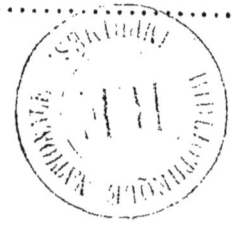

Imprimerie A. DERENNE, Mayenne — Paris, boulevard Saint-Michel, 52.

OUVRAGES DU MÊME AUTEUR.

Arithmétique des commençants, par demandes et par réponses, avec de nombreux exercices, à l'usage des Écoles primaires et des basses Classes des Lycées. 4ᵉ édit. Prix, cart............ 1

Solutions raisonnées des exercices. Prix.................. 25

Éléments d'Arithmétique à l'usage des Écoles primaires et des Classes de 4ᵉ et de 3ᵉ des Lycées (Ouvrage honoré d'une médaille de la Société pour l'instruction élémentaire) 3ᵉ édition.

   1ʳᵉ PARTIE. — Théorie. Prix, cart................. 1
   2ᵉ PARTIE. — Exercices et Problèmes. Prix, cart........

Traité d'Arithmétique à l'usage des élèves de sciences des Lycées et des candidats au Baccalauréat ès-sciences et aux Écoles du Gouvernement. 1 vol. in-8°. Prix, broché................... 2

Traité élémentaire d'Algèbre à l'usage des mêmes élèves. 1 vol. in-8°. Prix, broché.............................

Cours de Trigonométrie rectiligne à l'usage des mêmes élèves. 1 vol. in-8°. Prix, broché............................ 2 50

Traité élémentaire de Géométrie descriptive à l'usage des mêmes élèves. 1 vol. in-8°. Prix, broché................. 50

Précis de levé des plans et de nivellement à l'usage des mêmes élèves. 1 vol. in-8°. Prix, broché................

Cours de Cosmographie à l'usage des mêmes élèves. 1 vol. in-8°. Prix, broché....................................

Traité élémentaire de mécanique à l'usage des mêmes élèves. 1 vol. in-8°. Prix, broché............................ 2

www.ingramcontent.com/pod-product-compliance
Lightning Source LLC
Chambersburg PA
CBHW071724230426
43670CB00008B/1119